LES
SCIERIES MÉCANIQUES

ET LES
MACHINES-OUTILS
A TRAVAILLER LES BOIS

PAR

ARMENGAUD AÎNÉ

INGÉNIEUR

ANCIEN ÉLÈVE DE L'ÉCOLE CENTRALE DES ARTS ET MANUFACTURES

—

TEXTE

—

EN VENTE

A LA LIBRAIRIE TECHNOLOGIQUE D'ARMENGAUD AÎNÉ

45, RUE SAINT-SÉBASTIEN (BOULEVARD VOLTAIRE)

A PARIS

Et chez les principaux libraires de la France et de l'étranger

—

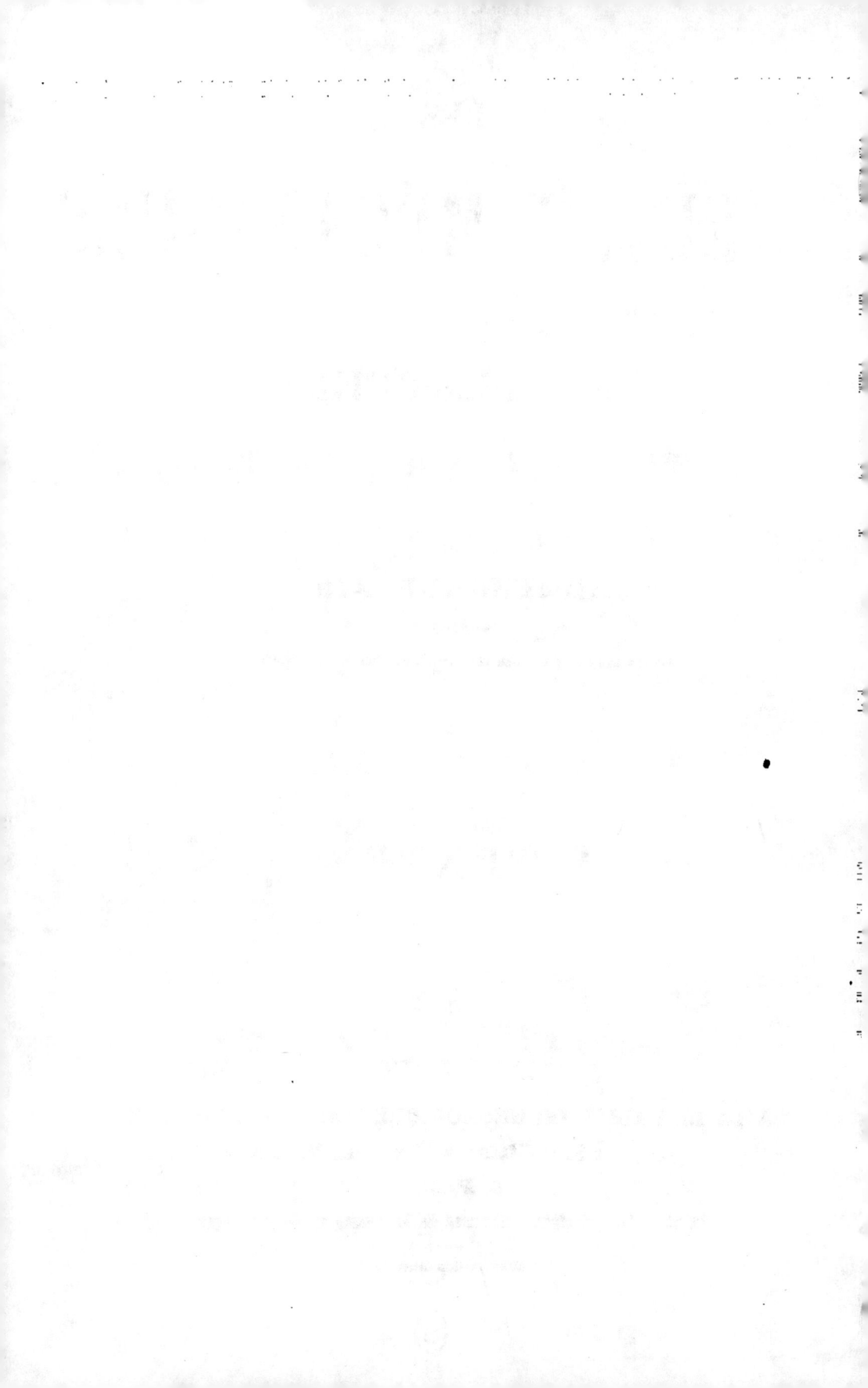

PRÉFACE

La substitution du travail mécanique au travail à la main est un fait qui tend à s'appliquer de plus en plus à toutes les industries, au fur et à mesure de leur développement. Le travail des bois, qui en constitue une des branches les plus importantes, a suivi la même progression; il est devenu mécanique dans toutes ses parties et les moyens créés par les constructeurs ont atteint un tel degré de perfection que l'on peut dire que l'outillage pour les bois est aujourd'hui aussi complet que celui employé pour le travail des métaux.

Depuis plusieurs années déjà, les scieries mécaniques et les diverses machines à travailler les bois ont fourni de nombreux articles aux revues et journaux périodiques, qui se sont chargés de propager les progrès accomplis dans toutes les branches de l'industrie. Nos lecteurs de la *Publication industrielle* ont pu voir, dans les vingt-six volumes que nous avons publiés, des spécimens de machines se rapportant à cette spécialité. Malheureusement ils y sont trop disséminés pour qu'on puisse les y consulter facilement et en retirer, sans trop de peine et surtout de temps, l'ensemble des renseignements que l'on cherche. De plus, les types de machines employés à l'étranger y font presque complètement défaut.

C'est en présence de ces faits et vu leur importance industrielle, que nous avons pensé qu'un ouvrage traitant de ces matières arrivait à son temps, en décrivant une industrie munie de toutes ses ressources.

Nous avons donné peu de place aux considérations générales sur les bois. Ces matières sont traitées amplement et parfaitement dans des ouvrages spéciaux. Tous nos efforts se sont portés sur la description des procédés mécaniques employés actuellement soit en France, soit à l'étranger, et nous pensons qu'à ce point de vue notre traité est aussi complet que possible.

Nous ne nous sommes pas contenté, en effet, de relever les meilleurs types exécutés par nos constructeurs les plus en renom, nous avons encore voulu rechercher en Angleterre, en Allemagne, et jusqu'aux États-Unis, les systèmes les plus employés présentant des particularités essentielles, pour permettre la comparaison avec les machines françaises.

L'analyse des matières contenues dans les divers chapitres montrera, du reste, quel a été notre but et quel programme nous nous sommes tracé.

Après un aperçu général sur la production, le débit et l'emploi industriel des bois, ainsi que sur les espèces les plus répandues dans le commerce, nous avons dû présenter quelques données essentielles relatives aux différentes espèces de scies en usage, aux formes variées qu'affecte leur denture, puis donner un court historique des divers systèmes de scieries mécaniques.

Nous avons, à la suite de ces préliminaires, décrit dans tous leurs détails chacune des catégories, soit, par exemple, les *scieries alternatives* à une ou plusieurs lames, à chariot ou à cylindres, à mouvement en dessus ou en dessous, les *scieries également alternatives* à découper et reperçer, et celles à débiter les bois de placage.

Puis nous passons en revue les *scieries circulaires* à chariot et à cylindres, à lame fixe ou mobile dans son plan de rotation, avec indication du montage des lames.

Vient ensuite l'étude des scieries à lame sans fin, et, enfin, les *machines à produire les bois de placage* par le tranchage au lieu du sciage. Là se termine la première partie qui comprend, comme on le voit, tous les appareils qui agissent comme scies et qui ont pour but le débitage des bois sous ses différentes formes.

Pour compléter les renseignements sur leur construction et leur fonctionnement, nous avons donné, autant que possible, la vitesse à laquelle l'outil doit marcher, la force motrice employée et la quantité de travail produit.

Dans la seconde partie, nous décrivons les diverses machines qui servent à ouvrer les bois, c'est-à-dire à les rapprocher de la forme sous laquelle ils doivent recevoir leur emploi.

Ces machines sont d'abord celles à corroyer, dégauchir, planer et raboter. Puis viennent les machines spéciales à parquet, à moulures, à tenons et mortaises, les menuisiers mécaniques, destinés à faire plusieurs de ces opérations, les tours, etc.

Notre étude se continue par les machines à façonner proprement dites, dont le mode est évidemment variable suivant le résultat à obtenir; mais comme toutes participent plus ou moins d'un même principe, nous nous sommes attaché à montrer celles qui donnent les produits les plus complets. De ce nombre sont les machines à faire les sabots, les bois de fusils, les roues de voitures.

Enfin, après avoir indiqué les procédés et les appareils que l'on emploie pour la conservation des bois, nous terminons notre travail en donnant des plans d'ensemble qui peuvent servir de types pour l'installation des usines et des ateliers.

Bien que nous nous soyons efforcé de présenter celles des machines, tant françaises qu'étrangères, que nous considérons comme les spécimens les plus parfaits, le cadre de notre ouvrage ne nous permettait pas de les citer toutes. De plus, il s'en trouve un grand nombre qui, sans avoir la notoriété et la faveur des industriels, n'en présentent pas moins certaines dispositions ingénieuses et intéressantes. Dans le but d'en faire connaître au moins l'existence, nous avons dressé, d'après les *brevets* pris sur la matière, une liste qui les comprend toutes depuis 1791 jusqu'à 1880 *inclusivement*.

Qu'il nous soit permis, en terminant, de motiver la forme matérielle donnée à ce traité.

Nous avons adopté ici les mêmes errements que ceux que nous avons toujours suivis pour notre *Publication industrielle*. Cela nous a permis d'y reprendre quelques-uns des types de machines que nous avons donnés récemment, et de conserver à l'exécution des planches le fini et l'exactitude de dessin que nous croyons indispensables pour que des ouvrages comme celui-ci soient fructueusement consultés.

ARMENGAUD AÎNÉ.

LES
SCIERIES MÉCANIQUES

CHAPITRE Ier.

PRODUCTION, ABATAGE, DÉBIT, DENSITÉ, EMPLOI
ET COMMERCE DES BOIS.

Avant d'entrer dans l'examen des outils et des machines en usage pour débiter les bois et les façonner, nous voulons donner quelques renseignements généraux sur le produit même. Nous puisons ces renseignements à bonne source: ce sera particulièrement dans un excellent ouvrage, *Les Bois indigènes et étrangers*, dû à MM. Adolphe E. Dupont, ingénieur des constructions navales, et Bouquet de la Grye, conservateur des forêts; puis dans divers articles que M. J. Clavé a fait paraître dans la *Revue des Deux-Mondes*, comme comptes rendus de l'Exposition forestière du Trocadéro en 1878, dans le but de donner une juste idée de l'importance de la production des bois français et des services qu'ils rendent au pays.

Production. — La superficie boisée en France, depuis la perte de l'Alsace-Lorraine, est de 9185310 hectares. Ce chiffre, comparé à celui de la surface totale du pays, qui est de 52857310 hectares, représente une proportion de 17,3 p. 100. Un sixième environ est ainsi occupé par les forêts, non compris les parcs, les jardins, les vergers, les avenues, les arbres de haies, qui n'en fournissent pas moins chaque année à la consommation une quantité respectable. C'est cependant une proportion inférieure à la moyenne générale de l'Europe, qui s'élève à 29 p. 100 (1).

Sur ces 9185310 hectares de forêts que possède la France, 967118 hectares

---

(1) EMPIRE D'ALLEMAGNE. — L'étendue totale des forêts de l'Empire d'Allemagne est de 14151362 hectares, qui se répartissent ainsi qu'il suit dans les divers États :

Prusse, 8366947 hectares ; Bavière, 2596894 hectares ; Saxe, 472410 hectares ; Wurtemberg, 595102 hectares ; Bade, 510924 hectares ; États entre le Rhin et l'Elbe, 497479 hectares ; États de la Thuringe, 393059 hectares ; États de la Baltique, 270201 hectares ; Alsace-Lorraine, 51337 hectares.

Le revenu brut de ces forêts est estimé à 332289000 fr., soit 23 fr. 50 c. par hectare.

AUTRICHE-HONGRIE. — La portion de l'Empire austro-hongrois, désignée sous le nom d'Autriche cislei-

appartiennent à l'État, 2 058 720 hectares aux départements ou aux communes, 33 055 hectares aux établissements publics, et 6 127 398 hectares aux particuliers. 428 720 hectares sont traités en futaie, 191 774 hectares en taillis, 200 226 hectares en cours de conversion de taillis en futaie, et 58 339 hectares soit en pâturage, soit placés en dehors des aménagements. Les forêts communales n'ont que 577 294 hectares en futaies, contre 1 245 101 hectares en taillis, 14 147 en cours de conversion et 222 187 hectares non soumis au régime forestier.

Quant aux forêts particulières, les chiffres manquent; mais, à part quelques forêts de pins et de sapins, elles sont toutes exploitées en taillis, et la plupart à des révolutions fort courtes.

La production totale de la France, en 1876, s'est élevée à 20 400 672 mètres cubes de bois de feu, et 4 941 443 mètres cubes de bois d'œuvre, dont 47 p. 100 fournis par les essences feuillues et 53 p. 100 par les résineux.

La valeur totale de cette production a été de 236 755 420 fr., ce qui représente un revenu moyen de 25 fr. 78 c. par hectare. Mais il y a des écarts considérables dus non-seulement au prix des bois suivant les localités, mais aussi au mode de traitement appliqué aux forêts, et tandis que les unes rapportent 100 fr. et plus par hectare, d'autres donnent à peine 5 fr.

Dans la conservation de Nancy, par exemple, la futaie résineuse rapporte 158 fr. 93 c. par hectare, la futaie mélangée 73 fr. 53 c., le taillis sous futaie 35 fr. 97 c. et le taillis simple 13 fr. 45 c.

La France est loin de produire en bois ce qui est nécessaire à sa consommation. Chaque année elle est obligée d'en faire venir du dehors une quantité considérable; en 1876, la valeur des importations de bois communs a été de 202 400 000 fr., et

thane, contient 9 260 662 hectares de forêts. L'Autriche transleithane (Hongrie, Croatie, Esclavonie) renferme 2 016 177 hectares de forêts domaniales et 57 434 hectares de fondation. La contenance des forêts possédées par les particuliers n'est pas exactement connue.

Russie d'Europe. — Les forêts de la Russie d'Europe, non compris la Finlande et le Caucase, couvrent une surface de 193 544 000 hectares, dont 126 860 000 appartiennent à l'État, 5 995 000 à la couronne, et 60 689 000 aux villes, églises, établissements publics et privés.

Suède-Norwège. — La Suède renferme 17 569 000 hectares de forêts, dont l'État, la couronne et les fondations possèdent environ 3 427 000 hectares; le reste, 14 140 000 hectares, appartient aux particuliers.

L'étendue des forêts de la Norwège est évaluée de 6 à 10 millions d'hectares, dont 688 000 hectares appartiennent aux particuliers.

Espagne. — L'Annuaire forestier de 1874 donne le chiffre de 7 097 992 hectares appartenant à l'État, aux communes et aux établissements publics. — L'étendue des bois des particuliers n'est pas indiquée.

Suisse. — D'après le rapport de la commission d'enquête sur les forêts, la contenance du sol boisé en Suisse est de 2 134 600 arpents.

Italie. — L'étendue totale du sol boisé de la péninsule, moins la province de Rome et les îles qui en dépendent, est de 4 389 173 hectares.

celle des exportations de 44 440 000 fr.; c'est donc un déficit de 158 millions que nous demandons à l'étranger de combler. Les sciages de pins et de sapins de Suède, de Norwège et de Russie entrent dans ce chiffre pour 85 millions, les merrains d'Autriche et d'Italie pour 62 millions, les bois équarris pour 15 millions, etc.

Abatage des arbres. — Au point de vue de la main-d'œuvre, il y a avantage, en général, à abattre les bois pendant la période où la culture des champs occupe le moins de bras, par conséquent pendant l'hiver et le printemps. Une opinion très-accréditée, c'est que les bois ne durent pas, s'ils ne sont abattus hors sève.

Les bûcherons se servent en général de la hache; ils commencent à pratiquer, du côté où l'arbre doit tomber, une entaille qui doit atteindre jusqu'aux deux tiers du diamètre, et quand il se trouve ainsi suspendu en équilibre instable, ils recommencent une autre entaille au côté opposé. L'arbre tombe de lui-même quand il ne reste plus assez de matière pour résister au mouvement des forces qui le sollicitent.

Ce procédé a deux inconvénients graves: le premier est de faire perdre pour l'entaille du pied environ 5 p. 100 du volume de la tige; le second est de déterminer fréquemment des fentes graves au pied de l'arbre.

Les exploitants demandent quelquefois l'autorisation de déraciner le pied pour pouvoir prélever cette entaille en partie sur les racines, mais avec cette modification, on perd encore beaucoup de bois et de main-d'œuvre, sans éviter les risques de fente.

Il y a une autre méthode plus rationnelle, jadis proscrite par les ordonnances, et qui commence à se répandre; elle consiste dans l'emploi de la scie à deux manches, dite *passe-partout*. Deux bûcherons attaquent le tronc au ras du sol et lui font un trait transversal qui atteint jusqu'aux deux tiers du diamètre. Ce trait se fait en général assez facilement au début, mais à la fin, l'arbre pèserait fortement sur la scie et en rendrait la manœuvre très-pénible, si on ne prenait la précaution d'employer une scie de voie moins forte et de soutenir l'arbre par des coins.

Quand ce premier trait est achevé, on en fait un second du côté opposé et un peu au-dessus du premier; on peut le mener jusqu'à l'aplomb de celui-ci. Ce travail achevé, on introduit des coins dans ce dernier trait et on frappe dessus pour soulager l'arbre, pendant qu'on pèse sur la corde directrice pour déterminer sa chute.

On s'occupe actuellement d'effectuer cette opération mécaniquement, en faisant usage d'une scie alternative actionnée directement par un moteur à vapeur. Nous montrerons les dispositions de cette machine dans un des chapitres de cet ouvrage.

Débit des bois. — L'habileté de l'exploitant consiste à diriger le débit des bois qu'il a abattus de façon à en tirer le plus de profit possible; en général, il a intérêt à conserver aux troncs toute la longueur et l'équarrissage dont ils sont susceptibles, attendu que les gros bois valent à volume égal plus que les petits.

Les produits que l'on tire du bois se divisent en *bois d'œuvre* et en *bois de feu*; nous ne nous occuperons que des premiers, que l'on divise en deux catégories:

LES SCIERIES MÉCANIQUES.

La première, *Bois de service ou de construction*, comprend les bois de marine, bois de construction ou de charpente, bois de marronage ou de marnage, traverses de chemins de fer, poteaux télégraphiques, étais de mines.

La seconde, *Bois de travail ou d'industrie*, bois de sciage, bois de fente.

Les bois de sciage se débitent fréquemment sur le parterre de la coupe. Dans ce cas on commence par équarrir la bille sur quatre ou huit faces, pour mettre à nu les vices extérieurs qui pourraient exister et permettre de juger du parti qu'on pourrait tirer de la pièce. Cela fait, les ouvriers élèvent la bille sur deux chevalets et lignent sur ses deux têtes ainsi que sur sa face supérieure les traits que la scie doit faire.

Il n'est pas indifférent d'attaquer les bois dans n'importe quelle direction. Il y a deux considérations importantes dont le ligneur doit tenir compte pour bien utiliser sa pièce: la première, c'est que dans tous les arbres le cœur est plus ou moins altéré et qu'il faut éviter de le comprendre dans les belles planches; la seconde, c'est qu'une planche est fort exposée à se voiler et à se fendre quand ses faces sont normales aux rayons médullaires, qu'elle est plus durable et d'un effet plus agréable à la vue quand elles sont parallèles à ces rayons.

Ce mode de débit, qu'on nomme sur *maille*, est plus estimé; aussi le ligneur doit-il s'efforcer de tirer de sa pièce le plus de planches sur maille qu'il est possible. Pour concilier ces deux considérations en quelque sorte opposées, on a l'habitude de prendre une planche contenant le cœur et de faire les autres parallèles ou perpendiculaires à celle-ci. On a aussi des bois qui ne sont pas exactement sur maille, il est vrai, mais qui s'en rapprochent beaucoup.

La figure 1 ci-contre indique le débit qui convient dans le cas où l'on a besoin à la fois de quelques bois épais pour lesquels la maille est sans importance, et de quelques menues planches qui se vendent mieux quand elles sont sur maille.

La coupe de la figure 2 convient mieux, au contraire, au débit des planches de diverses largeurs. On ne peut indiquer à l'avance aucune règle générale à suivre; l'ouvrier doit, dans chaque cas, chercher la coupe qui convient aux dimensions et formes des pièces à débiter.

Le sciage à la mécanique ne se fait pas, en général, dans des conditions aussi avantageuses au point de vue du choix dans le débit, mais cependant il est préféré, parce qu'il est rapide, économique, et qu'il donne des surfaces planes, qualités que n'a pas le sciage à bras.

Densité. — La densité des bois est très-variable sur un même sujet, elle varie avec la partie de l'arbre qu'on considère et avec le degré de dessiccation que la pièce a atteint. Elle est en général notablement plus grande au pied qu'à la tête, sur un arbre âgé que sur un jeune.

La résistance des bois et leur élasticité sont également variables. Voici un tableau, dressé par MM. Dupont et Bouquet de la Grye, qui donne, pour un grand nombre d'essences, les densités moyennes et les résistances par millimètre carré au moment de la rupture; ces chiffres sont déduits d'expériences faites par flexion sur des barreaux d'épreuve de 4 centimètres de côté portant sur deux appuis espacés de 0m,30 et chargés en leur milieu de poids progressivement croissants jusqu'à ce que rupture s'ensuive.

On admet en général que dans les constructions il ne faut pas faire travailler les bois à plus de $\frac{1}{10}$ de leur force réelle, et il est d'usage de ne pas les charger par flexion à plus de un demi-kilogramme par millimètre carré.

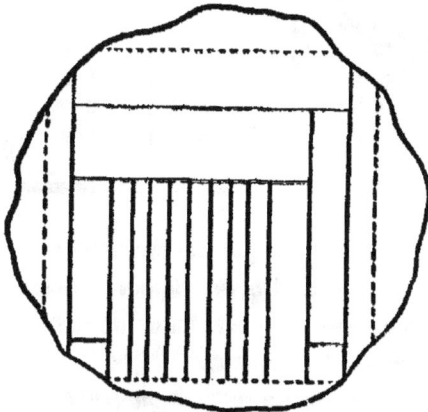

Fig. 1.

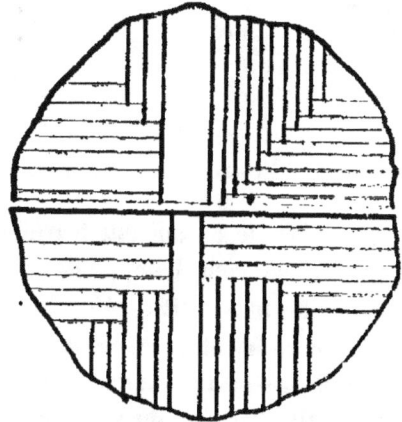

Fig. 2.

Densités des bois et charges de rupture.

ESSENCES.	DENSITÉS moyennes.	CHARGE de rupture moyenne par mil. car. à la flexion.	ESSENCES.	DENSITÉS moyennes.	CHARGE de rupture moyenne par mil. car. à la flexion.
		Kil.			Kil.
Acacia.	0 783	10 93	Gaïac	1 339	17 71
Alisier terminal.	0 836	»	Hêtre	0 795	»
Aune blanc	0 495	»	Mélèze des Alpes	0 605	5 90
Bouleau blanc	0 641	»	Noyer du Dauphiné . . .	0 632	7 32
Cerisier, merisier	0 720	»	Orme de France.	0 631	7 07
Charme commun	0 831	»	Pin sylvestre des Alpes .	0 591	5 68
Châtaignier commun. . .	0 646	»	Pin des Florides.	0 708	10 91
Chêne d'Algérie.	0 924	7 37	Peuplier blanc	0 577	»
Chêne de Bourgogne . .	0 805	6 90	Poirier sauvage.	0 773	»
Chêne vert.	0 985	7 93	Sapin du Jura	0 451	5 30
Cormier	0 819	6 95	Sapin des Alpes.	0 484	5 80
Érable sycomore	0 639	»	Teak	0 696	8 36
Frêne.	0 736	11 86	Tilleul de Provence . . .	0 528	4 48

On admet aussi qu'on peut porter aux chiffres ci-dessous les *charges par milli-mètre carré* des bois soumis à *la traction longitudinale :*

ESSENCES.	CHARGES DE RUPTURE.	CHARGES PRATIQUES POUR CONSTRUCTION DE	
		Faible durée.	Longue durée.
	Kil.	Kil.	Kil.
Chêne fort	10 00	2 00	1 00
Chêne faible	6 00	1 20	0 60
Sapin bonne qualité	18 00	1 60	0 80
Frêne	12 00	2 40	1 20
Hêtre	8 00	1 60	0 80
Orme	9 00	1 80	0 90

Quand les pièces doivent travailler par *compression* ou par *écrasement*, il est nécessaire de tenir compte de leur longueur, c'est-à-dire du rapport de leur longueur au plus petit côté de leur section transversale, la résistance de la pièce diminuant au fur et à mesure que celle-ci augmente de longueur.

Emploi. — L'emploi des bois résulte de l'ensemble des qualités et par conséquent de la structure du tissu ligneux. C'est en effet de la manière dont les fibres sont juxtaposées que dépendent la facilité de les travailler dans un sens ou dans un autre, et la résistance qu'il peut opposer à la traction et à l'écrasement, chaque essence ayant une contexture particulière et par cela même des qualités spéciales qui la font rechercher pour certains usages déterminés.

Le *chêne* entre pour près du tiers dans l'ensemble du peuplement des forêts de la France, environ 2 664 000 hectares. Il présente un assez grand nombre de variétés, dont les principales sont le chêne rouvre et le chêne pédonculé. Le premier, qui domine dans le centre de la France, dans les Vosges et dans les régions du sud-est, donne un bois propre au sciage et à la fente, se laissant facilement travailler, est recherché pour la menuiserie. Le chêne pédonculé, au contraire, qu'on rencontre surtout dans les forêts du nord et du sud-ouest, produit un bois nerveux, résistant, propre à la charpente et aux constructions navales.

La quantité moyenne de bois de chêne livrée annuellement à la consommation par les forêts soumises au régime forestier, c'est-à-dire par les forêts appartenant à l'État ou aux communes, s'élève à 2 392 921 mètres cubes, dans lesquels le bois de chauffage entre pour 1 736 837 mètres cubes, le bois de service pour 292 022 mètres cubes et le bois de travail et d'industrie pour 364 062 mètres cubes.

La marine militaire demande annuellement à nos forêts 7 000 mètres cubes de chêne. Mais cette quantité est insuffisante pour les besoins, car les arsenaux font venir chaque année d'Italie une certaine quantité de bois courbant. La marine marchande et la batellerie prennent aux forêts domaniales ou communales 19 200 mètres cubes, les constructions civiles, 164 000 mètres cubes de bois de charpente, les chemins de fer 60 000, l'industrie minière, pour étais de mines, 41 000. Le sciage et la menuiserie emploient 182 000 mètres cubes, la fabrication du merrain 70 000, celle des lattes et échalas 71 000, le charronnage 23 000, l'ébénisterie 5,000 et les industries diverses 13 000 mètres cubes.

Le sciage du chêne s'effectue, soit sur le parterre des coupes par des scieurs de long, soit par des scieries locomobiles, soit dans des scieries fixes hydrauliques ou à vapeur; mais le premier de ces procédés tend à disparaître devant les deux autres. Les meilleurs sciages sont obtenus avec les bois gras faciles à travailler et moins exposés que les autres à se gercer. Les dimensions données aux pièces varient suivant les localités, mais partout on cherche à les débiter sur maille, c'est-à-dire autant que possible dans le sens des rayons médullaires, de façon à ce que la surface présente les veines faites dans le bois par les couches annuelles, et qu'elles soient ainsi d'un aspect agréable à l'œil.

Une espèce de sciage qui, dans ces dernières années, a pris un grand développement, est celle de la frise à parquet, pour laquelle il faut des chênes de premier choix : la Haute-Marne est renommée pour cette fabrication. Le merrain ne se scie pas, il se fend de façon que la fibre de bois n'étant pas interrompue, le liquide ne puisse s'infiltrer et se perdre. C'est le chêne rouvre qu'on emploie de préférence et qu'on fend pendant qu'il est encore vert, dans le sens des rayons médullaires. C'est par la fente aussi qu'on obtient des échalas de vigne et des lattes.

Le *hêtre* est après le chêne la principale essence feuillue de nos forêts ; son bois, d'un tissu homogène, d'un grain fin, facile à travailler, présente une grande résistance à la compression, à l'extension et à la flexion, mais il résiste mal aux alternatives de sécheresse et d'humidité, et, lorsqu'il est sous un gros volume, il est sujet à se fendre et à gauchir; aussi n'est-il pas propre à la charpente; par contre il est utilisé dans les travaux hydrauliques comme pilotis et surtout comme traverses de chemins de fer ; mais il faut que ces traverses soient mises à l'abri d'une décomposition trop rapide par l'injection d'une substance antiseptique (1).

C'est surtout comme bois d'industrie que le hêtre est recherché. On le scie en planches et en madriers de diverses dimensions pour l'employer ensuite dans l'ébénisterie et la carrosserie. On en fait des pieds de table, de chaises et panneaux de lit, des fonds et des sièges de voitures, des meubles de cuisine, etc. On le fend en douelles pour la fabrication des tonneaux à encaquer les harengs, le beurre, le savon et autres matières solides; on le travaille en forêt pour faire des sabots, des

_____

(1) Voir à ce sujet la *Publication industrielle*, vol. XV.

jantes de roues, des moyeux de voitures, des oreilles de charrues, des sébiles, des plats, des bois de chaises, des attelles de colliers, des bâts, des cercles pour tamis, des soufflets, des bois de brosses, des formes de boutons, etc.

Sur les 9 185 310 hectares de forêts que possède la France, le hêtre occupe une surface d'environ 1 745 000 hectares ou 19 p. 100 de l'étendue totale. Les forêts soumises au régime forestier produisent annuellement 1 284 223 mètres cubes, sur lesquels 80 p. 100 sont débités en chauffage, et le surplus en bois d'œuvre.

Le *châtaignier* est très-inégalement réparti sur la surface du territoire. A part quelques forêts des environs de Paris, on ne le rencontre que dans le centre et le midi de la France. Comme il se carie facilement, il donne peu de bois de charpente, mais il produit des perches de mines et du merrain de bonne qualité. Exploité en taillis, il pousse vigoureusement et peut fournir dès les quatre ou cinq premières années des cercles pour tonneaux ; à un âge plus avancé, c'est-à-dire vers vingt ou vingt-cinq ans, il sert à faire du treillage ou des échalas de vigne très-estimés.

Le *frêne* se trouve surtout dans les forêts de l'est et du nord-est. Cet arbre, qui peut atteindre 30 mètres de hauteur et 3 mètres de circonférence, donne un bois élastique, tenace, peu sujet à se tourmenter, mais qui, exposé aux alternatives de sécheresse et d'humidité, se pourrit facilement ; peu employé dans les constructions, il est recherché pour la menuiserie et la carrosserie, qui consomment les cinq sixièmes des 30 000 mètres cubes que produisent les forêts soumises au régime forestier ; le surplus est employé comme étais de mines.

Le *charme* est commun dans les forêts du nord et de l'est de la France ; il occupe une superficie de 1 102 000 hectares, c'est-à-dire 12 p. 100 de l'étendue totale des forêts. C'est un arbre de moyenne grandeur, qui produit un bois dense, tenace, propre à la confection des outils, des roues d'engrenage, des manches de parapluie, des formes de chaussures, des bois de tour, etc. Exploité en taillis, il donne des perches de mines et un chauffage qui peut être considéré comme le meilleur que nous possédions. On évalue à 1 116 000 mètres cubes la production totale du charme dans les forêts domaniales et communales ; dans ce chiffre le bois d'œuvre entre pour 38 500 mètres cubes et le bois de feu pour 1 077 500.

Le *tilleul* a une écorce fibreuse dont on fait des cordes à puits et des liens pour les gerbes de blé.

L'*érable* sert à faire des meubles de luxe et des instruments de musique.

L'*orme* est recherché pour le charronnage.

Le *bouleau* est employé à la fabrication des sabots et des allumettes.

Le *tremble* débité en petites lanières, est tissé en nattes et en tapis de table, et entre dans la composition de la pâte du papier.

L'*alisier* fournit des manches d'outil ; le *merisier* des bois d'ébénisterie, etc.

Les *essences résineuses* ne sont pas moins précieuses que les essences feuillues. Bien que moins répandues que ces dernières, puisqu'elles ne couvrent dans leur ensemble qu'une superficie de 1 847 000 hectares, c'est-à-dire seulement le cinquième de l'étendue totale du sol forestier, elles donnent une quantité de bois d'œuvre plus considérable. Elles en fournissent en effet 2 610 617 mètres cubes, tandis que les forêts feuillues n'en produisent que 2 322 820.

Parmi les arbres résineux de nos régions, le *sapin* est le plus important, aussi bien sous le rapport de la surface qu'il occupe que sous celui des produits qu'il fournit. Il couvre environ 643 000 hectares des régions montagneuses de la France. Le bois de sapin est peu résineux, léger, mais élastique, nerveux et d'une grande résistance à la flexion et à la traction. Le sapin est employé dans les constructions comme charpente de bâtiments et échafaudages ; dans la marine, comme plancher de ponts, mâtures et bordages ; dans la menuiserie, comme bois de sciage pour la confection des meubles communs, des cloisons, des planchers, des lambris, des portes, etc. Excellent bois de fente, il donne des bardeaux pour les toitures ; des merrains pour cuves, seaux ; des cercles pour la fabrication des boîtes à fromage, des tuyaux de fontaines, des bondes de tonneaux et de la pâte à papier.

L'*épicéa* occupe dans l'ensemble des forêts une aire de 275 000 hectares environ. Il donne un bois tendre, léger, à grain régulier, susceptible d'un beau poli, sonore, propre à la refente et à la menuiserie, mais trop peu résistant pour être employé dans les constructions.

Le *mélèze* est l'arbre des hautes régions, dont il couvre 184 000 hectares. Il croît très-lentement et donne un bois à grain fin et serré, lourd, résineux, souple, ne gerçant pas, et d'une grande durée. Il est d'une qualité supérieure pour la charpente et les sciages, et pourrait, ainsi que le chêne, être employé dans la marine comme bordage et même comme membrure ; on en fait aussi des traverses de chemins de fer, des merrains, des échalas, des poteaux télégraphiques, etc.

Le *pin sylvestre* n'occupe pas moins de 413 000 hectares. La qualité de son bois varie suivant les lieux qui l'ont produit. Dans le nord, où la végétation est lente, les couches annuelles minces et régulières, le bois est homogène, facile à travailler et propre à la menuiserie fine ; plus au sud, le tissu se lignifie davantage, devient plus résistant, plus propre aux constructions et à la mâture.

Le *pin maritime*, qui s'étend aujourd'hui sur plus de 700 000 hectares, a, comme le pin sylvestre, été introduit en grande partie artificiellement et sert comme lui au repeuplement des parties incultes, surtout dans les régions méridionales et dans les landes de la Gascogne. Il fournit un bois de qualité médiocre, mais soumis à l'opération du gemmage, il donne une résine abondante qui fait l'objet d'une industrie considérable.

Commerce. — Nous ne pouvons donner ici toute la nomenclature des échantillons commerciaux, nous renverrons pour cela à l'excellent ouvrage de MM. Dupont et Bouquet de la Grye, duquel nous allons encore extraire les renseignements spéciaux aux bois à ouvrer qui vont suivre.

Les *bois de charpente*, sans désignation spéciale, sont en général débités à la longueur et aux équarrissages que les arbres permettent d'obtenir, mais comme les prix des mètres cubes varient avec les dimensions des pièces, on classe celles-ci sous des noms variant dans chaque pays et dont chacun représente une catégorie de bois sensiblement de même valeur.

A Paris, on nomme *chêne ordinaire* les pièces de 0^m,10 à 0^m,30 d'équarrissage, *petit arrimage*, celles de 0^m,31 à 0^m,40, *gros arrimage*, celles de 0^m,44 à 0^m,60 ; les longueurs minima de ces catégories doivent être comprises entre 2 mètres et 10 mètres pour la première catégorie, 4 mètres à 12 mètres pour les deux autres.

Dans quelques pays, on appelle *grosses charpentes* les chênes de 1^m,30 de circonférence et plus au milieu, ainsi que ceux équarris de 0^m,33 quand leur longueur dépasse 6 mètres, et *petites charpentes* ceux de dimensions moindres.

Les mêmes variations se retrouvent dans les dénominations des charpentes de sapin, d'épicéa. Dans les Vosges, on désigne sous le nom de :

Chevrons les pièces en grume d'au moins 5 mètres de longueur et de 0^m,20 à 0^m,25 de diamètre à la base ;

Petites charpentes ou *pannes simples*, les pièces en grume d'au moins 12 mètres de longueur et de 0^m,30 à 0^m,35 de diamètre à la base ;

Moyennes charpentes ou *pannes doubles*, les pièces en grume d'au moins 12 mètres de longueur et de 0^m,40 de diamètre à la base ;

Grosses charpentes ou *recharges*, les pièces de toutes longueurs et de 0^m,30 à 0^m,34 d'équarrissage au milieu ;

Poutres ou *sommiers*, toutes les pièces d'équarrissage plus fort.

Dans le Jura, on nomme :

Gros bois, les arbres d'au moins 0^m,70 de diamètre à la base ;

Bois moyen, les arbres de 0^m,65 à 0^m,55 de diamètre à la base ;

Petit bois, les arbres de 0^m,60 à 0^m,20 de diamètre à la base.

On y équarrit en général à huit pans le pied de gros bois sur 4 ou 5 mètres de longueur au plus ; on les nomme alors *bois ronds*. Parfois on les équarrit à quatre faces sur toute leur longueur ; ils deviennent alors des *pièces*.

Les dimensions des *traverses de chemin de fer*, auxquelles on avait donné au début 2^m,40 et même 2^m,20 de longueur sur les voies de 1^m,50 de largeur, ont actuellement 2^m,50 et même 2^m,80. La largeur minima admise est de 0^m,200 pour les traverses *intermédiaires*, mais on emploie un type plus fort, dit *traverse de joint*, dont la largeur varie de 0^m,28 à 0^m,35.

Quant à l'épaisseur, elle ne descend pas au-dessous de 0^m,12 ; on admet de 0^m,12 à 0^m,15 pour les pièces équarries et jusqu'à 0^m,18 pour celles demi-rondes.

Une traverse intermédiaire cube de 0m,08 à 0m,09 et une traverse de joint 0m,11.

Les lignes d'intérêt local emploient les traverses de 2m,40 × 0m,20 × 0m,11.

On estime qu'il faut 120 à 130 mètres cubes de bois en grume pour faire 100 mètres cubes de traverses façonnés ou environ 1 234 pièces, dont un sixième en traverses de joint et cinq sixièmes en traverses intermédiaires. Ce genre de débit cause un déchet de 20 p. 100 sur le chêne et de 30 p. 100 sur le hêtre.

Les *poteaux télégraphiques* ont en France 6m,50, 8m,40 et 12 mètres de longueur et les diamètres correspondants sont de 0m,14, 0m,17, 0m,18, 0m,22 et 0m,26 à 1 mètre de la base, et au petit bout de 0m,09, 0m,10, 0m,12.

Les poteaux de 8 à 10 mètres servent à construire les grandes lignes, ceux de 12 mètres à faire passer les fils au-dessus d'obstacles tels que les lignes de moindre importance. On les enterre de 1 mètre quand leur longueur ne dépasse pas 8 mètres, et de 1m,50 dans le cas contraire.

Le commerce de Paris a adopté pour *les sciages de chêne* la nomenclature suivante :

DÉNOMINATIONS.	LARGEUR.	ÉPAISSEUR.	LONGUEUR.	SIGNAL.
	MIL.	MIL.		
Échantillon	25	42	1m,50 à 4m,00	9/1 1/2
Membrure	167	83	2 00 à 4 00	6/3
Doublette.	333	68	2 50 à 4 00	12/27 lig.
Grand battant	333	126	4 00 à 6 00	12/4
Petit battant	25	83	3 00 à 6 00	9/3
Entrevoies	25	28	1 50 à 4 00	9/1
Chevrons.	83	83	2 00 à 4 00	3/3
Membrette	167	56	1 50 à 4 00	6/2
Frise ou lame de parquet . . .	12 à 13	30	1 00 à 3 00	4/1
Panneau	216 à 243	20 à 22	2 00 à 4 00	9 p. /9 lig.
Volige	216 à 243	13 à 15	2 00 à 4 00	9 p. /6 lig.
Feuillet	216 à 248	6 à 7	2 00 à 4 00	9 p. /23 lig.

Les cinq premiers types se vendent fréquemment assortis ensemble sous le nom de lots d'échantillons ; les trois suivants, sous le nom de lots d'entrevoies. Les trois derniers, panneau, volige et feuillet, doivent être débités autant que possible sur maille avec des bois de chêne de beau grain, exempts de nœuds et de fentes.

Les lots d'entrevoies et de frises sont spécialement destinés à l'établissement des planchers et toitures des maisons. Les lots d'échantillons sont particulièrement employés dans la menuiserie ; ils se composent ordinairement de 60 p. 100

d'échantillons, 20 p. 100 de doublettes, 10 p. 100 de membrures, 10 p. 100 de planches de 0ᵐ,05 × 0ᵐ,24 ou de battants.

Dans beaucoup de localités, on débite les chênes en *planches marchandes* ou *ordinaires* contenant l'aubier de 0ᵐ,03 d'épaisseur et de 0ᵐ,27 à 0ᵐ,28 de largeur minimum ¹², ou en madriers dont l'épaisseur est de 0ᵐ,082 au plus.

Les sciages de chêne se vendent à Paris par lots assortis de 216 mètres de longueur pour les qualités *bonnes ordinaires* et de 212 mètres seulement pour les qualités dites *rebuts*.

Les charpentes se vendent au mètre cube.

Les autres sciages se vendent au mètre carré.

Les *sciages des hêtres* sont les suivants :

DÉNOMINATION.	LARGEUR.	ÉPAISSEUR.	SECTION TRANSVERSALE.
Entrevoies ou feuillet . . .	0ᵐ,216 à 0ᵐ,243	0ᵐ,033 à 0ᵐ,034	0ᵐ,0073
Membrure	Variable.	0ᵐ,165 sur 0ᵐ,110 0 180 sur 0 100 0 200 sur 0 080	0ᵐ,0154 à 0ᵐ,0175
Doublette ou trappe. . . .	0ᵐ,330	0ᵐ,075 à 0ᵐ,081	0 0234 à 0 0277
Quartelot	0 236	0ᵐ,050	0 0128 à 0 0130

LONGUEUR VARIABLE.

On fabrique aussi de petits sciages de hêtre de 2ᵐ,25 de longueur uniforme sur 0ᵐ,11 à 0ᵐ,25 de largeur et 0ᵐ,015 à 0ᵐ,006 d'épaisseur, ainsi que des douves de dimensions variables qu'on vend par bottes pour la fabrication des tonneaux destinés au transport des marchandises sèches. Les sciages de hêtre se vendent au cent de toises ou au *grand cent*, et souvent au décistère.

On désigne sous le nom général de *sapins* les résineux de quelque espèce qu'ils soient, pin sylvestre, pin maritime, épicéa, sapin, etc., qui se trouvent dans le commerce.

Dans les Vosges, on découpe les arbres en *tronces* de 11 ou 12 pieds de longueur, 3ᵐ,57 à 3ᵐ,90. Cette opération se fait sur le parterre de la coupe. La première planche détachée de chaque côté de la tronce est un *dosseau*; celles qu'on retire ensuite de chaque côté, et dont les faces sont parallèles, mais dont *les côtés sont en biseau et qui ne sont pas assez larges pour faire des planches de 8 pouces, sont appelées des *chons*; le reste de la tronce est débité en planches *alignées* des dimensions ci-dessus, qu'on met d'égale largeur.

DÉSIGNATION.	LARGEUR.	ÉPAISSEUR.	LONGUEUR.	SIGNAL.
Planches ordinaires et marchandes .	0m,244	0m,027	3m,00	12/0
	0 244	0 027	3 57	11/0
Planches réduites	0 210	0 027	3 00	12/8
	0 210	0 027	3 57	11/8
Planches larges	0 325	0 027	3 00	12/12
	0 325	0 027	3 57	4/12

On n'est pas rigoureux sur l'épaisseur, il est dans les usages de compter l'épaisseur du trait de scie et d'admettre par suite des planches ayant 10 ou 11 lignes d'épaisseur comme des planches d'un pouce. On classe comme *planches de rebut* celles qui sont fendues, ainsi que celles dont les nœuds ne sont pas adhérents, et celles qui ont des défauts en restreignant l'emploi.

› On estime qu'un mètre cube de sapin en grume avec écorce donne 25 et quelquefois 28 planches marchandes 12/0, y compris les chons, ce qui suppose un tiers de déchet au débit.

Les sciages de sapin de Lorraine se vendent tantôt au cent de planches de la même qualité; tantôt, au contraire, ils comprennent des planches larges de 12/8 et 12/12 qu'on compte pour une planche et demie ordinaire ainsi que les chons et des rebuts alors comptés pour une demi-planche.

Comme *sciages divers* il y a le *tilleul*, le *platane* et le *peuplier* pour les foncures de meubles et principalement pour le commerce des emballages. On débite ces bois en planches et voliges de 0m,030 et 0m,015 d'épaisseur.

Nous arrêtons ici ces renseignements généraux sur les bois, renvoyant pour plus de détails aux traités spéciaux et notamment à l'ouvrage de MM. A. E. Dupont et Bouquet de la Grye auquel nous venons de faire de si larges emprunts, pour entrer dans l'étude des scieries et des machines à travailler les bois que cet ouvrage a tout spécialement pour but de faire connaître et apprécier.

CHAPITRE II.

SCIAGE DES BOIS.

—————

GÉNÉRALITÉS SUR LES SCIES A MAIN ET LES SCIERIES MÉCANIQUES.

Scies à main. — Le sciage des bois en grume ou des troncs d'arbres, tels qu'ils ont été abattus par la hache du bûcheron, est souvent encore effectué manuellement par les scieurs de long, qui, à cet effet, font usage d'une scie composée d'une lame tendue entres deux bras horizontaux ou *sommiers* réunis par deux montants, la lame occupant le milieu de ce châssis; la pièce de bois est placée horizontalement sur deux tréteaux et l'un des deux scieurs de long monte sur la pièce tandis que l'autre se tient sur le sol; le premier soulève la scie, agissant sur la poignée supérieure dite *chevrette*, le second la tire de haut en bas par la poignée inférieure nommée *renard*, et la scie, ainsi animée d'un mouvement alternatif, opère la division de la grume en suivant un trait en ligne droite, ou en ligne courbe suivant le tracé.

Après les scieurs de long viennent, dans l'emploi des bois de gros échantillon, les charpentiers. Ceux-ci, qui ne doivent pas avoir à refendre, font usage d'une scie qui leur permet de couper en travers et d'arraser.

La *scie à arraser* du charpentier est encore de grande dimension. Mais la lame, qui n'est pas destinée à exécuter des traits d'une grande étendue, est montée à l'extrémité de deux bras entretoisés par un sommier et reliés au moyen d'une corde tordue en trois ou quatre brins par une clef ou *garrot*, et qui a pour effet de tendre fortement la lame. Cette scie est ordinairement manœuvrée par deux hommes qui la font mouvoir horizontalement dans la direction du trait à exécuter.

Les charpentiers emploient également la scie de *long à crans* formée d'une forte lame plus large au milieu qu'aux extrémités qui sont munies de poignées, et la scie, dite *à main* ou *feuillets* ou *passe-partout*, qui peut passer en s'appuyant sur une surface, et enfin dans certains endroits où une scie à monture ordinaire ne pourrait accéder. Une scie à main se compose d'une lame forte, courte, plus large d'un bout que de l'autre, et n'ayant pour toute monture que la poignée en bois à l'aide de laquelle on la tient et on la fait fonctionner: c'est en somme un outil indispensable mais d'une manœuvre peu facile, et qui ne permet d'exécuter que des traits de peu d'étendue.

Après les charpentiers viennent les menuisiers et les ébénistes, qui font usage du jeu de scies le plus complet et le plus délicatement entretenu.

Un jeu complet comprend :

1° La scie à *refendre*, dite *allemande*, à l'aide de laquelle on exécute en petit ce que les scieurs de long exécutent en grand, c'est-à-dire des traits droits, d'une longueur indéfinie, et sur une épaisseur limitée à la force de l'homme, soit 0m,15 environ.

2° La scie dite *à tenons*, qui est montée comme la scie des charpentiers et qui sert à couper en travers et à abattre des tenons de grandes dimensions;

3° et 4° La grande et la petite *scies à arraser*, à l'aide desquelles on exécute le petit sciage et l'on arrase les tenons;

5° Enfin la *scie à chantourner*, qui permet l'exécution d'un débitage en ligne courbe.

De ces cinq types de scies nous ne retiendrons, pour nous y arrêter un moment, que la scie allemande et la scie à chantourner dont la disposition est très-différente de celle des trois autres types que nous considérons comme semblables à la scie du charpentier; mais la scie allemande et la scie à chantourner ne différant que par la largeur de la lame, c'est de la première dont nous allons nous occuper.

La scie allemande, comme celle du scieur de long, doit pouvoir parcourir un trait d'une longueur indéfinie sans que sa monture y fasse obstacle. A cet effet, la lame qui, en fonction, forme, avec les bras un angle qui se rapproche plus ou moins de 90°, est montée par chacune de ses extrémités sur des tourillons ou chevilles rondes, qui sont elles-mêmes montées sur les extrémités des bras, et peuvent s'y déplacer de façon à amener la lame sous l'angle convenable pour la manœuvre; l'une de ces chevilles, celle de la partie supérieure, présente une poignée, à l'aide de laquelle l'ouvrier saisit la scie de la main droite en même temps qu'il la soutient de la main gauche par l'extrémité opposée du même bras.

Dans ces conditions, le trait exécuté peut être d'une longueur indéfinie, mais la largeur de la *levée* ne peut pas dépasser la distance de la lame au sommier de la scie, c'est-à-dire, dans les conditions ordinaires, environ 0m,20.

La scie à chantourner est l'exacte répétition de la précédente; mais tandis que, pour la scie allemande, la lame neuve peut avoir 7 à 8 centimètres de largeur, la lame à chantourner doit être réduite conformément au rayon du trait que l'on veut exécuter, ce qui fait que cette largeur, qui n'est jamais de beaucoup supérieure à 20 millim., descend jusqu'à 5 pour les chantournements des plus faibles rayons; et il faut bien noter que l'ouvrier doit avoir d'avance à sa disposition un jeu de lames de largeur graduée dont il fait usage à propos, car, si un trait de très-petit rayon est impossible avec une lame trop large, un trait de grand rayon est difficile avec une lame trop étroite.

Un point nécessairement important dans l'établissement d'une scie, c'est l'état de la lame et de sa denture. La lame d'une scie à bois est faite d'acier laminé, trempé et amené à un état de recuit tel qu'une lime puisse facilement y mordre pour l'affûtage. Les dents ont une forme triangulaire pour les scies autres que celles affectées aux grands sciages dans les bois tendres. (Nous ne parlons encore, bien entendu, que des scies à mains.) Pour les scies de menuisiers et d'ébénistes, les dents sont des portions de triangles équilatéraux dont l'une des faces est à peu près perpendiculaire à la direction de la lame, et c'est celle qui se présente dans le sens de l'avancement du sciage ; mais sur un quart environ de la longueur de la lame, du côté du bras opposé à celui par lequel l'ouvrier tient la scie, les dents sont un peu plus renversées en arrière, dans le but de donner à la scie un peu moins de résistance au moment même où l'attaque du trait commence.

Cette figure de dents est telle, en résumé, que l'affûtage s'effectue très-facile-ment au moyen de la lime dite *tiers-point*, dont la section est, ainsi qu'on le sait, un triangle équilatéral exact ; il suffit alors à l'ouvrier, pour affûter sa scie, de passer le tiers-point entre les dents, dont un revers et une face se trouve atta-qués simultanément, et la forme de la denture est ainsi facilement conservée depuis la denture neuve découpée mécaniquement jusqu'au dernier terme du service de la lame, où elle ne conserve plus que 1 ou 2 centimètres de largeur, et peut encore être utilisée comme lame de scie à chantourner. Pour ces mêmes scies de menuisiers ou d'ébénistes le coup de tiers-point se donne perpendicu-lai-rement à l'épaisseur de la lame et la face coupante des dents n'offre donc aucun biseau. Il n'en est pas de même pour certaines scies employées pour des sciages grossiers, tels, par exemple, que le tronçonnage des bûches de bois à brûler, travail qui exige que les dents de la scie soient plus grosses et que leur face d'attaque soit renversée en arrière.

En réalité, cette forme de dents convient aux scies qui travaillent dans les deux sens du mouvement ; il est alors d'usage de limer légèrement en biseau la lame tranchante. La forme générale de la dent est à peu près un triangle équilatéral dont la base est parallèle à la direction de la lame ; pour les bois secs, les dents sont consécutives et pour les bois verts on ménage entre chacune d'elles un inter-valle neutre égal environ à leur base.

La question de la conservation de la forme des dents, nonobstant les affûtages successifs, est très-importante, et peut devenir très-difficile lorsque les dents affec-tent d'autres formes et ressemblent plus ou moins à des crochets, comme nous aurons l'occasion d'en montrer quelques types à propos des scieries mécaniques.

Dans tous les cas, pour éviter qu'une lame de scie ne soit coincée dans la pièce, on oblique les dents paires d'un bord et celles impaires de l'autre, c'est ce qu'on appelle donner de la voie.

En effet, si les dents d'une scie étaient maintenues dans le même plan que la lame elle-même, son épaisseur étant uniforme, il serait à peu près impossible de faire glisser la lame dans le trait, surtout si les deux parties sciées ont de la ten-dance à se resserrer, ce qui se produit fréquemment avec le bois. Il faut, en somme, *que la largeur du trait exécuté soit notablement supérieure à l'épaisseur de la lame.*

A cet effet, on fait dévier légèrement toutes les dents par rapport au plan de la lame, et pour chacune alternativement à droite et à gauche, en prenant soin toutefois qu'elles ne se démasquent pas complétement par leurs extrémités supérieures, ce qui déterminerait un sillon non actif et apporterait obstacle au fonctionnement; on a pu employer des lames de scie sans voie pour le sciage de certains corps fibreux, tels que les os et les métaux, cependant, même dans ces cas, on a reconnu qu'en pratique courante il était utile de donner un peu de voie.

Quant à la manière de faire cette opération, on fait usage d'un outil appelé *tourne-à-gauche*, à l'aide duquel chaque dent est attaquée individuellement et inclinée dans les conditions voulues; on fait usage aussi d'un *chasse-pointe* et de la percussion. C'est en somme une opération assez délicate et qui a donné l'idée de différents procédés mécaniques plus sûrs et plus rapides que la main de l'ouvrier; ils sont surtout utiles dans les scieries où les outils sont nombreux et soumis à un travail considérable et incessant.

Rappelons en passant qu'on a proposé, pour remplacer la voie, des lames dont l'épaisseur serait plus grande du côté de la denture que sur la rive opposée. Ce procédé, sans tenir compte de la difficulté de fabrication, serait admissible si la denture ne s'usait pas, ce qui ne peut être.

Ajoutons en terminant cet aperçu sur les scies à main, dont les scieries mécaniques ne sont, après tout, qu'une reproduction amplifiée, qu'une condition essentielle à remplir pour qu'une lame de scie fonctionne bien, c'est qu'elle soit parfaitement tendue et ne conserve pas le moindre gauche : une scie, dont la lame large de quelques centimètres ne serait pas rigoureusement dégauchie, est impossible à conduire.

Scieries mécaniques. — Ces scieries, dont nous nous occupons spécialement dans cette partie de notre ouvrage, ont donc pour base les scies manœuvrées à la main dont elles doivent reproduire le travail, mais dans des conditions toutes différentes au point de vue du rapport et de la quantité de travail produite et même de la précision. Ainsi, MM. Dupont et Bouquet de la Grye estiment qu'avec une scie de long on peut refendre une pièce de chêne sec en planches de 0m,015 d'épaisseur avec une lame épaisse de 1 millimètre, qui fait un trait de 1 millimètre et demi de largeur, causant ainsi un déchet de 10 p. 100 de sciure, et n'exige que 30 000 kilogrammètres de travail moteur par mètre carré de surface de trait, tandis que la scierie mécanique qui fera le même travail ne pourra avoir moins de 2 millimètres d'épaisseur, fera un trait de 3 millimètres de largeur, causera un déchet de 20 p. 100 et exigera 63 000 kilogrammètres par mètre carré de sciage produit.

Le sciage mécanique a, de plus, l'inconvénient de débiter les pièces d'un seul coup sans tenir compte des fentes et des vices qu'elles renferment, tandis que le scieur de long peut modifier son lignage pendant le cours de son travail.

Par contre, le sciage mécanique offre l'avantage de faire des traits nets, réguliers, bien plans, et d'éviter le gauche que présentent les planches débitées à la scie de long par des ouvriers médiocres, en sorte qu'il compense par ce fait l'augmentation de déchet que ses grandes voies occasionnent. De plus, son prix de revient est moins élevé que celui du sciage à bras, bien qu'il exige un capital important et un grand travail moteur. Cette économie est assez importante pour que le sciage mécanique ait été adopté partout où il y a des travaux suffisants pour l'alimenter régulièrement.

Nous allons actuellement examiner tout particulièrement la nature des services que chaque système de scieries mécaniques est appelé à rendre, et pour cela nous les classerons par type bien distinct, quoique appartenant toujours cependant aux deux grandes classes des *scies à mouvement alternatif* et des *scies à mouvement continu*. Ce sont, pour la première classe :

1° Les scieries verticales à une seule lame, à mouvement alternatif, et desservies par un chariot mobile portant la grume ;

2° Les mêmes scieries, mais avec table fixe et cylindres conducteurs pour conduire les madriers à refendre ;

3° Les scieries de même espèce avec plusieurs lames à chariot ou à cylindres ;

Ces trois types représentés par divers systèmes fixes et locomobiles à *mouvement de transmission en dessous et en dessus*.

4° Les scieries dites *à placage*, à mouvement horizontal alternatif;

5° Les scies alternatives à découper dites *sauteuses;*

Comme scies à mouvement circulaire, il y a :

6° Les scieries dites *fraises* ou *circulaires*, à chariot mobile ou à table fixe et guide;

7° Les scieries à lame sans fin ou à ruban, organisées, quant aux accessoires, comme les précédentes.

SCIERIES VERTICALES A UNE SEULE LAME ET A CHARIOT. — Les scieries à mouvement alternatif se composent en général d'un châssis ou cadre sur lequel se fixe la lame ou les lames, et animé d'un mouvement rapide au moyen d'une bielle actionnée par un arbre à manivelle. Dans le type à une seule lame, celle-ci a presque exactement la structure d'une scie dite allemande ou à refendre, et est guidée sur un bâti vertical qui lui offre les glissières nécessaires à la rectitude de son mouvement. Sur le côté du mécanisme de la scie se trouve réservée une sorte de voie ferrée supportant le chariot qui reçoit la pièce de bois, et qui se déplace mécaniquement dans le sens du trait que la lame exécute.

L'emploi d'une telle scie est nécessairement indiqué chaque fois qu'il s'agit d'exécuter un ou plusieurs traits dans une *grume*, c'est-à-dire dans une pièce de bois n'ayant aucune face dressée pouvant servir de guide. Une telle grume se fixe solidement sur le chariot dont le mouvement assure alors la rectitude du trait.

La scierie à une seule lame et à chariot est donc le système le plus convenable pour équarrir une grume ; mais elle peut néanmoins la débiter en madrier, puisque le chariot est disposé de façon à pouvoir faire avancer la pièce vers la scie après chaque trait effectué, mais nous verrons que les scies à cylindres et à plusieurs lames peuvent être d'un meilleur service dans cette circonstance.

La scierie à une seule lame, opérant en quelque sorte à l'extérieur du châssis, conduit assez naturellement à la disposition par commande en dessous au moyen d'une longue bielle, et exige par conséquent une fosse profonde et des fondations. Il en résulte que son usage semble limité aux usines fixes, tandis que pour l'exploitation en forêt, par exemple, on est conduit à rechercher un dispositif par lequel la lame de scie occupe l'intérieur d'un châssis, que l'on peut plus aisément commander par le milieu de sa hauteur et même par sa partie supérieure, en supprimant, au moins en partie, la fosse profonde, tout en réservant néanmoins aux bielles de commande la longueur nécessaire ; telles sont les scieries à plusieurs lames, dont nous parlerons tout à l'heure.

SCIERIES A UNE SEULE LAME, A TABLE FIXE ET A CYLINDRES. — Pour ce second type, nous pouvons admettre une commande semblable au premier, mais ici la pièce de bois, au lieu d'être portée par un chariot qui rectifie le trait, repose sur une table fixe et est prise entre deux jeux de rouleaux ou cylindres, disposés de chaque côté de la lame ; ceux qui sont en arrière sont lisses et lui forment point d'appui, tandis que ceux qui sont en avant sont cannelés, commandés mécaniquement et déterminent son entraînement.

Or, dans cette situation, la pièce de bois n'a pour guide que ses propres parements et le trait exécuté ne peut être que parallèle, ou pour mieux dire une parallèle à la direction des cylindres guides, contre lesquels les cylindres entraîneurs repoussent constamment la pièce.

Il en résulte donc qu'avec une scierie à cylindres, la pièce soumise au sciage doit préalablement posséder au moins un parement redressé et dégauchi ; dans tous les cas, le trait de scie ne sera toujours qu'un *tiré d'épaisseur* exact d'après le parement guide. Ces scieries rendent des services pour refendre les pièces déjà régulières, telles, par exemple, que des madriers de sapin.

SCIERIES A PLUSIEURS LAMES, A CHARIOT OU A CYLINDRES. — Ce type comporte un châssis vertical, commandé mécaniquement, et qui peut recevoir un certain nombre de lames, nombre que l'on peut varier à volonté ainsi que leur écartement ; il peut leur être adjoint, pour l'entraînement de la pièce de bois, un chariot sur rails ou des cylindres : le chariot conviendra, comme dans le premier cas, pour des grumes non redressées ; les cylindres trouveront leur emploi, comme dans le second cas, pour les pièces offrant déjà un parement dressé.

La scierie à plusieurs lames est donc d'un utile emploi pour l'exécution rapide de plusieurs refends dans la même pièce. Mais on observera, toutefois, que le diamètre de cette pièce est limité à l'ouverture même du châssis porte-lame, tandis qu'avec le système à une seule lame, mentionné plus haut, la pièce de bois étant placée en dehors du mécanisme de la scie, elle peut avoir une dimension quelconque.

Nous avons dit que le mode de montage à plusieurs lames était celui qui se prêtait le mieux à l'installation sans fosse profonde, c'est ce que l'on verra par divers exemples de *scieries*, dites *locomobiles*, montées sur chariot pourvu de roues de façon à pouvoir être amené sur le lieu même de l'exploitation.

SCIERIES A PLACAGE. — Une scierie à placage est à peu près la reproduction de la scierie alternative à une seule lame, si ce n'est que la lame, au lieu de se mouvoir dans le sens vertical, se meut horizontalement, tandis que la bille de bois, soumise au découpage, s'élève avec le châssis qui la porte à mesure que le trait s'avance.

Cette ingénieuse machine, dont la construction a peu changé depuis sa création, permet de diviser les bois précieux en feuilles minces de la plus grande régularité.

Malgré les grands services rendus par les scieries à placage, leur emploi a diminué depuis l'invention des machines dites *à trancher*, qui ont cet avantage de ne donner lieu à aucune perte de bois. Néanmoins, le bois scié a généralement plus de valeur que le bois tranché, sans compter que les bois très-ronceux se prêtent très-difficilement au tranchage.

SCIERIES A DÉCOUPER, DITES SAUTEUSES. — La scie à découper, qui a porté aussi le nom de *reperceuse*, et qu'on emploie depuis longtemps pour les découpages dans le genre de la marqueterie, est une scie alternative qui se compose d'une lame étroite, d'une trentaine de centimètres de longueur et qui, traversant une table, est prise entre un mouvement mécanique qui la tire de haut en bas, et un ressort qui la relève en sens contraire; la pièce à découper est dirigée sur la table par la main de l'ouvrier, tandis que la scie, agissant sous l'effort du mécanisme inférieur, remonte sans travailler sous l'influence du ressort dont nous venons de parler.

La scie sans fin ferait la même besogne et mieux que la sauteuse, s'il n'existait pas deux circonstances dans lesquelles l'emploi de la première est impossible.

Premièrement, lorsque le découpage à exécuter n'offre pas de sortie par rapport aux rives de la pièce; dans ce cas, il faut débuter par un trou percé à la mèche pour y introduire la scie, manœuvre pour laquelle la structure de la scie sans fin, comme celle de toute autre scie à monture fixe d'ailleurs, s'oppose absolument. La lame droite au contraire se détache facilement de son mécanisme par l'une de ses extrémités, et peut être introduite sans difficulté dans le trou percé d'avance, puis rattachée ensuite; secondement, quel que soit le diamètre des poulies sur lesquelles la scie sans fin est montée, et quelle que soit par conséquent la distance des deux brins de la lame, cette distance est souvent inférieure à la longueur de la pièce soumise au découpage, et qu'il faut pouvoir tourner en tous sens sur la table pour suivre le contour du trait.

Dans ce cas-là, c'est la sauteuse qu'il faut employer, et qui doit se composer de deux parties complétement indépendantes, c'est-à-dire la table et son mécanisme montés sur le sol de l'atelier, et le mécanisme du ressort de relevage ayant ses points d'attache exclusivement attenant au plafond ; la lame de la scie devenant alors le seul organe qui relie les deux parties entre elles, la longueur de la pièce qu'on peut lui soumettre n'a d'autre limite que les dimensions de l'emplacement réservé à l'outil.

Dans un atelier bien installé, et pour l'ébénisterie par exemple, on isole la sauteuse de façon à pouvoir décrire librement un cercle de 3 à 4 mètres de rayon de la lame de scie comme centre.

Toutefois, on construit des scies alternatives avec lesquelles on ne se propose qu'un service plus restreint, et qui sont formées d'un bâti plus ou moins en potence, et auquel le ressort est directement rattaché.

Il faut dire en passant que le montage de ce genre de scie, dans le cas général prévu tout à l'heure, ne manque pas de difficultés, surtout si l'atelier est haut de plafond et n'offre pas de points d'appui convenables.

FRAISES OU SCIES CIRCULAIRES. — On sait que l'on désigne ainsi un disque circulaire en acier dont la circonférence est découpée en dents de scie. Ce disque se fixe sur un axe horizontal animé d'un mouvement de rotation dans des paliers qui font partie d'un banc sur lequel on a réservé soit un guide fixe, soit un mécanisme d'entraînement pour la pièce de bois à débiter.

On pourrait donc, en principe, effectuer avec une fraise les mêmes opérations qu'à l'aide des lames droites ; mais en pratique il n'en est pas de même.

D'abord, le diamètre de la fraise ne peut pas être moindre qu'environ deux fois un quart à deux fois et demie l'épaisseur de la pièce à refendre, ce qui, pour des grumes ou des billes très-ordinaires, conduit à des lames de plus de 1 mètre de diamètre. Ensuite, la force absorbée par une fraise est très-considérable, puisqu'elle ne tarde pas à se trouver engagée de près de la moitié de sa surface dans le trait ; d'autre part, pour diminuer ce frottement et éviter que la lame ne devienne gauche ou ne se voile, on est obligé de lui donner beaucoup de voie, et, de toute façon, pour un grand diamètre, elle ne peut pas être aussi mince qu'une lame droite. De ces conditions d'établissement il résulte une prise du trait très-forte, constituant ainsi un excès de perte de bois et un surcroît de dépense de force motrice. Il y a aussi à signaler les dangers que présente la conduite de ces machines.

Les scieries circulaires devraient donc être aujourd'hui entièrement remplacées pour le grand débit par les scieries alternatives et les scieries à lame sans fin, si ce n'était l'extrême simplicité de son installation et de son mécanisme, et aussi la grande quantité de travail que l'on en peut obtenir, comparativement au peu d'emplacement qu'elles exigent, mais toujours au prix, bien entendu, d'une quantité proportionnelle de force motrice absorbée.

Mais, dans les ateliers de construction, lorsqu'elles sont d'un faible diamètre, elles trouvent encore d'utiles applications. Ainsi, pour la menuiserie ou l'ébénisterie, dans des ateliers où l'on est pourvu d'ailleurs de scies à ruban pour le refendage et le découpage, on l'emploie avantageusement pour *couper en travers*, par exemple, car on peut lui soumettre des pièces dont la longueur est un obstacle absolu pour la scie à ruban et pour tout autre genre de scies mécaniques. On emploie aussi des fraises montées sur un chariot à l'aide duquel la lame s'élève ou s'abaisse par rapport au plan de la table, ce qui permet d'exécuter des feuillures, des languettes, etc.

Enfin, on construit pour l'exécution de petits travaux des bancs de fraises dont la lame a quelquefois moins de 10 centimètres de diamètre et que l'on conduit aisément au pied, condition très-réalisable vu la simplicité du mécanisme. Sous cette forme, la fraise rend de très-grands services à la petite industrie.

SCIERIES A RUBAN OU SANS FIN. — La scie à ruban ou sans fin consiste, comme son nom l'indique, en une longue lame dont les deux extrémités sont soudées, de sorte que dans son ensemble elle fait exactement l'effet d'une courroie de transmission ; aussi, comme cette dernière, la lame de scie sans fin est montée sur deux poulies d'égal diamètre, animées d'un rapide mouvement de rotation continu. Il s'ensuit que cette scie produit, à vitesse égale, le double de travail d'une scie alternative ; travaillant toujours dans le même sens, elle tend, par cela même, à maintenir constamment la pièce de bois appuyée sur la table qui la supporte, ce qui rend la direction de la pièce si facile que la main seule peut servir de guide pour l'exécution d'un trait droit ou courbe.

La faculté de tendre la lame à volonté et de ménager au brin agissant des guides dont la distance est absolument arbitraire, rend possible, avec le même outil, le sciage de pièces d'épaisseur variant dans les plus grandes limites ; enfin, la précision avec laquelle opère la lame sans fin et la délicatesse que l'on en peut obtenir sont telles, qu'il est devenu possible d'exécuter avec ce précieux outil des découpages de genre et de finesse inconnus auparavant.

Étant admise cette lame d'un mode particulier, rien ne semblait s'opposer à construire des scieries capables de se substituer à celles en usage et pour les mêmes travaux. On établit en effet avec succès des scieries à ruban avec chariot ou cylindres pour l'équarrissage et le débit des grumes, pour le refendage des plateaux, etc., qui, dans une certaine mesure, remplacent les scies alternatives à une ou plusieurs lames.

Un avantage qui est encore à signaler, c'est qu'en général une scie à ruban, pour un travail semblable, est toujours plus étroite et plus mince qu'une lame droite; elle a donc besoin de moins de voie et prend moins de bois pour le trait.

Dans un atelier, une scierie à ruban se prête facilement à des travaux multiples; en effet, la même lame, qui a servi à refendre des madriers dans le sens de leur largeur, peut exécuter un chantournement d'un rayon déjà très-sensible. Mais il faut remarquer en outre qu'on peut toujours avoir à sa disposition un jeu de lames de largeurs et de dentures différentes, et qu'en une ou deux minutes une lame pouvant être substituée à l'autre sur la machine, on a la faculté d'employer la lame la plus convenable au travail à produire.

Ajoutons que, pour une même quantité de travail, la somme de force motrice dépensée est moindre avec la scie sans fin qu'avec les autres systèmes, vu la constance de la direction, la plus faible épaisseur du trait et la légèreté relative des pièces en mouvement.

CHAPITRE III.

SCIERIES A MOUVEMENT ALTERNATIF.

Aperçu historique. — L'invention des scieries à mouvement alternatif est très-ancienne; le savant général Poncelet, dans ses rapports sur les machines et outils à l'Exposition universelle de Londres, en 1851, cite les dates de 1420 et 1555; mais ce n'étaient là, on s'en doute bien, que des machines grossières toutes en charpente; cependant on y trouve déjà, pour provoquer l'avancement du chariot recevant le bois, l'ingénieux mécanisme du pied-de-biche et de sa roue à déclic conservée encore dans la plupart des scieries alternatives. Belidor, vers 1736, fit l'application de ce système à une scie alternative dans laquelle le châssis, au lieu d'être élevé verticalement par des cammes à chocs successifs, comme dans les systèmes primitifs, recevait le mouvement continu d'une courte bielle inférieure montée sur la manivelle en fer de l'arbre coudé horizontal d'une roue hydraulique à grande vitesse et à action directe.

Dans deux recueils de machines publiés à Amsterdam vers la même époque, de 1734 et 1736, M. Poncelet a trouvé ce genre ancien de scierie composant trois châssis verticaux suspendus à des bielles renversées faisant mouvoir un arbre en fer à manivelles triples, coudées sous des angles respectifs de 120° et dont chacune conduit jusqu'à 10 lames. Dans cet ancien genre de scierie, le service des pièces à l'entrée ou à la sortie de l'usine était opéré au moyen de câbles passant sur des poulies de renvoi et aboutissant, d'une part, au chariot qui porte les pièces, d'une autre à un treuil d'enroulement mû par la roue à rochet décrite par Belidor, avec déclic et pied-de-biche mis en action par le va-et-vient du châssis.

On doit à Samuel Bentham, qui, apprenti pendant sept ans en Russie, s'est élevé au rang de brigadier général chargé des travaux de construction de l'arsenal de Woolwich, des perfectionnements notables dans les scieries et les machines à travailler les bois et qui sont en partie relatés dans une patente de 1793. Plus tard Brunel, officier de marine français, d'abord ingénieur aux États-Unis, puis en Angleterre sous les ordres de Bentham, prit des patentes en 1806, 1808, 1812 et 1813, dans lesquelles sont signalés des perfectionnements importants aux machines à bois, scieries circulaires et scieries alternatives. Ces dernières, dans l'établissement de Battersea, dit M. Poncelet, étaient munies chacune d'un volant indépendant de celui de la machine à vapeur qui donnait le mouvement à l'ensemble, innovation importante imitée depuis. Ces scieries, entièrement établies en fer et en fonte par l'habile Henry Maudslay, sous la direction de l'ingénieur Brunel, se distinguaient encore de celle de Belidor :

1° Le rochet à déclic et pied-de-biche recevait l'action d'une camme adaptée au bras même de la manivelle au moyen d'un système de leviers articulés qui faisait avancer le chariot porte-pièce pendant la descente même du châssis de la scie, lequel avait, de plus, la facilité de se retirer légèrement en arrière pour éviter l'accrochement des dents pendant la montée ;

2° Le châssis lui-même était monté sur une courte bielle oscillante, à fourche droite et inférieure, et ce châssis était muni latéralement de forts montants cylindriques en fer, évidés, remplis de bois élastique, et glissant dans des œillères vers leurs extrémités inférieures et supérieures ;

3° Les lames de scies, verticales et parallèles, étaient maintenues, haut et bas, à des distances respectivement égales au moyen de calibres de bois serrés par des écrous qui, au moyen d'une forte bascule à contre-poids et autres accessoires, permettaient de tendre individuellement les lames de quantités rigoureusement égales entre elles ;

4° Enfin, la pièce à débiter étant fixée sur le chariot au moyen de deux forts étriers à montants articulés couronnés de chapeaux qui maintenaient cette pièce en dessus, en avant et en arrière.

En 1821, M. Calla père construisit pour l'établissement de M. Roguin, à la Gare, alors hors des murs de Paris, de grandes scieries à lames verticales multiples et à mouvements alternatifs. Un peu avant cette même époque, M. Edwards en installa trois dans l'atelier de construction des mines d'Anzin. Le châssis de ces dernières scieries, portant jusqu'à 10 lames, était établi d'après le système de Brunel père, mais dans les scieries de la Gare, M. Calla, tout en imitant le système ingénieux de bandage dynamométrique et de calage des lames, remplaça les guides verticaux cylindriques et évidés des châssis par de grandes roulettes à gorges angulaires fixées aux poteaux montants de ce châssis, muni au milieu de boutons en saillie, recevant l'action d'un couple de bielles à manivelles inférieures, disposition vicieuse qui obligeait de donner à ces montants un fort équarrissage pour résister sans torsion ni flexion transversale, aux alternatives obliques et variables de cette action.

La Société d'encouragement ouvrit en 1826 un concours pour le perfectionnement des scieries à bois qui fut successivement prorogé jusqu'en 1831 ; le programme consistait particulièrement sur la nécessité d'articuler le châssis des grandes scieries à action alternative avec leur équipage moteur, de manière à imiter le travail des scieurs de long et à supprimer en quelque sorte tout frottement, procurant ainsi à l'outil le balancement observé dans le sciage à bras, par lui-même si avantageux pour faciliter le dégagement de la sciure.

Cette manière de voir, dit M. Poncelet, repose essentiellement sur l'exagération du rôle attribué au frottement du châssis dans ses coulisses, frottement qui, dans les scieries bien établies, ajoute à peine un sixième à la résistance effective du sciage, lorsqu'il est effectué sans gêne au bridement des lames du châssis.

Aussi ce concours ne produisit que quelques tentatives infructueuses dont on retrouvera les traces dans les Bulletins de la Société, tomes 24 à 32.

MM. Mariotte, Guillaume, Giraudon, Peyod, Philippe, habiles mécaniciens de Paris, renoncèrent au balancier et firent usage soit pour débiter le bois en grumes, soit pour débiter les madriers, des bielles attachées directement au châssis porte-scie et commandées par l'arbre moteur soit en dessous, soit en dessus.

Une disposition intermédiaire a été celle adoptée par M. Peyod, telle que nous l'avons donnée dans le 3ᵉ volume de la *Publication industrielle*. Dans cette machine, pour diminuer la longueur de la bielle, celle-ci, au lieu d'être articulée directement avec le châssis, est reliée avec lui au moyen d'un petit balancier horizontal conducteur, à axe horizontal qui rappelle la tige directrice du parallélogramme de Watt, et dont le mouvement oscillatoire est transmis au porte-scie par une autre petite bielle.

Mais le type qui se rapproche le plus des scieries modernes est celui, pourtant déjà ancien, de M. Philippe, que nous avons publié en détail dans le 3ᵉ volume de la *Publication industrielle*. Or, cette machine étant considérée comme un des meilleurs types de l'époque où elle a été construite, nous croyons utile de bien montrer l'ensemble de ses dispositions, que l'on pourra reconnaître à l'examen de la figure 1 de la planche 1ʳᵉ.

Scierie à une seule lame pour bois en grume. — La scierie de M. E. Philippe, représentée en élévation de face figure 1, se trouve enfermée dans un bâti en fonte, disposé comme un portique, et composé de deux hauts montants A réunis, à leur partie supérieure, par un entablement B et par deux consoles C; sur l'entablement B s'élèvent deux chevalets D supportant l'arbre moteur L et se reliant avec la charpente supérieure du bâtiment.

Le chariot porte-pièce N repose par des galets sur deux rails en fonte n, eux-mêmes fixés sur un bâti en charpente O passant à l'intérieur du bâti principal et du châssis porte-lame E.

Cette dernière pièce, en raison des dispositions générales de la machine, a une grande importance; c'est un vaste cadre, d'une largeur intérieure de 1ᵐ,125, sur lequel la lame de scie L se trouve fixée par un procédé analogue à ceux en usage.

Ce châssis est commandé par sa partie supérieure au moyen de deux bielles en fer J, assemblées aux boutons de manivelle fixés sur les volants régulateurs V, clavetés sur l'arbre moteur L, qui reçoit sa commande des poulies P et P'.

Nous n'entrerons pas dans la description du mécanisme d'avancement, sa disposition étant semblable à celle que l'on adopte actuellement et nous aurons occasion de la décrire en détail; on remarquera seulement que le moteur est l'excentrique circulaire e agissant sur un rochet appliqué à la roue dentée R, laquelle peut aussi être attaquée à la main pour opérer le retour rapide du chariot.

Cette scierie, montée autrefois dans les ateliers des Messageries royales, était fort bien construite, et a fait un bon service ; elle marchait à une vitesse moyenne de 120 coups par minute.

Néanmoins, M. Philippe, lui-même, n'a pas tardé à reconnaître qu'à cause de la grande hauteur du bâti et de la nécessité d'un point d'appui à la partie supérieure, il était préférable de reporter la commande à la partie inférieure, ou de chercher d'autres dispositions pouvant obvier à ce double inconvénient. Ce à quoi l'on est arrivé, comme on le verra, par les divers systèmes que nous allons maintenant examiner.

Nous classerons les scieries à mouvements alternatifs de la manière suivante :
1° Scieries verticales à mouvement en dessous avec fosse ;
2° Scieries à mouvement en dessous, sans fosse fixe et locomobile ;
3° Scieries à mouvement en dessus, fixes et locomobiles ;
4° Scieries à tronçonner ;
5° Scieries horizontales pour débiter les bois de placage ;
6° Scieries à découper, dites sauteuses.

SCIERIES VERTICALES A MOUVEMENT EN DESSOUS AVEC FOSSE.

───

SYSTÈME A UNE SEULE LAME ET A CHARIOT
Construit par M. BARAS (Pl. 1).

Dans l'exposé qui précède nous avons dit sur quel principe est basée la construction de ce genre de scierie et la nature du travail auquel on la destine ; une lame de scie verticale placée à l'extérieur de son châssis convient donc à l'équarrissage et au débit des bois en grume, parce que le chariot sur lequel la pièce de bois est fixée, dirigé très-exactement en ligne droite, permet l'exécution de traits parfaitement droits, quelle que soit la difformité de cette pièce ; en outre, la position de ce chariot, placé en dehors de la scie, fait que la grume peut être d'un diamètre quelconque, au moins dans les limites de la largeur du chariot.

La scierie que nous avons choisie pour cet exemple peut être considérée comme le type du genre adopté du reste depuis longtemps déjà, sauf quelques modifications, par les constructeurs français.

La figure 2 représente la machine dans l'ensemble, vue sur la face opposée au chariot, la fondation en coupe ;

La figure 3 en est une vue de côté, le chariot et la fosse en coupe transversale.

MÉCANISME DE COMMANDE. — Il se compose d'abord d'un bâti en fonte A en forme de console et reposant sur une plaque B fixée elle-même sur deux longrines en charpente C, lesquelles ont pour point d'appui une forte pièce C', ainsi que la maçonnerie de la fosse au-dessus de laquelle la machine est montée.

La face de la console A, dont la figure 4 est une section horizontale faite suivant la ligne 1-2, est disposée pour recevoir des coulisses destinées à guider la scie dans son mouvement vertical.

Cette scie se compose de la lame D, tendue entre les deux sommiers E entretoisés par le montant en bois F et par un boulon a servant à contre-balancer la tension de la lame, et qui occupe la place de la corde tordue des scies à main.

La scie proprement dite, ainsi composée de cinq pièces principales, est fixée sur un châssis en bois G, auquel sont appliqués les guides métalliques b (fig. 4) engagés dans les glissières de la console, et qui est muni à sa partie inférieure d'une chape c par laquelle il se rattache au mécanisme de commande.

Nous avons dit les difficultés que les premiers constructeurs ont eu à surmonter pour arriver à une transmission de mouvement satisfaisante en présence de la grande course de la scie, de sa vitesse rapide et de la transformation du mouvement circulaire continu de l'arbre moteur en mouvement rectiligne alternatif pour qu'il ne se produise pas dans les coulisses des réactions nuisibles à la conservation des pièces.

Ce but n'a pu être atteint que par l'emploi de bielles très-longues; mais avec ce genre de scie, que l'on ne peut attaquer que par l'une des deux extrémités du châssis G, c'était une difficulté; nous avons vu en effet, par l'exemple de la scierie de M. Philippe, à quel énorme bâti il s'est trouvé entraîné, tandis qu'en adoptant l'attaque par la partie inférieure, ce qui n'exige qu'une fosse un peu profonde pour y loger la commande, le mécanisme peut alors être réduit à peu de chose.

Ce mécanisme se compose ici d'un axe horizontal H tournant dans deux paliers I fondus de la même pièce que la plaque de fondation I', boulonnée sur une pierre scellée au fond de la fosse ayant ici une profondeur de 4 mètres; cet arbre porte les poulies de commande fixes et folles P et P' ainsi qu'un volant V, sur l'un des bras duquel est réservé le bouton e pour l'assemblage d'une longue bielle en bois J, dont l'extrémité opposée se rattache enfin à la chape c du châssis porte-scie G.

Le mouvement alternatif de la scie résulte ainsi du mouvement de rotation de l'arbre H et de la transmission par la bielle J, dont la longueur est supérieure au sextuple du rayon de la manivelle, c'est-à-dire de la distance des centres de l'arbre H et du bouton e.

CHARIOT PORTE-PIÈCE. — Ce chariot, dont une partie de la longueur seulement est indiquée figure 2, consiste en une plate-forme horizontale formée de quatre longrines en fer f et de traverses en fonte K; du côté de la scie, la longrine extérieure est garnie d'un coulisseau en fonte g (fig. 3) engagé sur un rail fixe g', et du côté opposé un certain nombre de galets h, pris entre les deux longrines, s'appuient et roulent sur un second rail fixe h'.

La grume X, reposant sur les traverses K, doit s'y trouver solidement assujettie et remplir la double condition de laisser le chemin de la scie libre et de se prêter sans difficulté aux différentes dimensions de la pièce, qui doit aussi pouvoir, sans cesser d'être retenue fermement, s'avancer vers la lame afin que celle-ci puisse exécuter plusieurs traits successifs.

A cet effet, chacune des traverses K constitue un chariot pour le glissement d'une potence en fonte L, qui sert de point d'appui et d'attache à un châssis vertical en bois L', sur la face duquel sont appliquées, de distance en distance, des griffes i montées sur des vis i', à l'aide desquelles on peut les déplacer pour les élever ou les abaisser; la grume s'appuyant alors à la fois sur la plate-forme K et sur les boîtes des griffes, on fait mouvoir ces dernières jusqu'à ce qu'elles pénètrent dans la pièce en dessus et en dessous, de façon à l'immobiliser complétement.

On remplace aussi quelquefois ces griffes en leur substituant aux deux extrémités du châssis, des butées, l'une fixe et l'autre mobile pour se prêter à la longueur de la grume, la serrer et la maintenir sur la forme.

Suivant les divers diamètres des pièces, et pour régler par suite leur distance de la scie et aussi pour l'exécution des traits successifs, l'ensemble du châssis vertical, comme nous l'avons dit, est mobilisable. A cet effet les potences L, montées à chariot sur les traverses K, renferment chacune une vis j (vue en poncture fig. 3) traversant un écrou j' fixé sous le patin de la console.

Il suffit donc de faire tourner les vis j pour déplacer dans les conditions voulues l'ensemble du châssis L', des potences L et de la grume X. Mais comme il est nécessaire que ce mouvement s'exécute simultanément pour toutes les potences, et bien parallèlement, toutes les vis semblables j sont réunies par un système de chaînes, de telle sorte qu'en agissant sur celle du milieu on les fait fonctionner toutes les trois ensemble.

Cette vis se termine, à cet effet, par deux roues k, qui correspondent par des chaînes avec des roues semblables montées sur les autres vis; il suffit donc, pour mettre les trois vis en mouvement, d'agir sur celle du centre au moyen d'une manivelle que l'on monte sur le carré, qui la termine par son extrémité opposée aux roues k.

On sait que de pareilles chaînes doivent être pourvues d'un dispositif qui permette de les tendre à volonté. A cet effet, pour chacune des deux chaînes, il y a une barrette à coulisse fixée sur la longrine extérieure, laquelle est munie d'un galet qui reçoit le brin supérieur, et comme cette coulisse peut être montée ou descendue à volonté, on arrive, de cette manière, à donner à la chaîne la tension nécessaire pour parer à ses allongements.

AVANCEMENT AUTOMATIQUE DU BOIS. — L'avancement du bois, nécessairement à contre-sens de l'exécution du trait, doit être très-régulier, intermittent comme l'action de la scie elle-même qui ne travaille qu'en descendant, et la quantité dont la pièce de bois avance pour chaque coup de scie doit être nécessairement variable suivant la nature du bois et suivant son épaisseur.

Comme nous l'avons dit en commençant, dans les plus anciennes scieries connues on faisait usage, pour opérer cet avancement, c'est-à-dire pour mettre en mouvement le chariot qui porte la pièce de bois, d'un mécanisme dont l'organe principal consistait en une paire de roues à denture de rochet sur lesquelles agissaient deux cliquets dits pieds-de-biche; l'un des deux, et pour chaque coup de scie, faisait tourner la roue correspondante d'un certain nombre de dents, en lui faisant décrire un arc variable à volonté, suivant la quantité d'avancement à produire; le second cliquet avait seulement pour mission d'empêcher le mécanisme de revenir en arrière.

On retrouvera ce mécanisme dans plusieurs scieries décrites plus loin. Ici nous sommes en présence d'un autre système, dont les résultats sont identiques, mais qui offre une différence notable dans les détails.

Les deux roues à rochet sont remplacées par une seule poulie à gorge angulaire M, fixée sur un bout d'axe m portant une roue droite m' qui commande une roue M', laquelle est fixée à l'une des extrémités d'un arbre horizontal n muni à son autre extrémité d'un pignon n' engrenant avec une crémaillère (fig. 3) appartenant au chariot K, et qui règne sur toute sa longueur.

Ces pièces étant ainsi disposées, on comprend que si l'on fait tourner l'arbre m sur lui-même, ce mouvement se communique par les roues m' et M' à l'arbre n qui, par le pignon n' et la crémaillère, met le chariot en mouvement. Le problème de l'avancement consiste donc à faire tourner cet arbre m d'une certaine quantité pendant que la scie remonte.

A cet effet, ledit arbre m porte, entre la poulie M et la roue m', et montée librement, une grande équerre N, dont la branche horizontale présente une coulisse pour l'assemblage d'une bielle N' reliée par son extrémité inférieure à un excentrique circulaire monté sur l'arbre moteur H; la branche verticale de l'équerre N se termine par un goujon sur lequel est monté librement un secteur s dont le limbe, légèrement excentré, présente en saillie un profil correspondant à la gorge de la poulie M; ce secteur est d'ailleurs armé d'un bras contre-coudé, armé d'un contrepoids destiné à le maintenir engagé dans la gorge de la poulie.

L'effet de cette disposition mécanique est le même que celui de la roue et du pied-de-biche : dans le mouvement oscillatoire communiqué à l'équerre N, le coincement du secteur s avec la poulie M ne peut évidemment avoir lieu que dans l'un des deux sens du mouvement, celui indiqué par la flèche, et sous cette influence le roulement du secteur tend à abaisser son plus grand rayon. Dans le mouvement en sens contraire de l'équerre N, l'effet opposé se produit, le secteur s tendant à se dégager de la poulie M, ne l'entraîne plus.

Mais comme il est indispensable que l'arrêt du chariot soit absolu, et qu'il y a lieu de craindre que le contact par friction ne cesse pas complètement, à côté du secteur d'entraînement s se trouve le secteur de retenue s', qui est monté sur un goujon fixe o implanté dans le bâti A; ce second secteur, qui n'obéit qu'à la poulie M, a précisément pour objet de l'arrêter dans un mouvement de recul, car s'il s'en produit un, même léger, il se coince dans la gorge et arrête tout mouvement.

L'avancement de la grume étant ainsi obtenu automatiquement, il faut après chaque trait terminé faire revenir rapidement le chariot afin d'effectuer un nouveau sciage. Ce mécanisme du retour rapide se compose d'un arbre o' portant une roue droite m' engrenant avec la roue M', et d'une paire de poulies fixe et folle p, p'. Il suffit d'engager la courroie de commande sur la première de ces poulies, après avoir eu le soin de dégager en les renversant les secteurs s et s'; résultat obtenu à l'aide de la fourchette q fixée sur une tringle que l'on déplace en agissant sur la manette du levier q'.

Quant au débrayage des poulies motrices, il consiste en une fourchette r (fig. 3) rattachée par un levier à une tige verticale r', terminée par une poignée et offrant deux crochets qui permettent de l'arrêter dans ses deux positions différentes.

LAME DE SCIE ET SA MONTURE. — Dans la construction de la monture de la scie, il est important d'examiner les moyens employés pour opérer la liaison de la lame avec les traverses E.

Le procédé en usage depuis longtemps, avec quelques variantes peu sensibles, est celui représenté en détail figures 5 et 6. La lame est prise par chacune de ses extrémités dans une sorte de pince O, avec laquelle elle est d'ailleurs réunie par plusieurs petits boulons; cette pièce, offrant un épaulement, est introduite dans la tête d'un boulon O', terminé par un enfourchement dont l'entrée est plus étroite et constitue le rebord qui forme arrêt à la tête de la pince. Le boulon O' de chacune des pinces traverse les sommiers E correspondants du haut et du bas du châssis, de telle sorte qu'à l'aide des écrous se vissant sur les deux boulons, on peut donner à la lame toute la tension nécessaire, leur traction s'exerçant précisément par le rebord de l'enfourchement sur la tête de la pince.

Nous avons déjà fait observer que la tige a (fig. 3), reliant les sommiers E du côté opposé à la scie, avait justement pour mission, par sa résistance, de faire équilibre à cette tension, à laquelle les assemblages du montant F avec les sommiers E ne sauraient résister isolément. Cette tension est considérable et on peut donner une idée de ce qu'elle peut être au moyen de l'hypothèse suivante:

Soit une lame de 120 millimètres de largeur sur 2 millimètres d'épaisseur, dont la section est égale par conséquent à 240 millimètres carrés. Si la charge de tension atteint seulement le 1/20 de la charge de rupture qui, pour du bon acier, ne serait pas inférieure à 50 kilogrammes par millimètre carré, l'effort de tension s'élèverait ainsi à 600 kilogrammes. Nous ne prétendons pas que ce soit là précisément l'effort de tension nécessaire, et pourtant il pourrait se faire que, dans certaines circonstances, cet effort de tension s'approchât de ce chiffre. Cette remarque n'a du reste pour but que d'appeler l'attention des constructeurs sur la disposition qu'il est utile de choisir pour les points d'attache de la lame et l'établissement de l'ensemble de la monture.

La figure 6' représente de face et de côté une modification de ce moyen d'attache. Ici, la pince O est en deux parties et retenue à queue dans la chape O'; mais cette chape ne fait pas corps avec le boulon; elle est formée de deux joues isolées qui se trouvent d'abord rivées ensemble puis réunies avec le boulon par un tourillon. On comprend que cette disposition offre plus de garantie au point de vue de la liberté de la lame de scie, qui peut toujours se dresser d'après ces deux tourillons, indépendamment de la pose des boulons sur les bras de la monture.

On remarquera encore (fig. 3) que, nonobstant la grande tension de la lame, on ajoute encore deux guides Q, dont l'écartement dépasse le diamètre présumé des plus fortes pièces que l'on puisse soumettre à l'action de la scie. Ces guides sont réservés sur deux bras ménagés au bâti; ils peuvent consister chacun en une plaque d'acier ou de bronze dans laquelle se trouve pratiquée une fente en rapport avec l'épaisseur de la lame.

Nous n'avons point encore parlé de la légère inclinaison que doit présenter la lame de scie par rapport à la direction de son mouvement, qui est exactement vertical comme le déplacement du chariot K est parfaitement horizontal, et par conséquent perpendiculaire au mouvement de la scie.

Si, en effet, la ligne de denture était parallèle à la direction du mouvement, les dents se superposeraient l'une à l'autre dans la traversée du bois, et il n'y aurait pour ainsi dire que la première dent entrante qui travaillerait; il faudrait alors, pour pouvoir opérer l'avancement du bois, que la scie s'en dégageât complétement, ce qui est absolument incompatible avec le fonctionnement.

La ligne de denture doit donc présenter une inclinaison par rapport à la verticale, qui est d'environ 2 centimètres sur sa longueur totale, égale ici à 1^m,80, soit à peu près 11 millimètres de pente en avant par mètre.

Or, la course étant égale à 0^m,900, il en résultera que la scie, à la suite d'un coup donné et lorsqu'elle sera revenue à la partie supérieure de sa course, laissera entre elle et le fond du trait un intervalle libre de 10 millimètres qui sera utilisé en partie pour l'avancement du bois, lequel pourra donc avoir lieu sans venir buter sur la scie, et laissera même à celle-ci la faculté d'effectuer une partie de sa course descendante avant d'entrer en prise, et toutes les dents pourront opérer isolément et successivement.

Dans tous les cas, il est bon que la scie n'entre en prise que quelques moments après son départ, où sa vitesse est théoriquement nulle, puisque la manivelle qui la commande est en ce moment à son point mort.

Après avoir fait observer que les deux sommiers E sont munis de pitons *t*, qui sont utilisés pour suspendre la monture en cas de démontage, nous allons entrer dans quelques détails sur la forme des dents.

Bien que l'on ait cherché théoriquement à élucider cette question très-complexe (1), la pratique est encore loin d'avoir adopté des règles fixes. La forme à donner aux dents de la lame de scie dépend non-seulement de la nature des bois, tendres ou durs, secs ou verts, du degré de perfection que l'on veut donner au sciage, mais encore des genres de scieries, de leur état d'entretien et même des habitudes particulières de travail du conducteur de la scierie.

La denture indiquée figure 7 est celle des scies à main usitées pour le sciage en travers, tel que le tronçonnage des arbres. Pour le sciage mécanique des grumes, la denture est celle représentée en détail, et à l'échelle moitié grandeur naturelle, par la figure 8. On voit que les dents ont la figure d'un triangle dont la face active est perpendiculaire à la direction de la lame, et que les dents sont séparées les unes des autres par un intervalle libre en ligne droite. On sait que l'espacement des dents a de l'importance à cause de la faculté de donner au dégagement de la sciure qui foisonne beaucoup, et dont le volume est nécessairement plus grand que celui du bois enlevé dans le trait.

La figure 9 montre une denture où la face active de la dent forme crochet et où l'espacement est déterminé par un évidement circulaire. Cette denture est appliquée aux scieries verticales, principalement pour le sciage des planches.

On voit en projection figure 8 la lame représentée de champ, afin de montrer *la voie* qui a pour but, comme nous l'avons dit, de donner au trait une largeur supérieure à l'épaisseur de la lame pour lui permettre de circuler. C'est ce que fait reconnaître aisément la figure 10, qui représente, à une échelle amplifiée, une lame engagée dans un bloc de bois. On remarque que de chaque côté de la lame existe un vide qui correspond justement à l'inclinaison donnée à chaque dent, alternativement à droite ou à gauche.

La figure 11 donne la forme des dents des scies dont font usage les scieries de long, mais, nous le répétons, il n'y a rien d'absolu dans ces formes que les ouvriers ou contre-maîtres modifient plus ou moins en les affûtant, et suivant les essences de bois.

BÂTI ET GLISSIÈRES. — La disposition du bâti A est assez simple; il n'y a de remarquable que les glissières qui servent de direction au châssis G sur lequel est fixée la scie. Nous avons dit qu'elles occupent les deux tiers extrêmes de sa hauteur en

(1) Voir les ouvrages allemands : *Handsägen und Sägemaschinen* de W. F. Exner et *Die Holzsäge, ihre Form, Leistung und Behandlung in Schneidemühlen* de H. Fischer.

laissant entre elles un vide nécessaire pour le passage de la grume suivant l'épaisseur des plateaux à débiter. Ces glissières sont constituées chacune par deux coulisseaux en fonte *b'* (fig. 3 et 4), fixés le long du bâti par des vis, et dont la partie active, celle dans laquelle glissent les plaques *b* du châssis G, est formée d'un tasseau en bronze rapporté. Les vis qui fixent les coulisseaux *b'* sont disposées de façon à ce qu'on puisse régler leur parallélisme avec la plus grande exactitude et rattraper le jeu survenu par suite d'usure.

Comme la partie inférieure du bâti se trouve en quelque sorte en porte-à-faux par rapport à la plaque de fondation B, et qu'il est de la plus grande importance qu'aucune partie de cette construction ne faiblisse, on a pris le soin de rattacher cette partie inférieure à la plaque par une barre de fer en écharpe B' (fig. 2).

MÉCANISME D'AVANCEMENT. — En cherchant à remplacer les roues à rochet et les cliquets ou pieds-de-biche dans cette importante fonction par une autre disposition plus simple ou moins délicate, divers constructeurs de France et de l'étranger, indépendamment du système appliqué ici par M. Baros, et par d'autres mécaniciens, ont imaginé un certain nombre de procédés que nous ne considérons cependant que comme des variantes de celui décrit ci-dessus, et qu'il est bon néanmoins de faire connaître. Entre autres dispositions, nous mentionnerons les deux suivantes représentées figures 12, 13 et 14.

Dans la première, figures 12 et 13, la roue M est un disque creux, plein sur une face, ouvert sur l'autre et dont le limbe, ayant le profil d'un V, est tourné extérieurement et intérieurement; ce disque, fou sur le bout d'axe *m*, fait corps avec le pignon *m'*, par lequel ses mouvements circulaires intermittents se transmettent au complément du mécanisme.

A cet effet, le disque M est engagé dans la fourche d'un levier N, auquel se rattache, sur le goujon *u*, la bielle qui lui communique un mouvement oscillatoire, comme dans l'exemple précédent. Enfin, sur l'extrémité de ce levier fourchu est articulé un doigt *u'*, dont l'extrémité intérieure est taillée de forme angulaire pour épouser le profil extérieur du disque M et se coincer sur lui lorsque le levier N oscille dans le sens convenable.

Ceci constituant le procédé d'entraînement du disque pour opérer l'avancement, voici le moyen employé pour le retenir dans l'évolution en sens contraire :

L'arcade R, qui sert de support à ce mécanisme, présente une oreille sur laquelle est fixé un goujon qui forme point fixe articulé à une équerre R', dont la branche verticale épouse, par son extrémité, le profil intérieur du disque M, tandis que sa branche horizontale forme contre-poids et tend à maintenir constamment ce contact. Il résulte de ceci que si le disque M a de la tendance à tourner à contresens de la flèche, un mouvement dans cette direction ne pouvant que faire se coincer fortement l'équerre R' dans l'intérieur du limbe, ce mouvement ne peut avoir lieu, ce qui est en effet le but proposé.

Faisons observer que le goujon *u*, auquel est assemblée la bielle de commande, est monté sur une vis que l'on peut faire tourner par son volant U, de façon à le déplacer et par suite modifier l'avancement à volonté.

La figure 14 représente un système d'encliquetage qui a une certaine analogie avec celui des figures d'ensemble 2 et 3, en ce sens que la roue M est en rapport, par sa circonférence extérieure, avec deux doigts dont l'un l'entraîne et l'autre la retient. Mais cette fois le limbe de la roue M est cylindrique, et le doigt *s*, articulé à l'extrémité du levier de commande, se termine par une plaque d'acier en contact exact avec le limbe, et possède un rayon plus grand que la distance de celui-ci au centre d'articulation. La roue M est donc entraînée lorsque la bielle de commande agit dans le sens de la flèche et abandonnée dans le cas contraire. Il est aisé de se figurer l'effet du doigt semblable destiné à la retenue et articulé sur un point fixe du bâti.

MÉCANISME DE COMMANDE. — Ce mécanisme, très-simple d'ailleurs comme combinaison, mérite cependant que l'on s'y arrête quelques instants, si l'on tient compte des nombreux essais qui ont été tentés en vue d'arriver à la disposition la plus convenable. Nous avons déjà parlé des scieries à balancier, qui présentaient l'inconvénient de produire des saccades et des secousses très-prononcées se reportant sur ledit balancier, et par suite en occasionnaient quelquefois la rupture ; ce système abandonné, on employa la commande directe, soit au moyen de bielles en dessus, comme dans la scierie Philippe, soit en dessous avec la fosse profonde. Si l'emplacement ou l'usage ne le permet pas, on se résout alors à certaines combinaisons plus compliquées et dont nous donnons les types.

Dans cette disposition normale de la commande en dessous, représentée planche 1, la bielle J est en bois, mais ses extrémités sont armées de ferrures très-solides, desquelles dépendent des têtes d'assemblage. Le bois est évidemment la substance qui convient le mieux pour de longues tiges auxquelles il est ainsi possible de donner une forte section, afin de parer aux vibrations et tout en réalisant une légèreté relative.

DES VOLANTS. — Le volant dans ce mécanisme joue un rôle important, car il est appelé à équilibrer les résistances qui sont très-variables, puisque la scie ne travaille qu'en descendant ; il est vrai que dans cette direction le poids du châssis de la scie est moteur, et des ingénieurs ont recommandé autrefois de faire en sorte que le poids de ce châssis se rapproche, autant que possible, de la moitié de l'effort moyen exercé sur lui.

Dans la scierie de M. Barus, le volant présente sur un tiers de sa circonférence un accroissement de la jante destiné à équilibrer tout le système, ce qui nous paraît constituer la meilleure situation possible. Il ne reste donc plus à demander au volant que de répartir également, pour les deux sens du mouvement, la force absorbée par l'opération du sciage.

Le général Morin a donné, pour le calcul du poids de l'anneau d'un volant semblable et pour une scierie à une seule lame, la formule suivante :

$$P = \frac{30000}{V^2}$$

dans laquelle P représente le poids cherché en kilogrammes et V la vitesse circonférentielle de l'anneau par seconde.

L'application de cette formule au volant actuel, si l'on employait la vitesse de
200 tours indiquée pour l'arbre, lui attribuerait un poids inférieur à celui qu'il
possède réellement, non compris le contre-poids ; mais il est évident que l'on ne
doit considérer cette vitesse que comme un maximum, et que la scierie peut être
appelée souvent, suivant la nature des bois et leurs dimensions, à ne donner que
150 et même 120 coups par minute.

Pour que le volant soit suffisant dans toutes ces circonstances diverses, sa force
vive doit donc être basée sur une vitesse plus faible que 200 tours.

En résumé, le poids de l'anneau de ce volant, sans tenir compte du contre-poids,
serait d'environ 160 kilogrammes. Si nous supposons que la vitesse de la scierie
soit seulement de 150 coups par minute, et que nous appliquions la formule ci-
dessus à la détermination de l'anneau du volant, nous obtenons le résultat suivant :

La vitesse circonférentielle égalerait :

$$V = \frac{1^m,5 \times 3\,1416 \times 150^t}{60^t} = 11^m,78;$$

et le poids cherché :

$$P = \frac{30000}{(11\,78)^2} = 215 \text{ kilogrammes.}$$

Les constructeurs admettent plus volontiers pour le coefficient 25 000 que
30 000, ce qui donnerait 179 kilogrammes au lieu de 215. On voit donc que
l'accord n'est pas loin de se faire entre l'état de choses existant et le résultat que
donnerait la formule. Mais il ne faut pas omettre de remarquer qu'il serait difficile
de s'en tenir aux simples termes du calcul, car si la scierie est susceptible de
marcher à des vitesses très-différentes, le volant serait tantôt trop lourd et tantôt
trop léger. Nous croyons donc juste de faire observer que si l'ensemble de ce
mécanisme est bien équilibré au préalable, par le volant lui-même, la question
diminue d'importance et, dans tous les cas, un peu d'excès de force vive, de la part
de ce volant, ne peut être nuisible.

TRAVAIL MÉCANIQUE DES SCIERIES. — Le travail effectué par une scie alternative
se détermine facilement en prenant pour facteurs l'avancement de la pièce de bois,
le nombre de coups donnés à l'unité de temps et la hauteur du trait exécuté.

Admettons comme exemple les conditions suivantes :

Bois tendre, hauteur du trait . . . . 0^m,500

Avancement de la pièce par coup de scie. . . . . 0 ,005

Nombre de coups de scie par minute 150

Ces données vont nous permettre d'estimer la surface de bois scié par chaque heure effective de travail. Il suffit en effet de faire le produit de la hauteur du trait par l'avancement par coup et par le nombre de coups dans une heure.

On trouve ainsi :

$$S = 0^m,5 \times 0^m,005 \times 150 \times 60 = 22^{mc},450.$$

C'est en effet la quantité de travail que l'on pourrait obtenir pour le sciage du bois blanc et sec. Pour du bois dur tel que du chêne dans un état moyen de siccité, l'avancement ne pouvant pas être aussi grand, la quantité de travail produite subirait évidemment la même réduction.

Quant à la quantité de travail totale par journée, elle devrait être calculée en tenant compte des arrêts nécessaires pour le retour de la pièce à chaque trait, pour le changement de pièce et enfin pour les soins et réparations nécessaires.

En somme, le produit effectif d'une journée ne doit pas être estimé au delà des deux tiers au plus du travail rapporté ci-dessus à l'unité de temps. Autrement dit, si, par exemple, le produit théorique de la scie était en moyenne de 16 mètres carrés par heure, le produit effectif d'une journée de 12 heures ne devrait pas être évalué à plus de :

$$16 \times 12 \times \frac{2}{3} = 128 \text{ mètres carrés.}$$

Nous ne devons pas omettre de faire remarquer que les quantités d'avancement admises dans les exemples précédents doivent être considérées comme des minima et pour les plus fortes épaisseurs soumises à la scie. Il est évident que pour une même espèce de bois, l'avancement peut augmenter au fur et à mesure que l'épaisseur de la pièce diminue.

Il nous resterait maintenant à donner une idée de la quantité de travail moteur absorbée par l'opération du sciage dans ces conditions. Nous disons, donner une idée, car la résistance opposée par le bois au sciage, présente des circonstances trop diverses pour qu'il soit possible d'indiquer aucune base fixe à cet égard. Il est évident qu'indépendamment de l'étendue de la surface sciée, la résistance opposée au sciage dépend : de la nature du bois, de son degré de sécheresse, et encore et surtout de l'état de la lame et de la largeur que l'on est conduit à donner au trait.

Nous ne pouvons donc que fournir quelques exemples.

D'après les expériences de M. Morin, faites sur une scierie à plusieurs lames, la force dépensée par le moteur a été, pour un travail de 0^{mq},161 de surface sciée par minute, de 3^{ch},70 dans du chêne sec et de 4^{ch},50, pour une surface de 0^{mq},131, par minute, dans du chêne de 4 ans de coupe, en faisant marcher quatre lames à la fois, ce qui donne : dans le premier cas, 0,925 de cheval par lame, et dans le deuxième, 1^{ch},125.

Il faut dire que nous ne rappelons ces résultats d'expérience qu'au point de vue historique, car ces expériences sont déjà très-anciennes, et les scies qui en ont été l'objet étaient elles-mêmes d'une construction très-primitive. Ces résultats n'ont enfin rien de comparable avec ce que l'on obtient aujourd'hui ; en effet, chaque lame représentait en moyenne l'absorption d'un cheval de force pour le sciage d'environ 2 1/2 mètres carrés de bois par heure, soit environ le tiers de la quantité de travail que l'on pourrait espérer aujourd'hui d'une scie bien montée et pour une dépense de force très-peu supérieure.

Nous avons nous-même procédé à une expérience pour déterminer le travail fait par une scie alternative par deux scieurs de long, dans l'intention d'en comparer les résultats avec ceux d'une scierie mécanique.

Ces deux hommes avaient à refendre une pièce de charpente, en chêne sec, de 0^{m},315 de hauteur ; ils donnaient moyennement 50 coups de scie par minute, et marchaient trois à quatre minutes sans s'arrêter, leur temps d'arrêt n'était que d'une demi-minute ; enfin, la course de leur scie était de 0^{m},975, et la longueur entière de la lame, de 1^{m},30.

En 7 minutes, ils scièrent une longueur de 0^{m},92, d'où la surface sciée était de :

$$0^{mq},92 \times 0^{m},315 = 0^{mq},2898 ;$$

soit par minute :

$$\frac{0^{mq},2898}{7} = 0^{mq},0414.$$

Rapporté à l'heure comme unité de temps, ce travail serait équivalent à celui d'une lame de la scierie de Metz précitée, et qui avait absorbé la force d'un cheval-vapeur. Ce fait n'a rien qui doit surprendre si l'on considère que ces outils étaient très-lourds et leur mécanisme très-peu perfectionné, tandis que la scie des scieurs de long est comparativement aussi simple et aussi légère que possible.

Toutefois, il est en général si difficile de se rendre compte d'une façon satisfaisante de la force exigée pour l'opération du sciage, soit à la main, soit à l'aide des machines, que nous ne voulons pas négliger de tirer du résultat précédent toutes les conséquences possibles.

Puisque nos deux scieurs de long ont effectué un sciage de 0^{mq},0414 par minute, qu'auraient-ils produit dans une journée de 10 heures de travail effectif, en admettant que leur force leur eût permis de conserver la même énergie ?

Leur travail pour 10 heures se serait élevé à :

$$0^{mq},0414 \times 600' = 24^{mq},84.$$

Ce résultat n'a rien d'inconciliable avec ceux que nous relevons dans l'excellent ouvrage auquel nous avons fait de nombreux emprunts, de MM. Adolphe-E. Dupont et Bouquet de la Grye, où ils nous apprennent que de nombreuses expériences faites à Toulon ont donné comme moyenne pour la journée de travail de deux scieurs de long :

16 mètres carrés en chêne,

19 — — en bois résineux.

« D'excellents ouvriers atteignent une moyenne de 19 mètres carrés pour du chêne de $0^m,28$ à $0^m,36$ de largeur, et une moyenne de 27 mètres carrés pour des résineux de $0^m,30$ de largeur. On cite un maximum de 38 mètres carrés en chêne, et de 40 mètres en résineux, comme produit du travail exceptionnel de 2 journées de deux très-habiles ouvriers, sciant des pièces de $0^m,30$ à $0^m,33$ de largeur. »

Maintenant quelle quantité de force ont dû dépenser les deux hommes dont nous avons cité le travail, et qui auraient produit 24 mètres carrés de sciage en 10 heures effectives ?

Il est constaté, d'une façon générale, qu'un homme travaillant suivant le mode qui convient à la scie de long, peut développer une force de 5 à 6 kilogrammètres par seconde, soit de 18 000 à 21 600 kilogrammètres par heure, et de 36 000 à 43 200 pour les deux hommes. Le sciage par heure étant de $2^{mq},400$, et si nous adoptons le chiffre de travail le plus élevé, nous trouvons pour la quantité de travail absorbée par 1 mètre carré de sciage de chêne :

$$\frac{43\,200^{km}}{2^{mq},4} = 18\,000 \text{ kilogrammètres.}$$

Eh bien, ce chiffre est insuffisant ; il est certain que deux hommes travaillant dans les conditions précitées développent un travail plus considérable que celui qui leur est attribué par les tables et qui suppose un effort pouvant être continu et sans effet sur la santé de l'homme.

Comparant ces chiffres avec d'autres résultats d'expérience, M. Hervé Mangon dit qu'en général on peut admettre qu'avec la force d'un cheval-vapeur il est possible de débiter, par heure, une surface de 6 mètres carrés en bois tendre et environ $4^{mq},950$ en bois de chêne.

Si nous nous arrêtons à ce dernier chiffre, et considérons qu'un cheval-vapeur correspond à 270 000 kilogrammètres par heure, nous trouvons pour 1 mètre carré de sciage :

$$\frac{270\,000^{km}}{4^{mq},5} = 60\,000 \text{ kilogrammètres.}$$

Nous sommes en mesure maintenant de donner une idée de la quantité de force motrice que peut exiger, en moyenne, une scierie du genre de celle que nous venons de décrire.

Ayant trouvé que pour 150 tours par minute la quantité de sciage en bois tendre s'élèverait à 22^{mq},50 par heure de travail effectif; que cette quantité de travail pourrait se réduire à 16 mètres pour du bois dur, tel que du chêne; mais tenant compte aussi que la vitesse de 200 tours admise par le constructeur est ordinairement atteinte en pratique, ce qui porterait cette quantité de sciage de chêne à 21 ou 22 mètres carrés par heure, nous devons en conclure que la force motrice cherchée dans ces conditions et directement utilisable s'élèverait à :

$$\frac{63\,000^{km} \times 22^{mq}}{270\,000^{kg}} = 5^{ch},12.$$

Inutile d'ajouter que ce chiffre ne doit être après tout considéré que comme une base, puisqu'il est variable avec l'espèce et l'état du bois soumis au sciage.

SCIERIE A UNE SEULE LAME ET A CYLINDRES

POUR DÉBITER LES BOIS EN MADRIERS ET EN PLANCHES

Par M. A. COCHOT, constructeur à Paris (Pl. 2, fig. 1 à 9).

La scierie à cylindres de M. A. Cochot, représentée planche 2, se distingue par sa bonne exécution et par quelques dispositions particulières qui permettent d'obtenir un travail très-régulier, en même temps qu'il est très-rapide. Ainsi, pour déterminer l'avancement du bois, il fait usage d'un système d'engrenages droits, qui permet de changer aisément l'une des roues et, par suite, de varier la vitesse des cylindres qui font avancer le bois, au lieu de faire sauter le cliquet de plusieurs dents sur la roue à rochet, comme cela existe dans les scieries en usage.

Cette disposition permet donc de réduire considérablement le diamètre de la roue à rochet, qui, dans ces sortes de machines, prend quelquefois des proportions considérables.

La disposition des glissières est aussi parfaitement entendue; présentant beaucoup de surface, elles ne sont pas, comme dans les anciennes machines, susceptibles de prendre du jeu; de plus, les couteaux, qui supportent la plus grande fatigue, étant en acier et guidés dans des coulisseaux en cuivre, peuvent fonctionner très-longtemps sans réparation.

Des scies de ce genre à une seule lame sont employées avec autant d'avantage que les scies à plusieurs lames, car le réglage et le service en sont plus faciles et l'on peut faire avancer le bois plus rapidement; ainsi dans le bois de sapin l'avancement peut être de 18 à 20 millimètres pour chaque coup de scie ; la lame étant guidée, on peut lui communiquer une très-grande vitesse et lui donner une longue course.

Avec une telle scie, on peut donc faire autant de travail qu'avec une machine à plusieurs lames, et on a l'avantage de varier l'épaisseur des traits sur un même madrier sans rien démonter, en modifiant seulement la position des cylindres cannelés.

Nous allons décrire cette machine en considérant chacun des points principaux qui suivent :

1° La construction du bâti de la machine ;

2° La scie proprement dite et son mouvement ;

3° Les cylindres et leurs mouvements.

La figure 1 représente la machine en élévation vue du côté du mécanisme qui commande l'avancement du bois ;

La figure 2 est une section transversale faite perpendiculairement à la figure 1 ;

La figure 3, une section longitudinale faite d'après la ligne 3-4 de la figure 2 ;

La figure 4 est un plan vu en dessus ;

La figure 5 montre en détail le châssis en fonte dans lequel se meut la scie proprement dite. Ces figures sont dessinées au 1/5 de l'exécution ;

La figure 6 représente à une échelle plus grande, de face et de côté, la tête de la monture de scie ;

La figure 7 est une section transversale de cette même pièce, munie de ses coulisseaux engagés dans les guides du bâti ;

La figure 8 est une vue de face et une coupe longitudinale du support des cylindres de pression ;

La figure 9 est une portion de section de la table montrant le mécanisme qui opère la pression sur le bois, et celui de l'encliquetage ;

La figure 10 est une vue de face du support des cylindres cannelés.

CONSTRUCTION DU BATI. — Le bâti de la machine se compose d'une table en fonte A, supportée à une certaine distance du sol par les montants a, formés de pilastres carrés de section angulaire ; leur écartement est maintenu par des entretoises a' disposées en arcs-boutants. Sur cette table est fixé, au moyen de boulons, le grand châssis B, représenté en détail figure 5, destiné à guider la scie dans son mouvement alternatif. Deux tablettes ou bancs A' et A² se relient à la table A dont elles font le prolongement, et sont supportées de distance en distance par des montants verticaux a^2, fixés solidement au sol. Des cylindres horizontaux en fonte tournée b sont placés sous les tables A' et A², qu'ils désaffleurent d'une faible quantité, et tournent librement dans de petits paliers disposés à cet effet. L'ensemble de ces cylindres forme une espèce de chariot sur lequel peut aisément glisser le bois.

Tout l'ensemble du bâti repose sur deux fortes poutrelles en fonte S, dont la section présente la forme d'un T ; la branche verticale de chacune de ces poutrelles est moins haute aux extrémités, lesquelles sont scellées dans la maçonnerie de la fosse qui existe sous la machine, pour recevoir la transmission du mouvement.

DE LA SCIE PROPREMENT DITE ET DE SON MOUVEMENT. — La monture de la scie est semblable à celle de la scie décrite précédemment. Elle se compose d'un montant en bois, C, relié aux deux bouts par des traverses C', également en bois, et auxquelles sont fixés les chaperons en fer c qui reçoivent les chapes de la scie. Un long boulon en fer d réunit les deux autres extrémités des traverses et permet de régler à volonté la tension de la lame au moyen de l'écrou qui le termine. La monture de la scie est fortement reliée à un châssis en bois D, dont les côtés extérieurs sont munis de couteaux en acier e (fig. 6 et 7), lesquels, dans le mouvement alternatif imprimé à tout le système, glissent dans des coulisses en bronze encastrées dans des règles en fonte e', rapportées contre le châssis B.

Comme il est important que les coulisseaux ne prennent pas de jeu dans les coulisses pendant le travail de la scie, le constructeur a jugé nécessaire d'appliquer une disposition qui permet de les régler convenablement; pour cela, les boulons f, qui retiennent les coulisses e' contre le châssis B, sont ajustés dans des trous oblongs, et des vis de pression g, convenablement espacées, taraudées sur le bâti B, repoussent les coulisses de la quantité jugée nécessaire pour rattraper l'usure.

Le châssis B, fixé d'une part sur la table A, est également relié à l'un des montants a; mais comme la grande vitesse imprimée à la scie pourrait produire des vibrations nuisibles, le châssis est encore consolidé au moyen d'un tirant fixe B', qui relie sa partie supérieure avec la table A.

Pour guider la lame et l'empêcher de fouetter dans le mouvement rapide de va-et-vient qui lui est communiqué, deux pièces g^2 (fig. 1, 2 et 3) sont boulonnées entre la face externe du châssis B. Ces pièces sont garnies de mâchoires en acier entre lesquelles glissent la lame, laquelle se trouve ainsi parfaitement maintenue au-dessus et au-dessous de la pièce de bois soumise à son action.

Le mouvement alternatif communiqué à la scie est obtenu par la bielle en bois E, de 2m,600 de longueur, qui s'attache d'une part à la partie inférieure du châssis D, et, d'autre part, au bouton de manivelle h, fixé sur l'un des bras du volant F monté à l'extrémité de l'arbre de couche G.

La poulie motrice est formée de douves en bois montées sur une couronne en fonte fixée par son moyeu sur le bout de l'arbre. Les coussinets des paliers H sont également en bois, et celui supérieur est serré par une double clavette h'.

DES CYLINDRES ET DE LEUR MOUVEMENT. — Les cylindres qui guident l'avancement du bois sont de deux sortes; les premiers I, appelés cylindres de pression, sont tout à fait unis; les deux autres L', qui servent à faire avancer le bois dans le sens de la longueur, pour le présenter à l'action de la lame de scie, sont cannelés.

Les cylindres de pression L sont adaptés à une sorte de poupée en fonte K (fig. 8), boulonnée à un petit chariot K', dont la base est dressée convenablement et les côtés taillés à queue d'hirondo pour glisser entre deux coulisseaux *i* fixés sur la table A (*voir* fig. 9).

Un système de leviers force la poupée K, et par suite les cylindres L, à s'appuyer d'une manière continue sur le bois à scier. A cet effet, le chariot K' est muni d'un boulon *m*, auquel est attachée l'extrémité d'une tige méplate en fer *l'*, dont l'extrémité opposée est reliée à un levier *l* fixé sur un arbre *k*. Celui-ci reçoit en dehors du bâti (fig. 1 et 9) un long levier à manette *j*, au bout duquel est attaché un *contre-poids* M (figuré en lignes ponctuées fig. 2), qui sollicite ce levier de haut en bas. Ce contre-poids peut alors actionner le levier *l'* et par suite la poupée K' au moyen du boulon *m*. De cette façon les cylindres L font toujours pression sur la pièce de bois, s'appuyant alors fortement sur les cylindres cannelés L'.

Ces derniers tournent dans des paliers ménagés à la poupée K², qui peut, comme celle K', se déplacer horizontalement sur la table A, en glissant entre des coulisseaux *i'* disposés à cet effet (fig. 10). Le déplacement de la poupée K² s'opère au moyen d'une tige filetée R munie à son extrémité, en dehors du bâti A, d'une manivelle à index R² (fig. 2); cette tige R traverse un écrou en bronze R' encastré dans une boîte fondue avec le support K². Cette disposition permet de régler à volonté la position des cylindres cannelés de façon à placer le madrier à débiter à la distance convenable de la scie pour obtenir des planches de l'épaisseur que l'on désire. A cet effet, un cadran r² (fig. 2 et 4), portant des divisions gravées, est fixé contre le bâti; il est traversé par l'axe de la vis R muni de la manivelle R², dont l'index fait reconnaître sur le cadran l'écartement qui existe entre la lame et les cylindres cannelés.

Le mouvement intermittent communiqué aux cylindres cannelés, pour l'avancement du bois, est obtenu au moyen de la bielle en bois E' munie à son extrémité inférieure d'une chape en fer, qui est forgée avec deux branches boulonnées à un collier entourant la gorge d'une poulie d'excentrique I', calée sur l'arbre de couche G. L'extrémité supérieure de cette bielle est reliée à un levier à coulisse *n* monté sur un axe *n'*, muni d'un second levier *n²*, qui actionne le cliquet *o*, lequel commande la roue à rochet O.

Cette roue est montée sur un axe *p* tournant dans un support P fixé au bâti de la machine, et qui est muni d'une roue dentée O' (fig. 2), laquelle commande, au moyen d'un pignon intermédiaire O², la roue Q; le moyeu de cette dernière lui sert d'axe et tourne prisonnier à la partie supérieure du support P. La roue intermédiaire O' est fixée au bâti P de manière à pouvoir se retirer facilement et être remplacée par un pignon d'un diamètre plus ou moins grand, suivant la vitesse d'avancement qu'il importe de donner au bois à œuvrer.

Un axe *p'*, muni d'une longue clavette, traverse le moyeu de la roue Q, dans laquelle il peut glisser librement, sans cesser pour cela d'être entraîné par le mouvement de celle-ci au moyen de ladite clavette.

Cet axe est, en outre, soutenu par une poulie adaptée au support mobile K° et porte à son extrémité un pignon d'angle r engrenant avec la roue r', dont l'axe reçoit la roue droite s, qui communique le mouvement à deux pignons droits s' montés à l'extrémité des cylindres cannelés L'.

Lorsque le madrier est près d'être entièrement scié, il peut arriver que le mouvement de la lame soulève le bois en travail et produise ainsi des chocs pernicieux pour la sécurité de la lame de scie. Pour remédier à cet inconvénient, le constructeur a disposé sur la table de la machine un support fixe T, après lequel est fixé un levier t, qui passe par-dessus le madrier, et présente son extrémité garnie d'une manette à la portée de l'ouvrier, sur lequel il peut exercer une pression.

TRAVAIL DE LA MACHINE. — Nous avons expliqué l'utilité qu'il y avait à donner à la lame de la scie une inclinaison assez sensible par rapport à la verticale, pour qu'elle puisse remonter sans que ses dents touchent le bois malgré son avancement. Il faut donc pour atteindre ce résultat que l'inclinaison de la lame soit d'autant plus grande que l'avancement du bois est plus considérable. Dans la machine de M. Cochot, cette inclinaison doit être assez sensible quand elle est utilisée à débiter des planches de sapin, puisque dans ce cas l'avancement peut être porté, comme nous l'avons dit, de 18 à 20 millimètres par chaque coup de scie.

Pour avancer aussi rapidement, il est bon que la machine marche à une assez grande vitesse, 200 à 250 révolutions par minute, et il faut, pour éviter l'échauffement de la lame, donner à celle-ci une assez longue course; alors un plus grand nombre de dents travaillent, mais naturellement pendant un temps moins long que si la course était moindre.

En admettant une vitesse moyenne de 200 coups par minute et la course de 0^m,800, comme elle existe dans la machine que nous décrivons, l'espace parcouru par les dents de la scie en une minute est de :

$$200 \times 2 \times 0,80 = 320 \text{ mètres.}$$

Avec une telle course, on peut scier aisément des planches de 30, 40 et 50 centimètres de hauteur; en admettant le cas le plus ordinaire de planches de 0^m,400, on obtient, avec une avance de 0^m,018, dans du sapin :

$$200 \times 0,018 \times 40 = 1^{mq},440$$

pour la surface sciée sur un côté seulement ; soit par heure :

$$1^{mq},440 \times 60 = 86^{mq},400;$$

quantité près de sept fois plus considérable que celle admise il y a 20 ans.

SCIERIE A PLUSIEURS LAMES ET A CYLINDRES

POUR DÉBITER LES BOIS EN MADRIERS ET EN PLANCHES

Par MM. MAZELINE frères, constructeurs au Hâvre.

(Pl. 3, fig. 1 à 9.)

Nous avons dit que dans quelques usines, pour le travail de certains bois, on donnait la préférence aux scieries mécaniques à plusieurs lames sur celles qui n'ont qu'une lame, non pas parce qu'elles peuvent faire plus d'ouvrage dans un temps donné, mais parce qu'elles trouvent plus spécialement l'emploi de leurs bois et parce que les scies peuvent détacher entièrement les planches du madrier, ce qui rend le service plus facile dans les chantiers.

Bien que les scieries à plusieurs lames ne permettent pas, à beaucoup près, de fonctionner avec une aussi grande vitesse d'avancement que les scieries à une seule lame, il n'en est pas moins vrai que, lorsqu'elles marchent avec huit ou dix lames, elles arrivent à produire un travail plus considérable.

Tel est le cas de la scierie que nous allons décrire.

La figure 1 représente cette machine dans son ensemble, en élévation vue par l'arrière suivant la ligne 1-2 de la figure 2, qui est une section longitudinale;

La figure 3 en est une projection horizontale vue en dessus.

MOUVEMENT PRINCIPAL. — L'arbre de transmission placé dans la fosse tourne dans les coussinets en bronze de la chaise en fonte B que l'on boulonne solidement sur une charpente en bois C, qui présente une certaine élasticité jugée convenable. Entre ces deux chaises sont les deux poulies D, D', dont l'une fixe reçoit directement son action du moteur par une courroie de 15 centimètres de largeur, et l'autre folle pour interrompre le mouvement à volonté.

Vers les deux extrémités sont montés les deux volants en fonte F, F', auxquels sont adaptés les boutons a, qui représentent ceux de deux manivelles d'égal rayon, qui reçoivent par articulation la partie inférieure des deux longues bielles G, G'.

Dans les premières scieries établies sur ce système, ces bielles étaient en fer forgé plein, et attachées à l'extrémité inférieure du châssis porte-scies, ce qui leur donnait plus de rigidité et beaucoup moins de longueur; dans les nouvelles scieries, le corps des bielles est en fer creux (comme le montre la section figure 4, laquelle est faite vers le milieu du corps de la bielle suivant la ligne 5-6, figure 2, et dessinée sur une plus grande échelle), ce qui les rend plus flexibles, et en outre, comme elles sont attachées à la partie supérieure du porte-scies, elles se trouvent notablement plus longues; par conséquent, elles décrivent, pour la même course, des angles plus petits.

On tient beaucoup à cette élasticité des bielles dans les scieries, à cause du mouvement rapide et saccadé imprimé au châssis de la scie, lequel est d'autant plus fort que le nombre de coups est plus considérable; c'est pourquoi on fait ces bielles en bois, cette matière présentant plus de flexibilité que le métal.

CHÂSSIS PORTE-SCIES. — Le sommet de chaque bielle est attaché de même, par articulation, vers les extrémités formant tourillon de la traverse supérieure H du châssis porte-scies; ce dernier n'est autre qu'un cadre rectangulaire composé des deux montants H' et des deux traverses horizontales H, H' auxquelles on attache les lames s. Un troisième montant H', qui est évidé dans sa partie inférieure, relie également les deux traverses par leur milieu, et les empêche de fléchir. Tout ce cadre est ici en fonte, avec des nervures et des évidements. Dans plusieurs scieries semblables, les constructeurs ont appliqué le fer forgé, ce qui rend le châssis un peu moins lourd.

Dans les scies à une lame, comme nous l'avons vu, les châssis sont en bois, pour les rendre plus légers et plus élastiques; cependant, pour leur donner la solidité nécessaire, on doit les relier avec des parties en fonte ou en fer.

Nous croyons que dans les scieries à plusieurs lames, on ne peut pas, comme dans ces dernières, trop réduire le poids du châssis, justement à cause du nombre de traits que l'on débite à la fois; ce poids est d'ailleurs compensé par les volants que l'on a soin de construire de manière à lui faire équilibre.

Pour guider le châssis dans sa marche rectiligne alternative, ses côtés horizontaux H, H' se terminent par des douilles en cuivre b (fig. 5) qui, alésées avec soin, sont ajustées sur les tiges verticales fixes I, lesquelles sont retenues, d'une part, à chaque extrémité, au sommet et à la base des bâtis de fonte J, et de l'autre, vers le milieu, à l'espèce d'entretoise K, qui est fondue avec chacun de ceux-ci.

Les lames de scie s, rivées à leurs chapes ou montures en fer c, sont attachées aux traverses horizontales du cadre, comme on le voit figure 6. D'abord celles-ci sont ouvertes sur une grande partie de leur longueur suivant une entaille verticale ménagée à la fonte, et assez large pour permettre d'y passer les chapes. Pour la traverse inférieure, il a suffi de faire à ces chapes un talon qui vient s'y appliquer en dessous, lorsqu'on les a introduites et retournées d'un quart de cercle; pour la traverse supérieure les montants n'ont pas de talon, mais on y ajuste des coins ou clavettes en acier que l'on serre au degré convenable, et qui, par cela même faisant appel, donnent aux lames toute la tension désirable.

Le nombre de scies étant nécessairement variable, selon les pièces de bois à débiter, leur écartement doit lui-même changer à volonté; c'est pourquoi on est libre de les rapprocher ou de les éloigner sur les traverses qui les reçoivent, en desserrant pour cela les clavettes de serrage. Mais une fois que leur nombre et leur distance sont connus, il faut les maintenir solidement dans leur position respective, de manière qu'elles ne puissent varier. À cet effet, au-dessous de la traverse supérieure H, comme au-dessus de la traverse inférieure H', on dispose deux séries de cales en bois *d*, plus ou moins épaisses, que l'on rechange selon les besoins, et que l'on tient en place par les vis à pointe *e* qui butent contre les côtés verticaux H' du châssis. Cette disposition est très-simple et facilite beaucoup le montage et le réglement des scies. Elle permet, tout en fixant bien l'écartement de ces dernières, de ':a incliner aussi de la quantité nécessaire, qui, comme on le sait, est proportionnée à l'avancement même du bois.

Sur le dessin, nous supposons que la scierie découpe en même temps deux madriers de sapin de mêmes dimensions, en faisant dans chacun quatre traits; il y a alors huit lames en activité. Quelquefois on en met dix, douze et même davantage; d'autres fois on n'en met seulement que quatre à six. Le plus généralement, le nombre de lames est pair, parce qu'on débite le plus souvent deux pièces.

Comme le rayon des manivelles, ou la distance des boutons d'attache des bielles aux volants au centre de l'arbre moteur, est de $0^m,22$ seulement, on voit que la course des scies n'est que de 44 centimètres.

Cette course paraît petite, comparativement à celle qui est donnée aux scies à chariot; mais, comme nous l'avons dit, ces dernières sont souvent appelées à découper de grosses pièces, très-larges, ou de fortes grumes, tandis que celle que nous décrivons sert presque toujours à débiter des madriers, des pièces de charpente de largeurs limitées.

En attachant les bielles à la partie supérieure du châssis, au lieu de les attacher à la partie inférieure, il devenait utile de cintrer les extrémités de la traverse H', afin que, dans leur mouvement oscillatoire, elles pussent aisément passer et s'obliquer à droite ou à gauche, quoique le cadre restât d'ailleurs constamment vertical. C'est ce que l'on voit bien sur la coupe figure 2 et le plan figure 3.

AVANCEMENT DU BOIS. — Comme on le voit principalement sur les figures 1 et 8, la traverse supérieure H est prolongée en forme de goujon sur lequel s'applique la coulisse d'un levier courbé en fer *f*, qu'il fait osciller sur son axe *g*. Celui-ci, porté par les oreilles *i* venues de fonte avec les bâtis J, reçoit, près du levier, une chape *h* en un point de laquelle s'adapte le rochet mobile *k*.

Toutes les fois que le châssis porte-scies remonte, il soulève le levier courbé *f*, et par suite la chape à coulisse *h*, qui, en même temps, entraîne le cliquet *k*, lequel, engagé dans les dents de la grande roue à rochet M, force cette roue à tourner de 2, 3 ou 4 dents, suivant la course donnée à l'extrémité du cliquet; cette course est variable selon le genre de travail à faire ou la nature du bois à débiter; c'est pourquoi la chape *h* est à coulisse. En attachant la partie supérieure du rochet en un point plus ou moins éloigné de son centre, on augmente et on diminue son jeu.

La roue M est ajustée à l'extrémité d'un axe en fer *l* qui prolongé porte, vers le milieu de la machine, un pignon droit N (fig. 2), lequel engrène avec la crémaillère dentée à jour O, fondue en deux pièces et avec des nervures. Le faible mouvement imprimé, à chaque ascension du porte-châssis, à la roue dentée M, se transmet donc, dans un rapport plus petit, par le pignon N, à cette crémaillère qui, de cette sorte, s'avance de gauche à droite. Un cliquet d'arrêt k' empêche la roue de se détourner et par conséquent de rétrograder.

Or, les deux madriers de sapin L, qu'il s'agit de découper, sont obligés de suivre le même avancement horizontal, parce que, d'une part, ils portent, comme la crémaillère, sur les rouleaux P, qui se trouvent disposés parallèlement au-dessous, et de l'autre, parce qu'ils sont pincés à leur extrémité, au moyen des tenailles à charnières Q, qui sont fixées à l'extrémité de la crémaillère et que l'on serre à volonté par les vis d'étau ou à manivelle m; ces vis sont entourées chacune d'un ressort à boudin, pour faire écarter rapidement les mâchoires de ces tenailles, lorsqu'on veut desserrer. Un petit cylindre ou rouleau de pression R (fig. 2) s'appuie constamment sur la partie droite des nervures de la crémaillère, qui, par ce moyen, ne peut marcher que suivant un plan parfaitement horizontal.

Pour que les madriers suivent exactement la direction rectiligne et parallèle aux plans des scies, ils sont tenus appliqués, pendant toute leur marche, du côté intérieur, contre les faces verticales et bien dressées des guides fixes o, par les cylindres cannelés S, appuyés contre eux à l'aide des leviers en fer T; ces derniers, oscillant sur leur centre p (fig. 3), sont tenus écartés à leur autre extrémité par les poids U qui se trouvent suspendus aux courroies en cuir q, lesquelles se maintiennent contre la circonférence des poulies à gorge r (fig. 3 et 9), dont les axes sont mobiles dans les chapes qui terminent la bride ou chaise en fer V. La pression exercée par ces poids est d'autant plus grande que le rapport entre le plus long bras de chaque levier T et le plus court, celui qui porte les cylindres, est lui-même plus grand.

Ainsi le rapport existant sur la machine actuelle est d'environ de 1 à 12, et chaque poids est approximativement de 27k,5 la pression exercée par chaque cylindre sur le bois est donc de :

$$27,5 \times 12 = 330 \text{ kilogrammes.}$$

Avec une telle pression, on conçoit que les madriers ne peuvent pas s'écarter; ils sont suffisamment maintenus contre leur guide. Les cannelures des cylindres ont pour objet de passer plus aisément sur les aspérités du bois, qui n'est en général pas dressé sur la surface extérieure.

Comme les épaisseurs des madriers sont variables et peuvent être sensiblement plus fortes ou plus faibles que celles indiquées, il est bon de changer la position des axes p de chacun des leviers, et par suite les brides en fer t, qui leur servent de supports et qui s'adaptent aux traverses X. Celles-ci sont boulonnées aux saillies verticales intérieures n fondues avec les bâtis J, et reçoivent au milieu un montant vertical Y, de chaque côté duquel sont appliqués les guides fixes o'.

Quand les madriers sont près d'arriver à l'extrémité de la course, l'appareil ne fonctionne plus, le chariot s'arrête naturellement, parce que la roue à rochet elle-même ne tourne plus. Pour cela, le constructeur a appliqué sur l'axe g', qui porte un levier à contre-poids j, une sorte de queue ou de manette rencontrée par la nervure x, solidaire avec la partie milieu des pinces Q, et par suite avec la crémaillère droite O (fig. 3) ; or, dès que leur contact a lieu, la manette est pressée de gauche à droite et, faisant osciller l'axe g', oblige le levier j à basculer, et celui-ci tombant immédiatement, par le poids de la lentille, de droite à gauche, fait osciller un taquet j' fixé sur l'arbre. Ce taquet agit sur un levier à équerre l' portant un galet qui soulève le cliquet k' ; et comme les deux cliquets sont dans le même plan, celui k' soulève et dégage le cliquet k des dents de la roue M, qui devient libre. Par cette disposition, lors même que les scies continueraient à marcher, elles ne feraient aucun travail, puisque le bois n'avancerait pas.

C'est alors que le scieur, faisant passer la courroie motrice de la poulie fixe D à la poulie D', doit s'occuper d'enlever les deux madriers ; à cet effet, il éloigne d'abord les deux cylindres de pression S, et comme au milieu de la pince q est boulonnée une tige à crochet Z, il y accroche une courroie passant sur une poulie de renvoi, et à laquelle est suspendu un contre-poids, puis il prend la poignée y, qui est adaptée à l'un des bras de la roue M, et la fait tourner en sens inverse, afin de ramener la crémaillère de droite à gauche ; les deux madriers marchent avec elle, d'autant plus aisément que le contre-poids tend à les tirer.

Arrivés à la fin de la course, l'ouvrier ouvre les pinces en desserrant les vis à ressort m, retire les madriers, et se prépare à en mettre d'autres à leur place, pour recommencer le même travail.

PARTIES FIXES DE LA MACHINE. — On a déjà compris, en étudiant les différentes parties mobiles du mécanisme qui précède, la construction de tout le bâti fixe de la scierie. Il se compose principalement des deux grands châssis verticaux en fonte J, reliés entre eux par les trois entretoises en fer z, qui en maintiennent l'écartement, et portés par leurs patins sur les deux poutrelles en chêne J', qui les rendent indépendants du plancher Z de l'usine.

Ces poutrelles sont boulonnées sur deux espèces de tréteaux J², composés également en charpente et reposant par de larges patins sur le sol en pierre qui reçoit la commande. De cette sorte, tout le système est parfaitement solidaire et présente toute la sécurité désirable pour la durée et la solidité générales.

Les rouleaux P, sur lesquels reposent le chariot et les madriers à scier, sont aussi placés sur des consoles ou supports en fonte P', dont la base est boulonnée sur des solives P² prolongées parallèlement sur la longueur du plancher, et ils sont en nombre suffisant, soit à droite, soit à gauche de la machine, afin de correspondre à la plus grande longueur des bois à débiter.

RÉSULTATS PRATIQUES DES SCIERIES A PLUSIEURS LAMES. — La vitesse des châssis porte-scies est de 120 à 130 coups par minute.

En travail ordinaire, on estime que l'avancement du bois n'est pas de plus de 3 millimètres par coup dans le sapin du Nord, pour des largeurs de 22 à 25 centimètres, quel que soit d'ailleurs le nombre de lames. On ne varie pas, en effet, dans ce genre de scieries, la vitesse ni le degré d'avancement d'une manière notable, qu'elles soient garnies de 10 à 12 lames ou de 4 ou 5 seulement.

Le plus généralement, comme nous l'avons dit, on débite deux madriers à la fois, à chacun 4 ou 5 traits; ils ne sont pas découpés complétement; on préfère laisser, à l'une des extrémités une partie de 7 à 8 centimètres sans être sciée, afin que les planches restent ensemble, ce qui est plus commode pour le service dans les chantiers de marchands de bois.

Fig. 3.

En supposant un châssis de 10 lames, débitant deux madriers de sapin de 22 centimètres de largeur, avec un avancement de 3 millimètres, et une vitesse de 120 coups par minute, on voit que le travail obtenu est de :

$$120 \times 10 = 3^m,60 \text{ par } 1'. \text{ Soit par heure } 3,60 \times 60 = 216 \text{ mètres.}$$

Si on admet que le temps perdu pour monter et démonter successivement les pièces est de 1/3 du temps total, on n'aurait pour le travail réel que

$$216 - 72 = 144 \text{ mètres; soit en superficie } 144 \times 0,22 = 31^{mq},68.$$

Ainsi, à ce compte, dans une journée de 12 heures on aurait débité

$$31^m,68 \times 12 = 380 \text{ mètres carrés,}$$

dont il serait juste de déduire les 8 centimètres non sciés à chaque madrier.

En donnant 150 coups par minute au lieu de 120, avec le même avancement, le produit serait alors d'environ 1/5 en plus.

Ajoutons que pour faire bien dans les scieries, c'est-à-dire obtenir ce que l'on appelle de *beaux sciages*, il faut donner peu d'avancement au bois, et avoir le soin d'entretenir toutes les parties de la machine en parfait état; il importe en outre que la denture soit bien franche et bien régulière, que les glissières soient bien graissées, et qu'enfin le scieur soit constamment occupé à examiner, à soigner tous les agents mécaniques.

Du même genre que la machine que nous venons de décrire, mais d'une construction plus moderne, est la scierie de M. Arbey représentée ci-contre (fig. 3).

On voit qu'au lieu d'attaquer le châssis porte-lames par la partie inférieure, les deux bielles sont attachées à la traverse supérieure; d'où il résulte que la fosse est très-peu profonde et que par conséquent les bielles sont moins longues.

SCIERIE A DEUX CHASSIS PORTE-LAMES ACCOUPLÉS

Système de M. WORSSAM, constructeur à Chelsea (Pl. 3, fig. 10).

Nous montrons figure 10 le dispositif d'une scierie d'un constructeur anglais bien connu, M. Worssam. Cette machine est à châssis porte-lames équilibrés, c'est-à-dire que les deux châssis, montés verticalement à l'intérieur du même bâti, sont indépendants l'un de l'autre, bien qu'ils soient actionnés par le même arbre de transmission au moyen de deux manivelles calées inversement, de telle sorte que lorsqu'un châssis monte, l'autre descend.

On peut donc, avec cette machine, débiter à la fois deux pièces de bois, comme avec la scierie de MM. Mazeline ou avec celle de M. Arbey, mais dans le système de M. Worssam, comme le travail des deux châssis n'est pas simultané, l'avancement du bois ne doit pas se faire en même temps, et il faut alors qu'il y ait deux pignons, deux crémaillères et deux roues d'entraînement à mouvement indépendant.

Comme on le voit figure 10, le bâti de cette machine est composé de deux flasques en fonte A reliées au sommet par un entablement, au-dessous par les traverses a et a′, et à la base par le socle A′, qui reçoit l'un des paliers de l'arbre de transmission B forgé avec les deux manivelles b et b'. Celles-ci, par les deux bielles fourchues C et C', donnent le mouvement aux châssis porte-lames D et D'.

Pour l'avancement des deux pièces de bois à soumettre à l'action des lames de scies montées dans ces châssis, ces pièces sont entraînées par deux bras c et c' fixés chacun séparément à une crémaillère d et d' engrenant respectivement avec les pignons e et f. Ces pignons sont fixés sur deux arbres indépendants e' et f, l'un tubulaire laissant passer l'autre au travers, qui sont munis de roues E et F. Ces roues engrènent avec deux pignons dont les axes portent les poulies d'entraînement à joints angulaires creux G et G'.

Le mouvement est transmis à ces poulies par les secteurs excentrés g et g', qui sont commandés par des leviers oscillants sur l'axe même des poulies et reliés par les tirants H et H' avec les excentriques h et h' fixés sur l'arbre moteur. Par cette combinaison, les deux mouvements d'avancement se trouvent placés l'un à côté de l'autre du même côté, ce qui permet à un seul homme de contrôler à la fois la marche des deux pièces de bois.

Les crémaillères d et d' sont guidées par les galets à joues i et i', et le bois est maintenu par des rouleaux de pression montés à l'extrémité des leviers j et j', auxquels sont attachés des cordes portant les contre-poids P et P'.

MM. Worssam et Cⁱᵉ construisent ce type de scierie sur quatre modèles.

Le n° 1, pour le sciage du bois de 0ᵐ,300 de hauteur sur 0ᵐ,100 d'épaisseur, marche à la vitesse de 300 révolutions par minute, exige une puissance motrice de 4 chevaux et pèse environ 3 000 kilogr.

Le n° 2, pour le sciage du bois de 0,350, fonctionne à 280 tours, exige une puissance de 5 chevaux et pèse 4 000 kilogr.

Le n° 3, pour les bois de 0ᵐ,450 sur 0ᵐ,150 d'épaisseur, fonctionne à 250 tours, exige 6 chevaux et pèse 5 000 kilogr.

Enfin le n° 4, pour les bois de 0,600, fonctionne à 210 tours, exige 8 chevaux et pèse 6 000 kilogr.

SCIERIE A DEUX CHASSIS PORTE-LAMES ACCOUPLÉS

Par M. Ch. PFAFF, constructeur en Autriche. (Pl. 3, fig. 11.)

Cette scierie est du même type que la précédente, mais nous la donnons pour montrer que ses dispositions sont sensiblement différentes. Elle est destinée au sciage des petites grumes, l'amenage des deux pièces de bois ayant lieu simultanément par une double paire de cylindres cannelés a et a', les inférieurs recevant seuls le mouvement par le double harnais d'engrenages b et b' commandé par une poulie spéciale p.

Cette poulie est montée folle sur un petit arbre muni d'un manchon à griffes, que l'on embraye ou débraye au moyen du levier *l*, afin d'interrompre à volonté le mouvement d'avancement.

L'arbre moteur des deux châssis A et A' est muni des poulies fixe et folle P et P' et reçoit à ses deux extrémités les manivelles *m* et *m'* reliées par les bielles B et B' auxdits châssis.

Les axes des rouleaux supérieurs *a'* sont montés dans des cadres qui peuvent glisser le long des flasques F et F' du bâti, et afin que ces rouleaux soient toujours maintenus en pression sur les pièces de bois, des leviers à contre-poids L et L' agissent au moyen de pignons et de crémaillères.

Nous ne faisons qu'indiquer ces dispositions, parce qu'elles sont à peu près semblables à celles d'une scierie à simple châssis qui est représentée planche 5, et dont nous donnons plus loin une description détaillée.

SCIERIE A PLUSIEURS LAMES

POUR BOIS EN GRUME ET FORTES PIÈCES ÉQUARRIES

Par MM. PÉRIN, PANHARD ET Cⁱᵉ, constructeurs à Paris (Pl. 4)

La figure 1 représente cette scierie en coupe suivant son axe longitudinal;

La figure 2 est en vue de profil du côté de la sortie du bois;

La figure 3 représente la partie principale du mécanisme en projection horizontale, avec une partie en coupe et en arrachement qui montre des glissières du châssis porte-lames.

DISPOSITION D'ENSEMBLE. — Dans sa disposition d'ensemble, cette scierie offre les caractères principaux suivants :

1° Étant destinée au débitage des grumes, c'est-à-dire de pièces qui n'offrent pas extérieurement de parements rectifiés, elle comporte deux chariots porte-pièce roulant sur des rails, l'entraînement s'effectuant par des rouleaux cannelés sur lesquels repose la pièce de bois qui passe à l'intérieur du châssis porte-lames ;

2° Ce dernier est attaqué par sa partie supérieure, au moyen de deux bielles latérales qui sont commandées par un arbre de couche placé au-dessous du sol;

3° Tout l'ensemble du mécanisme se rattache à un bâti unique en fonte.

Le mécanisme de cette scierie se compose en effet d'un bâti vertical qui comprend d'abord deux chevalets A, fixés à leur partie inférieure sur une plaque de fondation B, et réunis à leur partie supérieure par un sommier C; à la hauteur du sol de l'atelier, ils sont encore réunis par deux traverses D formant table, sur laquelle sont installés les supports *a* des rouleaux d'entraînement et qui se raccordent avec un bâti en charpente F, destiné surtout à porter le plancher qui recouvre la fosse et à recevoir les rails *b* sur lesquels roulent deux chariots G destinés à supporter la pièce X.

La plaque de fondation B porte l'un des deux paliers *c* de l'arbre de commande H, dont le second palier *c'* est reporté sur une pierre de la fondation, mais par l'intermédiaire d'une plaque B". L'arbre de couche H, muni des poulies de commande P, P' ainsi que du volant régulateur V, se termine par la manivelle I à laquelle se rattachent les bielles de commande du châssis porte-lames.

Ce châssis est formé de deux montants verticaux en fer J reliés transversalement par leurs extrémités au moyen de deux doubles traverses en fer plat J', entre lesquelles sont prises les attaches des lames de scie S. C'est par les montants J, dont les rives sont disposées en coin (*voy.* fig. 3), que le châssis porte-lames est guidé entre quatre glissières disposées dans un même nombre de boîtes *d* réservées de fonte sur les faces intérieures des deux chevalets A.

Or, c'est aussi aux deux montants J que se rattachent les deux bielles latérales L, dont les extrémités inférieures sont assemblées avec un T composé de la traverse L' et de la tige L', dont l'extrémité inférieure forme tête de bielle montée sur le bouton de la manivelle I.

L'explication de cette partie du mécanisme est complétée à l'aide des figures 5 et 6, qui montrent de face et de côté, et à une échelle agrandie, l'assemblage de l'une des bielles L avec l'un des montants J.

Le mécanisme d'avancement est d'un système analogue à celui que nous avons vu appliqué à la scierie de M. Baras ; mais ici il sert à communiquer le mouvement aux deux rouleaux cannelés M, qui doivent mordre sur le bois et déterminer son entraînement, moyennant, bien entendu, qu'il soit soumis lui-même à une pression permanente.

Cette pression est produite par l'intermédiaire des galets M' appuyés sur la bille et agissant directement au-dessus des rouleaux M au moyen des leviers à contrepoids N. Ceux-ci en effet sont articulés sur le sommet du bâti et sont munis, dans leur enfourchement, d'écrous *e* montés sur tourillons et traversés par les tiges filetées N' terminées chacune par une chape. C'est entre les branches de celle-ci que se trouve le galet M', qui transmet à la pièce de bois la pression qui résulte de l'action du levier à contre-poids.

La position de chacune des tiges N' doit pouvoir évidemment varier dans le sens vertical, d'abord pour suivre les inégalités de la pièce X, et ensuite parce qu'il faut de toute façon en régler la hauteur suivant les dimensions de la grume. Afin que dans l'un et l'autre cas cette tige se trouve parfaitement maintenue, l'axe horizontal *e'* de son galet occupe toute la largeur du bâti et se termine par des douilles au moyen desquelles il se trouve guidé par les deux tiges fixes *f* appliquées sur les côtés des chevalets A. Pour modifier à volonté la hauteur des galets, il suffit d'agir sur le volant *f* dont chaque tige N' est armée, parce que l'assemblage de celle-ci avec la chape du galet étant libre, le volant *f* fait tourner cette tige sur elle-même et, à la faveur de l'écrou *e*, la fait monter ou descendre.

Dans les diverses positions qu'elles doivent occuper, ces tiges n'en restent pas moins sous l'influence des leviers à contre-poids, pour lesquels on doit rechercher d'ailleurs une position convenable, en tenant compte des mouvements qu'ils sont susceptibles d'effectuer suivant les inégalités de la surface sur laquelle les galets M' s'appuient. Toutefois, on a dû marquer une limite à leur abaissement en réservant au bâti des butoirs *a'* (fig. 11) sur lesquels ces leviers s'arrêteraient si le point d'appui venait à manquer aux galets; en admettant que ce fait se produise pendant la marche, il suffirait de descendre la tige N' pour rétablir la pression.

Les axes des rouleaux conducteurs M trouvent chacun leurs points d'appui immédiats sur les supports *a*, dont nous avons parlé, qui doivent les soustraire à toute espèce de flexion de la part de l'arbre; ils sont maintenus en outre dans des douilles réservées au bâti, et sont armés chacun d'une roue d'engrenage droit O.

Les deux roues sont commandées simultanément par un pignon O', sur l'axe duquel est fixée la poulie à gorge angulaire Q, dont nous connaissons les effets.

A l'aide de la figure 7, qui montre ce mécanisme en détail et vue de face, on reconnaît encore le levier oscillant R, libre sur l'axe et se terminant par le secteur excentré *g* qui produit l'entraînement de la poulie Q, tandis que le secteur semblable *g'*, à centre fixe, en prévient le retour.

Le levier R est commandé par l'excentrique circulaire R' monté sur l'arbre de commande, et dont la tige est assemblée avec une pièce Q' montée à coulisse sur ledit levier, afin de pouvoir changer la position à volonté, suivant l'avancement que l'on veut produire; on le fixe dans chaque position au moyen d'une vis *g²*.

Ces deux rouleaux M, que le mécanisme précédent met en mouvement et qui déterminent l'entraînement de la pièce de bois, sont ici tronconiques en vue de faciliter la prise lorsque la pièce est ronde et tout à fait irrégulière, bien qu'il soit utile, dans tous les cas, de dresser plus ou moins parfaitement à la hache la partie qui doit reposer sur les rouleaux, ainsi que celle sur laquelle appuient les galets M'. Mais lorsqu'on a beaucoup de pièces équarries à débiter, on remplace les rouleaux tronconiques par des rouleaux cylindriques.

Comme complément de cet aperçu d'ensemble, mentionnons le mécanisme de débrayage, composé, comme à l'ordinaire, du guide-courroie T commandé par le levier T' fixé sur un axe qui traverse le cadre en charpente F et se termine par le bras du levier T" engagé sur la barre T.

MONTAGE DU CHASSIS PORTE-LAMES. — Le châssis est disposé pour recevoir un nombre variable de lames qui sont fixées chacune d'une façon très-simple.

La lame est rivée ou vissée par chacune de ses extrémités avec deux pièces *h* et *h'*, nommées chaperons ou étriers et dont la disposition diffère un peu de l'une à l'autre en raison du moyen réservé pour la tension de la lame.

Pour la partie inférieure, le chaperon est une barrette mince offrant en bas un épaulement qui forme arrêt sur la traverse J' et qui présente en haut l'enfourchement nécessaire pour l'assemblage de la lame. Pour le chaperon supérieur h', le talon épaulé est remplacé par une mortaise dans laquelle on engage une clavette i et une contre-clavette i', qui sont employées pour déterminer la tension.

La figure 1 montre bien que si les deux chaperons sont placés exactement sur l'axe vertical du châssis, il n'en est pas de même des lames qui sont fixées obliquement pour la raison que nous avons déjà donnée.

Il est évident que la disposition des traverses J' permet de varier à volonté le nombre de lames ainsi que leur écartement réciproque. Mais pour régler cet écartement, obtenir et maintenir le parallélisme rigoureux des lames, on ne se contente pas du procédé dont on s'est servi pour en opérer la tension. En fait, on intercale entre elles, et à leurs deux extrémités, des cales en bois j (fig. 2), rigoureusement tirées de large conformément à l'épaisseur des plateaux à débiter; puis ajoutant à l'extérieur deux autres cales j', l'ensemble de ces cales se trouve serré fortement entre deux plaques en fer k au moyen de vis taraudées dans les montants J.

Ceux-ci, formant les grands côtés verticaux du châssis, sont guidés, comme nous l'avons dit, par des glissières qui sont formées de coulisseaux en bronze fixés par des vis l (fig. 1 et 3) dans les boîtes d du bâti; pour l'un des deux coulisseaux, le passage de la vis est ovalisé, afin qu'il puisse céder aux trois vis de pression l', qui permettent de supprimer toute espèce de jeu.

VAGONNETS PORTE-PIÈCE. — Nous avons dit que la pièce de bois X est portée par chacune de ses extrémités par un vagonnet G semblable à celui représenté en élévation figure 1, et partiellement en plan figure 4. On voit qu'il est formé d'un cadre en fonte muni de quatre galets m, au moyen desquels il roule sur les rails b; le cadre est pourvu de deux oreilles m' pour l'articulation d'une traverse G', qui présente, à chaque extrémité, deux bras se terminant par une douille taraudée pour recevoir une vis n, dont une extrémité porte une griffe et l'autre se termine par une tête munie d'une manivelle d'étau.

L'extrémité de la pièce de bois vient se reposer sur la traverse du châssis et par l'intermédiaire d'une cale en bois o, dont l'épaisseur se règle au mieux par rapport aux rouleaux d'entraînement, mais sur laquelle il n'est point essentiel qu'elle porte très-exactement; elle est enfin fortement maintenue latéralement par les deux vis à griffes n. Il est évident que l'articulation du châssis G' est indispensable pour lui permettre de céder aux inégalités de la grume et permettre à cette dernière de reposer toujours exactement sur les rouleaux d'entraînement.

Ce système a pour lui la simplicité et la rapidité de la manœuvre, et c'est là une chose importante, parce que non-seulement il est nécessaire que la mise en place de la bille donne lieu à la moindre perte de temps possible, mais encore, comme le vagonnet d'avant ne peut être installé qu'autant que la pièce a déjà dépassé le premier rouleau d'entraînement, et que celui d'arrière a besoin d'être dégagé aussitôt que l'arrière-bout de la grume est sur le point d'atteindre le second rouleau, il faut que ces manœuvres soient aussi faciles que rapides; c'est ce qui a lieu, puisqu'elles se réduisent au desserrage des vis à griffes.

MONTAGE GÉNÉRAL ET TRANSMISSION. — Nous revenons un instant sur la structure du bâti pour en signaler la solidité et la bonne disposition. On remarquera le large empattement des chevalets A qui assure la stabilité, car dans un tel outil les vibrations sont à redouter. On peut noter encore l'importance du sommier C et des tables D, et mentionner en passant les quatre consoles D' venues de fonte avec les chevalets et qui servent de support aux traverses principales du cadre en charpente F.

Quant à la transmission, nous appellerons l'attention sur les poulies de commande P et P' que le constructeur, guidé par les meilleurs principes, a faites d'un très-grand diamètre. La poulie fixe est fondue de la même pièce que le volant.

Nous n'insisterons pas sur le diamètre de l'arbre, ni sur les dimensions des paliers et de la manivelle motrice, car pour un même type leurs proportions varient et sont fixées par le constructeur suivant la nature du travail à exécuter et suivant le nombre de lames que le châssis doit recevoir. Nous allons donner quelques renseignements à cet égard.

CONDITIONS DE MARCHE. — MM. Périn et Cⁱᵉ construisent trois scieries du même type sur lesquelles on peut passer respectivement des grumes de $0^m,60$, $0^m,80$ et 1 mètre de diamètre. Ils estiment que la force nécessaire correspondante respectivement peut varier de 8 à 15 chevaux.

C'est le plus petit des trois modèles de ce type, celui pour grume de $0^m,60$, que nous venons de décrire.

Sa marche est réglée dans les conditions suivantes :

Nombre de coups ou de tours par minute . . . .   140 à 150
Course du châssis porte-lames. . . . . $0^m,50$
Diamètre des poulies motrices . . . .   1 mètre.

Si, dans ces conditions, nous admettons que le travail nécessite une force de 10 chevaux-vapeur, nous pourrons nous rendre compte de l'effort tangentiel auquel le constructeur a prétendu limiter l'effort de la courroie de commande.

Cet effort sera égal à :

$$E = \frac{10^{ch} \times 75^{kgm}}{\left(\dfrac{1 \times 3.1416 \times 110'}{60''}\right)} = 102 \text{ kilogrammes};$$

et comme il faut y ajouter la tension primitive qui, dans ce cas, peut être à peu près égale, on peut compter sur 200 kilogr.; la largeur des poulies étant précisément 200 millimètres, une courroie simple d'au moins 180 millimètres de largeur peut être employée et ne sera point surchargée.

En résumé, les scieries de ce genre sont employées, ainsi que nous l'avons déjà expliqué, pour débiter les grumes et les fortes pièces équarries en une seule fois et avec un nombre de lames égal à celui des traits que l'on veut faire. Mais MM. Périn et C⁰, qui ont étudié avec beaucoup de soin et qui appliquent constamment les scieries à lames sans fin disposées pour le débitage des grumes (types de scieries dont nous donnons des exemples ci-après), estiment que ce dernier système est au moins aussi avantageux, si ce n'est plus, que le mode à plusieurs

Fig. 4.

lames et alternatif, lorsque le nombre de traits ne dépasse pas cinq ou six, ou mieux, si le nombre de pièces à débiter dans les mêmes conditions n'est pas assez grand. Mais si les circonstances sont différentes, que le même débit doive se représenter un grand nombre de fois, et que le nombre de lames atteigne ou dépasse 10, ils reconnaissent que le système vertical, alternatif et à plusieurs lames est tout naturellement indiqué.

SCIERIE POUR GRUME DE 0ᵐ,50 DE DIAMÈTRE. — Semblable, comme fonctionnement, à la machine que nous venons de décrire, la scierie des mêmes constructeurs représentée ci-contre (fig. 4 et 5) a été disposée pour pouvoir être installée facilement sans exiger de fondation et dans les endroits où l'eau est à craindre. Ces figures montrent que la plaque d'assise en fonte, sur laquelle l'ensemble de l'appareil est fixé, repose sur un fort cadre en charpente enterré dans le sol, et dessous on a ménagé une fosse peu profonde pour recevoir la sciure.

Cette installation est suffisante pour le fonctionnement en forêt ou dans un chantier; mais dans une usine, il devient préférable de substituer au cadre en bois une maçonnerie légère.

Pour débiter avec dix ou douze lames une grume de 0m,50 de diamètre maximum, la force employée est d'environ 6 à 8 chevaux.

Fig. 5.

SCIERIE ALTERNATIVE A PLUSIEURS LAMES
POUR GRUME
Par M. Ch. PFAFF, constructeur en Autriche (Pl. 5, fig. 1 à 8).

Dans cette machine, comme dans celle de MM. Périn, Panhard et Cie, que nous venons de décrire, la pièce de bois à scier qui lui est présentée est maintenue et conduite en avant par quatre rouleaux, dont la hauteur se trouve réglée par rapport à ladite pièce. De même aussi, cette pièce est supportée à ses extrémités sur le plancher, placé un peu au-dessous des rouleaux inférieurs, par deux petits chariots armés de griffes qui circulent sur des rails, et que notre dessin ne représente pas.

Ces chariots, comme nous l'avons dit, n'ont pas absolument pour but de porter la pièce de bois, pas plus qu'à opérer sa translation ; ils sont, au contraire, mis en mouvement par la pièce de bois, et ne servent, pour ainsi dire, qu'à empêcher les mouvements soit latéraux, soit de torsion, qui pourraient se produire pendant la marche par suite des inégalités qui se trouvent à la surface du tronc.

Aussitôt que l'extrémité de la pièce de bois s'approche de la scie, on laisse attelé le chariot de devant et on dételle celui de derrière, parce qu'au besoin un seul chariot suffit pour que le sciage se produise convenablement. On dispose aussitôt une nouvelle pièce de bois sur le chariot libre, de sorte que le travail peut se succéder sans autre interruption que le temps nécessaire pour le graissage et la rechange des lames de scie. Le graissage a lieu, pour les machines bien installées, environ toutes les deux heures.

La rechange des lames varie d'après leur qualité et la nature du bois ; le travail moyen avec une lame est de six heures ; cependant il peut arriver qu'avec des bois très-noueux il soit nécessaire de changer de lame plus fréquemment.

Les rouleaux inférieurs, sur lesquels repose la pièce à scier, sont ajustés sur des arbres horizontaux montés dans de solides supports ; quant aux rouleaux supérieurs, ils doivent être animés non-seulement d'un mouvement de rotation, mais encore pouvoir varier de hauteur, tout en opérant toujours, dans toutes leurs positions, une certaine pression sur le tronc d'arbre. Dans ce but, leurs tourillons sont guidés dans des rainures rabotées et sont suspendus à des crémaillères qui, à l'aide d'engrenages, peuvent être levées, descendues et chargées à volonté.

Si l'augmentation d'épaisseur de la pièce de bois oblige les rouleaux supérieurs à s'élever, ce mouvement s'opère par un effort égal à la résistance du contre-poids, de sorte que, pendant le sciage, l'ouvrier n'a qu'à surveiller si les lames fonctionnent convenablement, à donner aux contre-poids des petits volants la position voulue, et à veiller, en général, à la bonne marche de la machine.

A cette tâche, s'ajoute, suivant les circonstances, le changement d'avancement ; mais, en général, dans les établissements bien installés, on travaille toujours plusieurs heures de suite des bois de même diamètre, de sorte que le changement dans l'avance a lieu assez rarement. Il faut surtout, dans la construction des scies verticales, s'occuper de la stabilité, de la marche légère et de la répartition rationnelle des efforts de la machine.

Les dispositions de la machine représentée planche 5 répondent à ces conditions.

La figure 1 est une élévation extérieure du mécanisme principal de cette scierie ;

La figure 2 en est une section verticale faite suivant l'axe de la transmission ;

La figure 3 est une section perpendiculaire à la précédente, passant par le milieu de la largeur de la machine ;

La figure 4 montre en détail les glissières du châssis porte-lames suivant une section horizontale ;

Les figures 5 et 6 représentent, à une échelle agrandie, les systèmes de montage des lames de scie.

On voit que le châssis de la scie se compose de deux fortes barres en fer forgé A, A', reliées entre elles par les traverses en tôle d'acier B et B'. Les tôles de ces traverses sont rabotées à chaque extrémité, sur les bords, et noyées de toute leur épaisseur dans la partie carrée des montants de la scie, puis on les rive à froid.

Quoiqu'il soit désirable de donner au châssis le moins de poids possible, il ne faut cependant pas aller trop loin et sacrifier la rigidité à la légèreté. Or, ce châssis porte un assez grand nombre de lames, et lorsque celles-ci commencent à s'émousser, les ouvriers ont l'habitude de frapper les coins pour les tendre davantage, ce qui produit une tension extraordinaire.

Il est donc préférable de donner au châssis un peu plus de poids, pour éviter une flexion qui amènerait un effet de ressort fort préjudiciable. Enfin, un châssis suffisamment rigide, même avec plus de poids, exigera encore moins de force pour sa mise en mouvement qu'un châssis qui fléchit et qui est sujet à se fausser.

La scierie qui nous occupe est construite pour une tension maxima de 20 lames de scie, et fonctionne dans les meilleures conditions avec des barres d'assemblage de 0^m,50 et 0^m,60 de diamètre. Les bielles C et C' attaquent le châssis aux tourillons a, implantés au milieu de la hauteur des barres A et A', et c'est là un point très-favorable pour une bonne marche.

Pour la stabilité de la machine, il serait préférable d'avoir le point d'attaque aussi bas que possible et, dans ce cas, c'est une seule bielle prenant le cadre en dessous qui se trouverait dans les meilleures conditions. Ce système est employé pour des scieries plus petites et plus légères que celle-ci, comme celle représentée planche 3, mais pour le cas présent il ne conviendrait pas. Les deux montants en fonte D et D', formant le bâti, prendraient alors, pour avoir une bielle suffisamment longue, une hauteur démesurée, ce qui détruirait d'un autre côté la stabilité de la machine et, en outre, l'expérience l'a démontré, l'effort pour un seul tourillon deviendrait trop considérable. Avec deux bielles, l'effort est mieux réparti et la poussée latérale sur le châssis se trouve mieux partagée.

Les montants de la scie sont placés en dehors des bielles, afin d'avoir la plus grande base d'assise possible ; et les paliers E, E' de l'arbre moteur F sont venus de fonte chacun avec ces montants qui sont reliés par deux fortes entretoises à la hauteur du plancher et par une troisième G', en forme de caisse renversée, placée à l'extrémité supérieure ; le tout constitue un bâti rigide reposant par une large base sur un massif en pierre de taille.

Les supports E, E' de l'arbre moteur sont eux-mêmes très-solides et, pour éviter le desserrage, des écrous creux sont munis d'une embase cylindrique tournée qui pénètre dans l'épaisseur du chapeau ; cette embase est tournée avec une gorge dans laquelle on fait s'engager l'extrémité d'une vis. Cette même disposition se trouve appliquée aux chapes des bielles qui doivent toujours rester bien perpendiculaires à l'axe des tourillons ; c'est pourquoi on a placé derrière la clavette la vis de serrage *v* (fig. 2), qui traverse de manière à fixer solidement la chape ; elle sert en même temps à éviter le desserrage de la clavette.

Sur l'arbre moteur F est calé le lourd volant P servant en même temps de poulie ; à côté est montée la poulie folle P', qui est composée de deux pièces et a son moyeu muni d'une garniture en bronze *p* avec graissage, le tout permettant de rapprocher les parties, de les serrer à volonté et d'établir un bon frottement.

Cette disposition est très-utile, car les poulies sans garniture prennent vite du jeu et alors elles viennent se briser contre les pièces fixes. Ceci vient de ce que la sciure de bois absorbe immédiatement les matières lubrifiantes ; aussi est-il bon de faire les garnitures en bronze aussi longues que possible.

Le volant porte à la partie diamétralement opposée aux manivelles un contre-poids *p'* destiné à les équilibrer ; il y a là cependant un inconvénient, en ce sens que l'effet n'est pas contre-balancé dans la direction horizontale, que cela nécessite des fondations plus importantes et qu'en résumé on voit des scies fonctionner convenablement sans cette adjonction de contre-poids.

D'un autre côté, il y a avantage pour l'emploi de la force motrice et pour la manipulation ; aussi, lorsqu'on veut changer de lame, on est obligé de placer le châssis à sa position supérieure, ce qui, sans contre-poids, est un travail long et pénible. De même, lorsqu'un ou plusieurs traits de scie sont terminés, si on a besoin, par hasard, de reprendre ces traits, il faut pouvoir placer le châssis dans une position quelconque ; dans ce cas encore, les contre-poids sont très-utiles.

Les quatre rouleaux R et R', destinés à imprimer à la pièce son mouvement de translation, sont composés de disques dentés en fonte coulée en coquille, et on en place sur un fort arbre en fer autant qu'il est nécessaire pour former la largeur voulue. Ces disques sont alésés et portent latéralement et vers la circonférence des contacts qui sont tournés ; de chaque côté, l'arbre des rouleaux est muni d'un manchon alésé et tourné *g, g'* (fig. 2), qui, à l'aide d'une clavette, vient appuyer les disques les uns contre les autres ; ils sont ainsi reliés à l'arbre par simple frottement, de sorte qu'à la rigueur, si un obstacle quelconque empêchait la pièce d'avancer, les disques tourneraient sur leur axe sans rien forcer. Il existe ainsi, entre chaque disque, un petit intervalle, ce qui fait que les rouleaux tiennent la pièce de bois dans tous les sens.

Les deux rouleaux supérieurs R' peuvent, au moyen des petits volants à bras V, être montés et descendus à volonté ; des rochets *h* sont disposés de manière à maintenir ces rouleaux à une hauteur quelconque. Comme pendant la marche ces rouleaux doivent suivre librement l'épaisseur de la pièce de bois et ont, par conséquent, tantôt à s'élever, tantôt à s'abaisser, on a relié ces rochets à des contre-poids h', afin qu'ils puissent céder dans un sens comme dans l'autre.

A cet effet, le pignon v' et le petit volant, venus de fonte ensemble, sont fous sur leur axe qui porte, en même temps, le levier à contre-poids h'; celui-ci agit à la circonférence du petit volant par une disposition de pinces, et donne, par l'effet du rapport des engrenages v et H (l'axe de cette roue porte le pignon qui engrène avec la crémaillère H', fig. 3), une pression sur les rouleaux supérieurs R'.

Les arbres desdits rouleaux R et R' traversent d'un côté le montant et portent à leurs extrémités les roues d'angle I et I', qui engrènent avec d'autres roues de même diamètre J et J' calées sur des arbres verticaux K. Les roues supérieures sont disposées de telle sorte qu'elles restent constamment engrenées ; commandés ainsi l'un par l'autre, les quatre rouleaux avancent bien également ; de plus, comme ces engrenages ne doivent marcher que comme roues d'entraînement, les dents sont courtes et fortes.

Le mouvement d'avancement est transmis à la pièce de bois par la petite manivelle k (fig. 1 et 2), calée sur le bouton même de l'une des manivelles commandant le châssis porte-lames, et de telle sorte que ce mouvement d'avance commence lorsque le châssis va redescendre. Pour compenser le jeu inévitable qui se produit entre la manivelle et le mouvement de la pièce, on a donné à cette manivelle une légère avance.

Cette petite manivelle k transmet le mouvement à l'aide de la bielle L au levier coudé à angle droit L', qui, à l'une de ses branches, porte un tourillon mobile dont on modifie la position à volonté, pour faire varier l'amplitude de la course, au moyen d'une vis munie du petit volant l (fig. 1) ; de ce tourillon part une courte tringle l', qui se termine par un rochet à friction m, connu sous le nom de *mouvement à friction écossais*.

Les figures 7 et 8 représentent ce mouvement en détail. Il est composé, comme on voit, de deux mâchoires m enserrant la jante de la poulie M ; celle intérieure est en deux parties pour le passage de la nervure intérieure.

Ces deux mâchoires sont montées sur pivots entre les deux platines r reliées au levier de commande l'.

Lorsque la position des platines se trouve dans la direction de l'axe de la poulie, les deux mâchoires n'exercent aucun serrage sur sa jante, mais si la bielle l' fait obliquer les deux platines r, le rapprochement des deux mâchoires a lieu naturellement, parce qu'elles oscillent chacune séparément sur leur tourillon respectif ; alors la jante de la poulie se retrouve serrée, et le mouvement se produit.

Lorsqu'il s'agit d'arrêter l'avancement du bois, on fait cesser l'oscillation des platines r au moyen de la vis de butée r', qui traverse l'œil taraudé d'une branche s fixée à la mâchoire supérieure.

La poulie M, à la circonférence de laquelle agit ce rochet, porte sur son arbre un petit pignon *n* qui engrène avec deux roues M', calées sur les tourillons des rouleaux, de façon, finalement, à communiquer à ceux-ci un mouvement de rotation intermittent. Un contre-cliquet *m'*, empêchant la poulie de tourner en arrière et agissant de même par friction, complète le mouvement d'entraînement.

Les opinions sur le moment auquel doit se faire le mouvement d'avance sont très-partagées; pour le genre de scierie qui nous occupe, les lames, suivant M. Pfaff, doivent être placées autant que possible verticales, et la pièce avancée pendant la coupe. Contrairement à ce que nous avons dit de donner aux lames une certaine inclinaison, la pièce est dans ce cas en repos pendant la coupe, et elle ne commence à avancer qu'à l'ascension du châssis. Cette dernière manière présente certaines difficultés, parce qu'il faut mettre l'inclinaison des lames bien en rapport avec le mouvement d'avance, et que, donner à toutes les lames une même inclinaison, n'est pas chose facile.

Pour les petites scies, M. Pfaff applique le mouvement d'avance continu commandé par une courroie avec des cônes pour changer la vitesse, comme cela est indiqué sur la figure 11 de la planche 3. Ce moyen de commande convient mieux, suivant lui, à la marche rapide des petites scies et donne d'excellents résultats.

Dans la machine qui nous occupe, les lames de scie N se tendent à l'aide de têtes en acier N', que l'on voit représentées en détail figures 5 et 6. Ces têtes sont faites d'une seule pièce, tournées et rabotées de manière à pénétrer entre les traverses en tôle B du châssis avec peu de jeu; elles traversent d'outre en outre ces traverses pour recevoir, dans une ouverture pratiquée à cet effet, une clavette *n* et une contre-clavette *n'*, qui donne la tension aux lames.

La traverse inférieure B' porte, rivés à l'intérieur, deux fers plats *o* destinés à retenir les têtes des porte-lames inférieurs N' (fig. 6), en forme de T. Pour fixer les lames dans les têtes, on rive à chaque extrémité et de chaque côté de chaque lame, de petites plaques en acier qui, faisant saillie, s'arrêtent dans les rainures *o'* pratiquées dans les têtes des porte-lames.

Pour placer les lames dans le sens latéral, d'après la largeur des planches à scier, on appuie les têtes les unes contre les autres et on les serre toutes ensemble à l'aide de boulons de serrage, ou bien, si l'épaisseur des planches exige un écartement plus grand, on interpose entre chaque tête des entretoises en fer raboté de l'épaisseur voulue. S'il s'agit seulement de la rechange périodique des lames de la scie, on laisse les porte-lames dans la position qu'ils occupent et on desserre seulement les clavettes du haut, alors on peut enlever chacune des lames séparément.

Le changement d'écartement des lames, suivant l'épaisseur des planches à débiter, est une opération qui exige toujours un certain temps et une certaine habitude et qui doit, autant que possible, correspondre avec la rechange des lames. Il est toujours bon de débiter à la file toutes les planches de même épaisseur, ce qui permet de changer moins souvent l'écartement.

DESCRIPTION DE LA SCIERIE REPRÉSENTÉE PLANCHE 5, FIGURES 9 ET 10. — La scierie représentée en élévation de face figure 9 et en section horizontale figure 10, est du même genre que celle qui précède ; elle n'en diffère en effet, comme on voit, que par quelques détails de construction et principalement par la commande du châssis porte-lame, lequel, au lieu d'être attaqué au milieu de sa hauteur, l'est ici par sa traverse supérieure B, qui a ses deux extrémités prolongées en dehors des bâtis D pour recevoir les têtes des bielles C et C', dont les extrémités opposées sont montées sur les boutons de manivelles des deux volants V et V'.

L'avancement du bois a lieu également par deux paires de cylindres cannelés R et R'; les inférieurs reçoivent le mouvement, par les roues d'engrenage M' et le pignon m', de la petite manivelle k, forgée à l'extrémité de l'arbre moteur F, et par la bielle L qui, au moyen du levier L', fait agir le secteur m à la circonférence de la roue d'entraînement M.

Le mouvement des cylindres inférieurs est communiqué aux cylindres supérieurs par les deux paires de roues d'angle I, J et I', J' et par l'arbre vertical K.

Afin que les cylindres supérieurs puissent se rapprocher ou s'éloigner des inférieurs pour suivre les dimensions de la pièce de bois, ils sont montés sur des châssis g qui peuvent glisser librement entre les montants g'. Ces châssis portent les arbres l, sur lesquels sont montés libres les leviers h munis de contre-poids à leur extrémité et de cliquets qui sont engagés dans les dents des petites roues n clavetées sur les arbres.

L'action des contre-poids montés à l'extrémité des leviers a pour effet d'appuyer les cliquets sur les roues, de façon à provoquer leur entraînement et par suite celui des arbres, et comme ceux-ci sont en outre munis, à leurs deux extrémités, de petites roues h' qui engrènent avec les crémaillères fixes H', l'effort des contre-poids provoque la descente des châssis g, qui ne se trouvent arrêtés que par la pièce de bois sur laquelle viennent reposer les rouleaux R'.

SCIERIE LOCOMOBILE
A PLUSIEURS LAMES POUR LES BOIS EN GRUME
Par M. Frey fils, constructeur à Paris.
(Pl. 6, fig. 1 à 5.)

Cette machine est destinée à débiter en madriers ou en planches les arbres dans la forêt même. Une locomobile à vapeur chauffée avec les copeaux provenant de l'équarrissage des arbres la met en mouvement.

La figure 1 est une vue extérieure en élévation longitudinale de cette machine montée sur son chariot.

La figure 2 en est un plan ou projection horizontale vue en dessus.

La figure 3 est une vue de face de la tête du châssis porte-lames.

Les figures 4 et 5 sont des détails du chariot et des mâchoires destinées à maintenir le bois pendant le sciage.

BÂTI, ROUES ET AVANT-TRAIN. — Le bâti de cette machine, complètement en fer, est à la fois d'une grande simplicité et d'une extrême légèreté. Cette dernière condition était indispensable à remplir pour rendre facile le transport de l'appareil sur les routes, par un cheval. Ce bâti est composé de deux longues poutrelles horizontales A, en fer à double T, placées parallèlement et entretoisées par des fers de même forme *a*; au milieu de leur longueur, encastrées extérieurement entre les branches du T, sont fixées verticalement des poutrelles semblables A', reliées par leur partie supérieure à celles horizontales au moyen de fortes barres en fer rond *a'*, inclinées en arc-boutant pour résister à l'effet d'avancement du bois qui vient se présenter à l'action des scies. La partie inférieure de ces mêmes poutrelles A' est, en outre, réunie au châssis horizontal par deux secteurs en fer plat *b*, fixés latéralement pour recevoir en même temps les deux paliers de l'arbre de transmission de mouvement B.

L'arrière du châssis horizontal est supporté par les deux roues C montées folles à frottement doux, à la manière des roues de voiture, sur l'arbre en fer C', relié aux poutrelles A par des supports en bois *c*.

L'avant-train, monté sur une cheville ouvrière qui rend possible son changement de direction, est pourvu d'un cercle en métal *d*, qui peut tourner librement avec les petites pièces de bois D' recevant l'arbre des petites roues D, destinées à supporter cet avant-train. Le brancard d'attelage E est relié à celui-ci par deux chapes en fer *e* articulées au moyen d'un boulon.

DU CHÂSSIS PORTE-LAMES ET DE SA COMMANDE. — Le châssis qui reçoit les lames des scies est composé de deux montants verticaux en fer F, assemblés à mortaises à ses deux extrémités avec des traverses horizontales de même métal. Celle supérieure F' est prolongée de chaque côté, en dehors du bâti, pour recevoir les têtes des deux bielles motrices G actionnées par l'arbre B au moyen de deux manivelles; le bouton de l'une de ces manivelles est monté sur l'un des bras de la poulie de commande P, et celui de l'autre sur un bras du volant régulateur V.

Le mouvement rectiligne de va-et-vient communiqué au châssis est assuré par deux tiges rondes en fer *f*, boulonnées aux traverses *f'* qui relient les extrémités du bâti A'; le long de ces tiges glissent les manchons en bronze *g* (fig. 2) fixés aux deux traverses F dudit châssis. Les lames de scies *s* y sont fixées à la manière ordinaire, au moyen de petites chapes en fer *s'* et de clavettes, que l'on chasse fortement pour donner la tension convenable à chaque lame.

On remarque que l'arbre de transmission B, au lieu d'être placé directement en dessous, dans le prolongement de l'axe vertical du châssis porte-lames, comme on a coutume de le faire dans les scieries à mouvement alternatif, est, au contraire, rejeté un peu à droite du bâti, afin de laisser la place nécessaire à la descente du châssis à fin de course.

Cette disposition, en permettant de placer l'arbre beaucoup plus haut, a rendu possible l'installation de la machine sur un bâti peu élevé du sol, et, de plus, présente cet avantage, suivant le constructeur, que le mouvement est mieux équilibré, en ce sens que, lors des positions extrêmes du châssis, les manivelles ne se trouvent pas en ligne droite avec les bielles.

Pour livrer passage à la courroie venant du moteur pour s'enrouler sur la poulie P, les roues d'arrière C du véhicule doivent être écartées du bâti, ainsi que l'indique le tracé en lignes ponctuées de la figure 2.

Du CHARIOT ET DE SA COMMANDE. — Le chariot sur lequel on place la pièce de bois en grume ou préalablement équarrie que l'on veut débiter en madriers, est composé simplement de deux longues bandes en fer plat h, reliées aux deux extrémités par de forts boulons. Ces deux bandes de fer sont dentées en dessous pour former crémaillère et engrener avec les pignons i (fig. 2 et 4), destinés à transmettre le mouvement au chariot, ainsi que nous le verrons plus loin.

Ce chariot est supporté par des fers à T formant deux rails parallèles j sur lesquels il peut glisser. Pour faciliter ce glissement, M. Frey avait d'abord disposé une série de galets j' montés entre les bandes h et les plaques k reliées à celles-ci par de petites entretoises, mais il reconnut que la sciure, en s'engageant autour des axes des galets, les empêchait de tourner; il les remplaça alors par une troisième lame de métal, un peu moins haute que les deux premières lui servant de joues, et avec lesquelles elle est fixée.

L'avancement du chariot a lieu, comme nous l'avons dit, au moyen des deux pignons i, engrenant avec les crémaillères h. A cet effet, l'axe de ces pignons est muni de la roue K, qui engrène avec le pignon l monté sur le même axe que la grande roue à dents de rochet L. Celle-ci est actionnée par le châssis au moyen des deux leviers M et M' et du cliquet ou pied-de-biche m, dont ce dernier est garni.

L'amplitude du mouvement du second levier M' peut être modifiée à volonté au moyen de l'espèce de manivelle à course variable m', qui sert de centre d'oscillation, tout en établissant la réunion des deux leviers.

Quand le châssis porte-scies descend, le rochet m du levier M' glisse sur une, deux ou un plus grand nombre de dents de la roue K, selon que la course de la manivelle m' se trouve réglée pour un avancement déterminé du chariot. C'est en descendant que les lames travaillent, et c'est quand elles remontent que le rochet, engagé dans la dernière dent sur laquelle il s'est arrêté, fait tourner la roue K d'une quantité angulaire justement égale à celle dont le rochet est descendu.

Pour éviter que ce rochet ne se trouve soulevé hors des dents de la roue, un petit bras en fer *n* peut le tirer constamment vers le centre de la roue ; un contre-cliquet N est de plus appliqué pour assurer le mouvement.

Pour faire revenir rapidement le chariot lorsque le sciage de la pièce de bois est achevé, on soulève le cliquet *m* et son contre-cliquet N au moyen du levier R (fig. 1), et, à l'aide de la manivelle R' montée au bout de l'axe de la roue à rochet, le conducteur de la machine ramène bientôt le chariot à son point de départ.

Le poids seul de la pièce de bois ne suffit pas pour la maintenir assez solidement sur le chariot et lui permettre de résister à l'effort des lames de scies ; des pinces ou tenailles sont employées à cet effet ; elles doivent être d'une disposition très-simple pour permettre le serrage et le desserrage rapide, afin d'éviter le plus possible les pertes de temps. M. Frey fait usage à cet effet du système représenté par les figures 1, 2, 4 et 5.

Dans ce système, l'un des bouts de la pièce de bois, celui de droite, est pincé latéralement entre les deux griffes *r*, que l'on rapproche ou éloigne simultanément, à volonté, au moyen de la vis *r'* montée dans le support S boulonné au chariot. L'autre bout se trouve pincé en dessus et en dessous par deux mâchoires *t* et *t'*, toutes deux faisant partie du support T : l'une, celle inférieure, y étant fixée et l'autre reliée seulement par un goujon ; une chape munie d'une vis *u* permet d'appuyer sur cette dernière et, par suite, d'effectuer son serrage.

TRAVAIL DE LA MACHINE. — La machine représentée est montée sur roues, mais il est excessivement facile de la rendre fixe ; ce serait, par exemple, dans le cas où elle devrait fonctionner longtemps dans le même chantier ; sa stabilité y gagnerait toujours un peu, et son service deviendrait encore plus prompt, en ce sens que le chariot pourrait se trouver plus rapproché du sol. Il suffit dans ce cas, qui a été prévu par M. Frey, de disposer quatre dés en pierre, convenablement distancés, et, après avoir enlevé les roues, de fixer le châssis horizontal sur ces dés au moyen d'équerres en fer et de boulons.

Dans les deux cas, que la machine soit à poste fixe ou qu'elle reste montée sur ses roues, la vitesse transmise au châssis porte-scies doit être de 120 à 140 coups par minute, et l'avancement du bois, dans le chêne, de 2 millimètres environ par coup, et, dans le sapin, de 6 à 8 millimètres ; on peut ainsi obtenir pratiquement, en tenant compte des pertes de temps, un débit régulier de 1 000 à 1 200 mètres courants par journée de dix heures, suivant les largeurs de bois, ce qui donne pour le travail par heure, avec huit lames montées dans du bois de chêne de 40 centimètres d'équarrissage :

$$\frac{1200}{10} \times 8 \times 0^m,40 = 38^{mq},400.$$

Pour le bois de sapin, ce rendement peut être aisément doublé.

Les dimensions de la scierie locomobile représentée correspondent au modèle n° 1, pouvant débiter 40 sur 40 centimètres sur une longueur maxima de 4m,50 ; mais M. Donnay, successeur de M. Frey, construit trois autres modèles pour le sciage des bois d'un plus fort équarrissage et avec chariots de longueurs variables.

SYSTÈME DE MM. THOMAS ROBINSON ET FILS
Constructeurs à Rochdale, près Manchester. (Pl. 6, fig. 6.)

La machine représentée en élévation figure 6 est destinée, comme celle de M. Frey, à débiter sur place les bois en grume, mais, comme on le voit, ses dispositions sont sensiblement différentes.

Le mouvement est communiqué au châssis porte-lames par une bielle à deux branches a, dont la fourche se réunit au-dessous du cadre du châssis en une seule branche terminée par une tête montée sur l'arbre moteur. Celui-ci reçoit d'un bout les poulies fixe et folle de transmission et de l'autre le volant V. Un excentrique b commande par sa tige le levier B qui, par le secteur c, donne un mouvement intermittent à la poulie C pour faire avancer le bois.

A cet effet, l'axe de cette poulie est muni d'un pignon denté qui engrène à la fois avec les deux roues d dont les axes horizontaux portent, entre les bâtis, les rouleaux cannelés d'entraînement.

Les rouleaux supérieurs e exercent la pression sur la pièce de bois au moyen des leviers à contre-poids L, et par l'intermédiaire des rochets l qui agissent sur les crémaillères E, à la partie inférieure desquelles sont montés lesdits rouleaux.

La hauteur des crémaillères est réglée d'après le diamètre de la grume au moyen des petits volants à main v, dont les axes sont munis de pignons qui engrènent avec elles.

L'ensemble de la machine est monté sur quatre fortes roues R et R', l'axe de celles d'avant faisant partie d'un avant-train articulé.

Quand la machine est arrivée à l'endroit où elle doit fonctionner, on retire les roues et on laisse reposer la plaque d'assise P sur le sol.

Des madriers M sont fixés chaque côté du bâti et sont pourvus en dessus de rails en fer qui servent à guider les roues des wagonnets destinés à supporter les deux extrémités de l'arbre.

Le châssis porte-lames, les bielles, leviers, enfin tous les organes nécessaires à la transmission du mouvement sont en fer forgé, les coussinets en bronze et les autres parties en fonte.

MM. Robinson et fils construisent quatre modèles de ce type pour débiter des grumes de 9 mètres de longueur sur 0m,400, 0m,500, 0m,600 et 0m,750.

Le poids de ces machines est respectivement de 4000, 6000, 7000 et 8000 kilogr., et la force motrice nécessaire à leur fonctionnement est de 3, 4, 5 et 6 chevaux.

SYSTÈME DE MM. A. RANSOME ET Cⁱᵉ

Constructeurs à Londres, représenté planche 6, figures 7 et 8.

Du même type que les deux scieries précédemment décrites, la machine représentée en élévation de face figure 7 et vue du côté de l'avant figure 8 ne présente des différences que dans la construction.

Comme dans le système de MM. Robinson, le bâti A, monté sur deux roues de diamètres inégaux R et R', est fondu avec un patin a, qui permet, une fois arrivé sur les lieux de l'exploitation, de le faire reposer sur un cadre en bois placé dans une petite excavation ayant pour profondeur la hauteur du patin à la partie horizontale de la branche d'avant du bâti.

Le mouvement est aussi communiqué au châssis porte-lames par une bielle fourchue B actionnée par l'arbre coudé b, qui porte les poulies fixe et folle P et P' et le volant régulateur V.

La pièce de bois est supportée à ses deux extrémités par deux petits wagonnets qui roulent sur des rails r fixés sur des madriers M qui, engagés de leur épaisseur dans la terre, se trouvent ainsi au niveau du sol. L'entraînement a lieu par deux cylindres cannelés horizontaux b' commandés par les roues d, qui reçoivent le mouvement d'un pignon fixé sur l'arbre de la poulie C. La jante de celle-ci est de section angulaire pour recevoir le secteur d'entraînement c fixé au levier B, qui est actionné par la tige de l'excentrique f. Quant au secteur de retenue c', il est porté par un petit axe monté dans le support g fixé au bâti.

Les tiges E des rouleaux de pression e reçoivent l'action des leviers à contrepoids L articulés sur les supports l, et leur hauteur est réglée à volonté, suivant le diamètre de la grume, en engageant une goupille dans l'un des trous dont ces tiges sont percées (voy. fig. 8).

SCIERIES VERTICALES A MOUVEMENT EN DESSUS

———

MACHINE FIXE A CHARIOT N'EXIGEANT NI FOSSE, NI FONDATION

ET MACHINE LOCOMOBILE A CYLINDRES

Par M. COCHOT, ingénieur-mécanicien à Paris. (Pl. 7.)

Tous les types que nous venons d'examiner présentent ce même caractère, que l'arbre de transmission du mouvement du châssis porte-lames se trouve situé en dessous du bâti, et nous avons vu que, malgré cela, on était arrivé, non-seulement à diminuer la profondeur des fosses, mais encore à établir des scieries locomobiles.

D'autres constructeurs ont cherché à obtenir le même résultat en adoptant un dispositif présentant un caractère bien distinctif, celui de placer l'arbre de transmission *en dessus* du bâti.

Nous allons montrer divers types de ce genre de scieries.

Celui qui est représenté figures 1 et 2, planche 7, a été exécuté par M. Cochot pour le compte du gouvernement français. Le problème posé par MM. les ingénieurs de la marine impériale était que, devant fonctionner en forêt pour entreprendre des exploitations à Saïgon, en Cochinchine, elle devait être disposée de telle sorte qu'elle pût être installée et fonctionner dans les meilleures conditions possibles, sans exiger ni fosse ni fondation, et être même aisément transportable tout en permettant le sciage des arbres de très-grandes longueurs.

M. Cochot a été assez heureux pour trouver une disposition pouvant satisfaire à toutes ces conditions. Elle consiste dans le mode de transmission du châssis porte-lames qui est actionné par un arbre coudé à double manivelle, monté dans des paliers fixés au sommet des deux bâtis verticaux entre lesquels se meut ledit châssis. Ces bâtis sont reliés par un entablement et une forte croix de Saint-André, et fixés simplement sur des charpentes placées parallèlement sur le sol dans le sens longitudinal. Ces charpentes sont reliées par des traverses, qui servent à maintenir leur écartement et à supporter les paliers des arbres à galets sur lesquels roule le chariot destiné à recevoir l'arbre à débiter.

Ce chariot, qui n'a pas moins de 14 mètres de longueur, présente à la fois une grande solidité et une grande légèreté par suite de sa construction même, qui consiste en deux longrines en tôle de fer reliées par des entretoises aux deux extrémités et composées de fers d'angle bien dressés, fixés sur des barres méplates en fonte dentées en dessous pour former crémaillères, et engrenées avec deux pignons fixés sur un même arbre, et commandées, comme à l'ordinaire, par une roue à rochet, dite *roue des minutes*, et son cliquet ou *pied-de-biche*.

Les dispositions générales de cette machine, aussi simples que ses détails de construction, se reconnaîtront aisément à l'inspection de la planche 7.

La figure 1 est une vue de face de la machine toute montée et fonctionnant avec cinq lames de scie attachées au châssis mobile.

La figure 2 en est une section verticale faite perpendiculairement par le milieu.

DISPOSITIONS GÉNÉRALES. — Le bâti de cette machine est composé de deux forts châssis en fonte A, placés verticalement à 1m,190 l'un de l'autre, et reliés par une forte traverse à quatre branches B, formant une sorte de croix de Saint-André. Cette croix se trouve inclinée, comme on le remarque figure 2, pour suivre la forme des châssis, disposés ainsi pour offrir plus de résistance à l'action du bois qui avance dans le sens indiqué par la flèche, et présenter une grande rigidité en donnant à la partie inférieure plus de longueur, et, par suite, une assez grande distance entre les deux boulons de scellement a, qui fixent chaque flasque sur les deux poutres A' formant les seules fondations de la machine.

Ces deux châssis verticaux ont en outre leurs sommets réunis par un cadre C fondu avec les deux forts paliers C'. Les deux grands côtés de ce cadre sont cintrés vis-à-vis des coudes de l'arbre de transmission pour livrer passage aux bielles qui communiquent le mouvement au châssis porte-lames. Les deux patins du bâti A sont aussi munis d'appendices a' reliés par une plaque en fonte A².

Avec les deux flasques du bâti sont encore fondus les bras horizontaux A², auxquels sont boulonnées les bagues en fer d, destinées à recevoir les tiges verticales D servant de guide au châssis porte-lames. Les bras inférieurs sont fondus avec les appendices a' et se trouvent naturellement au-dessous du niveau du sol, ce qui oblige de le creuser un peu; mais cette cavité, qui n'a besoin d'avoir que de 40 à 50 centimètres de profondeur, ne peut être considérée comme une fosse, les grandes poutres longitudinales A', avec un certain nombre de traverses en bois a³, étant suffisantes pour établir la machine solidement.

DU CHÂSSIS PORTE-SCIES ET DE SON MOUVEMENT. — Le châssis mobile, auquel les lames de scie sont fixées, est composé de deux montants verticaux en fonte E, à section rectangulaire avec les angles abattus, lesquels montants sont boulonnés à deux traverses horizontales en fer de même forme E', qui, dans leur épaisseur, ont une longue mortaise pour recevoir les pièces servant au montage des scies.

La traverse inférieure est munie de deux boutons saillants e' (fig. 1) qui reçoivent les têtes inférieures des grandes bielles F actionnées directement par l'arbre de transmission. A cet effet, les têtes supérieures de ces deux bielles sont assemblées sur les coudes de l'arbre G, monté dans les deux paliers C' et muni du volant V et des poulies P et P'; l'une fixe, pour transmettre le mouvement qu'elle reçoit du moteur, l'autre folle pour l'interrompre à volonté.

Les coudes de l'arbre G, formant les manivelles G', ont 0^m,275 de rayon, ce qui donne au châssis une course totale de 0^m,550. La verticalité parfaite du mouvement de va-et-vient est assurée par les tiges cylindriques D, embrassées par les coulisseaux en bronze e fixés aux montants du châssis. Ces coulisseaux sont en deux pièces reliées entre elles par des boulons qui traversent des oreilles e². L'une des deux pièces de chaque coulisseau forme le prolongement des montants E et se trouve ainsi interposée entre eux et la traverse correspondante E', laquelle est traversée par les boulons à écrou f, qui opèrent la réunion du châssis.

Pour faire équilibre au poids des manivelles et des bielles, le volant V, ainsi que l'on a coutume de le faire, a sa jante fondue avec un appendice V' qui forme contre-poids; on dispose ce contre-poids de manière, quand on cale le moyeu sur l'arbre, qu'il se trouve diamétralement opposé aux tourillons des manivelles.

Les lames de scie F sont fixées aux traverses E' du châssis au moyen de pièces en fer f, en forme de T, engagées dans la longue mortaise E³ ménagée à chacune de ces traverses. Chaque lame, engagée dans une fente pratiquée dans la tête du T, y est maintenue solidement par un boulon et son écrou g.

Les deux T correspondants aux extrémités de la lame de scie ont leur écrou placé un peu en dehors de l'axe passant par le milieu du châssis, l'un à droite pour la traverse du bas, l'autre à gauche pour le haut (*voy.* fig. 2), de façon à pouvoir incliner légèrement la lame par rapport à la verticale; inclinaison qui doit varier et être proportionnée, comme on sait, à l'avancement du bois, qui lui-même est variable suivant sa nature, ses dimensions et le nombre de madriers débités simultanément dans la même pièce. La tension de la lame de scie est obtenue au moyen de clavettes en fer g', qui pénètrent dans une fente pratiquée vers le bout de la branche verticale du T.

Lorsqu'on opère avec plusieurs lames, comme c'est le cas le plus ordinaire avec cette machine, il est indispensable de régler bien exactement leur écartement. On emploie, à cet effet, des prismes en bois dur, plus ou moins épais, que l'on choisit en raison de l'écartement qui doit exister entre chaque lame. Ces prismes sont maintenus à la hauteur convenable au moyen de branches verticales h' (fig. 1), après lesquelles ils sont fixés, et qui, traversant la mortaise pratiquée dans la traverse E, sont retenues à celle-ci par une goupille en fer. Le serrage de tous ces prismes h, formant les cales d'écartement, est effectué par une vis i, dont la tête vient butter contre l'un des montants verticaux du bâti. Du côté opposé, contre l'autre montant, se trouve une vis semblable ou simplement une cale de butée i', comme on peut le remarquer sur la figure 1.

Du chariot et de son mouvement de translation pour l'avancement du bois. — Comme la machine que nous décrivons est destinée au sciage des bois en grume, M. Cochot a dû donner une grande longueur au chariot sur lequel on fixe l'arbre pour l'amener à l'action des scies. Ce chariot n'a pas moins de 14 mètres de longueur, et les deux côtés longitudinaux ne peuvent être reliés qu'aux deux extrémités, puisqu'il faut qu'entre eux passe le châssis porte-lames. Il fallait donc que les côtés présentassent une grande rigidité, tout en n'étant pas d'un poids trop considérable, pour que la transmission de mouvement ne se trouve pas chargée.

Le constructeur a pu atteindre ce double but en employant deux longues poutrelles K, composées chacune d'une bande de tôle de 10 millimètres sur $0^m,200$ de hauteur, placées de champ et renforcées par trois cornières en fer d'angle, dont deux k, rivées de chaque côté, forment la base, tandis que la troisième k', rivée sur la face interne, forme le dessus de la poutrelle. Deux fortes traverses en fer rond tourné H relient les extrémités des deux pièces, de façon à ne former qu'un seul châssis, qui repose sur une série de galets à joues L, ajustés à frottement doux sur de petits arbres horizontaux l montés dans des paliers M et M', lesquels sont boulonnés sur les poutres C et les traverses a^2, qui sont placées sur le sol à une distance de $1^m,300$ d'axe en axe.

Les deux cornières k, qui forment l'embase de chaque poutrelle, sont fixées par des rivets à têtes fraisées à une forte crémaillère l', fondue avec deux rebords bien dressés pour reposer sur les joues des galets, et y glisser aisément en laissant la partie du milieu, qui est dentée, passer librement sans toucher au corps des galets, dont le diamètre est sensiblement moindre entre les joues.

Cette disposition est modifiée pour les deux galets L, qui sont clavetés sur l'arbre en fer *m*, monté dans les deux paliers *m'* fondus avec les bâtis A. Entre les joues de ces deux galets L est ménagée, à la fonte, une denture qui en fait de petits pignons engrenant avec les deux crémaillères parallèles *l'*, de telle sorte qu'en communiquant à ces pignons un mouvement de rotation, ils commandent le chariot, qui peut alors se déplacer en glissant sur la série des galets.

L'arbre *m* des pignons L' reçoit son mouvement de l'arbre moteur G, par l'intermédiaire de l'excentrique N calé près du volant. A cet effet, l'extrémité de la tige de cet excentrique est boulonnée à un levier cintré N', qui a son centre fixe d'oscillation sur le côté du bâti, et dont le bras, prolongé au delà de ce centre, est muni du *pied-de-biche* ou rochet *n*. Un ressort méplat *n'* maintient ce rochet engagé dans les dents de la grande roue des minutes O, qui est fixée à l'extrémité de l'arbre *m*, muni des pignons commandant la marche du chariot.

On sait que l'avancement du bois, par rapport à la vitesse des scies, doit être relativement très-petit, et que, de plus, on doit pouvoir le faire varier à volonté dans des rapports assez appréciables.

Ce double but est complétement atteint par la disposition que nous venons de décrire, car on peut avec elle faire tourner la grande roue à rochet O d'une quantité égale soit à une ou deux dents, soit à trois ou un plus grand nombre de dents; il suffit pour cela d'arrêter l'extrémité de la barre d'excentrique N en un point plus ou moins rapproché du centre *n* du levier cintré N', qui, dans ce but, est muni d'une longue rainure dans laquelle peut glisser le boulon d'attache *n²*.

De crainte que le rochet *n* en descendant ne glisse pas bien sur la denture de la grande roue et, par suite, ne l'entraîne en sens contraire du mouvement (celui indiqué par la flèche fig. 2) qu'il lui avait communiqué en remontant, un cliquet d'arrêt *o* est maintenu dans les dents par un ressort méplat *o'*, qui prend son point d'appui sous le premier cliquet de mise en marche; une petite équerre en fer, montée sur une tige mobile à l'aide de la poignée *p*, permet de soulever les deux cliquets de façon à en dégager complétement les dents de la roue O.

Cette faculté de soustraire à volonté de l'action des rochets de commande la roue qui fait avancer le chariot, permet de faire marcher l'arbre des pignons en sens contraire, pour ramener le chariot à son point de départ quand la pièce de bois est débitée et que l'on veut remettre en sciage un autre arbre.

Pour effectuer rapidement ce retour, le constructeur a disposé sur le prolongement de l'arbre *m* deux poulies R et R' (fig. 1), l'une fixe qui reçoit le mouvement en sens convenable du moteur de la scie, l'autre folle pour l'interrompre, en faisant glisser la courroie de l'une sur l'autre. Par cette commande spéciale, on évite le temps assez long qui serait nécessaire pour ramener le chariot et de plus la fatigue que cela donnerait à l'ouvrier chargé de ce service.

Malgré le poids assez considérable des pièces de bois mises en sciage sur une telle machine, il n'en faut pas moins qu'elles soient fixées assez solidement sur le chariot afin d'être bien assuré qu'elles marchent en ligne parfaitement droite.

Pour atteindre ce résultat, le bois est maintenu au moyen d'un certain nombre de fortes traverses en fer S fixées par des boulons à queue s, qui viennent s'accrocher sous la cornière supérieure k' des poutrelles du chariot. Ces boulons sont serrés par des écrous s', pourvus de petites poignées qui permettent de les faire tourner sans qu'il soit nécessaire d'avoir recours à une clef. La pièce de bois à débiter X, montée sur ces traverses, y est retenue solidement par des bandes méplates en fer T, serrées par des écrous à oreilles t vissés sur des tiges verticales T', lesquelles sont reliées aux traverses S par des clavettes t'.

Comme au fur et à mesure de son avancement pour se présenter à l'action des scies le bois se déplace avec le chariot, celui-ci emmène naturellement avec lui les traverses et les barres méplates T qui le retiennent. On est alors obligé, quand une barre est près du châssis porte-lames, de dévisser les deux écrous à oreilles, d'enlever cette barre, puis de dégager la traverse S' des boulons s.

On peut alors enlever le tout et le reporter de l'autre côté, derrière la machine, pour fixer de la même manière le bout de la pièce de bois qui a été traversée par les scies, afin que cette pièce soit parfaitement maintenue par ses deux extrémités.

TRAVAIL DE LA MACHINE. — D'après les expériences de réception, cette machine fonctionne dans d'excellentes conditions de marche à une vitesse de 110 à 120 révolutions par minute, ce qui donne, la course totale de la manivelle étant de 0m,550, une vitesse rectiligne aux lames de :

$$120 \times 2 \times 0^m,550 = 132 \text{ mètres par 1 minute;}$$

soit, par seconde, de : 132 : 60 = 2m,20,

vitesse moyenne généralement adoptée pour les équipages un peu lourds des scies à débiter les bois en grume.

Dans ces conditions de marche, et en supposant le châssis garni de cinq lames, nous admettons, pour débiter un arbre en bois de chêne, une vitesse d'avancement de 1 1/2 à 2 millimètres seulement par chaque coup de scie, ce qui correspond à un travail maximum de :

$$120 \times 2 \times 5 = 1^m,20 \text{ par minute; soit, par heure : } 1^m,20 \times 60 = 72 \text{ mètres.}$$

On voit donc que l'on peut avec une telle machine débiter en six forts madriers, dans l'espace d'une heure environ, un arbre de 14 mètres de longueur.

SCIERIE LOCOMOBILE A CYLINDRES
Représentée figures 3 et 4, planche 7.

Comme on le voit à l'inspection des figures 3 et 4, qui représentent la machine
à cylindres de M. Cochot en élévation, en section transversale et vue de face, ses
dispositions générales sont semblables à celles de la scierie à chariot que nous
venons de décrire, mais elle en diffère cependant, d'une part, en ce que le chariot
est remplacé par des cylindres qui font avancer le bois, un de ses côtés ayant été
à peu près et légèrement équarri, et, d'autre part, en ce qu'elle est montée sur un
chariot, de manière que l'on peut la transporter facilement sur les routes ordinaires, pour l'installer ensuite partout où l'on peut en avoir besoin.

Fig. 6.

L'emplacement que la scie doit occuper étant déterminé, on rend le chariot
invariable en exerçant une certaine pression sur les moyeux des roues pour en
empêcher le mouvement; de plus l'avant-train, qui est tout naturellement mobile
pendant le transport de la machine, peut être arrêté au moyen d'un boulon qui
l'empêche de se déplacer et qui assure ainsi la fixité du chariot.

Ce chariot est d'une construction ordinaire; sur le milieu est fixée la plaque A' qui sert de base à la machine.

Le mécanisme qui fait avancer le bois se compose de deux cylindres cannelés servant à l'entraînement, et de deux autres cylindres unis qui ne font qu'exercer une pression facultative.

Les deux premiers cylindres cannelés *l* sont montés sur un petit support analogue à une poupée de tour, et qui se trouve fondu avec une traverse fixée à la plaque de fondation; ils sont commandés à la partie inférieure par des pignons *m* mis en mouvement par des intermédiaires dont la rotation est déterminée par une roue d'angle *m'* (fig. 4), qui engrène elle-même avec un pignon plus petit calé à l'extrémité d'un arbre qui porte la grande roue à rochet O.

Quant aux cylindres cannelés transversalement *l'* (fig. 4), ils n'exercent qu'une

Fig. 7.

pression sur le bois, et sont montés sur leurs axes respectifs de manière à pouvoir être élevés et abaissés suivant le diamètre du bois à débiter.

Les axes sont retenus dans des châssis qui oscillent par le centre sur la poupée L, montée elle-même comme un chariot de tour sur la traverse A'.

Ladite poupée L porte en dessous une tige à l'extrémité de laquelle est reliée

une barre *n* rattachée à un petit levier; sur l'axe de celui-ci est monté fou un grand
levier N muni à son extrémité d'un contre-poids N', qui entraîne le petit levier au
moyen d'une goupille fixée dans l'un des trous d'un secteur *o* forgé avec l'axe.

Suivant l'épaisseur ou le diamètre des bois à débiter, on relève plus ou moins le
levier en l'accrochant par sa goupille dans un des crans supérieurs du secteur, de
manière que le poids ne soit pas gêné dans sa descente par sa rencontre avec le sol.

Il suit de là que, lorsque le levier N prend la position indiquée figure 4, il entraîne
dans ce déplacement le petit levier *n* et finalement la poupée L, ce qui force les
cylindres *l'* à appuyer sur le bois avec une pression assez forte.

Quelle que soit la largeur du bois à débiter, la fonction des cylindres *l* reste la
même. Pour que le bois puisse avancer plus facilement au fur et à mesure de son
débit, des rouleaux *r* sont montés sur des oreilles fondues avec la plaque A' et avec
la glissière L'.

Dans le cas où les bois à débiter sont de grandes longueurs, on installe de chaque
côté du chariot un bâti additionnel formé tout simplement de côtés en fonte ou en
fer reliés par des traverses, et sur lesquels sont montés des rouleaux en fonte.

SCIERIE A PLUSIEURS LAMES POUR GRUMES DE 1 MÈTRE

Par MM. PÉRIN, PANHARD et Cⁱᵉ.

Le type de machine à mouvement en dessus de ces constructeurs est celui
représenté, pages 76 et 77, par les figures 6 et 7. Ici l'entraînement du bois diffère
de celui adopté pour leur scierie à mouvement en dessous; la grume, au lieu
d'être supportée par deux petits chariots à quatres roues, repose sur un long
chariot complet roulant sur des rails et portant une crémaillère commandée
mécaniquement par la machine, ce qui est plus avantageux lorsque l'on a des
arbres très-tordus à débiter.

La force motrice nécessaire à cette scierie est de 10 à 15 chevaux.

SCIERIE A CYLINDRES ET A PLUSIEURS LAMES

Par M. E. BARAS (Pl. 8, fig. 1, 2 et 3).

Cette scierie appartient, comme les précédentes, au type des machines avec
transmission en dessus, mais ses dispositions mécaniques diffèrent essentiellement.

Les figures 1 et 2, qui représentent cette machine en section verticale et de face
du côté de l'entrée du bois, permettent de le reconnaître. On voit qu'elle est
établie sur un bâti en fonte A composé de deux flasques de forme à peu près
triangulaire et qui, fondues de la même pièce, sont réunies par plusieurs traverses

a b c et *d*; l'ensemble de ce bâti, boulonné directement sur la fondation en maçonnerie, porte à son sommet les deux paliers graisseurs B dans lesquels tourne l'arbre moteur C, qui est coudé et porte les poulies motrices P et P', le volant régulateur V et l'excentrique E commandant l'avancement du bois.

Sur le bâti se trouve installée, transversalement, la table G, sur laquelle s'appuie la pièce de bois X et qui porte les deux supports à coulisse H et I sur lesquels sont respectivement montés les cylindres cannelés J, qui produisent l'entraînement, et les cylindres presseurs K.

Sur les faces des flasques A sont aussi réservées les glissières *f* du châssis porte-lames. Ce châssis, dont la construction est analogue à celle de certains types que nous avons déjà décrits, est formé de deux traverses doubles L et de deux montants L' auxquels sont boulonnés les quatre couteaux en acier *e* servant de guide et engagés à cet effet dans les glissières *f*. C'est à ces montants, et par le milieu de leur hauteur, que le châssis est rattaché à la bielle motrice à fourche M, dont la tête est montée sur le coude de l'arbre moteur C.

La section horizontale, suivant la ligne 1-2 (fig. 3), montre la forme donnée à la traverse supérieure L pour le passage des deux branches de la bielle, qui vont s'attacher aux boulons d'assemblage des montants placés à l'intérieur du châssis.

Dans ce système de scierie, le mécanisme d'avancement a nécessairement pour fonction de faire tourner les cylindres cannelés J. A cet effet, les axes de ces deux cylindres sont armés chacun d'une petite roue droite *g* engrenant avec une intermédiaire *g'*, laquelle est solidaire, sur le tourillon qui lui sert d'axe, d'une roue d'angle *h*, dont le pignon de commande *h'* est fixé sur le même arbre *i* que la poulie à gorge N. Or, nous avons déjà vu dans d'autres scieries, comment cette poulie se trouve actionnée par un secteur *n*, tandis qu'un deuxième secteur *n'* la retient pour éviter son retour; ici le secteur d'entraînement *n* est fixé sur la branche verticale d'une équerre O montée libre sur l'axe *i*, et dont l'autre branche est actionnée par l'excentrique E et par la barre E'.

Les cylindres cannelés J sont montés entre les deux joues horizontales de la console H, montée elle-même à coulisse sur la table G, car sa position doit nécessairement être variable avec la largeur de la pièce de bois soumise au sciage; elle porte en dessous, à cet effet, un écrou que traverse une vis *j* qui règne sous toute la longueur de la table G, et porte extérieurement un volant à main *j'*, à l'aide duquel on la fait tourner, afin de déterminer le déplacement de la poupée H pour l'amener au point voulu.

Mais, nonobstant ce déplacement de la poupée, il n'en faut pas moins que l'engrènement des roues d'angle *h* et *h'* soit régulièrement maintenu. Pour obtenir ce résultat, il a suffi de rendre l'arbre *i* exclusivement dépendant, au moyen de ses collets, du palier H qui, lui, est fondu avec la poupée H, tandis que cet arbre *i* peut glisser librement dans son second support G' fixé sur la table G.

La poupée H, en se déplaçant, entraîne ainsi avec elle l'arbre i, sur lequel une rainure est pratiquée pour le clavetage de la poulie N.

Mais comme il est nécessaire que cette poulie, ainsi que l'équerre O ne soient pas entraînées dans les déplacements longitudinaux de l'arbre i, le moyeu de la poulie N est engagé dans le palier G′ et porte des collets qui le maintiennent latéralement; ce moyeu se répétant du côté opposé, reçoit l'équerre O qui s'y trouve enfin maintenue par une rondelle fixe i'.

Les cylindres presseurs K ont une tout autre fonction à remplir et ils sont aussi installés différemment. D'abord ils doivent être sous l'action constante d'un effort de pression capable de les maintenir en contact intime avec la pièce de bois, et comme c'est par son parement dressé que cette pièce s'appuie sur les cylindres cannelés, et que son parement opposé n'est nécessairement ni dressé, ni parallèle au premier, il faut que l'ensemble des deux cylindres presseurs K possède la faculté d'osciller légèrement, afin d'assurer leur contact respectif avec la pièce, malgré les irrégularités qu'elle présente.

Pour atteindre ce résultat, la poupée I′, dans laquelle sont montés les deux cylindres, est en deux parties et présente intérieurement deux oreilles k se raccordant par des goujons avec deux oreilles semblables qui appartiennent à la console I, ce qui constitue un véritable assemblage à charnière entre cette console I et la poupée I′. Il reste donc à soumettre l'ensemble de ces deux pièces à l'effort de pression qui tend à maintenir le contact des cylindres avec le bois.

Cet effort est déterminé par une pesante lentille F montée sur l'extrémité d'un levier F′, lequel est claveté sur un axe f' traversant des oreilles réservées à la table G; et comme cet axe porte aussi un bras de levier m relié par une barre articulée m' avec une oreille dépendant de la poupée I, celle-ci se trouve constamment sollicitée à transmettre aux cylindres la pression qui doit les maintenir en contact avec la pièce de bois.

Cette disposition permet, évidemment, de soumettre à la scierie des pièces d'une longueur quelconque, puisque ce système d'entraînement est indépendant de toute longueur déterminée. Seulement, en plus du point d'appui principal par la table G, la pièce doit être supportée en avant et en arrière des cylindres. Ces points d'appui sont constitués ici par des rouleaux Q montés librement sur des supports en fonte Q′, dont on pourrait augmenter le nombre à volonté s'il s'agissait de pièce d'une longueur exceptionnelle.

Toutefois, l'intervention d'un organe supplémentaire est nécessaire pour maintenir la pièce de bois, soit au moment de son entrée dans les cylindres, soit à sa sortie. Cet organe est un simple levier R articulé sur un support R′, qui offre un enfourchement et plusieurs trous pour changer la position du levier suivant l'épaisseur de la pièce. C'est donc en abaissant ce levier à la main, que l'on peut maintenir la pièce de bois pendant quelques instants, au moment de son entrée dans les cylindres, mais surtout à sa sortie et lorsqu'elle aurait de la tendance à se relever sous l'influence de sa masse extérieure.

Le montage des scies S n'offre pas de différence bien sensible avec les systèmes précédemment décrits. Chaque lame est rivée, par ses extrémités, avec une bande de métal mince *s* repliée sur elle-même ; à la partie inférieure, cette bande est traversée par une barrette à mentonnets *s'* qui lui sert d'arrêt sur la traverse L ; à la partie supérieure, la barrette est remplacée par une clavette et par une contre-clavette *s²* servant à opérer la tension de la lame. Aux deux extrémités l'inter-valle des lames est occupé par des cales en bois *o*, et l'ensemble des lames et des cales est pris entre deux barrettes en fer *o'*, qui sont fortement serrées par deux boulons-entretoises *p*, lesquels sont maintenus par des oreilles ménagées aux mon-tents du châssis ; ces entretoises étant filetées reçoivent chacune quatre écrous à l'aide desquels l'on serre l'ensemble des cales, des lames et des barrettes.

Revenant un instant sur le mécanisme de commande, nous dirons que le volant V peut équilibrer l'équipage du châssis, des lames et de la bielle au moyen d'un vide V' réservé dans la jante du côté du coude-manivelle.

Le passage de la courroie motrice d'une poulie à l'autre est réglé par le levier à fourche T.

Cette scierie a été établie pour traiter des bois de dimensions limitées à 0^m,300 de hauteur sur 0^m,250 de largeur. La vitesse est de 180 tours par minute. La course du châssis des lames est égale à 0^m,360. La longueur des lames est de 0^m,930.

Enfin, l'avance du bois est prévue de 3 jusqu'à l'énorme chiffre de 12 millimètres par coup de scie, que certains scieurs ne craignent pas d'adopter dans des circons-tances déterminées. A ce compte, l'avance du bois varierait de 32^m,400 à 129^m,600 par heure. Avec du bois de 0^m,300 de hauteur, la surface sciée dans le même temps serait égale, par lame, à 9^{mq},72 et à 38^{mq},88.

Admettons que ce dernier chiffre maximum soit réduit à 35 mètres, ce qui ferait encore 140 mètres carrés pour les quatre lames ; comme nous devons, dans cet exemple, supposer que ce travail s'applique à du bois tendre, pour lequel nous avons vu qu'un cheval-vapeur peut faire 6 mètres carrés de sciage, un tel travail demanderait une puissance totale de plus de 20 chevaux. Mais il ressort de l'examen du mécanisme qu'une telle scierie n'est pas construite pour l'emploi d'une aussi grande force et que les trois conditions de quatre traits, 0^m,300 de hauteur de bois, et 12 millimètres d'avance par coup ne peuvent pas se trouver réunies. On doit donc, avec les quatre lames, diminuer l'avancement du bois, ou, si on le conserve, ne faire fonctionner la machine qu'avec une ou deux lames.

SCIERIE LOCOMOBILE A CYLINDRES

PAR M. FREY

Représentée planche 8, figures 4 et 5.

Nous avons montré, planche 6, le type de scierie locomobile à mouvement en dessous pour grume, adopté par M. Frey. Ce même constructeur, pour débiter en planches les madriers, a combiné la machine à mouvement en-dessus, également locomobile, représentée de face figure 4 et en section verticale suivant 1-2, figure 5.

Cette machine peut scier deux madriers à la fois, et est pourvue à cet effet de deux jeux de cylindres d'amenage.

Les quatre cylindres cannelés a et a' reçoivent le mouvement de la roue b, dans les dents de laquelle sont engagés deux cliquets fixés à la pièce cintrée c, boulonnés un levier d, qui est pourvu d'une coulisse permettant une course variable et destinée à recevoir le bouton de la tige d' de l'excentrique de commande.

Le mouvement intermittent communiqué ainsi au rochet b est transmis aux deux paires de cylindres cannelés par les roues d'angle e et une roue droite, qui engrène avec les deux roues calées au sommet de la première paire de cylindres et engrenant avec les roues de la seconde paire.

Quant aux cylindres de pression f et f', ils sont montés sur des cadres mobiles articulés sur les supports g et g', que l'on peut approcher ou éloigner à volonté, suivant les dimensions des bois, en les faisant glisser sur les traverses A au moyen d'une vis et d'une manivelle, comme le chariot d'un tour.

Le châssis porte-lames est guidé entre des montants m rapportés à l'intérieur du bâti en fonte B, et il est commandé par les deux bielles C, qui, montées sur le coude de l'arbre moteur D, viennent s'assembler à la traverse inférieure du châssis.

SCIERIE POUR BOIS EN GRUME ÉQUARRI

Par MM. Ch. ROBINSON et fils (Pl. 8, fig. 6 et 7).

Comme les types précédents de M. Cochot et de M. Baras, celui représenté de côté et de face figures 6 et 7 est à mouvement en dessus pour pouvoir de même être établi sans fondation ; mais ici, pour consolider la partie supérieure du bâti, les constructeurs l'ont reliée par deux poutrelles A avec le mur de l'usine, lequel reçoit en outre un palier a, supportant l'extrémité de l'arbre moteur B, muni de deux volants V, des deux poulies fixe et folle P et P', et de l'excentrique b, qui commande l'avancement du bois.

Le châssis porte-lames est actionné par le coude dudit arbre au moyen d'une bielle en forme de T renversé D, munie, à l'extrémité de ses deux branches, de tringles qui viennent s'attacher à des boutons fixés au milieu de la hauteur du châssis.

La pièce de bois, supportée à ses extrémités par de petits wagonnets, est entraînée par deux rouleaux cannelés *e* commandés par les engrenages *o'* et la poulie C, qui reçoit le mouvement du secteur *b* au moyen du levier *d* et des deux tiges *e* et *e'* reliées par l'équerre *f*; celle-ci est munie de deux vis qui permettent de déplacer les points d'attache des tiges et, par suite, de faire varier l'amplitude du mouvement du levier *d*, et conséquemment l'avancement du bois.

Quant aux deux rouleaux de pression *g*, ils agissent sous l'impulsion des leviers à contre-poids L, exactement de la même façon que dans la machine des mêmes constructeurs décrite page 69, et représentée planche 6, figure 6.

MM. Robinson et fils construisent ce genre de scierie sur six modèles pour grume de 8 à 10 mètres de longueur, avec écartement du bâti pour le passage du bois variant de 0m,40 à 1 mètre et exigeant une force motrice de 3 à 10 chevaux.

SCIERIE A LAME HORIZONTALE

Système de MM. ROBINSON et SMITH (Pl. 9, fig. 1).

Nous avons vu les nombreux systèmes imaginés pour éviter les fondations profondes et pour faciliter le passage des bois dans la machine. Une des dispositions les plus originales pour atteindre ce double but est celle pour laquelle MM. Robinson et Smith se sont fait patenter en Angleterre en 1873.

Comme l'indique la figure 1 de la planche 9, cette disposition consiste à renverser le sens de la scie, c'est-à-dire à la faire fonctionner horizontalement. Alors, naturellement, la transmission du mouvement se trouve reportée dans le même sens et la pièce de bois peut passer librement entre les bâtis, quelles que soient ses dimensions dans le sens transversal et en longueur.

On voit, en effet, que le bâti de la machine est composé de deux montants verticaux A fixés par leur base sur un socle en fonte B, et reliés à la partie supérieure par l'entretoise C.

Lesdits montants A reçoivent à l'intérieur des tiges filetées *a*, qui sont commandées par les deux paires de roues d'angle *b* et *b'*, soit à la main au moyen de la manivelle C, soit au moteur par la poulie *p* et un pignon *c'*.

Les tiges filetées, traversant des écrous fixés à la platine horizontale D sur laquelle est monté le châssis porte-scies, permettent d'élever ou d'abaisser cette platine, et par suite le porte-scies.

Le châssis de celui-ci est composé des deux sommiers en fer E et E' reliés par la traverse en bois F, et les boulons *i*, *i'* de ces sommiers sont munis de coulisseaux *f* et *f'* destinés à se mouvoir entre les guides *g*, *g'* fixés à la platine D.

Pour être actionné, le coulisseau *f* est muni d'un bouton qui reçoit la tête de la bielle en bois commandée par le plateau-manivelle P fixé à l'extrémité de l'arbre de transmission. Cet arbre est monté dans les paliers d'un support à chariot commandé par une vis, des roues d'angle et le volant à main H, afin de pouvoir lui-même être élevé ou abaissé dans les coulisses du support M.

La lame de scie *s* est tendue au moyen des écrous *h* et *h'*, à la manière ordinaire, et, du côté opposé aux sommiers E et E', la tige *c*, destinée à équilibrer cette tension, est serrée par des écrous *e'*; mais on remarquera que les sommiers sont assemblés avec les coulisseaux *f* et *f'* par les boulons *i* et *i'* placés juste au milieu de leur longueur, ce qui peut permettre un mouvement d'oscillation du châssis sur ses centres. Alors il n'y a pas à craindre, lorsque l'on règle la tension de la lame, que l'effort s'exerce sur les coulisseaux; sans cela, il se produirait un soulèvement qui gênerait leur marche rectiligne dans les glissières.

Les boulons *i* et *i'*, comme le montre le détail figure 1 *bis*, ont des têtes bombées engagées dans les coulisseaux afin de permettre une certaine articulation, et par suite donner plus de légèreté et de souplesse aux mouvements de la scie.

La pièce de bois qu'il s'agit de débiter est placée sur le chariot I, qui est muni de griffes de serrage I' munies d'écrous traversés par des vis de manœuvre.

. L'avancement du bois est obtenu par une crémaillère *j* fixée sur le chariot et commandée par un pignon qui reçoit le mouvement d'une poulie calée sur l'arbre moteur. A cet effet, l'axe de ce pignon est prolongé pour porter en dehors du bâti une roue à denture hélicoïdale *k* engrenant avec une vis sans fin, qui a son axe muni d'un cône étagé K destiné à recevoir la courroie motrice.

Sur le prolongement de l'axe de la roue *k* sont montés deux pignons d'angle entre lesquels se trouve un manchon à griffes, qui permet de les rendre à tour de rôle solidaires de l'arbre, afin de faire tourner, tantôt dans un sens, tantôt dans l'autre, la roue *l*, qui engrène avec un petit pignon dont l'axe porte la poulie L.

Cette poulie, au moyen d'une courroie passant sur une poulie *p* et par les pignons d'angle *c'*, *b* et *b'*, commande les tiges filetées *a*, qui font monter ou descendre, suivant le sens dans lequel elles tournent, le châssis porte-lame; elles le font descendre aux différentes hauteurs des coupes à effectuer, puis le font remonter pour commencer à nouveau le débit d'une autre pièce.

Les machines de ce système, pour le sciage des bois de 0ᵐ,600 jusqu'à 1 mètre d'équarrissage et 7 à 8 mètres de longueur, n'exigeraient, suivant le constructeur, qu'une puissance motrice de 2 chevaux.

Il faut dire que l'on reproche au système des scies horizontales, en général, de présenter l'inconvénient de ne pas permettre à la sciure de se dégager du trait, contrairement à ce qui a lieu avec la scie verticale, qui laisse la fente libre en se dégageant à chaque mouvement.

SCIERIE A ACTION DIRECTE DE LA VAPEUR

POUR ABATTRE LES ARBRES ET LES TRONÇONNER

Système RANSOME, construit par M. ARBEY.

Pour abattre les arbres sur pied, malgré l'essai infructueux de quelques machines, on fait toujours usage de la scie à main dite passe-partout, et surtout de la
hache, qui a pourtant le grave inconvénient, comme nous l'avons dit, de faire
perdre une quantité de bois importante dispersée en éclats à l'endroit même où
l'arbre présente son plus fort diamètre et sa meilleure qualité. M. Ransome a

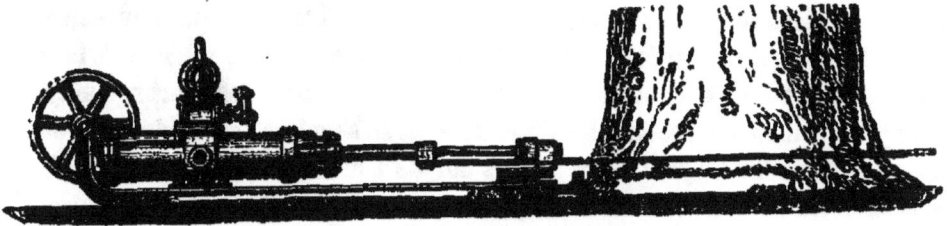

Fig. 8.

appliqué en Angleterre et cédé en France à M. Arbey la scierie à lame droite et
à action directe de la vapeur que représentent les figures 8 et 9 ci-contre, et que
l'on a pu voir figurer à l'Exposition universelle de 1878.

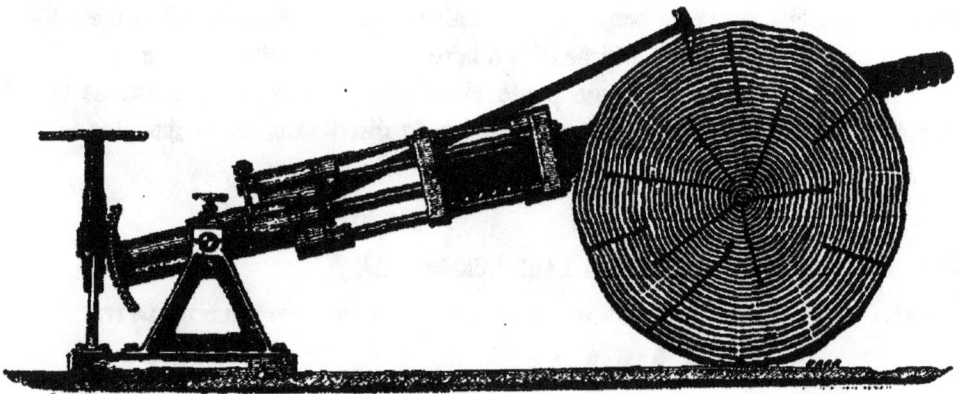

Fig. 9.

Cette machine consiste en un cylindre à vapeur de petit diamètre, avec piston à
longue course, qui a sa tige munie, dans son prolongement, de la lame de scie ;
celle-ci se trouve animée d'un mouvement rectiligne de va-et-vient assuré par des

guides qui se fixent sur le même bâti léger en fer forgé auquel le cylindre à vapeur est assujetti, mais de manière à pouvoir pivoter, afin que la scie puisse décrire, de ce point comme centre, un arc de cercle d'une amplitude correspondante au diamètre de l'arbre à tronçonner.

Le mouvement de pivotage est imprimé au moyen d'une roue à main qu'actionne une vis engrenant un secteur denté dont est muni l'arrière du cylindre.

Les dents de la scie sont couchées de manière qu'elles ne coupent que pendant la course de rentrée, c'est-à-dire que la scie ne travaille qu'à la traction, ce qui permet de se servir d'une lame de 2m,50 à 3 mètres de longueur sans appareil de tension, parce que sa propre coupe est suffisante pour guider la scie en ligne droite au travers de l'arbre, et comme les dents n'offrent aucune résistance à la course de sortie, toute flexion de la lame est évitée.

La machine dans son ensemble est d'un poids assez faible pour que l'on puisse aisément la transporter en forêt suspendue à l'essieu d'un petit véhicule à bras d'homme ; une forte vis d'arrêt sur une barre à pointe enfoncée dans l'arbre suffit à la fixer pour la mettre en action. La manœuvre est si simple et si rapide que l'on peut abattre un chêne ou tout arbre de bois dur de 1 mètre de diamètre en quelques minutes ; en y comprenant le temps de la transporter d'un arbre à l'autre, cette scierie peut abattre en une heure huit arbres de cette dimension.

On remarquera que la machine peut prendre n'importe quelle position, grâce à l'agencement des organes, de telle sorte qu'on peut l'employer pour couper les arbres sur les pentes les plus ardues et qu'elle peut être transformée, comme l'indique la figure 9, de façon à servir à tronçonner ou couper en travers les troncs d'arbres couchés par terre soit dans la forêt, soit dans les chantiers.

Toute locomobile peut être employée à fournir la vapeur, soit celle qui se trouve sur le terrain d'exploitation et utilisée déjà à faire mouvoir d'autres engins, ou s'il n'en existe pas, se contenter d'une petite chaudière portative fournissant de la vapeur à haute pression, et conduite à la boîte de distribution de la machine au moyen d'un tuyau fort et flexible.

SCIERIE À LAME HORIZONTALE

POUR DÉBITER LES BOIS DE PLACAGE ET PANNEAUX

Par M. E. BARAS, à Paris (Pl. 9, fig. 2 à 10).

Jusqu'en 1814, le débit des feuilles de placage se faisait à la scie horizontale à bras avec des imperfections, des déchets de bois et des prix de revient qui rendaient les ébénistes tributaires de l'étranger, mais à cette époque M. Cochot se fit breveter pour une scierie à lame horizontale, très-légère, à denture formée de crochets à becs recourbés et marchant à une vitesse de 150 à 200 coups par minute.

Cette machine fonctionnait déjà avec une perfection remarquable dans le dressage et dans l'égalité d'épaisseur des feuilles; son caractère principal, n'étant pas seulement dans l'horizontalité et la légèreté du châssis, ni dans le couteau horizontal incliné qui dirigeait et maintenait en avant la feuille de placage déjà détachée du bloc de bois; mais c'était surtout la verticalité donnée au chariot porte-pièce, dont l'ascension était produite au moyen d'un rochet et d'une crémaillère dans des coulisseaux fixés à un bâti en charpente susceptible, à son tour, d'être avancé parallèlement vers la scie d'une quantité égale à l'épaisseur à donner aux différentes feuilles de placage.

Le système de cette scierie pour le travail indiqué était si rationnel, qu'actuellement encore aucun autre ne l'a remplacé. Aussi bien en France qu'à l'étranger, il est en usage, si ce n'est pourtant avec quelques perfectionnements de détails. C'est ainsi que dès 1845 M. Cart, habile constructeur mécanicien à Paris, substituait la fonte et le fer au bois dans les bâtis et ajustement des diverses parties.

Nous donnons le dessin de cette machine planche 9, telle qu'elle est construite aujourd'hui par M. Baras, le successeur de M. Cart.

La figure 2 la représente vue de face, du côté du châssis porte-scie.

La figure 3 est une coupe transversale par l'axe du chariot porte-bois, suivant la ligne 1-2 (fig. 2), et la figure 4 un plan général vu en dessus.

Pour bien comprendre les parties essentielles et les détails de cette scierie, nous aurons à examiner successivement :

1° La construction du bâti du châssis porte-scie et son mouvement;

2° Le cabriolet qui porte le bois à débiter et le mécanisme qui le fait mouvoir;

3° La disposition qui règle l'épaisseur des feuilles de placage à scier.

DU CHÂSSIS PORTE-SCIE ET DE SON MOUVEMENT. — Le bâti se compose de deux forts châssis verticaux en fonte A et B. Des rebords saillants *b* sont venus de fonte avec les côtés supérieurs du bâti pour recevoir des vis buttantes *c*, qui servent à régler exactement la position des coulisseaux rapportés *d*. Ces coulisseaux étant en fonte, on y ajoute des languettes en cuivre qui forment coussinets aux coulisses du châssis porte-scie.

La monture de la scie se compose, comme à l'ordinaire, d'une pièce principale en bois E, qui en forme le corps, et qui, à ses extrémités, porte les deux côtés D, également en bois, réunis, d'une part, par le grand boulon d'écartement *f*, et de l'autre, par la lame de scie H, dont le plan est exactement vertical; celle-ci est reliée aux côtés transversaux D par les chaperons en fer *e* qui, à l'aide de leurs écrous, permettent de la tendre à un degré voulu. Cette monture est rendue solidaire avec le châssis horizontal inférieur F G, au moyen des deux vis à oreilles *h*, qui se taraudent dans des écrous en cuivre entaillés dans les traverses G du châssis, lesquelles sont en bois comme les deux longrines F (fig. 5). Sous les faces inférieures de ces dernières sont ajustées et boulonnées les règles en acier *i*, formant les coulisses dont nous avons parlé plus haut, et qui glissent dans les coulisseaux *d*. Des liteaux en bois *g* sont logés entre les côtés D de la monture de la scie et les traverses inférieures G du châssis, pour surélever cette monture au-dessus de ce dernier de la quantité nécessaire.

Le mouvement est transmis au châssis porte-scie par une longue bielle en bois blanc X dont la tête, garnie de coussinets en cuivre, se relie par articulation, au moyen d'une chape en fer *k*, à la première traverse G de ce châssis. On donne une grande longueur à cette bielle, afin qu'elle prenne le moins d'inclinaison possible, et qu'elle force peu le dérangement des coulisseaux ou des guides du châssis porte-scie; son autre extrémité s'assemble par articulation avec le bras d'un volant muni à cet effet d'un bouton ajusté à coulisse, afin de permettre de varier au besoin sa distance par rapport au centre, et, par suite, augmenter ou diminuer la longueur de la course de la scie; ce volant est monté à l'extrémité d'un arbre, qui doit se trouver dans le même plan horizontal avec le châssis porte-scie.

C'est au milieu de cet arbre que se fixe la poulie K (voir le tracé géométrique figure 9), et comme cette poulie est d'un petit diamètre, on augmente la pression de la courroie venant de la grande poulie P′ et en même temps sa surface de contact, à l'aide d'un galet de tension.

L'autre extrémité de l'arbre de couche sert à faire marcher une seconde grande bielle en bois L, qui est sensiblement plus mince que la première. Il porte à cet effet un goujon *p*, qu'embrasse la tête de cette bielle, et qui, pour permettre de varier sa course à volonté, est ajusté à coulisse dans un petit châssis en fer *p′*, rapporté sur le bout de cet arbre, comme on peut aisément le voir par le détail figure 6. Cette disposition est nécessaire pour donner du bois, c'est-à-dire pour faire monter le bois au fur et à mesure que la scie travaille.

DU CABRIOLET ET DU MÉCANISME QUI LE FAIT MOUVOIR. — Le cabriolet destiné à recevoir le bois à débiter est porté par un bâti en fonte M, relié en avant au bâti de la machine, tandis qu'en arrière il est consolidé par un panneau de fonte N, qui maintient l'écartement (fig. 3).

Les joues antérieures du cabriolet O se prolongent sensiblement au-dessus et au-dessous de sa base, comme le montre la figure 3, et se réunissent aux extrémités par les traverses *q* et *s*, et au milieu par une plus forte *q′*, qui, comme les précédentes, est fondue avec lui. C'est sur ces joues que l'on boulonne le châssis porte-bois, qui est simplement composé de deux montants verticaux P, et de plusieurs traverses horizontales Q. Il est bon de remarquer pourtant que ce n'est pas directement sur ce châssis que l'on vient assujettir les madriers de bois que l'on veut débiter en feuilles, mais plutôt sur une espèce de grille de rechange formée d'un grand nombre de montants très-longs R, réunis par une suite de traverses minces S. Cette grille additionnelle présente cet avantage que, pendant qu'on fait travailler la machine sur la pièce qui s'y trouve montée, on peut en même temps s'occuper d'en monter une autre sur une seconde grille semblable, ce qui utilise ainsi le temps libre de l'ouvrier, qui doit encore s'occuper, dans d'autres instants, du repassage ou de l'affûtage des scies qu'il a également à rechanger.

Dans les montants P sont ajustés des coulisseaux en cuivre, comme au châssis porte-scie, pour recevoir les régles ou coulisses angulaires Z, qui sont rapportées sur les côtés du cabriolet afin que le bois soit constamment guidé dans sa marche rectiligne et verticale. Des pattes ou équerres en fer (fig. 4 et 7) portent ces coulisses et les relient au cabriolet; des vis de pression sont adaptées d'un côté, à droite, pour permettre de les serrer afin qu'il n'y ait pas de jeu.

Pour donner le mouvement à tout ce mécanisme, de manière que le bois n'avance à l'action de la scie que d'une quantité très-faible à chaque coup, quantité qui est d'ailleurs variable suivant la nature du bois que l'on a à débiter, on dispose derrière le châssis mobile P une crémaillère en fonte ou en cuivre U, qui a pour longueur toute la hauteur de celui-ci, et qui engrène avec un pignon droit V. L'axe horizontal en fer W, à l'extrémité duquel ce pignon est ajusté (et qui est mobile, d'une part, dans un coussinet ajusté sur la traverse du milieu r du cabriolet, et, de l'autre, dans celui de la chaise de fonte X'), porte une grande roue dentée, formée d'un croisillon ou plateau en bois Y, sur la circonférence duquel sont rapportées deux couronnes en cuivre h' et i', dont les dentures sont angulaires et plus fines sur l'une que sur l'autre. Cette roue peut tourner, à chaque révolution de l'arbre de couche I', d'une ou plusieurs dents, parce que l'on y fait engrener le rochet f, dont le centre d'oscillation e' (fig. 8) se trouve relié à l'axe en fer b' par deux leviers d'.

Il suffit alors d'imprimer à cet axe un mouvement circulaire alternatif pour que ce rochet fasse mouvoir la roue Y. Un cliquet d'arrêt j' reste toujours appuyé sur les dents de cette roue par la pression d'un ressort dont le bout, contourné en spirale, est porté par une équerre en fer boulonnée contre la traverse supérieure q du cabriolet. De même, un ressort à boudin g' (fig. 8) tend à retenir le rochet f, engagé dans les dentures de la même roue pendant tout le temps qu'il n'est pas rappelé par un mouvement contraire.

L'axe b' est porté vers ses extrémités par deux petites chaises de fonte c', garnies de coussinets et rapportées à l'extérieur du bâti de derrière O; cet axe doit être assez long pour permettre de varier la position du rochet f, suivant celle que l'on fait occuper au cabriolet et à la roue dentée (1). Vers le milieu de ce même axe est solidaire avec lui un levier a', qui se relie par son sommet avec la tête de la longue bielle L, dont nous avons parlé. Il en résulte que, dans la marche de cette dernière, le levier a' reçoit un mouvement circulaire alternatif qu'il transmet à l'axe b', et

---

(1) Nous n'avons pas indiqué sur la figure 4 toute la longueur du bâti de derrière, et nous avons même été dans l'obligation de diminuer la base du cabriolet, et par suite la longueur de l'axe b'.

par suite au rochet, à la roue dentée, au pignon, et enfin à la crémaillère U. La
marche de cette dernière est extrêmement lente, à peine perceptible; ainsi, dans
certains cas, elle n'est pas de plus d'un demi-millimètre par coup de scie, ou
par révolution de l'arbre de couche; dans d'autres, elle est au plus de 1 millimètre. Elle est nécessairement variable, suivant les largeurs comme suivant le
plus ou moins de dureté du bois; ainsi, plus le bois est large, plus l'avancement
est faible, etc. Cependant le travail, au bout d'un certain temps, est considérable,
si l'on remarque que la vitesse de la scie est de 240 à 280 révolutions par minute,
puisqu'on trouve que dans la marche la plus faible l'avancement peut être, dans ce
temps, de 0^m,120 à 0^m,125,

soit de 0,120 × 60 = 7^m,20 à 0,125 × 60 = 7^m,50 par heure,

et que, cette marche étant souvent doublée, l'avancement est de 14^m,40 à 15 mètres par heure; de sorte que si la largeur du bois que l'on découpe est seulement de 0^m,40, on voit que la surface sciée en une heure peut être de 3 à 6 mètres
carrés.

La profondeur des dents de la scie est généralement de 5 millimètres, et leur
écartement, mesuré à la pointe, est double, soit 10 millimètres. Ces dents ont une
forme triangulaire, dont un côté est presque perpendiculaire à la longueur de la
lame; celui qui forme la racine de la dent n'a que 4 millimètres (fig. 10), par conséquent l'espace libre qui existe d'une racine à l'autre est de 6 millimètres. Cette
disposition donne beaucoup plus de place pour loger la sciure du bois, ce qui est
important lorsqu'on travaille avec des vitesses aussi considérables.

Dans ces scieries on fait monter le bois pendant que la scie retourne à vide, et il
reste fixe pendant qu'elle coupe; la ligne extrême des dents ne saurait être évidemment horizontale; on doit, au contraire, lui donner une légère inclinaison, de
manière que l'une des extrémités de la lame, celle qui commence à travailler, soit
un peu plus élevée que l'autre, en raison même de l'avancement que l'on veut
donner au bois, afin de partager le travail sur toutes les dents. On peut aisément
s'imaginer cette inclinaison par l'hypoténuse d'un triangle rectangle, qui aurait
pour base la ligne horizontale représentant la largeur du bois à débiter et pour
hauteur l'avancement de ce bois.

MÉCANISME POUR RÉGLER L'ÉPAISSEUR DES FEUILLES A DÉBITER. — Toutes les
fois qu'une feuille de placage est enlevée, il faut faire avancer le bois contre la
scie d'une quantité correspondante à l'épaisseur de la nouvelle feuille que
l'on veut obtenir. A cet effet, on fait marcher le cabriolet, et avec lui tout le
système qui porte le bois T. Pour que cet avancement ait lieu avec beaucoup
de précision, et que l'on soit certain que le bois marche bien parallèlement
à lui-même et au plan de la scie, on adapte de chaque côté du cabriolet, et en
dehors de son bâti, deux vis de rappel *t*, qui traversent les écrous en cuivre *u* fixés

à la base du cabriolet, et qui se prolongent en avant de la machine pour recevoir chacune à leur tête une roue dentée y, que l'on met en communication par une chaîne sans fin. Sur l'une de ces vis on monte une manivelle x, que l'on peut faire tourner à la main, et qui, munie d'un index, permet de reconnaître, sur un cadran w placé derrière la roue (fig. 2 et 3), de quelle quantité on les fait tourner, et par suite de quelle quantité on fait avancer le cabriolet et le bois. Les divisions du cadran et les filets des vis de rappel doivent être faits avec le plus grand soin, afin que la marche soit parfaitement égale dans toutes les positions. Pour tendre la chaîne sans fin qui engrène avec les deux roues y, on place au milieu un galet de friction z, porté par un goujon ajusté dans un petit support à coulisse, qui est boulonné à l'extérieur du bâti de devant.

MOYENS DE MAINTENIR LA RIGIDITÉ DE LA SCIE ET DE CONDUIRE LE BOIS. — On conçoit sans peine que, quelle que soit la tension de la scie, elle ne peut être abandonnée à elle-même dans toute sa longueur, parce que sa faible épaisseur, qui atteint à peine 2/3 de millimètre, ne pourrait pas supporter sans vibration, et par suite sans dérangement, l'énorme vitesse qu'on lui imprime. Il est de plus une précaution dont on ne saurait se dispenser de se mettre en garde, ce sont les oscillations et les petits déplacements que le bois ne manquerait pas d'éprouver s'il n'était bien guidé, à cause de son élasticité, à l'endroit où il est attaqué par les dents de la scie.

Pour atteindre ce double but, on boulonne d'abord sur le bâti de la scie, et du côté du cabriolet, un support en fonte A′, lequel a pour longueur la plus grande largeur de la grille R S, qui porte le bois. Ce support est terminé par des oreilles qui s'élèvent verticalement pour recevoir une règle ou traverse de fonte B′, contre laquelle s'applique la lame de la scie, qui, de cette sorte, est élevée entre le bois et cette traverse (fig. 3). Celle-ci est coupée en forme de couteau vers le bas, pour livrer passage et conduire la feuille de placage à mesure qu'elle se débite. Elle doit être réglée, à cet effet, de manière que son arête inférieure se trouve au-dessus de la racine des dents de la scie. Au-dessous de ce couteau, on rapporte encore un buttoir en fonte c^3, qui, fixé sur la base du support A′ (fig. 5), est élevé au-dessus par des cales en bois que l'on ajuste préalablement, et s'approche contre le bois au moyen de petites vis de rappel $k′$, qui sont retenues dans des collets $l′$ et taraudées dans des écrous ajustés sur le buttoir. De cette sorte on peut toujours régler la position de ce buttoir, suivant le plus ou moins d'épaisseur que doivent avoir les feuilles de placage. Ces feuilles, à mesure qu'elles se débitent, passent ainsi entre le buttoir et le guide B′, et pour qu'elles ne retombent pas sur le châssis de la scie, on les attache ordinairement au-dessus par une petite tringle ou une ficelle à la partie supérieure même du bois que l'on débite.

Pour faciliter l'ascension de tout le châssis du cabriolet chaque fois qu'une feuille est enlevée, on a attaché à sa partie supérieure une corde $m′$ (fig. 2), qui, passant sur des poulies de renvoi, porte à l'autre bout un contre-poids faisant équilibre en grande partie au poids du système.

TRAVAIL DES SCIERIES A PLACAGE. — Les scieries à placage, qui travaillent généralement des bois durs et fournissent des feuilles très-minces et parfaitement égales et régulières, ne marchent qu'à 280 à 300 coups par minute.

En avançant seulement de 1/2 millimètre à chaque révolution dans de l'acajou, la longueur sciée par minute est déjà de :

$$300 \times 0,0005 = 0^m,15 \text{ et par heure } 0^m,15 \times 60 = 9^m,00$$

Si la largeur du bois était de 40 centimètres, la surface totale du bois scié par heure serait de :

$$9^m \times 0,40 = 3^{mc},60$$

et par journée de 12 heures, en comptant 2 heures de perte pour l'affûtage, le montage et le démontage de la scie et du bois, le graissage, etc., le travail total serait encore de :

$$3^m,60 \times 10 = 36 \text{ mètres carrés.}$$

SYSTÈME A DOUBLE ACTION. — M. Lemarchand, scieur à Paris, a pris un brevet en 1877 pour un perfectionnement apporté à ce genre de machine en y adaptant un mécanisme ayant pour but de doubler l'action de la scie, c'est-à-dire de faire travailler la lame pendant son aller et son retour. Ce résultat est obtenu au moyen d'un excentrique appliqué sur l'arbre de commande. Deux bielles, l'une mobilisée par cet excentrique et l'autre placée à l'extrémité de l'arbre de commande, agissent sur deux systèmes de levier portant chacun un valet. Ceux-ci, engagés dans les dents d'un rochet, le font tourner de la quantité voulue et servent à produire l'avancement du bois sur la scie.

SCIERIES ALTERNATIVES A DÉCOUPER ET A REPERCER

DITES SAUTEUSES

Pour chantourner et débillarder, ce sont les scieries à lame sans fin qui travaillent le mieux et le plus rapidement; mais pour découper et repercer un dessin à l'intérieur d'une planche, il faut encore avoir recours à la scierie alternative, qui ne fait, dans ce cas, que remplacer avantageusement la scie à main. Avec ces scieries, il suffit de percer un petit trou pour le passage de la lame, d'y introduire celle-ci, et de lui faire suivre les contours du dessin donné d'avance en promenant la planche sur la tablette de la machine.

Il existe de nombreux systèmes de scieries alternatives, qui ne sont autres que des outils plus ou moins ingénieux que l'on manœuvre à la main ou par une pédale ; ce sont généralement des leviers articulés à l'une de leurs extrémités et recevant de l'autre la lame et qui, abaissés mécaniquement, sont relevés par des ressorts.

Nous citerons, comme le plus important constructeur, à Paris, de ce genre de scierie, M. Tiersot ; mais ce ne sont là, nous le répétons, que des outils que l'on trouve généralement entre les mains d'amateurs. Dans les grands ateliers, on fait usage, pour le découpage et le reperçage, de scieries mécaniques dans lesquelles la lame est attachée par sa partie supérieure à un fort ressort qui la tend constamment, et fixée par sa partie inférieure à une glissière mise en mouvement par une bielle ou une courroie de traction attachée à une poulie dont l'arbre est animé d'un mouvement de rotation continu.

Ces scieries ne présentent en principe rien de nouveau, c'est une réalisation simple et avantageuse du travail manuel ; la construction, le montage des pièces, le réglage facile de la lame pour sa tension, son remplacement, son affûtage, constituent leurs seuls avantages.

Nous allons examiner les principaux types de ce genre de scieries mécaniques.

Modèle de M. ARBEY, représenté figures 1 à 5, planche 10.

La figure 1 représente en élévation vue de face un des modèles de scierie à découper les plus généralement en usage, en France, dans les ateliers.

La figure 2 en est une section verticale faite perpendiculairement à la figure précédente ; et la figure 3 une section horizontale faite à la hauteur de la ligne 1-2

Toutes ces figures sont dessinées à l'échelle de 1/15 de l'exécution.

Les figures 4 et 5 sont des détails, au 1/10, des assemblages des pièces qui reçoivent le guide supérieur de la lame, et permettent la tension du ressort.

Les dispositions générales de cette machine sont des plus simples : un bâti rectangulaire à angles arrondis A, fondu d'une seule pièce, reçoit les pièces principales de la transmission. Il est recouvert d'une table en fonte B, bien dressée et traversée par la scie S. Cette table, complétement libre et polie, donne la facilité de tourner aisément la pièce à découper et de la présenter à la lame dans un plan qui lui est bien perpendiculaire.

Le mouvement rectiligne alternatif de va-et-vient est transmis à la lame de scie par le petit volant à manivelle M, claveté à l'extrémité de l'arbre de transmission a qui, supporté de ce côté par un palier fixé sur la traverse A', est prolongé pour recevoir, vers son extrémité opposée, la poulie motrice p, à côté de laquelle est montée la poulie folle p' destinée à recevoir la courroie pour l'arrêt.

Le petit volant M commande la scie par l'intermédiaire de la bielle en fer L, reliée par le bouton l au coulisseau l', auquel l'un des bouts de la lame est fixé.

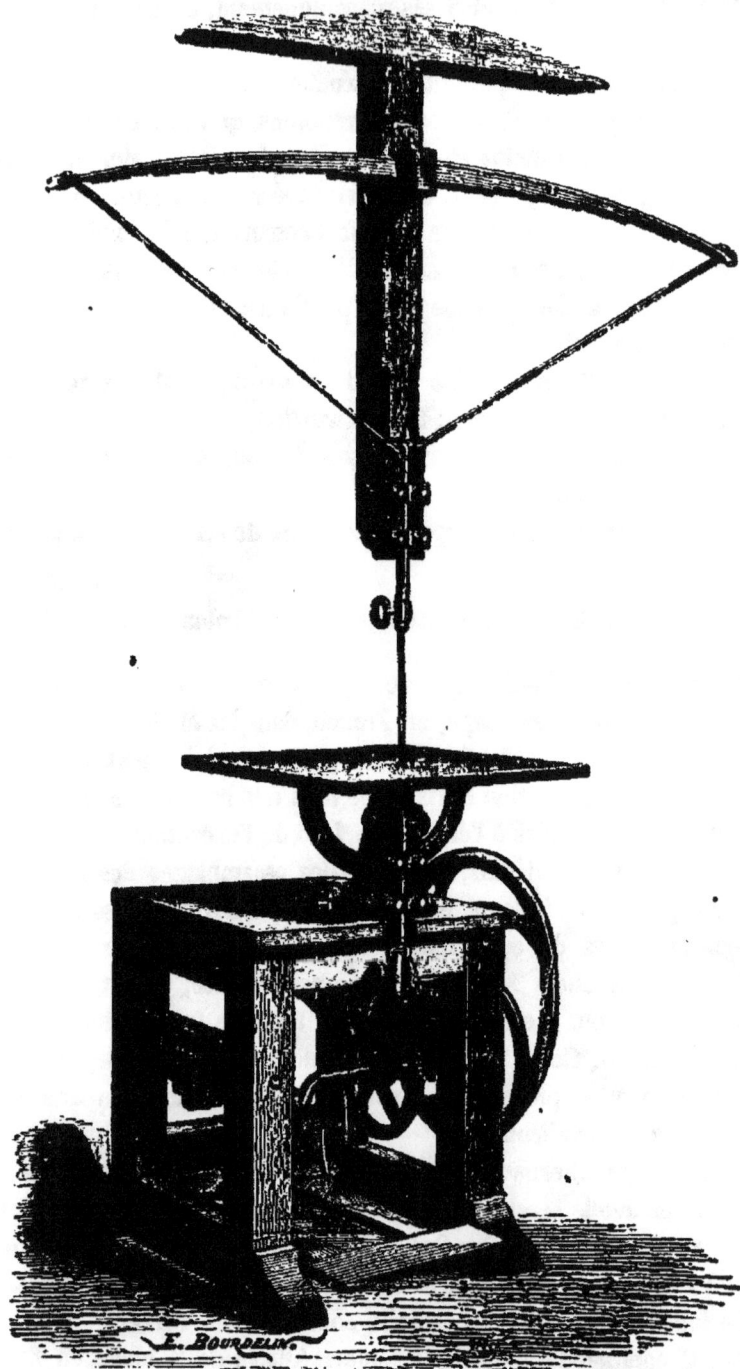

Fig. 10. — Scierie alternative à pédale, de M. ARBEY.

Ce coulisseau, composé d'une lame en acier de faible épaisseur, est à double biseau sur ses bords latéraux afin de pouvoir glisser avec le moins de frottement possible entre ses guides *m*. Ceux-ci sont formés de deux équerres en bronze possédant chacune une rainure pour recevoir le biseau correspondant du coulisseau ; ces équerres sont vissées sur un support vertical en fonte L', boulonné par sa partie inférieure sur la traverse A', et, par sa partie supérieure, à une saillie venue de fonte avec la corniche du bâti sur laquelle la tablette B est fixée.

La lame de scie traverse cette tablette pour venir s'engager entre les mâchoires *n* du guide supérieur N, qui n'est autre qu'une tige en fer bien dressée et de section rectangulaire pour glisser sans tourner dans les deux petits collets en bronze *n'*. Ces collets font partie d'une plaque vissée sur le montant en bois N', muni du grand ressort à palette R, auquel est relié le guide de la lame de scie, afin d'assurer sa tension dans toutes les phases de son mouvement alternatif de va-et-vient.

Pour atteindre ce résultat, il faut avoir le moyen de donner à ce ressort une puissance d'action plus ou moins énergique, c'est-à-dire pouvoir régler à volonté sa tension. Dans ce but, le montant en bois N' est maintenu, au moyen de deux petits boulons avec écrous à oreilles *o* (fig. 2 et 5), contre un montant semblable O fixé au plafond ou contre une colonne de l'atelier. On peut donc serrer et desserrer ces boulons avec une grande facilité, afin d'arrêter la pièce N' sur celle O à une hauteur voulue, en les faisant glisser l'une contre l'autre. Ce dernier résultat est obtenu au moyen d'une petite crémaillère *q*, encastrée dans l'épaisseur de la pièce N (fig. 4) pour engrener avec le pignon *q'* dont l'axe fait partie de la pièce de bois O. Cet axe est muni de la petite roue à rochet *r* garnie de son cliquet, et une manivelle *r'* permet de faire tourner la roue *q'*, de telle sorte que l'on peut à volonté faire monter ou descendre la crémaillère et avec elle la pièce N, et par suite éloigner ou rapprocher de la table le grand ressort à palettes étagées R.

Ce moyen permet donc de faire varier aisément et rapidement la distance qui doit exister entre les deux guides de la lame, suivant sa plus ou moins grande longueur, en même temps qu'il donne la faculté de régler sa tension.

Les extrémités de la grande palette flexible du ressort sont reliées au guide de la scie par une corde à boyau *t*, qui passe dans la gorge d'un petit galet *t'* lui permettant de glisser et, par suite, de maintenir l'équilibre de la tension du ressort dans toutes ses positions.

Ce petit galet *t'* est logé dans une chape formant la tête du guide, laquelle vient s'appuyer au repos contre un tasseau T, qui limite la course ascensionnelle, afin que l'effort du ressort, quand la scie ne travaille pas, ne puisse s'exercer sur la lame, d'ailleurs très-mince, très-étroite et conséquemment peu résistante.

Pour obtenir avec ce système de scie alternative un travail prompt et régulier, on doit lui communiquer une vitesse qui peut varier entre 350 à 400 coups par minute, et comme la lame reste toujours bien perpendiculaire au plan de la table, les découpages que l'on obtient ainsi ne sauraient être hors d'équerre, comme cela a souvent lieu par les procédés manuels; aussi les bois découpés au moyen de ces machines n'ont pas besoin d'être retouchés, et les formes contournées, si difficiles à faire à la main, surtout dans les intérieurs, sont obtenues sans difficulté.

Pour les ateliers qui ne possèdent pas de moteurs, M. Arbey construit le modèle représenté page 94 figure 10, qui peut rendre les mêmes services que le précédent et qui n'offre du reste de modification importante qu'en ce que l'arbre à manivelle placé sous le bâti en bois se trouve actionné par une pédale; mais comme la vitesse que l'on peut communiquer à celle-ci ne peut être suffisante pour la lame, elle est multipliée au moyen d'une roue dentée qui engrène avec un petit pignon fixé sur l'axe du volant, lequel est muni de la poulie qui actionne la lame au moyen d'une courroie.

On remarque que le bâti en bois est surmonté d'une tablette en fonte, que l'on peut incliner à volonté afin de pouvoir présenter à la scie l'objet à découper suivant l'angle que l'on désire.

Modèle de MM. WORSSAM et Cⁱᵉ, représenté figure 6, planche 10.

Cette machine, plus forte que la précédente, est destinée au découpage de bois épais, de 0ᵐ,15 à 0ᵐ,30, en marchant à une vitesse de 800 à 1 000 tours à la minute.

Le bâti A est fixé sur une même plaque que le support A', qui reçoit la table B disposée pour pouvoir être inclinée sur différents angles.

Le mouvement est transmis à la lame de scie s par l'arbre a muni des poulies fixe et folle P et P' et du plateau-manivelle b, qui commande, par la bielle c, la tige d, laquelle est guidée par les deux douilles en bronze de la poupée e.

L'un des bouts de la lame de scie est fixé à cette tige d et l'autre bout à la tige supérieure d' qui, traversant le guide f, est attachée à un ressort g composé d'une lame épaisse de caoutchouc enroulée sur un petit tambour. En tournant celui-ci au moyen du volant à main v, on règle à volonté la tension de la scie; un rochet avec cliquet de retenue permet d'arrêter le tambour dans les positions voulues.

Pour éviter le soulèvement du bois par l'action de la scie lorsqu'elle remonte sous l'influence du ressort, un presseur h est appliqué à la hauteur nécessaire, en l'arrêtant par une vis dans une douille fixée au guide f.

Modèle de M. MAC DOWALL, représenté figure 7, planche 10.

Ce modèle de scierie à découper ne comporte pas, comme dans les deux précédents, de ressort pour relever la lame, parce que celle-ci a ses deux extrémités reliées par des tiges a et a' à deux balanciers B et B', qui sont eux-mêmes réunis par les tiges b et b', de telle sorte que l'ensemble forme un parallélogramme à mouvements oscillants sur les axes des balanciers ; cependant le va-et-vient de la lame s et celui de la bielle de transmission C sont parfaitement rectilignes, grâce aux boulons d'attache qui glissent dans les guides c, c' et d fixés au bâti de la machine. La tension de la lame de scie est obtenue au moyen du volant à main v que commande une vis de rappel traversant le support du balancier inférieur.

La commande de la bielle de transmission C a lieu par un excentrique monté sur l'arbre moteur D, qui est muni des poulies fixe et folle P et P' et du volant régulateur V. La table E, qui reçoit le bois à découper, peut être inclinée suivant l'angle nécessaire au travail au moyen du secteur à coulisse e.

Modèle de M. ZIMMERMANN, représenté figure 8, planche 10.

Le fonctionnement de la machine représentée figure 8 est basé sur le même principe que celui de la machine précédente, mais ici le parallélogramme est remplacé par une corde à boyau a, qui passe sur les quatre poulies b et qui est rattachée d'un côté à la lame de scie s par les deux coulisseaux c et c', et de l'autre côté à la bielle de transmission C par le coulisseau d.

Le mouvement est communiqué à la bielle par le volant V formant manivelle et calé sur l'arbre moteur D muni des poulies fixe et folle P et P'.

La tension de la scie est obtenue par le déplacement de la poulie supérieure de renvoi, au moyen d'une vis que l'on fait tourner à l'aide du volant à main v.

La table E s'incline à volonté, étant montée sur un tourillon et arrêtée dans la position voulue par un boulon à écrou engagé dans la coulisse du secteur e.

Cette machine fonctionne à la vitesse de 300 tours par minute, et la scie a une course qui peut varier de 16 à 26 millimètres.

Modèle de M. RANSOME, représenté figures 9 et 10, planche 10.

La machine représentée en élévation de face et de côté figures 9 et 10 se rapproche du type de MM. Worssam et Cⁱᵉ, quant au mouvement de la scie commandée par le plateau-manivelle b et la bielle c, mais ici, le dessus de la table B est complétement libre, parce que le poteau C qui reçoit le guide f est indépendant du bâti A, relié qu'il est au plafond de l'atelier par les haubans D, comme dans la scierie de M. Arbey. Le relèvement de la scie a lieu par le ressort en caoutchouc g attaché d'un bout au poteau et de l'autre à la tige d' à laquelle la lame est fixée.

En appuyant sur la pédale E, l'ouvrier peut arrêter rapidement le mouvement, parce qu'il fait agir ainsi un frein qui vient enserrer la poulie motrice.

Cette machine, destinée au découpage de bois relativement épais, marche à la vitesse de 1200 tours et absorbe une puissance de 1/2 cheval environ.

Modèle de M. EVRARD, représenté figures 11 et 12, planche 10.

La machine représentée en élévation de côté et de face, figures 11 et 12, planche 10, se distingue par l'emploi d'un parallélogramme double qui maintient la lame de scie, en assurant la régularité de sa marche. Des galets, montés sur le bâti qui

Fig. 11.

retient le parallélogramme, font équilibre à la résistance produite sur la lame, en même temps qu'ils retiennent le châssis.

Ce châssis A est formé de trois branches coudées d'équerre et de la lame de scie S complétant le quatrième côté ; il est animé d'un mouvement rectiligne alternatif qui lui est communiqué par la bielle B commandée, soit par un volant mû par une manivelle, soit par une pédale. Une coulisse pratiquée dans le bras du volant permet de faire varier la position du bouton et par suite l'amplitude de la course.

Le châssis A glisse entre deux galets *g* fixés sur le montant M et un troisième galet *g'*. Les deux premiers galets produisent la résistance nécessaire pour balancer l'effort du coup de scie, et le troisième, disposé en avant, retient le châssis dans la position qu'il doit occuper.

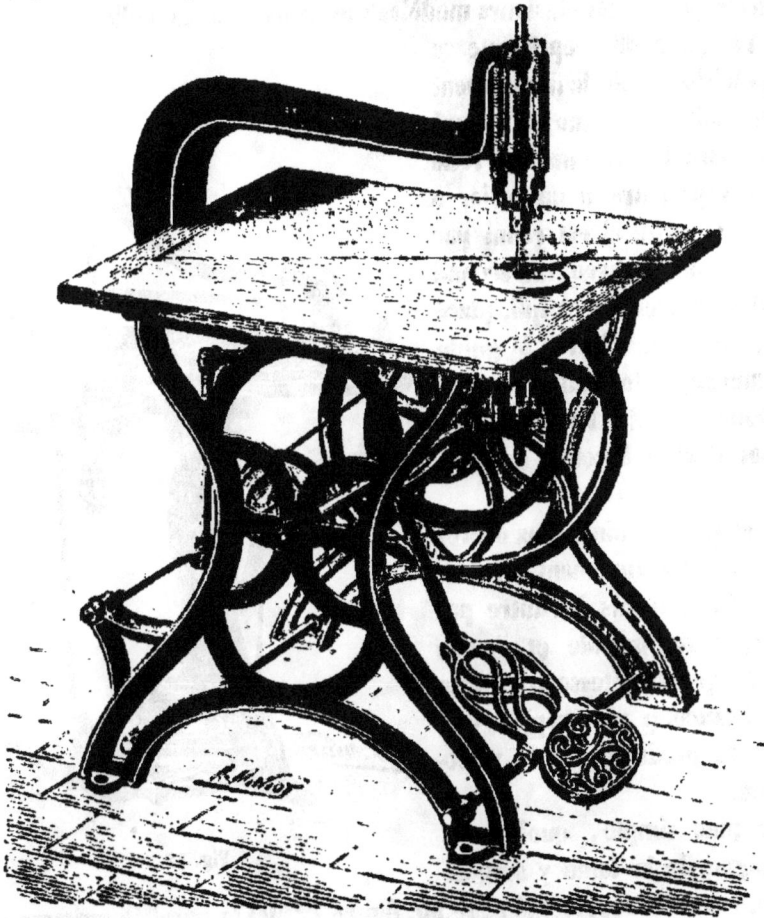

Fig. 12.

Les deux faces latérales du corps de châssis sont chanfreinées pour s'engager dans les gorges des galets, de façon à former glissières pour ceux-ci, et les deux bras horizontaux passent entre les brides *a*, qui relient deux à deux les petites bielles *b* et *b'*, oscillant aux points *o* et *o'*, et qui forment ainsi un parallélogramme double, dont l'agencement oblige la scie à manœuvrer bien verticalement.

Le fort ressort R, disposé à la façon des ressorts de voiture, fixé au montant M, est relié à la tête du châssis et le relève après chaque abaissement produit par la pédale, mais lorsque le mouvement continu est communiqué par le volant et une manivelle, ce ressort devient inutile. Dans tous les cas, les petits objets qu'il s'agit de découper sont placés sur la tablette T fixée par des supports sur le bâti principal.

Scieries à découper actionnées par pédale.

Nous avons dit que M. Tiersot, à Paris, s'était fait une spécialité de petites machines à découper ; voici plusieurs modèles qui sortent de ses ateliers.

La figure 11, page 98, représente sa machine de précision, dont le mouvement rectiligne alternatif de la lame est assuré au moyen d'un parallélogramme qui relie la tige-guide supérieure à un levier à fourche articulé ; celui-ci est réuni par une tringle de rappel avec un second levier semblable au premier et qui, placé sous la table, est assemblé avec le guide inférieur, lequel reçoit le mouvement par une bielle fourchue de l'arbre coudé commandé par l'arbre à volant actionné par la pédale.

On remarque qu'il y a ainsi deux arbres superposés et que le mouvement communiqué à l'un est transmis à l'autre par deux poulies, l'une grande et l'autre petite, de sorte que la vitesse transmise à la scie est beaucoup plus rapide que celle qui peut se produire par le va-et-vient de la pédale.

Un modèle plus simple, quoique la marche rectiligne de la lame y soit de

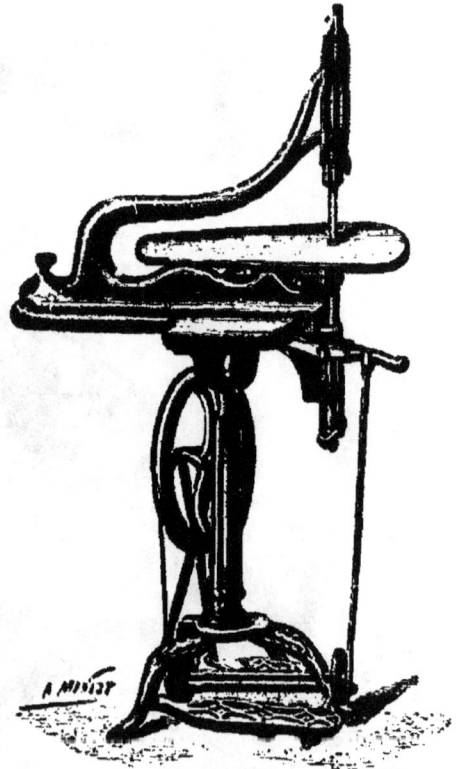

Fig. 13.

même assurée, est celui représenté page 99, figure 12. Ici le parallélogramme est remplacé par une combinaison de ressorts compensateurs qui sont placés latéralement aux deux tiges-guides de la lame de scie.

Le mouvement de va-et-vient est aussi très-rapide par le fait de la transmission également composée de deux arbres et de poulies de diamètres inégaux.

Dans un autre modèle, M. Tiersot a substitué aux ressorts à boudins un ressort de lames étagées, qui prend son appui sous le bras en fonte et dont l'extrémité vient appuyer sur une partie ménagée à la tige-guide supérieure de la lame.

La figure 13 montre un petit modèle, dit *machine-guéridon,* qui est à marche rapide et à ressort du système à boudin décrit plus haut.

CHAPITRE IV.

SCIERIES CIRCULAIRES.

APERÇU HISTORIQUE. — La scie circulaire ou fraise, dont on attribue l'invention à Brunel, qui en revendique l'application dans ses patentes de 1806, 1808, 1812 et 1813, et que l'on fait aussi remonter à Hooke (1665), paraît plutôt appartenir à un mécanicien de Paris, M. A. C. Albert, qui se fit breveter, en septembre 1799, pour des *scies sans fin* (1). Ces scies étaient composées de plusieurs segments circulaires en tôle de fer montés sur un arbre horizontal tournant, par une poulie à corde sans fin, au travers de la pièce de bois conduite par un chariot mû par engrenages et crémaillère, comme dans les scieries alternatives.

D'après le général Poncelet, dans son savant rapport sur l'Exposition universelle de 1851, ce serait M. Hacks, habile mécanicien à Paris, qui le premier, vers 1823, introduisit en France l'usage des grandes scies circulaires de Brunel, avec quelques améliorations consistant principalement dans plus de légèreté, plus de vitesse, moins d'épaisseur, et débitant, par conséquent, un plus grand nombre de feuilles de placage unies dans une épaisseur donnée.

La scie circulaire en elle-même n'est pas susceptible de modifications bien sensibles; ce sont les dispositions accessoires, qui peuvent avoir une grande importance au point de vue de la conduite des machines ou du travail produit, qui ont fait le sujet de notables perfectionnements : tels sont les moyens pour conduire les pièces de bois préalablement équarris, les guides latéraux à épaulements montés sur patins ou châssis à parallélogramme articulés installés sur l'établi, les guides antérieurs à fourche, en métal, en corne, etc., pour empêcher les déviations et oscillations transversales des lames dont le diamètre dépasse 0^m,50 ; éponges mouillées ou nappes d'eau inférieures rafraîchissantes pour éviter l'échauffement résultant du frottement de la lame; enfin et surtout, excellent dressage au tour des lames montées avec précision entre les épaulements de leur arbre.

Malgré ces soins et tout en tenant compte de l'état actuel de perfection des lames de scies circulaires en acier fondu, il ne peut être prudent de porter la vitesse à la circonférence au delà de 15 à 20 mètres par seconde, à moins d'augmenter l'épaisseur proportionnellement au diamètre, mais alors cet accroissement joint à celui de la voie amène une perte de bois à laquelle il faut ajouter une absorption plus grande de force motrice pour les frottements, la résistance de l'air, etc.

_____ .

(1) Voir le tome V des brevets délivrés sous le régime de la loi de 1791.

Ces inconvénients des grandes lames circulaires font qu'elles sont peu employées. Un constructeur américain, M. Orlando Child, dans une patente délivrée en 1850, a proposé pour débiter les grumes en planches de faire usage de scies circulaires de dimensions réduites placées l'une au-dessus de l'autre, mais dans une direction dont l'obliquité, par rapport à la verticale, peut être variée à volonté au moyen d'un support mobile, de manière que la pièce de bois, poussée entre les deux lames placées dans un même plan vertical, en reçoit deux traits en partie superposés qui se réunissent pour compléter le sciage.

Sans nous arrêter davantage à la partie historique du sujet qui n'a qu'un intérêt rétrospectif, nous allons décrire les principaux types de scieries circulaires actuellement en usage.

Nous commencerons par les machines de M. Arbey, constructeur à Paris, qui livre à l'industrie différents modèles. Ce sont d'abord de petites *scies circulaires à pédale*, qui permettent à l'ouvrier de travailler seul, et qui s'appliquent aux travaux minutieux et précis ; le dessus du bâti, désaffleuré par la lame, est mobile dans les deux sens, de manière à pouvoir faire toutes les coupes ; le gainier, le tabletier, le facteur de pianos, etc., l'emploient utilement.

Vient ensuite, comme second modèle, la scie circulaire commandée par manivelle et engrenages, ou par une poulie, et dont *l'arbre est mobile*, c'est-à-dire que cet arbre peut être soulevé ou abaissé, de façon à donner facultativement plus ou moins de saillie à la lame au-dessus de la table, disposition qui permet de faire des feuillures, tenons et rainures de toutes dimensions.

Le décalage des bois se fait à la *scie de travers*, outil très-simple et maintenant très-répandu dans les ateliers et dans les chantiers de vente de bois de chauffage, où on l'utilise à diviser les bûches et rondins en longueur convenable pour leur introduction dans les foyers.

Enfin, il y a encore la scie circulaire à chariot, le grand modèle de ce système, qui permet de débiter les bois en grume de grosseur moyenne pour les convertir en madriers, que l'on fait passer ensuite aux scies circulaires de grandeurs ordinaires qui les divisent en chevrons, frises de parquets, lames de persiennes, etc.

SCIERIE CIRCULAIRE A CHARIOT

Par M. ARBEY, représentée par les figures 1 à 4, planche 11.

La figure 1 est une élévation longitudinale de cette machine ;

La figure 2 est une section transversale par l'axe de la scie, suivant 1-2 ;

La figure 3 représente la machine en plan horizontal, partie vue en dessus et partie en dessous des tablettes qui recouvrent le bâti et les supports du chariot ;

La figure 4 montre en détail, à une échelle double, la disposition de l'un des guides de la scie.

Le bâti de cette machine est composé de deux flasques verticales en fonte, nervées et à jours A, boulonnées solidement sur un massif préparé à cet effet, et reliées parallèlement, haut et bas aux extrémités, par quatre forts boulons en fer ou entretoises a. Le dessus de ces flasques présente un rebord plat intérieur, sur lequel viennent s'appliquer et se fixer les bords de forme correspondante de la table en fonte B.

Au milieu de leur longueur, les rebords des deux flasques sont un peu moins élevés, et présentent des saillies intérieures un peu plus grandes, afin de recevoir les deux paliers b (fig. 2 et 3) de l'arbre principal C, qui, d'un bout, est muni de la lame circulaire S et, de l'autre, des deux poulies P et P', l'une fixe recevant le mouvement du moteur, l'autre folle pour l'interrompre à volonté.

Pour éviter le porte-à-faux des poulies, une chaise en fonte D est rapportée contre le bâti pour supporter l'extrémité de l'arbre.

L'ajustement de la scie sur celui-ci, du côté opposé qui désaffleure le bâti, est très-simple, mais il exige une grande précision pour que la lame ne fouette pas et qu'elle tourne dans un plan bien vertical; on a reconnu que, pour obtenir ce résultat, on devait donner aux plateaux c et c' un diamètre d'environ 1/6 de celui de la scie; ces plateaux sont clavetés sur l'arbre, qui est tourné d'un diamètre un peu plus faible à son extrémité pour former un épaulement pour le serrage, lequel est produit par l'écrou d engagé sur l'extrémité filetée de l'arbre.

Pour maintenir la lame et l'empêcher de se gauchir dans le travail, il est urgent, aussitôt que son diamètre dépasse 20 à 30 centimètres, de la faire passer dans des *guides* fixes. On fait usage à cet effet de prismes le plus ordinairement en bois blanc, maintenus dans des boîtes métalliques placées un peu au-dessous de la surface supérieure de la table et disposées symétriquement de chaque côté de l'axe de rotation, aux trois quarts environ du rayon, de manière que leurs axes se trouvent sur une même ligne droite perpendiculaire au plan de la lame.

Dans la scierie à chariot dont il s'agit, les guides sont formés de deux vis e et e' (fig. 3 et 4), dont les extrémités sont entaillées pour recevoir de petites palettes, non en bois, mais en nerf de bœuf, qui sont maintenues serrées en contact avec les parois de la lame au moyen desdites vis, lesquelles sont engagées, d'un côté, dans l'épaisseur des bords verticaux de la table et, de l'autre, dans la barre méplate en fer E, fixée par ses deux bouts au bord de cette même table.

Si on ne veut débiter en planches avec cette scie que des bois équarris de faibles dimensions, on se sert simplement du guide vertical en bois F, contre lequel on fait glisser à la main la pièce en la poussant au-devant de la lame. Ce guide, à cet effet, se fixe sur la table, à la distance nécessaire, variable à volonté, au moyen de deux

équerres en fer et des écrous à oreilles *f*, qui se déplacent dans des rainures
pratiquées dans l'épaisseur de la table.

Quand, au contraire, comme cela doit être le cas le plus ordinaire, ce sont des
bois en grume ou de fortes dimensions qu'il s'agit de débiter en madriers, on fait
usage du chariot, lequel n'est autre qu'une longue table en fonte dressée G, qui
glisse horizontalement sur une double rangée de galets *g* et *g'*. Ceux de la rangée
extérieure *g* ont leur périphérie unie pour laisser glisser librement le bord dressé
du dessous de la table, mais ceux *g'*, qui se trouvent du côté de la scie, présentent
une gorge de forme angulaire pour recevoir la nervure de la table, qui, de ce côté,
affecte la même forme saillante, afin qu'ainsi engagé le chariot ne puisse se
déplacer latéralement et que, par suite, la rectitude de son déplacement longitudinal
soit assurée. Ces galets sont supportés par des axes qui sont mobiles dans des
paliers fondus avec les supports H.

Pour plus de rigidité, deux de ces supports sont reliés au bâti de la scie par les
boulons *h* (fig. 2); les autres, qui se trouvent de chaque côté en dehors du bâti,
ont la forme symétrique de celui H', placé vers le milieu pour supporter l'arbre
qui porte le pignon *p'* et le volant à manette V.

Le pignon est destiné à engrener avec la crémaillère *i* fixée dessous et sur toute
la longueur du chariot, et le volant sert, en le faisant tourner à l'aide de sa
manette, à le ramener rapidement en arrière lorsqu'il est arrivé à fin de course et
que, par conséquent, le trait de scie est achevé.

Le mouvement en avant, qui doit s'effectuer plus lentement et avec une certaine
puissance, le bois dans ce cas faisant pression sur les dents de la scie, est produit
par le pignon *p* (fig. 3), qui reçoit la commande de l'arbre I, lequel est supporté
par les montants extrêmes du bâti et muni du cône à poulies étagées J, qui reçoit
le mouvement du moteur de l'usine au moyen d'une courroie.

A cet effet, sur l'arbre I est calé le pignon *j*, qui engrène avec la roue droite
intermédiaire K, laquelle est montée folle sur un prisonnier fixé au bâti et fondu
avec un pignon *k* qui commande la roue *l*, cette dernière étant fixée à l'extrémité
de l'arbre muni du pignon *p* engrenant avec la crémaillère *i* du chariot.

Suivant l'essence ou la dureté des bois soumis à l'action de la scie, on les fait
avancer plus ou moins vite en plaçant la courroie sur l'un ou l'autre des étages du
cône, et, pour pouvoir ramener rapidement le chariot au moyen du volant V et du
pignon *p'*, on débraye le pignon *p* qui, à cet effet, est monté fou sur son arbre, et
a son moyeu muni de griffes que l'on engage ou dégage à volonté du manchon *l'*
à l'aide du levier à main L.

La forme des dents des lames des scies circulaires doit être à peu près la même
que celle des lames droites. Cependant, comme elles sont animées d'une plus
grande vitesse, il convient de diminuer un peu l'intervalle entre les pointes lorsqu'elles doivent scier des bois très-durs ou à nœuds, et la voie doit être plus grande

SCIERIES CIRCULAIRES.

105

pour faciliter le dégagement de la sciure ; leur épaisseur varie proportionnellement à leur diamètre, soit de 1 à 2 millimètres, de 0^m,20 à 0^m,50 et de 2 à 3 millimètres de 0^m,50 à 1 mètre.

VITESSE. — La vitesse admise le plus généralement pour les scies circulaires est de 20 à 25 mètres par seconde à la circonférence, et souvent, une fois la machine réglée à cette vitesse, on lui fait débiter des bois indifféremment tendres ou durs ; il serait préférable pourtant, afin d'éviter l'usure trop rapide de la lame, dont les dents exigent un affûtage répété lorsqu'elles agissent avec une grande rapidité sur les bois très-durs, de pouvoir faire varier la vitesse suivant l'essence des bois en commandant la poulie au moyen d'un cône étagé fixé sur l'arbre de couche ; on pourrait ainsi diminuer la vitesse à 15 mètres par seconde pour les bois durs ou très-noueux, et la porter au besoin jusqu'à 30 mètres pour les bois très-tendres. Quant à l'avancement du bois sous l'action de la scie, on admet, pour les bois d'une dureté moyenne, les 3/100 environ de la vitesse des dents.

Dans la scierie à chariot qui vient d'être décrite, dont la lame a 1 mètre de diamètre, la vitesse à communiquer à l'arbre porte-scie devrait varier, dans ce cas, de 285 à 570 tours par minute, soit une moyenne de 427 tours.

SCIERIE A CHARIOT
Représentée figure 12, planche 11.

Un type de scierie à chariot analogue au précédent est celui de M. L. Sentker, constructeur à Berlin, représenté, vu par bout, figure 12. Ici l'arbre C, qui porte la lame de scie S, est animé d'une grande vitesse, 800 tours par minute, qui lui est communiquée par les poulies p et p', la dernière calée sur l'arbre C' commandé par les poulies motrices P et P' à la vitesse de 200 tours.

L'arbre C de la scie est monté dans deux paliers b et b'; l'extrémité de gauche, diminuée de diamètre, tourne dans un coussinet cylindrique, mais celle de droite est tournée avec un renflement doublement conique qui tourne dans le coussinet de forme inversement correspondante.

Cette disposition a pour but d'assurer la position de la lame en permettant à l'arbre de résister à la poussée latérale ; c'est là du reste une disposition que l'on retrouve, mais amplifiée, dans les paliers des arbres d'hélice de bateau à vapeur, où la rondelle biconique est remplacée par une suite d'anneaux parallèles.

La table C destinée à porter le bois, et qui est le chariot proprement dit, reçoit le mouvement par une crémaillère i engrenant avec le pignon i'; l'axe de celui-ci est muni de la roue R commandée par le pignon r, dont l'axe prolongé porte le petit cône étagé J correspondant avec le cône J' calé sur l'arbre moteur C'.

SCIERIES MÉC.

14

SCIERIE A ARBRE MOBILE

Par M. ARBEY, représentée par les figures 5 à 8 de la planche 11.

La figure 5 est une élévation extérieure longitudinale de cette machine ;

La figure 6 en est une section transversale faite suivant la ligne 5-6;

La figure 7 est une portion de plan vu en dessus, la tablette du bâti étant enlevée;

Enfin la figure 8 est un détail du châssis de l'arbre mobile.

Comme pour la scie à chariot, le bâti de cette machine est formé de deux flasques A, allégies par des ouvertures et fixées sur le sol au moyen de boulons traversant des patins ménagés de fonte à cet effet. Ces flasques sont reliées aux deux bouts par les croix de Saint-André a et par la table en fonte dressée B, qui recouvre le mécanisme de l'arbre mobile.

Ce mécanisme est très-simple; il se compose d'un châssis en fonte N, monté à queue d'hironde pour pouvoir glisser bien verticalement à frottement sur la face dressée de la traverse M, qui est fixée aux côtés latéraux du bâti, vers le milieu de sa longueur. Ce châssis est fondu avec les deux paliers b, dont les coussinets reçoivent l'arbre C, qui porte d'un bout la poulie motrice P, et de l'autre la scie circulaire S fixée au moyen de deux plateaux c et c' et de l'écrou d.

Pour faire désaffleurer plus ou moins la lame de la table B, il suffit de tourner dans le sens convenable la manivelle m', que l'on engage sur le carré qui termine la vis m, laquelle traverse l'écrou n (fig. 8) taraudé dans la traverse du châssis N.

Le bois à œuvrer est présenté à l'action de la scie en le faisant glisser contre la règle-guide en bois F, dont on règle l'écartement à volonté en la déplaçant sur la table, puis en l'arrêtant dans la position déterminée à l'aide de l'écrou à oreilles f, dont le boulon traverse une rainure pratiquée dans l'épaisseur de ladite table.

Le plus ordinairement, on ajoute à ce modèle de scierie une tablette placée en dehors du bâti, devant la lame, et supportée par un pied droit annexe. Cette tablette est munie d'un guide articulé sur un centre fixe, et munie d'un secteur à coulisse qui permet de l'arrêter suivant tel angle que l'on désire; disposition donnant la faculté de faire des coupes de formes spéciales et déterminées, avec une grande précision, sans tracé préalable sur la pièce à façonner.

La vitesse de rotation à communiquer à l'arbre de la scie, dont la lame a $0^m,450$, est, en admettant la vitesse moyenne de 20 à 25 mètres par seconde à la circonférence, de 900 à 1 000 tours par minute, et que l'on peut porter à 1 200 pour les bois tendres.

SCIERIE A INCLINAISON VARIABLE

Par M. ARBEY, représentée par les figures 9, 10 et 11.

Cette petite machine, vue de face, de côté et en section verticale sur les figures 10, 11 et 12, permet, tout étant d'une construction simple et occupant un très-petit espace, de façonner de nombreuses pièces de formes les plus variées, par suite des positions diverses que l'on peut donner à la scie. Elle est destinée à être fixée au bout d'un bâti quelconque R (fig. 10) par deux boulons h.

Le dessus de ce bâti est muni d'une rainure h' (fig. 9), dans laquelle on engage une règle en fer fixée sous une tablette servant à recevoir la pièce de bois à œuvrer, laquelle est supportée par un châssis disposé en dehors, parallèlement au bâti.

Comme dans la scie à arbre mobile, l'arbre C, qui porte la lame S et la poulie motrice P, est monté dans les paliers du châssis en fonte N, ajusté à queue d'hironde pour pouvoir glisser verticalement, au moyen de la vis m qui traverse l'écrou n, le long de la pièce M. Mais cette pièce n'est pas montée à poste fixe, elle est dressée sur sa face antérieure et est munie d'un secteur denté t', qui pénètre dans une coulisse r, de forme correspondante, ménagée au support principal R', qui se boulonne, comme nous l'avons dit, au bout du bâti R.

Avec la crémaillère t' engrène le pignon t, que l'on peut aisément faire tourner à l'aide du volant à main v, de sorte que tout l'ensemble de la plaque M et du châssis N, mobile le long de cette plaque, peut s'incliner en tournant dans la coulisse et être guidé par elle; ce qui, par suite, permet de donner à la lame telle inclinaison jugée nécessaire pour entailler le bois suivant un angle exact quelconque. Une fois la position déterminée, on arrête la pièce M d'une façon immuable en serrant l'écrou à oreilles r'.

On voit donc que, malgré son petit volume et son peu de complication, cette scie peut satisfaire à toutes les exigences d'un travail de façonnage de petits objets en bois de formes très-variées.

Dispositif d'arbre mobile représenté figures 13 et 14, planche 11.

Pour mobiliser l'arbre de la scie circulaire, nous trouvons dans un ouvrage allemand le dispositif représenté en élévation et en section horizontale figures 13 et 14, qui diffère un peu de celui adopté par M. Arbey. On reconnaît qu'il se compose d'un support incliné A fixé sous la table B de la machine, et disposé pour recevoir à coulisseau une poupée munie d'un écrou traversé par la vis m, que l'on fait tourner en agissant sur le volant V.

L'arbre C, muni de la lame de scie S et de la poulie motrice P, tourne dans deux coussinets en bronze à ajustements cônés pour permettre de rattraper l'usure qui se produit après un certain temps de marche. Du côté de la scie, le collet de l'arbre est légèrement conique et le coussinet en deux pièces porte un épaulement qui touche le moyeu de la poulie et est serré à rappel de l'autre côté par une bague en fer *a*. L'autre bout de l'axe est cylindrique, mais d'un plus petit diamètre, et est entouré d'un canon en bronze conique qui tourne dans le coussinet *b* à épaulement et rappelé également par une bague *a'*; il y a de plus un double écrou *c* qui permet de repousser l'arbre pour rattraper le jeu et faire l'ajustage, alors que l'on a redressé à la lime les contacts avec les collets de l'arbre.

SYSTÈME DE MONTAGE DE LAMES CIRCULAIRES
Représenté figures 15 à 17, planche 11.

M. V. Mustel, facteur d'instruments de musique à Paris, a imaginé le système de montage de scie circulaire représenté figures 15 à 17, qui permet de faire, à l'aide de cet outil, des assemblages et des rainures de toutes dimensions. A cet effet, la lame S est pincée entre deux demi-cylindres *a*, *a'* dont les extrémités sont tournées sphériques, de façon à ce que l'une de ces extrémités puisse s'ajuster dans le patin concave correspondant *b* appartenant à l'arbre B, tandis que l'autre reçoit une rondelle *b'* sur la face extérieure de laquelle vient se serrer la tête du bouton C taraudé dans l'axe, dont il forme ainsi le prolongement.

Pour que la sphère soit régulière, les deux demi-cylindres sont diminués en longueur de l'épaisseur de la scie; de plus, ils sont évidés en cône, comme on le voit figure 15, de telle sorte que la scie puisse être inclinée suivant les angles voulus et correspondants aux largeurs des rainures à faire.

Cette scie, ainsi montée, prend pendant sa rotation des inclinaisons successives qui permettent aux dents d'attaquer progressivement la pièce en travail dans toute la largeur correspondant aux deux positions extrêmes qu'elle prend nécessairement à chaque tour complet.

L'entraînement de la scie est obtenu au moyen de deux broches *d* et *d'* (fig. 17). Les dents sont biseautées sur la moitié de la circonférence, et sur l'autre moitié elles sont biseautées en sens inverse, afin qu'elles travaillent toujours dans les mêmes conditions. Pour donner l'inclinaison à la lame, il n'y a qu'à desserrer l'écrou, faire osciller le moyeu *a*, *a'* puis serrer.

SCIERIE CIRCULAIRE A CHARIOT

De M. RANSOME, représentée figures 1 et 2, planche 12.

La scierie à chariot représentée par bout et de face figures 1 et 2 présente cette particularité qu'elle peut être employée pour débiter des bois en grume de dimensions moyennes et, au besoin, de très-fortes pièces. Ce dernier but est atteint à l'aide d'une seconde scie superposée à la première, de façon à se trouver dans le même plan et, par suite, à prolonger le trait de scie de la hauteur nécessaire, c'est-à-dire égale à l'épaisseur de la pièce de bois qu'il s'agit de refendre.

Ce système, dû à Brunel, comme nous l'avons dit, et très-employé en Amérique, a été adopté par M. Ransome, comme on le voit représenté figure 2.

L'ensemble de la machine est monté sur un fort châssis en bois A, sur lequel est boulonné le bâti en fonte B muni des paliers dans lesquels tournent l'arbre a de la scie S et l'arbre b qui transmet le mouvement au chariot d'amenage.

L'arbre a reçoit les poulies fixe et folle P et P', une troisième poulie P² et un cône étagé c; quant à l'arbre b, il porte le cône C correspondant à celui c et une poulie P³.

Le chariot d'amenage est composé d'un châssis en bois D relié par ses extrémités à des traverses en fonte E munies de galets qui reposent sur des rails d. La pièce de bois X est maintenue sur les traverses au moyen de crochets e articulés sur un support F', que l'on rapproche ou éloigne à volonté de la scie, suivant l'épaisseur du bois, et aussi, après chaque passe effectuée, au moyen d'une vis commandée par une roue à denture hélicoïdale e', une paire de petites roues d'angle f et une tige traversant la colonnette F, pour recevoir à son sommet la roue à encliquetage f' actionnée par le levier à main G.

Le chariot devant avancer lentement pour présenter le bois à l'action de la scie, puis revenir rapidement pour éviter les pertes de temps, l'arbre intermédiaire de transmission h reçoit à cet effet trois poulies p, p' et $p²$.

Dans le premier cas, la commande a lieu par les cônes c et C et par les poulies P³ et p, l'arbre h, le pignon h' et la roue H, dont l'axe porte à son autre extrémité le pignon i qui engrène avec la crémaillère g fixée sous le châssis du chariot.

Dans le second cas, c'est-à-dire pour le retour rapide, la commande par les cônes est supprimée et une courroie croisée, qui se trouvait sur la poulie folle p', est poussée sur la poulie $p²$, tandis que la courroie droite, qui était sur les poulies P³ et p, vient prendre sa place sur la poulie folle.

Aussitôt que la scie est engagée de son diamètre dans la pièce de bois, on introduit des coins dans la fente pour l'ouvrir et éviter par suite le serrage de la lame.

Pour le sciage des grosses pièces, dont la hauteur dépasse le rayon de la lame S, une seconde scie S' (indiquée ainsi que son support en traits ponctués fig. 2), montée sur un axe au sommet d'un bâti spécial B', est ajoutée à la machine et peut recevoir le mouvement de la poulie P².

Lorsque la scie débite par tranches épaisses, la partie détachée du bloc peut reposer de l'autre côté du chariot sur des galets J disposés à cet effet sur le bâti B.

SCIERIE CIRCULAIRE A CYLINDRES
De M. RANSOME, représentée figures 3 et 4, planche 12.

Du même constructeur que la précédente est la scierie à cylindres représentée de face et de côté figures 3 et 4. Le bâti A de celle-ci est tout en fonte et l'arbre a de la scie S, prolongé pour porter les poulies fixe et folle P et P', a, pour éviter le porte-à-faux, son deuxième support placé en dehors.

Ce même arbre porte une autre petite poulie p destinée à transmettre le mouvement à la paire de cylindres cannelés c' qui produisent l'avancement du bois.

A cet effet, une courroie passe sur cette poulie et sur la poulie p' fixée sur l'arbre b, et à côté de laquelle est montée folle une seconde poulie qui reçoit la courroie, repoussée par la fourchette d, lorsqu'il s'agit d'interrompre le mouvement des cylindres.

Cet arbre b porte un cône étagé C correspondant avec un cône semblable C', qui a son axe muni d'un pignon c engrenant avec la roue E. L'axe de celle-ci porte également un pignon commandant la roue, et c'est l'axe de cette dernière qui actionne, par une paire de pignons d'angle, les cylindres cannelés c'.

Quant au support D de la seconde paire des cylindres qui doivent exercer une pression constante sur la pièce de bois, il est monté à coulisseau sur le bâti et un renvoi de mouvement à levier F permet au contre-poids F' de produire cette pression dans les conditions nécessaires.

Il y aurait sans doute encore à produire de nombreux exemples de scieries circulaires à débiter les bois, cependant nous pensons que ceux qui précèdent doivent suffire, parce que, pour ce genre de machines, ce n'est plus comme dans les scieries à mouvements alternatifs où il y a des transmissions variées; ici, cela ne peut exister, le mouvement étant rotatif et continu. Les seules différences qui peuvent se rencontrer consistent dans les détails de construction et dans les combinaisons pour l'avancement des bois.

Une application spécialement avantageuse de la scie circulaire est le tronçonnage des bois, et pour cet usage on a imaginé des scieries de dispositions particulières dont nous allons donner les principaux types.

SCIERIES CIRCULAIRES A TRONÇONNER
Représentées figures 5 à 12, planche 12.

Il existe une assez grande variété de scieries circulaires à tronçonner, et cependant elles sont peu employées en France, aussi la plupart sont-elles de construction anglaise ou allemande. Contrairement à ce qui a lieu pour le sciage dans le sens de la longueur, ce n'est pas le bois qui s'avance sur la scie, c'est elle qui, montée à cet effet sur un châssis mobile, s'engage dans la pièce pour en opérer la division.

SCIERIE DE M. RANSOME. — La figure 5 représente en élévation dans son ensemble et la figure 6 par sa base seulement, une scierie dont le bâti se trouve placé dans une fosse au-dessous du plancher B, sur lequel on fait arriver la bille de bois à tronçonner. Une fente est pratiquée dans l'épaisseur de ce plancher pour le passage de la scie S, qui monte en tournant jusqu'à ce qu'elle ait traversé la bille.

A cet effet, l'axe de cette scie est monté dans des paliers qui font partie d'une traverse pouvant monter et descendre, guidée par les montants du bâti, sous l'impulsion d'une tige filetée b, laquelle traverse un écrou muni de la roue à denture hélicoïdale d qui engrène avec la vis sans fin c, dont l'axe reçoit les trois poulies de transmission p pour l'arrêt, la montée et la descente.

Le mouvement rapide de rotation est communiqué à la scie, quelle que soit sa hauteur, par les poulies P et deux paires de roues d'angle r.

SCIERIE DE MM. WORSSAM ET Cⁱᵉ. — La scierie représentée de face et de côté par les figures 7 et 8 est d'un type tout différent; elle est dite « à pendule » et se compose simplement d'une sorte de balancier A formé de deux montants en fonte entretoisés et montés sur un arbre porté par des chaises B fixées à des poutrelles.

Cet arbre reçoit les poulies fixe et folle de commande p et la poulie de transmission P, qui donne le mouvement à la scie S au moyen de la petite poulie P' fixée sur son axe.

D'ordinaire, on suspend cette scierie au-dessus d'un établi pourvu des guides nécessaires pour maintenir le bois à diviser, et l'ouvrier fait agir la scie en la tirant à soi au moyen d'une corde attachée à l'anneau b.

Une scie de $0^m,60$ de diamètre peut tronçonner sur une hauteur de $0^m,17$ à $0^m,18$. La vitesse est de 350 tours par minute et la force motrice nécessaire est de un cheval.

SCIERIE AMÉRICAINE. — Les figures 9 et 10 représentent en élévation et en plan une machine du même système, mais de dimension beaucoup plus grande. Ici l'axe a est supporté par deux consoles B boulonnées contre le mur de l'usine, et les branches A du balancier, afin d'être légères, sont en bois; elles reçoivent à leur extrémité inférieure, dans des coussinets, l'arbre de la scie commandée par la poulie P, à côté de laquelle sont montées les poulies fixe et folle p et p'.

Au-dessous de la scie, sur des rails c, roulent les petits chariots C qui amènent la pièce de bois à la place voulue, laquelle est divisée en faisant avancer la lame en tirant sur la poignée de la tige T.

SCIERIE DE MM. ROBINSON ET FILS. — La machine représentée en élévation et en plan figures 11 et 12 est également du système oscillant, mais la suspension de l'axe n'est plus la même. Cet axe a est porté par deux paliers B fixés sur le socle en fonte C reposant sur le sol; il est muni des poulies fixe et folle p et p' et de la poulie P, qui transmet le mouvement à l'arbre de la scie S monté dans les paliers qui terminent les branches du châssis A.

L'autre extrémité de ce bâti porte le contre-poids P' destiné à faire équilibre et qui, à cet effet, peut être plus ou moins rapproché de son centre d'oscillation a.

Une poignée d est fixée en tête pour permettre de faire mordre la scie sur la pièce à débiter, qui est placée sur deux chevalets D fixés sur le socle.

Pour que le bâti oscillant ne bascule pas sur l'arrière, la fourche est traversée par un boulon qui repose sur une portée munie d'une tige filetée, dont on règle la hauteur à volonté au moyen d'un écrou e.

Les mêmes constructeurs établissent des scieries de ce genre, dans lesquelles le bâti oscillant est vertical et la commande est placée dans une fosse; la scie désaffleure alors un établi qui reçoit la pièce à débiter et on la fait avancer au moyen d'un pignon et d'un secteur denté qui fait partie du bâti oscillant.

SCIERIE DE MM. WORSSAM ET Cⁱᵉ. — Le type représenté figure 13 a beaucoup d'analogie avec celui dont nous venons de parler, mais il offre cependant cette différence sensible que le mouvement d'avancement de la scie est automatique. On voit, en effet, que le châssis oscillant A sur l'arbre a est relié par une bielle B avec un levier L, qui est animé d'un mouvement de va-et-vient que lui communique une petite manivelle m, dont le bouton est engagé dans la coulisse dudit levier.

Le mouvement de rotation est communiqué à la lame de scie S par deux poulies, l'une fixée sur son axe et l'autre sur l'arbre de transmission a qui reçoit la poulie motrice. Ce même arbre est muni d'une poulie p à trois étages qui commande une poulie semblable p', ce qui permet de faire varier la vitesse suivant la nature ou la dimension de la pièce de bois soumise à l'action de la scie.

Mais comme il faut que l'avancement de la scie soit très-lent relativement à sa vitesse de rotation, la poulie étagée p' n'est pas fixée sur l'axe de la manivelle m; elle fait corps avec une roue droite R, qui engrène avec un petit pignon dont l'axe reçoit une roue semblable R'; celle-ci commande le pignon r qui, lui, est calé sur l'axe et par conséquent actionne la manivelle.

On voit donc, par les rapports qui existent entre les poulies p et p', les roues R et R' et leurs pignons, que la vitesse de rotation de la manivelle m est très-faible, et que, par conséquent, la scie ne peut avancer que graduellement comme lorsque c'est le bois qui est poussé au-devant de la lame.

CHAPITRE V.

SCIERIES A LAME SANS FIN OU A RUBAN.

En Angleterre on fait remonter l'invention de la scie à lame sans fin à 1808, époque où M. William Newberry, de Londres, prit une patente pour une machine de ce genre. En France, M. Thoroude, inspecteur des eaux de Paris, déposa en 1811, comme étant de son invention, au Conservatoire des Arts et Métiers, un petit modèle qui, quoiqu'imparfait, n'en constitue pas moins la première réalisation de la scie à ruban, mais ce n'est que plus tard, en 1846, que M. Thouard fit construire par M. Giraudon, mécanicien à Paris, une grande scierie de ce système qui débitait deux madriers à la fois. Le dessin exact et la description complète de cette machine se trouvent dans le 5° volume de la *Publication industrielle*.

L'inconvénient de ce système résidait dans la lame même qui, trop large et imparfaitement guidée, se brisait souvent. C'est alors qu'un habile scieur de placage et découpeur, M. Périn, trouva le moyen pratique de faire usage de lames minces et étroites en perfectionnant les procédés de soudure et surtout en appliquant des guides à l'endroit même où la scie travaille; ces guides, qui ont fait le sujet d'un brevet spécial délivré, le 29 août 1846, à Mᵐᵉ Crépin, n'étaient autres que des morceaux de bois présentant une fente pour le passage de la lame.

Cette application, quoique des plus simples, présentait une importance telle qu'il suffit ensuite à M. Périn de perfectionner certains détails de construction pour obtenir des résultats tellement avantageux et si bien reconnus aujourd'hui, que les scieries à lame sans fin sont employées d'une façon générale, non-seulement pour le découpage et le débillardage des pièces de formes variées dont on fait usage dans la menuiserie et l'ébénisterie, mais encore pour débiter des madriers et même des bois en grume.

Nous allons montrer plusieurs des principaux types de scieries de ce genre, en commençant par le modèle perfectionné le plus usité que construisent actuellement MM. Périn, Panhard et Cⁱᵉ.

SCIERIE A LAME SANS FIN POUR DÉBITER, CHANTOURNER ET DÉCOUPER

Par MM. PÉRIN, PANHARD et Cⁱᵉ (Pl. 13, fig. 1 à 9).

Le modèle représenté est dit de 900, c'est-à-dire que les poulies de scie ont 0ᵐ,900 de diamètre; il est surtout approprié au débit ou au sciage de pièces un peu fortes et qui exigent l'usage de lames relativement larges et épaisses, car pour les découpages délicats nécessitant des lames très-fines, on adopte le type dit de 0ᵐ,600 :

mais dans les deux cas, et toutes proportions gardées, la disposition mécanique est absolument la même.

Cette machine a pour bâti une console en fonte A, creuse et à forme massive, se terminant à sa partie inférieure par une large base par laquelle elle repose sur la fondation, et qui porte les deux paliers B et B' dans lesquels tourne l'axe C de la poulie inférieure D; cette même pièce est fondue avec la borne A', qui sert de support à la table E sur laquelle s'appuie la pièce de bois X soumise au sciage.

La poulie de scie supérieure D' et son axe C' ont pour supports deux paliers F et F' appartenant à une plaque G, laquelle est montée à coulisses sur la table *ad hoc* G' réservée de fonte à la partie supérieure de la console. Il est effectivement nécessaire que l'un des deux axes C ou C' possède une certaine mobilité facultative pour donner à la lame de scie *s*, qui entoure les deux poulies, la tension indispensable, ainsi que pour la mettre en place ou la démonter facilement, et c'est à l'axe supérieur que cette faculté est réservée, car c'est sur l'axe inférieur que sont montées les poulies de commande P et P'.

Quant à la mobilisation du chariot G qui porte l'axe C', elle est produite par un écrou fixé au chariot et traversé par la vis *b*, prisonnière sur la console; cette vis se termine à sa partie inférieure par un volant *a*, mis à la portée de l'ouvrier et dont il fait usage chaque fois qu'il a besoin de démonter la lame de scie, de la tendre ensuite, ou de modifier cette tension à volonté.

Nous avons déjà dit que le succès de la scie à ruban est dû aux guides qui lui ont été appliqués par M. Périn. Ces guides sont au nombre de deux, l'un *c* au-dessus de la table et l'autre *c'* au-dessous. Chacun de ces deux guides est un simple morceau de bois de hêtre dans lequel on a donné un trait de scie pour le passage de la lame; le guide inférieur *c'* est maintenu par deux vis de pression *d* dans une poupée *e*, qui a son point d'attache sur la borne A'; quant au guide supérieur *c*, son installation exige une mention toute particulière.

La poupée, dans laquelle ce guide est maintenu par deux vis *f*, fait partie d'une tige verticale cylindrique J, qui peut glisser à volonté dans les portées de deux consoles légères L et L', fixées sur le bâti A et consolidées entre elles par une entretoise K. Cette disposition, très-importante, a pour raison que la hauteur du guide *c* au-dessus de la table est essentiellement variable suivant l'épaisseur de la pièce soumise au sciage, et que la réussite du trait est d'autant mieux assurée que ce guide en a été approché aussi près que possible. L'ouvrier descend ainsi son guide ou le remonte à volonté, et l'assujettit ensuite au moyen de la vis de pression *j*.

Il faut ajouter encore que la position des deux guides *c* et *c'* dans leurs poupées respectives est loin d'être indifférente. Ordinairement, le guide ne remplit pas complétement la poupée, et comme il est soumis à l'action de deux vis de pression *d* ou *f*, ces vis permettent, tout en l'assujettissant, de régler sa direction de façon à dégauchir très-rigoureusement la lame entre les deux guides.

On peut remarquer un troisième guide *i* appliqué au brin montant de la lame et fixé sur la console. Mais cet organe, moins important que les deux premiers, n'a pour objet que d'arrêter le flottage; quelquefois on lui applique un corps gras destiné à la lubrification de la lame, surtout s'il s'agit de scier une forte épaisseur.

La table E, sur laquelle s'appuie la pièce et qui est fendue pour livrer passage à la scie, est une plaque en fonte relativement légère, mais armée de nervures et d'un rebord qui lui donnent une grande rigidité. Cette pièce pourrait être complètement fixe, mais pour laisser la faculté à l'ouvrier d'exécuter des traits qui ne soient point d'équerre avec le parement qui porte sur la table, il peut, au besoin, lui donner l'inclinaison voulue. A cet effet, la liaison entre la table et la borne A' est opérée au moyen de deux secteurs M traversant deux gâches *g*, dont le recouvrement, à part les deux vis qui le fixent, porte une vis de pression, à l'aide de laquelle chaque secteur peut être arrêté, et par suite la table, dans chaque position requise.

Toutefois, ce mouvement angulaire de la table doit s'exécuter d'après des centres fixes, qui sont ceux mêmes des secteurs M et qui servent de point d'appui à la table. L'un de ces centres est un simple goujon à rotule engagé sur le sommet de la poupée *e* du guide *e'*; le second centre est constitué par un boulon traversant une oreille réservée à la table et une pièce fourchue montée sur un bossage *c'* appartenant au bâti, et disposé en face de la poupée *c*.

Nous n'avons encore rien dit du procédé qui permet à la lame de scie de traverser la table, car cette lame étant sans fin, un simple trou ne saurait convenir pour son introduction et sa mise en place; alors cette table (que nous avons dû représenter en lignes ponctuées fig. 3, afin de ne pas masquer le mécanisme de la transmission), présente en avant une fente *k*, ouverte de l'extérieur et terminée par un évidement *k'*, que l'on garnit d'une cale en bois dans laquelle on poursuit la fente pour le passage de la lame.

De cette façon rien ne s'oppose à la mise en place de la lame de scie, que l'on introduit directement par la fente de la table. On comprend très-bien l'usage de la cale en bois qui termine la fente et que traverse la lame, car celle-ci ne saurait impunément frotter sur du métal, tandis que le bois n'offre pas le même inconvénient, et lorsque la denture a trop agrandi la fente dans la cale, il suffit de la remplacer.

Il est à remarquer que le succès de la scie à ruban est dû à ces petites précautions. Il en est de même pour le montage de la lame sur les deux poulies D et D'. Si le contact entre la lame et les poulies en fonte était immédiat, la denture s'userait, la voie ne se conserverait pas, il faudrait une tension énorme pour déterminer un entraînement suffisant, et enfin le fonctionnement serait impossible. Les deux poulies D et D' sont au contraire enveloppées chacune d'une bande de caoutchouc de 4 à 5 millimètres d'épaisseur ou plus, sur laquelle porte alors la lame.

Au point de vue de l'ensemble, il nous reste à donner quelques détails sur le mécanisme de débrayage qui est appelé à remplir un rôle important pour le bon fonctionnement de l'outil.

Ce mécanisme, indépendamment de sa fonction ordinaire, consistant à guider la courroie de commande et à la transporter de l'une à l'autre des poulies P et P', doit, de plus, faire fonctionner un frein qui détermine l'arrêt presque immédiat de la lame de scie ; on comprend, en effet, que ces mobiles, quoique très-légers, emmagasinent, à cause de la grande vitesse, une quantité de force vive considérable, et que, s'il fallait attendre après le débrayage que le mouvement s'éteigne naturellement, il y aurait une grande perte de temps à chaque instant renouvelée, sans compter le grave inconvénient et les dangers qui pourraient naître si l'arrêt de la scie n'avait pas lieu rapidement.

Le mécanisme de débrayage se compose donc d'une barre plate N portant le guide-courroie, et qui se trouve en prise avec un levier N' fixé sur un axe horizontal O, dont l'extrémité porte le levier à poignée O', à l'aide duquel l'ouvrier fait fonctionner ce mécanisme ; l'extrémité du levier O' est d'ailleurs en contact avec un secteur *l* qui fait ressort et le maintient dans ses deux positions extrêmes.

Mais, d'autre part, la barre N, qui possède des guides exacts sur le bâti, est armée d'une plaque *p*, en forme de segment, disposée pour venir s'appliquer sur la face de la poulie fixe P, qui est pleine et tournée. Or, en manœuvrant le levier O', pour opérer le débrayage, la barre N, en se déplaçant, entraîne avec elle le segment *p*, qui vient alors s'appliquer sur la poulie P de façon à constituer un frein suffisant pour déterminer presque immédiatement l'arrêt de la scie, d'autant plus que l'ouvrier est maître de donner à cette pression toute l'énergie nécessaire.

Notre dessin n'indique pas un détail qui a néanmoins son importance. Il est d'usage, principalement chez les constructeurs français, d'appliquer sur la tige-guide J une sorte de volet en bois que l'on tourne à volonté et vient recouvrir le brin descendant de la lame de scie, et qui a pour but de garantir l'ouvrier occupé à diriger le bois ; un volet semblable est employé pour recouvrir le brin montant. Cette précaution est vraiment utile et toute humanitaire. Chaque volet est formé de deux planches minces assemblées d'équerre, et sa partie supérieure présente un revers courbe pour retenir la lame de scie en cas de rupture.

CHARIOT DE L'AXE SUPÉRIEUR. — La plaque G, avec laquelle sont fondus les paliers F et F' de l'axe C', n'est pas de la même pièce que le chariot monté à coulisses sur la tête de la console A. Cette plaque est au contraire réunie avec le chariot au moyen de trois vis, et peut ainsi éprouver une légère variation facultative au moment du montage.

Le motif de cette disposition réside encore dans l'une de ces petites précautions desquelles dépendent cependant le bon fonctionnement de l'outil. Il est, en effet, utile de donner à l'axe C' une légère inclinaison vers l'arrière afin de bien assurer la tenue de la lame sur les deux poulies, celle D' offrant alors un petit défaut de parallélisme par rapport à celle d'en bas. Cette disposition permettrait d'ailleurs de rectifier la situation à tous moments donnés, et pour la rendre chaque fois définitive et immuable, la plaque G, à part les trois vis qui la fixent sur le chariot, est encore maintenue, à l'aide de deux vis *n* calantes et opposées. (*Voy.* fig. 2.)

Dans cette machine, de construction très-soignée, les quatre paliers sont graisseurs. Les figures 4 et 5 montrent, suivant deux coupes, verticale et horizontale, et à l'échelle de 1/10, le palier F appartenant à la plaque G.

BATI PRINCIPAL. — Nous ne revenons sur le bâti que pour signaler la borne A' qui, bien que de la même pièce, semble s'en détacher pour porter le palier extérieur B' de l'arbre de commande. Il est bon de noter en passant que cette disposition, qui supprime le porte-à-faux de l'arbre et des poulies, est une heureuse innovation apportée par M. Périn sur ses anciens modèles où les deux poulies motrices occupaient, au contraire, l'extrémité de l'arbre. Cette borne ne tient en effet au corps principal que par une nervure, dont la section offre aussi peu de développement que possible en vue de la position éventuelle que doit occuper la courroie de commande.

En effet, au moment de placer un pareil outil dans un atelier, on se trouve dans l'obligation de diriger la commande suivant la situation de l'arbre de transmission, qui est placé soit en haut, soit en tranchée et en avant ou en arrière. S'il est placé en contre-haut du sol de l'atelier, la condition est très-défavorable, car la courroie, en s'élevant, doit échapper la table, ce qui conduit à lui donner une position très-gênante pour l'atelier. Le mieux est, sans contredit, d'avoir l'arbre en tranchée, et surtout en arrière de la console ; mais c'est alors que la nervure A' ne doit pas être un obstacle au passage de la courroie, soit en avant, soit en arrière.

ACCESSOIRES DE SERVICE. — Dans les travaux de chantournement et en général pour les traits de peu d'étendue, l'ouvrier conduit la pièce à la main et la table E est entièrement libre. Mais dans les ateliers où le genre de travail n'exige qu'un nombre limité d'outils, il se présente souvent des refends à exécuter d'une longueur de quelques mètres et devant se répéter plusieurs fois, dans lequel cas on est bien aise d'utiliser la scie à ruban au lieu d'avoir recours à des scies spéciales.

Il suffit, en effet, de monter momentanément sur la table un système de guidage, que l'on peut démonter ensuite très-facilement, pour remettre la scie dans son état primitif. L'un des procédés et le plus simple que l'on puisse employer est celui que représentent les figures 6 à 9.

La figure 6 représente un guide composé d'une règle en fonte, à section en équerre, et faisant partie d'un système articulé ou parallélogramme formé de deux liens Q' et d'un balancier Q", les deux liens prenant leur point fixe d'articulation sur la table E ; la règle peut ainsi être amenée à la distance voulue de la lame, et dans chaque position donnée on l'assujettit au moyen d'une vis *n* engagée dans une coulisse, sur le balancier Q", et par une seconde vis *n'* pour laquelle une coulisse a été réservée dans la table. Ce mode de fixation n'a d'autre objet que de donner plus de facilité pour la réglementation exacte de la direction du guide.

C'est donc contre ce guide que la pièce de bois doit s'appuyer exactement pendant l'exécution du trait, l'épaisseur de la levée devant rigoureusement correspondante à la distance de la lame au guide. Mais il est évidemment nécessaire que l'application de la pièce sur le guide soit solidement maintenue, mission qui est dévolue au *presseur* que représentent les figures 7, 8 et 9.

Ce presseur, qui se fixe également sur la table vis-à-vis de la lame et perpendiculairement au guide, est composé d'un rouleau vertical R monté sur une potence R', qui est elle-même montée à coulisse sur une plaque par laquelle l'ensemble est fixé sur la table E; l'organe qui tend constamment à faire appuyer le rouleau sur le bois est un balancier à contre-poids S monté libre sur un bout d'axe fixé sur la potence R', et sur lequel est placé de la même façon un pignon *o* ayant ses dents engagées dans un bout de crémaillère appartenant à la plaque. Le balancier S, qui est en outre muni d'un cliquet, peut être plus ou moins relevé en choisissant les dents du pignon entre lesquelles ce cliquet doit être en prise.

Il résulte de cette disposition, que le levier à contre-poids tend constamment à faire tourner le pignon *o* dans le sens de la flèche (fig. 7), et comme la crémaillère est complétement fixe, et que tout l'équipage du levier et du pignon fait partie de la potence R', il s'ensuit que cette dernière, avec le rouleau R, tend sans cesse aussi à s'avancer dans le même sens, c'est-à-dire du côté du bois.

VITESSE DE LA LAME. — Le diamètre des poulies est égal à 0^m,900, et atteint 0^m,910 avec la garniture en caoutchouc; elles font 480 tours par minute.

Dans ces conditions, la vitesse de la lame par seconde est égale à :

$$\frac{0^m,910 \times 3,1416 \times 480'}{60''} = 22^m,8704 ;$$

soit le développement énorme de 1 372 mètres par minute et 82 333 mètres par heure.

Si nous supposons cette scie appliquée au refendage d'une pièce de bois de 0^m,20 de hauteur et une essence de bois permettant une avance de 1 millimètre par chaque mètre de développement de la lame, ce qui répond à environ 2 centimètres par seconde, ce qui est loin d'être exagéré avec ce système, le travail théorique total s'élèverait à plus de 80 mètres carrés par heure, c'est-à-dire qu'en comptant les pertes de temps et les reprises, le travail effectif dépasserait peut-être 50 mètres carrés.

Cependant, cette scie travaillant dans de pareilles conditions n'absorberait pas une puissance supérieure à 3 ou 4 chevaux, c'est-à-dire la moitié environ de la puissance exigée pour le même travail au moyen d'une scie alternative. Nous avons déjà mis en évidence ce fait, qu'une grande partie de cette réduction de force proviont de la diminution de l'épaisseur du trait qui, avec la scie à ruban, ne dépasse pas celle qui résulterait de l'emploi de la scie allemande manœuvrée à la main ; il est également facile de se rendre compte de la faiblesse des résistances passives dans ce mécanisme si simple, dont les axes peuvent être très-fins et qui n'offre aucune masse mobile soumise à des changements de direction.

SCIERIES A LAME SANS FIN A CHARIOT

POUR BOIS EN GRUME.

La scierie représentée par les figures 10 à 12, planche 13, est des mêmes constructeurs que la précédente et a subi récemment des modifications que nous ferons connaître plus loin ; elle se compose d'abord de la console en fonte A, portant la poulie supérieure P, tandis que la poulie inférieure P' a ses supports réservés dans une fosse, la console se trouvant posée à la hauteur même du sol de l'atelier.

La grume soumise au sciage est placée sur un chariot H ayant exactement la disposition que nous avons décrite à propos dans la première scie alternative ; ce chariot, placé entre la console et le brin actif de la lame S, glisse sur des rails l' fixés sur des longrines en charpente qui traversent la fosse, lesquels rails sont prolongés d'ailleurs de chaque côté autant que l'exige la longueur des grumes et la course du chariot.

Comme pour les scies alternatives, ou plutôt comme pour la conduite des grosses pièces de bois en général, l'avancement du chariot doit être produit mécaniquement. Cette commande s'effectue au moyen d'un mécanisme qui prend sa source sur l'arbre de commande, lequel porte déjà la poulie de scie P' et les poulies motrices p, et il vient aboutir à une crémaillère M dont le chariot est armé.

Ce mécanisme se compose d'abord d'un cône lisse D' fixé sur l'arbre moteur et en correspondance par une courroie d avec un cône semblable muni d'un plus grand diamètre D', et dont les génératrices sont parallèles à celles du précédent ; cette disposition permettant, par le déplacement facultatif de la courroie d, de modifier à volonté la vitesse de l'avancement, l'axe du cône D' est mis en rapport, par un mouvement de vis sans fin, avec un axe transversal N', lequel porte le pignon n' qui, par l'intermédiaire de la roue M', communique avec la crémaillère M du chariot.

Une machine de ce genre est aussi ordinairement pourvue d'une transmission supplémentaire pour opérer le retour rapide du chariot. Elle est disposée ici comme celle de beaucoup de machines à raboter et permet le déplacement du chariot dans un sens ou dans l'autre ; elle a pour origine un axe horizontal r, sur lequel sont installés trois poulies R et deux pignons d'angle r' engrenant avec une roue S, dont l'axe S' porte à son autre extrémité le pignon droit s, en relation avec la roue s' montée sur l'arbre N'; comme dans les dispositions semblables, l'une des trois poulies motrices est folle, l'autre est calée sur l'arbre r, et la troisième est montée sur un manchon dont fait également partie l'un des deux pignons d'angle r'. Ces trois poulies étant en rapport avec la transmission par une courroie spéciale, on voit qu'il suffit de transporter cette courroie sur l'une ou l'autre des poulies extérieures pour déterminer la marche du chariot dans un sens ou dans l'autre, et de la maintenir sur la poulie du centre lorsque ce mécanisme n'est point appelé à fonctionner.

Fig. 14. — Scierie de MM. PÉRIN, PANHARD et Cie.

Il est bien entendu que le mouvement de retour rapide ne peut fonctionner qu'autant que le premier a été débrayé. Quant au déplacement de la courroie du retour rapide, il s'effectue à l'aide de l'un ou l'autre des deux leviers U' et T', montés sur le même arbre transversal U.

On remarque aussi la poignée-manivelle Q, faisant partie du mécanisme à l'aide duquel on déplace la courroie d sur les cônes D et D' pour régler ou modifier la vitesse d'avancement du chariot.

Les guides de la scie offrent une disposition spéciale que représentent en détail les figures 11 et 12.

Chaque guide est maintenu dans une boîte E par deux vis à tête de violon *g*, et cette boîte, au lieu d'être fixée dans la mâchoire qui termine la tige de suspension F, y est retenue simplement par un boulon *h*, qui n'est pas serré à fond et par conséquent autour duquel l'ensemble de la boîte peut osciller.

On remarque sur le plan, figure 12, que ce boulon *h* est placé vers l'extrémité du guide, en un point qui correspond à une ligne passant par le milieu de la largeur de la lame S; de plus, qu'au bout opposé la boîte est munie d'une saillie

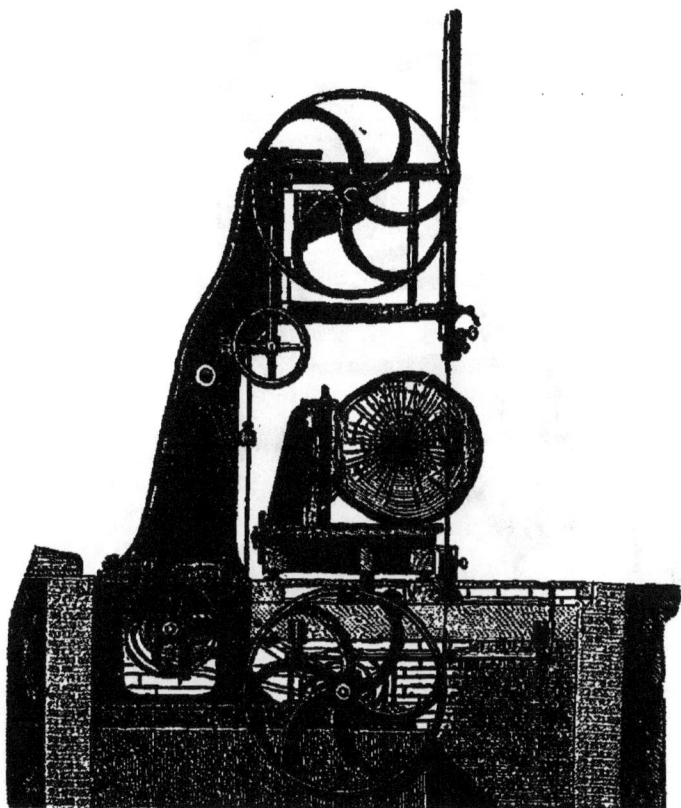

Fig. 15. — Scierie de MM. PÉRIN, PANHARD et Cⁱᵉ.

verticale *h'*, sur laquelle vient buter la vis *i* engagée dans un renflement ménagé à cet effet dans la mâchoire. Or, si on tourne cette vis, on oblige le buttoir à s'éloigner, et, par suite, on communique un petit mouvement de rotation à la boîte autour du centre *h*; le guide, obéissant à cette impulsion, incline la lame dans la direction voulue. On peut ainsi maintenir la lame parfaitement droite dans tout le parcours du trait, tout en permettant à l'ouvrier de lui imprimer la direction que la contexture du bois exige.

Le guide inférieur est construit de même, seulement la mâchoire peut tourner dans le pied F' pour permettre à la lame de dévier un peu lorsqu'elle rencontre dans le bois des nœuds qui sans cela pourraient amener sa rupture.

Ces précautions ne sont pas utiles dans les scies à chantourner, parce que l'ouvrier qui, à la main, présente le bois, peut alors sentir la résistance et, par un léger mouvement, modifier sa direction, ce qui ne peut être dans l'avancement mécanique d'un chariot portant une lourde pièce de bois.

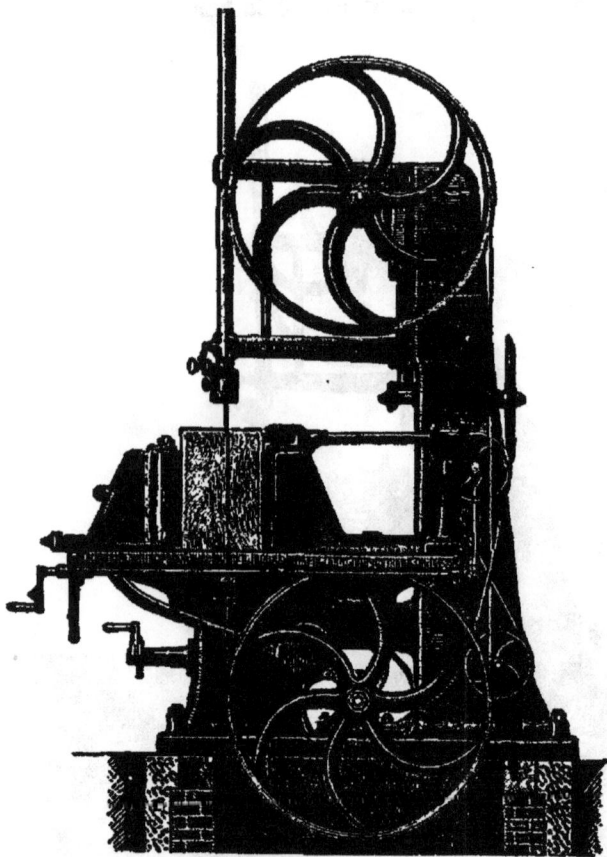

Fig. 16. — Scierie de MM. PÉRIN, PANHARD et Cⁱᵉ.

Pour ce genre de scierie, où l'on emploie des lames relativement larges et épaisses (nous les comparons, bien entendu, aux autres lames sans fin appliquées au petit sciage), les poulies n'ont pas moins de 1ᵐ,50 de diamètre; si le développement de la lame est réglé à environ 1 350 mètres par minute, la vitesse de rotation des poulies sera dans le même temps égale à:

$$\frac{1350^{\mathrm{m}}}{1^{\mathrm{m}},50 \times 3,1416} = 286 \text{ tours par minute.}$$

Nous avons pris ce chiffre de 1350 un peu inférieur à celui de 1372 trouvé ci-dessus pour la scie à découper et à débiter; on peut donc admettre que pour la scie actuelle la vitesse pourrait s'élever sans inconvénient jusqu'à 300 tours.

D'une façon ou de l'autre, le travail d'une pareille scie est très-considérable et peut égaler souvent celui d'une scie alternative à 5 ou 6 lames tout en n'exigeant qu'une force motrice bien inférieure. On peut, avec le type représenté figure 10

Fig. 17. — Scierie de MM. PÉRIN, PANHARD et Cie.

(pl. 13), débiter des grumes en plateaux ou en feuillets. Nous ferons observer toutefois que pour obtenir des traits bien réguliers, il faut employer une lame assez forte, bien tendue et rapprocher les guides autant que possible.

Nous allons faire connaître maintenant les modifications importantes qui ont été apportées à ce type par MM. Périn, Panhard et Cie.

TYPE PRÉCÉDENT MODIFIÉ. — Suivant les derniers modèles exécutés par ces constructeurs, la console a pris une forme telle qu'en donnant seulement 1m,25 de diamètre aux poulies, on peut soumettre au sciage des grumes ayant jusqu'à

1 mètre de diamètre; avec des poulies de 1ᵐ,50, ils établissent un type qui permet d'aller jusqu'à 1ᵐ,80. Ce dernier modèle est souvent fourni pour l'Amérique, où l'on trouve plus fréquemment que chez nous des arbres de cette grosseur.

Au point de vue de la construction générale, comme on peut s'en rendre compte en jetant les yeux sur les figures 14 et 15 (pages 120 et 121), le nouveau type offre comme caractère que la console fait corps, en quelque sorte, au moyen d'un solide boulonnage avec un socle en fonte dont la plaque est suffisamment prolongée en avant pour recevoir l'arbre de commande portant aussi la poulie de lame inférieure, ce qui a pour mérite que les points d'appui du mécanisme, au lieu d'être dispersés sur la maçonnerie font exclusivement partie du bâti général. On remarque aussi

Fig. 18. — Scierie de MM. PÉRIN, PANHARD et Cⁱᵉ.

que tout le mécanisme de détails est extrêmement simplifié et qu'il est pourvu d'un frein pour l'arrêt rapide de la lame.

Ces scieries s'emploient pour tous les bois en grume ; elles sont surtout spéciales pour le débit en plateaux, en panneaux, en feuillets; cependant, s'il s'agit de sciages sur quartiers ou bien d'équarrissage de bois de charpente, il est préférable de faire usage de scieries à chariot libre; c'est-à-dire à chariot commandé par une crémaillère et un pignon manœuvrés au moyen d'une manivelle par l'ouvrier scieur, avec une vitesse qu'il peut varier suivant qu'il rencontre un nœud, une partie flacheuse ou épaisse.

SCIERIES A LAME SANS FIN A CYLINDRES

POUR LE DÉDOUBLAGE DES MADRIERS.

Fig. 19. — Scierie de MM. PÉRIN, PANHARD et Cie.

MM. Périn, Panhard et Cie construisent aussi deux modèles de scieries à cylindres servant à dédoubler les pièces équarries en un nombre quelconque de planches ou feuillets.

Le grand modèle, dont les poulies ont 1m,10, est représenté (p. 122 et 123) par les figures 16 et 17. Ici, la pièce de bois à débiter est amenée à la lame d'une manière continue au moyen de cylindres cannelés mus automatiquement par un renvoi de poulies étagées montées sur l'arbre moteur, ce qui permet de rendre la vitesse variable à volonté suivant la dureté et la hauteur du bois à scier.

Cette machine remplace la scie alternative à cylindres à une lame et même les scieries de ce genre à plusieurs lames; d'un autre côté, elle permet de varier à chaque trait l'épaisseur des planches sans qu'on soit obligé d'arrêter, tandis qu'avec les machines alternatives, à chaque changement d'épaisseur, il faut démonter les lames pour changer leur écartement.

La production de cette machine est considérable; employée pour dédoubler des

Fig. 20. — Scierie de M. ABBEY.

madriers du Nord, la vitesse du sciage peut dépasser 6 mètres par minute. En moyenne, dans les bois tendres, on peut admettre que la surface sciée par journée de travail est de 500 mètres carrés ; dans les bois durs, elle est de 300 mètres.

La force nécessaire est de 5 chevaux-vapeur.

La machine représentée par les figures 18 et 19 (pages 124 et 125) est analogue, comme fonctionnement, à la précédente, mais ses dimensions ne lui permettent que le dédoublage des madriers de 22 centimètres de hauteur. Les poulies ont 1 mètre de diamètre.

Cette machine est à deux fins, c'est-à-dire que sa table peut être débarrassée rapidement de l'appareil entraîneur, construit très-légèrement à cet effet, de manière à la transformer en une scie à ruban semblable à celle dessinée planche 13, sur laquelle on peut exécuter les sciages à la main et les chantournements.

La force nécessaire est de 4 chevaux environ.

La scierie à lame sans fin représentée ci-contre, figure 20, est un modèle de M. Arbey, et est destinée également au dédoublage des bois avec cylindres-guides les amenant à la scie d'une manière continue. Elle peut aussi être utilisée pour d'autres travaux et, à cet effet, sa table, montée sur des secteurs, est inclinable.

On remarque que, pour rendre son service facile, le bâti principal est engagé dans une fosse, afin que la pièce de bois entraînée par les cylindres se trouve, comme le dessus de la table, au niveau du sol. Les poulies ont 1^m,20 de diamètre ; c'est là une excellente machine qui peut produire un travail considérable.

SCIERIES SANS FIN POUR GRUME.

Pour débiter les grumes, M. Arbey donne la préférence aux scieries à mouvements alternatifs, cependant il fait exécuter dans ses ateliers plusieurs modèles de

Fig. 21.

scieries sans fin. La figure 21 ci-dessus montre un de ces modèles avec chariot diviseur débitant jusqu'à 1 mètre de diamètre. La figure 22 ci-dessous représente une scierie pour les petits bois, qui peut être à chariot libre sur supports à rouleau ou bien avec appareil d'amenage commandé par la machine.

Fig. 22.

La figure 1 de la planche 14 représente en élévation latérale une scierie pour grume, construite par M. Frey, mais présentant dans sa construction des différences assez notables avec les précédentes. La fosse est moins profonde et la même plaque A' sert de base à la colonne creuse en fonte A et au socle de même métal B, qui porte le mécanisme de transmission du chariot sur lequel la bille de bois est fixée par des griffes *a* se rapprochant au moyen de vis et d'écrou, à la manière ordinaire.

La poulie inférieure P reçoit le mouvement directement du moteur par une poulie *p*, à côté de laquelle est montée une poulie folle. Le même arbre est muni en son milieu d'un cône à trois étages *c*, qui commande un cône semblable C fixé sur un premier arbre intermédiaire *b*, destiné à actionner le deuxième arbre *b'*.

A cet effet, le premier arbre *b* porte deux poulies de diamètres inégaux *d* et D, dont l'une reçoit une courroie droite qui commande la poulie E, et l'autre une courroie croisée engagée sur la poulie *e*.

Ces deux poulies E et *e* sont fixées sur l'arbre *b'*, et à côté d'elles sont montées des poulies folles destinées à recevoir les courroies, que l'on déplace à l'aide des fourchettes F et F' lorsque l'on veut que la commande ait lieu, soit par la courroie droite, soit par la courroie croisée; c'est-à-dire lorsque le chariot doit marcher en avant avec une faible vitesse pour le sciage, ou revenir en arrière plus rapidement pour recommencer un nouveau parcours.

Dans les deux cas, le mouvement communiqué à l'arbre *b'* est transmis par une vis sans fin et la roue à denture hélicoïdale G à l'arbre perpendiculaire *g* muni de la petite roue dentée *g'*, qui engrène avec une crémaillère fixée sur l'une des longrines du chariot H.

La poulie supérieure P', dont il faut régler la hauteur pour donner à la scie la tension voulue, a son arbre monté dans deux paliers qui font partie d'un plateau ajusté à coulisse sur des portées taillées à queue d'hirondelle sur la face de la colonne. Pour mobiliser ce plateau, il est fait usage de deux tiges filetées h et h' l'une se vissant dans un écrou ajusté dans le petit bras i et l'autre dans un écrou relié par ses tourillons dans la fourche du levier l.

La tige h' est retenue par deux embases dans un renflement qui fait partie du plateau des paliers; il suffit donc, pour mobiliser ce plateau, de soulever ou d'abaisser le levier l auquel il se trouve ainsi suspendu; c'est ce que l'on obtient en faisant tourner l'écrou de la tige h à l'aide du volant à main v.

La hauteur de la poulie supérieure peut ainsi être réglée et mise en rapport avec le développement de la lame de scie; mais pour effectuer la tension de celle-ci, on fait usage du volant à main v' qui, par l'intermédiaire de la paire de roues d'angle i, fait tourner la vis h'.

On a donc à sa disposition deux moyens pour faire varier, avec une grande exactitude, la course du plateau muni des paliers de l'arbre de la poulie supérieure.

Il y a en outre, pour assurer la position de la lame de scie sur la jante de la poulie, un moyen de réglage qui permet de modifier le parallélisme de l'arbre supérieur par rapport à l'arbre inférieur; ce moyen consiste dans l'emploi de deux vis j engagées dans une sorte de fourche faisant partie de la colonne, et qui viennent buter sur une portée en saillie venue de fonte avec le plateau des paliers, de telle sorte qu'en serrant l'une des vis et en desserrant l'autre, on soulève ou on abaisse l'un des côtés dudit plateau et, par suite, on donne à l'arbre l'inclinaison qui lui est nécessaire.

Le guide inférieur k de la lame est monté sur une colonnette fixée sur la table B et le guide supérieur k' à la base de la tige K, que l'on peut rapprocher ou éloigner de l'autre, suivant les dimensions de la bille de bois montée sur le chariot, en la faisant glisser dans les douilles des bras J fixés à la colonne.

Ces guides sont disposés comme l'indique la figure 2, c'est-à-dire montés dans une boîte ajustée à queue d'hironde, de façon à pouvoir glisser au moyen d'une vis de rappel qui permet de les amener très-exactement dans le plan de la lame.

SCIERIE A LAME SANS FIN A CHANTOURNER

Par M. ARBEY.

La figure 23, page suivante, représente dans son ensemble le modèle construit entièrement en fonte adopté par M. Arbey. La table peut être inclinée à volonté et la scie est protégée par des volets en bois, qui ont pour but, comme nous l'avons dit, d'éviter les accidents.

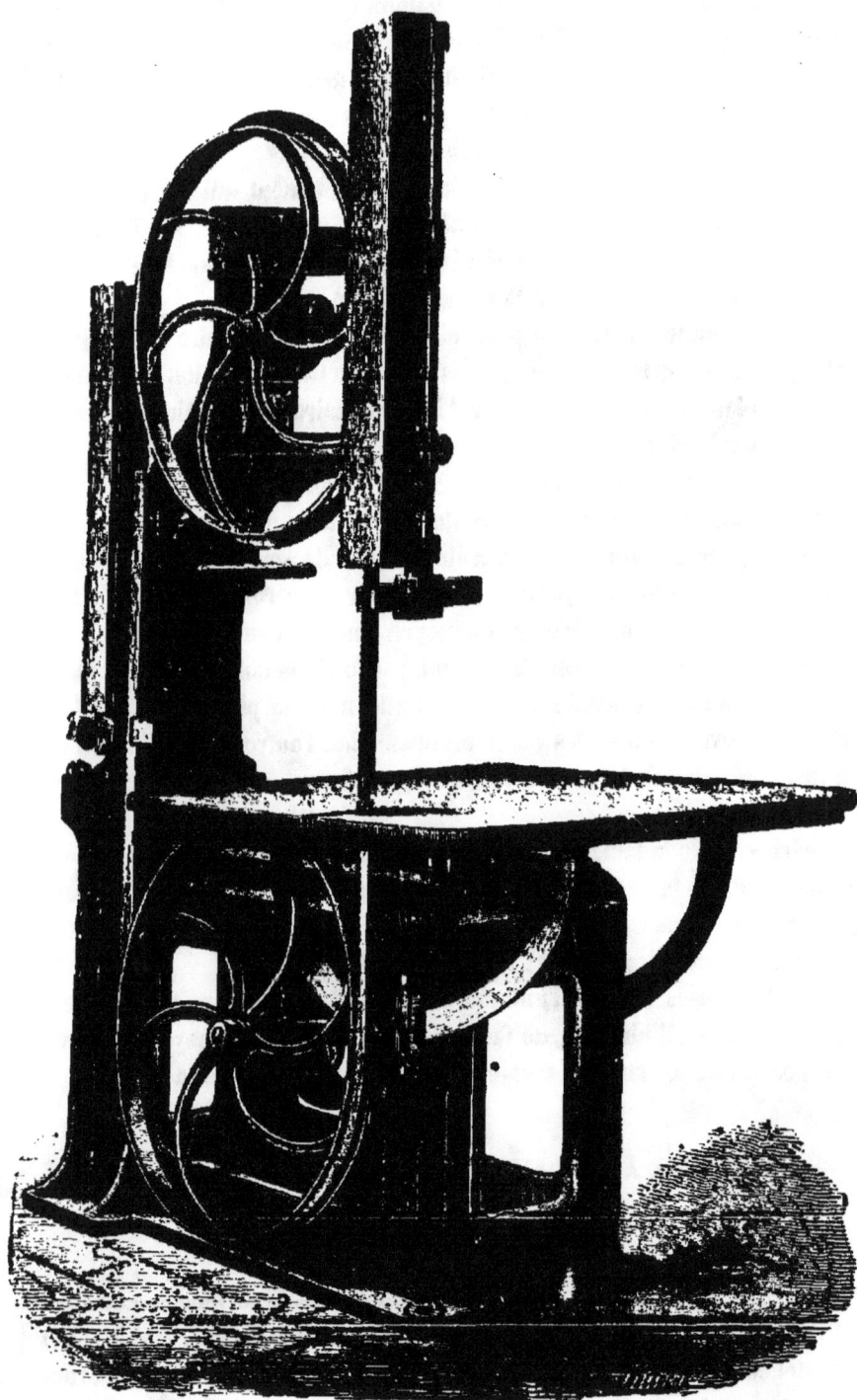

Fig. 23. — Scierie sans fin à chantourner, par M. ARBEY.

SCIERIE A LAME SANS FIN A DOUBLE PALIER

Par M. OLIVIER.

Les figures 3 et 4 de la planche 14 représentent une scie à ruban dans laquelle les poulies ne sont plus en porte-à-faux, c'est-à-dire que l'axe sur lequel chaque poulie est montée se trouve supporté entre deux paliers.

Pour la poulie supérieure P', deux paliers sont fondus d'une même pièce; c'est une fourche A, formant *double palier*, qui est montée à charnière par le haut, en *a*, sur une plaque qui peut glisser entre des coulisseaux fixés sur la tête du bâti, de façon à pouvoir être mobilisés pour donner à la lame la tension nécessaire.

A cet effet, cette plaque est munie d'un écrou *b* traversé par la vis *c* commandée au moyen de la paire de roues d'angle *d* et du volant à main *v*.

Pour que la lame tienne bien sur la poulie, il est urgent, comme nous l'avons dit, de donner à celle-ci, ou plutôt à son axe, une légère inclinaison qu'il est utile de pouvoir régler. Cette inclinaison est ici obtenue par un coin *e*, qui a toute la longueur de la plaque du double palier. La réunion de ces trois pièces a lieu au moyen de deux boulons traversant dans le coin deux mortaises allongées, et dont la tête est demi-sphérique, afin d'empêcher qu'ils ne soient serrés inégalement et que le double palier ne casse s'il ne portait pas d'aplomb.

Les bras F, qui portent la tige F' du guide supérieur *f*, sont venus de fonte avec le bâti, ce qui les rend très-rigides.

La poulie supérieure est calée sur son arbre et est maintenue par une rondelle et un écrou contre une embase venue de forge avec ledit arbre, lequel, en outre, est renflé à l'endroit où il porte dans les paliers graisseurs *g*; ce renflement, dans le palier de devant, a la forme d'une bague calée sur l'arbre, laquelle peut être retirée à la main, une fois l'arbre enlevé des paliers, pour sortir la poulie. Par cette disposition, cette poulie est rendue indépendante de l'arbre, ce qui permet de changer facilement sa garniture de cuir ou de caoutchouc.

Pour la poulie inférieure P, le porte-à-faux est évité par le bras A' supportant d'un bout, dans un palier graisseur *h*, l'arbre *a'* dont l'autre extrémité tourne dans le palier *h'*. Le bras est rapporté sur le bâti principal, entre les deux brins de la scie, de manière à ce que l'on puisse enlever la lame.

L'arbre *a'*, muni de la poulie porte-lame P et des poulies de transmission fixe et folle *p* et *p'*, étant enlevé de ses paliers *h* et *h'*, la bague de devant placée sur cet arbre s'enlève de la même manière que celle de l'arbre supérieur et, en retirant l'écrou de la rondelle, on peut aussi changer le cuir quand il est besoin.

La poulie spéciale ordinairement employée pour recevoir l'action du frein est supprimée, le sabot *s* de celui-ci agit ici latéralement contre la partie pleine de la poulie fixe de commande *p*.

Ce sabot est en bois et monté sur une pièce formant ressort, calée sur la tringle *t* du débrayage, laquelle se manœuvre par le levier à main L.

SCIERIE SANS FIN A CYLINDRES

Par MM. ROBINSON et fils.

L'inspection seule de la figure 5 montre les dispositions de cette machine, qui présente surtout comme particularités distinctives l'application d'une table à cylindres pour conduire la pièce de bois au-devant de la scie.

La table A reçoit dans des coulisses les deux supports B et B', dont on règle l'écartement suivant l'épaisseur du bois à scier au moyen des volants à main *v* et *v'*. Les cylindres lisse et cannelé C et C' reçoivent le mouvement au moyen des deux paires de roues d'angle *d* et *d'*, qui ont leur axe D muni à l'une de ses extrémités d'une roue à denture hélicoïdale E engrenant avec une vis sans fin *e*. L'axe de celle-ci porte un cône à trois étages F, qui est commandé par un cône semblable *f* calé sur l'arbre de la poulie porte-scie inférieure P.

SCIERIE SANS FIN DE MM. RICHARDS ET KELLEY.

La machine représentée de face et de côté par les figures 6 et 7 présente dans sa construction un certain intérêt, surtout en comparaison avec ce qui se fait en France. Le bâti A, fondu d'une seule pièce, est d'une forme spéciale et les poulies P et P' d'une construction légère, la jante étant réunie au moyeu par des bras en fer. Le porte-guide supérieur *a* de la lame est équilibré par un contre-poids *p'* qui permet de la mobiliser aisément.

L'arbre de la poulie inférieure traverse un long support A' fondu avec le bâti et reçoit en dehors les poulies fixe et folle *p* et *p'*, dont la courroie est déplacée au moyen de la fourchette *b*, manœuvrée à la volonté de l'ouvrier qui agit sur la manette *b'*. Une tablette en bois *b* prolonge la table B, qui est munie d'une équerre mobile *c* pour guider au besoin la pièce de bois soumise à l'action de la scie.

Pour protéger l'ouvrier, une feuille de métal D est montée sur le bras, devant la lame et, à l'arrière, à la hauteur de la table, se trouve une sorte d'étui D' dans lequel passe l'autre brin de la lame.

SCIERIE A LAME SANS FIN
A PÉDALE ET A DEUX MANIVELLES

M. L. Messain, mécanicien à Vaucouleurs, construit de petites scieries qui rendent de très-bons services dans les ateliers qui ne possèdent pas de moteur. La vignette ci-dessous, figure 24, donne une idée exacte de cette machine dans laquelle la table s'incline à volonté pour le sciage oblique. Elle est actionnée par une pédale ou par un arbre à deux manivelles.

Pour le sciage de forts morceaux, les deux moyens peuvent être employés et on utilise ainsi la force de trois hommes. Dans le cas où la pédale suffit, on n'a qu'à enlever la courroie. Le grand volant est armé d'un contre-poids qui fait équilibre à la pédale et le ramène toujours au point de départ, de sorte que l'ouvrier n'a qu'à mettre le pied pour mettre la scie en mouvement.

Fig. 24.   Fig. 25.

Pour faire fonctionner cette machine par un moteur, il suffit de décrocher la pédale, de substituer au grand volant une poulie folle et de remplacer la courroie de l'arbre à manivelles par celle du moteur.

Pour le cas cependant où l'atelier est pourvu d'un moteur avec transmission permanente, M. Messain modifie son type de scierie comme le représente la figure 25 ci-dessus, ce qui apporte une simplification et par suite une économie dans l'exécution de la machine. Les principales dimensions de ces machines sont : largeur extrême, 1m,10 ; longueur, 1m,65 ; hauteur, 1m,82 ; table, 0m,70 de côté ; hauteur du sciage, 28 centimètres ; poulie porte-lame du bas, 0m,60 ; du haut, 0m,50 ; poids, 280 kilogrammes.

SCIERIE SANS FIN

POUR DÉBITER LES BOIS COURBES

Par MM. WESTERN et HAMILTON.

La figure 8 représente une scierie à ruban destinée à découper les membrures des navires et les surfaces gauches. Cette machine est d'un type spécial, dit horizontal, sur lequel nous aurons à revenir.

Ici, la pièce de bois, préalablement tracée, est placée sur un chariot a mobile sur des galets. A cet effet, un pignon b engrène avec une crémaillère fixée audit chariot, et l'axe de ce pignon reçoit la commande au moyen d'une roue c engrenant avec un pignon qui a son axe muni d'une roue d; celle-ci est commandée par un pignon monté avec un manchon d'embrayage sur l'axe des poulies e et e'.

Ces poulies sont en relation par des courroies avec les poulies f et f', que porte l'arbre moteur pourvu à cet effet des poulies de commande fixe et folle p et p'.

Ce système de transmission donne la faculté de faire marcher lentement le chariot pendant le sciage, puis de le faire revenir rapidement, en effectuant, en temps opportun, le débrayage des deux manchons g et h.

Le mouvement est communiqué à la scie sans fin par l'axe de la poulie P, qui, prolongé de l'autre côté du montant A, est muni d'un pignon d'angle qui engrène avec un pignon semblable dont l'axe vertical est placé derrière le montant A, et reçoit à son extrémité inférieure un pignon d'angle i, lequel est commandé par la roue i' fixée sur l'arbre moteur.

Le support de l'axe de la poulie P est ajusté à coulisse dans le montant A, et est muni d'un écrou traversé par la vis j, au moyen de laquelle on fait monter ou descendre ledit support et, par conséquent, l'axe de la poulie. Pour équilibrer le poids des pièces, le support est attaché à une corde qui passe sur la poulie de renvoi m et reçoit à son autre extrémité le contre-poids M'.

Une traverse B relie cet axe avec celui de la poulie P', qui se trouve tendu constamment par un ressort s renfermé dans la boîte r; la traverse est maintenue par un support ajusté également à coulisse dans le montant A' pour y glisser sous l'action de la vis j'.

Ces deux vis j et j' sont actionnées ensemble ou séparément, à volonté, au moyen des volants à main v et v', des roues d'angle k et k', l et l'.

Un manchon d'embrayage, commandé par le levier L, permet de rendre indépendants les deux mouvements; de sorte que chacune des poulies peut être manœuvrée par un ouvrier, qui fait suivre à la scie le trait marqué du côté où il se trouve.

SCIERIE A RUBAN HORIZONTALE LOCOMOBILE
DÉBITANT EN LONG ET EN TRAVERS
Par M. E. LAFITE, constructeur à Tarbes.

Les scieries à ruban horizontales sont peu en usage; nous ne connaissons que celle de M. Finnegan, construite en Angleterre par MM. E. Robinson et fils. En France, M. Olivier a proposé ce système en le disposant pour être actionné directement par un moteur à vapeur, mais il n'en a pas été fait, croyons-nous, d'applica-

Fig. 26.

tion. M. E. Lafite, a étudié une scierie de ce genre, et, la rendant locomobile, il a pu en faire une application heureuse en forêt pour débiter les grumes sur place. Il est évident que l'agencement général auquel conduit cette disposition se prête très-bien au transport de tout l'ensemble et à son installation sur un terrain non préparé à l'avance.

La figure 26 ci-dessus montre cette machine telle qu'elle se présente en fonction. On voit qu'elle se compose d'une lame sans fin agissant horizontalement en s'enroulant sur deux poulies-volants solidaires, s'élevant ou s'abaissant à volonté, au moyen d'une transmission de mouvement automatique prenant sa source sur l'arbre moteur.

Une telle machine permet le passage de grumes d'au moins 0ᵐ,80 de diamètre et de toutes longueurs, car le chariot qui les porte est formé d'éléments dont le nombre peut être augmenté à volonté ; les rails sur lesquels il roule appartiennent à des longrines qui peuvent s'ajuster bout à bout et se raccorder sans difficulté avec le cadre en charpente formant assise.

M. Lafite a aussi adapté à cette même machine une lame formée d'éléments articulés permettant d'exécuter des traits dans le même plan que celui des poulies, c'est-à-dire le sciage en travers ou tronçonnage. La figure 27 représente la scie fonctionnant dans ce sens.

Fig. 27. — Scie débitant en travers ou tronçonnant.

Dans ce cas, la lame articulée, logée dans les gorges garnies de caoutchouc des deux poulies, fonctionne comme la lame ordinaire, mais verticalement par la seule descente de ces poulies.

Le tronçonnage achevé, on fait remonter les poulies automatiquement ; on enlève très-rapidement, avec une grande facilité, le couteau articulé, que l'on remplace par la scie à ruban, et sans toucher à la bille de bois déjà fixée, on abaisse les poulies à la hauteur voulue pour que la lame fasse son premier trait. Ce premier trait détache la partie supérieure, qu'on enlève ; puis on relève un peu la scie afin qu'elle ne touche pas le bois pendant que le chariot est ramené en avant ; on baisse de nouveau à la hauteur voulue pour le second trait, et ainsi de suite jusqu'à ce que la bille soit complétement débitée.

Pour le transport, la machine est montée sur deux roues comme l'indique la figure 28 ci-dessous.

Fig. 28. — Machine disposée pour le transport.

Pour l'installer, il suffit de la descendre à terre sans autres préparatifs que d'avoir nivelé le terrain destiné à recevoir avec elle les rails sur lesquels roule le chariot porte-bois. Celui-ci reçoit son mouvement d'avance ou de recul, soit de la main du scieur, soit de la scie elle-même. Ce mouvement, du reste, est variable selon l'essence des bois à débiter.

CHAPITRE VI.

MACHINES A TRANCHER LES BOIS EN FEUILLES MINCES PAR DÉROULAGE ET A PLAT POUR PLACAGE.

Nous avons vu que les bois débités en feuilles minces et employés dans l'ébénisterie pour le placage des meubles s'obtenaient au moyen de scieries horizontales à chariot vertical ; cependant, malgré la faible épaisseur que cette disposition a permis de donner à la lame, il y a toujours une perte de bois, et c'est pour éviter ce déchet que l'on a cherché à substituer à ce genre de scierie les machines à couteau dites *à trancher*. Ainsi, tandis qu'avec la scie on ne peut obtenir que 20 à 25 feuilles dans une épaisseur de 27 millimètres, on obtient avec la machine à trancher jusqu'à 100 et 150 feuilles. Mais il est indispensable, pour préparer le bois à l'action du couteau trancheur, de le maintenir plongé dans un bain ou de le soumettre à une température élevée dans une étuve chauffée à la vapeur.

Cette préparation anormale, jointe à l'effort de tranchage du couteau, fatigue les fibres du bois, surtout pour certaines essences, l'acajou par exemple, et lui retire quelques-unes des qualités qui lui sont propres. Mais, pour d'autres essences, le noyer, l'érable, le palissandre, les feuilles obtenues sont employées avantageusement dans bien des cas, et ce n'est que pour les produits supérieurs qu'il est indispensable de faire usage de la scie.

L'idée première, qui paraît avoir été le déroulage de la bille de bois, de façon à obtenir une feuille continue, se trouve dans un brevet délivré le 26 décembre 1826 au célèbre facteur de pianos, M. Pape. En 1830, le colonel Lancry présenta à la Société d'encouragement un modèle de machine à dérouler les bois de placage dont se servait, à Saint-Pétersbourg, un autre facteur de pianos, M. Faverger. En 1834, 1835 et 1840, M. Picot, scieur à Châlons-sur-Marne, se fit aussi breveter pour une machine à dérouler les bois dont les produits, déjà remarquables, figuraient à l'Exposition française de 1839.

De son côté, M. Pape cherchait à perfectionner son système, comme on le voit par les brevets qu'il a demandés en 1837 et 1842, mais ce n'est réellement qu'en 1849, grâce à des perfectionnements notables apportés par M. F. Garand, et consignés dans ses brevets de 1844 et 1847, que des résultats industriels furent obtenus.

Dans la machine à trancher de M. Garand, la bille de bois est montée horizontalement sur deux pointes, comme une pièce sur son tour, et est coupée sur toute sa longueur et cylindriquement, la feuille se développant en spirale de la circonférence au centre.

Le couteau, disposé comme le fer des rabots de menuisier, est d'une longueur telle qu'il permet de débiter des bois de 2 à 3 mètres et, quel que soit le diamètre de ceux-ci, ils restent toujours dans la même position par rapport à la surface avec laquelle il est en contact, c'est-à-dire à très-peu près tangent à cette surface, de manière à n'enlever que l'épaisseur qu'on juge convenable et qu'on peut aisément régler à l'avance. La partie fixe, ou l'arête non tranchante du rabot, s'appuie contre le bois, immédiatement au-dessus du couteau, et laisse passer la feuille entre elle et ce dernier, tout en lui servant de conducteur.

On imite sous ce rapport le travail de la varlope; seulement en faisant usage de cet instrument, le bois est fixe, tandis que sur la machine c'est le bois qui tourne, le couteau ne faisant que s'avancer très-lentement pour se tenir constamment pressé sur sa surface.

Cette ingénieuse machine rend d'excellents services, mais elle présente, nous l'avons dit, l'inconvénient grave de fatiguer sensiblement les fibres du bois; aussi a-t-on cherché à trancher le bois non plus en *le déroulant*, mais *à plat*; dans ce cas l'inconvénient, quoique subsistant toujours, il est vrai, se trouve réduit de beaucoup. En effet, dans le *tranchage à plat* les fibres du bois se trouvent coupées parallèlement à leur direction, tandis que dans le *tranchage par déroulage* la bille présente les fibres dans leur sens perpendiculaire; de plus, les veines, qui forment dans les bois des accidents si variés et, dans certaines essences, un si bel effet, ne présentent plus au déroulage le même aspect.

C'est encore à M. Garand que l'on doit cette machine, qui figurait à l'Exposition universelle de 1855 et pour laquelle il prit un brevet. Ici le bois, débité en bloc équarri, est placé sur une table horizontale qui s'élève à volonté; deux crémaillères poussent horizontalement le bâti armé d'une lame en couteau; celui-ci est placé obliquement par rapport au mouvement qu'il reçoit; à chaque course, il détache une feuille de bois.

Pour trancher le bois ronceux, le couteau reçoit deux mouvements, l'un de translation dans le sens de la longueur de la machine et l'autre, conjointement avec le premier, dans le sens transversal; et le plateau qui porte le bois peut tourner afin de régler l'obliquité, selon la nature du bois et la direction qu'il convient de lui donner.

Nous pourrions encore citer, pour des machines de ce genre, les brevets de MM. Hart, du 4 août 1857; White, du 20 avril 1858; Bishop, du 14 avril 1858 et 20 octobre 1860, mais nous arrêtons là cet aperçu historique, pour décrire en détails les principaux types de ce genre de machines.

MACHINE A TRANCHER CONTINUE

Par M. GARAND, représentée par les figures 1 à 8, planche 15.

La figure 1 est une élévation longitudinale de cette machine et la figure 2 un plan général vu en dessus;

La figure 3 en est une section transversale faite suivant la ligne 3-4 du plan.

En examinant ces différentes vues de l'appareil, on reconnaît que la bille ou la pièce de bois A, que l'on veut découper, est montée sur deux pointes carrées qui terminent les axes en fer B, B'.

Comme les billes ne sont pas toujours de même longueur, il est nécessaire de pouvoir rapprocher ou écarter les pointes et par conséquent les axes à volonté. Pour cela, au bout de l'un des axes, celui B, est rapportée une vis D, que l'on peut faire tourner à la main sans entraîner l'arbre dans sa rotation; cette vis, traversant un écrou fixe E, est obligée, lorsqu'elle tourne, de marcher et par conséquent de faire avancer ou reculer l'arbre, et comme celui-ci est supporté par les deux forts supports F, F', entre lesquels sont placées la roue dentée C et la poulie H qu'il porte, ces deux pièces ne peuvent marcher avec lui, puisqu'elles sont retenues entre les deux supports.

Le second axe B' forme lui-même vis de rappel; il est fileté sur toute sa longueur et porte, comme le premier, une roue dentée C'; et comme celle-ci ne doit pas non plus changer de place, quelle que soit la position que l'on donne à l'arbre, elle est retenue d'un côté par le grand support F², au moyen d'un écrou a qui presse contre lui, et de l'autre côté par un écrou a' qui s'appuie contre son moyeu. Lorsqu'il s'agit de faire avancer ou reculer cet axe, on desserre ces écrous, puis à l'aide de la vis de rappel D', placée au-dessus, on fait marcher la console mobile I, qui, à sa partie supérieure, sert de coussinet à l'arbre fileté. Cette seconde vis de rappel fait exactement le même effet que la précédente D.

Quand on a ainsi réglé la position exacte des deux arbres B et B', de manière que leurs pointes carrées soient engagées dans les croisillons qui sont entaillés aux extrémités de la pièce de bois, on doit régler la position du chariot porte-lames, de telle sorte que le couteau antérieur vienne s'appuyer jusque vers la surface extérieure de la pièce.

Ce chariot se compose d'un châssis en fonte J, qui, à ses deux extrémités opposées, porte deux chaises en fonte K, destinées à recevoir le guide ou conducteur de pression en fonte L, lequel s'appuie constamment sur toute la longueur de la bille, immédiatement au-dessus de l'arête tranchante des lames, afin d'empêcher que celles-ci ne fassent éclater le bois ou n'en prennent plus qu'elles ne doivent réellement en prendre. Ce guide (fig. 4) est disposé pour qu'on puisse régler sa position aussi exactement qu'il est possible de le désirer.

Ainsi les chaises de fonte K le supportant à ses extrémités, sont traversées par des vis de pression b, qui permettent de le baisser ou de l'élever, de le faire mouvoir à droite ou à gauche et de l'incliner dans un sens ou dans l'autre, de façon à se conformer ainsi à toutes les exigences, suivant la nature des bois, les épaisseurs des feuilles, etc., que l'on veut découper.

COUTEAU TRANCHEUR. — Les deux porte-lames M, M', entre lesquels est serrée la lame l destinée à découper le bois, sont placés au-dessous de la face antérieure du guide, et dans une direction tangente à la circonférence extérieure de la bille, comme le montre bien la section verticale (fig. 5). Fixés tous deux avec une règle de fonte N qui règne sur toute la longueur, ils sont tenus dans une position invariable au moyen des pattes de fer O, sur le bout desquelles ils sont vissés, et qui sont distribuées à égale distance et en quantité suffisante sur la largeur du chariot porte-lames. Pour qu'on puisse leur donner la position exacte qu'on juge nécessaire par rapport à la pièce à débiter, l'auteur a rapporté, d'une part sur les pieds des chaises K, des vis butantes d, sur la tête desquelles repose la règle N par ses extrémités, afin de lui faire occuper une position plus ou moins élevée, et appliqué de l'autre, sur les fourchettes qui terminent les pattes de fer O, des vis de pression c, qui retiennent ces pattes sur le chariot porte-lames et permettent en même temps de les incliner plus ou moins, de les avancer ou de les reculer par rapport à la bille.

Il en résulte que, quelle que soit la dimension de celle-ci, on peut toujours régler la direction des couteaux et de la lame, de manière que l'arête tranchante de cette dernière se trouve dans la position la plus convenable, c'est-à-dire qu'elle ne tende pas trop à pénétrer dans le bois (et à cet égard on voit que le porte-couteau antérieur M, s'appuyant contre la surface du cylindre, la guide et la maintient), et en outre qu'elle ne puisse reculer en arrière; à cet effet, elle est retenue par le second porte-couteau M', qui s'élève jusque très-près du bord tranchant et qui, en même temps, force la feuille, à mesure qu'elle est découpée, à passer entre lui et le guide presseur.

M. Garand, dans un brevet pris en 1876, a modifié la construction du couteau comme le représente la figure 4 bis. Au chariot K est fixée par des boulons b la pièce en fer aciéré et trempé a qui sert à serrer la lame mince, le couteau, de 1 à 1 1/2 millimètre d'épaisseur, contre le contre-fer c, celui-ci étant fixé au chariot par les boulons d.

Pour régler l'épaisseur du placage, une pièce A est fixée aux extrémités du bâti par des boulons B. Elle est munie intérieurement d'un arbre en fer qui porte, de distance en distance, de petits pignons e destinés à faire mouvoir des crémaillères cintrées f. Au bout de ces crémaillères est fixée une plaque de cuivre également cintrée dans sa largeur et tenue, à l'extrémité opposée des crémaillères, par des charnières, ce qui permet d'éloigner ou de resserrer la lumière en tournant l'arbre dans un sens ou dans l'autre.

L'utilité de cette pièce mobile est de permettre, lorsque l'on commence un bloc, d'ouvrir la lumière afin d'enlever sans peine les petits copeaux qui n'ont pas de continuité et qui, en s'accumulant, interceptent la lumière. En resserrant celle-ci, la feuille de placage x se trouve dirigée, ne peut se rouler et s'étend sans difficulté.

TRANSMISSION. — Lorsque la lame et les couteaux qui la pincent ainsi que le guide presseur sont bien réglés, on peut alors mettre la machine en marche. Pour cela, les mouvements sont disposés de telle sorte que les deux axes B, B', à l'extrémité desquels la bille est supportée, sont commandés à la fois et avec la même vitesse, afin d'éviter des efforts de torsion, et d'assurer la marche régulière de la pièce sur toute son étendue. Ainsi, on a déjà vu que sur ces arbres sont montées les deux roues égales C, C', qui y sont retenues chacune par une clef ajustée dans une rainure pratiquée sur leur longueur pour leur permettre de rester en place, lorsqu'on fait avancer ou reculer les axes; ces roues engrènent avec les pignons P, P' (fig. 1 et 2), lesquels sont montés sur les arbres de couche intermédiaires Q et Q', qui sont eux-mêmes commandés par les roues droites R et R', placées à côté des précédentes et engrenant avec les pignons S, S'. Ces deux derniers, d'un petit diamètre, sont placés sur le même arbre T, qui est l'arbre moteur de la machine, et qui porte la poulie à plusieurs diamètres U, afin de recevoir au besoin plusieurs vitesses, suivant les dimensions ou la grosseur des pièces de bois à débiter.

Pendant la marche rotative ainsi communiquée à la pièce de bois, le chariot porte-lames s'avance très-lentement, et d'une quantité correspondante à l'épaisseur des feuilles que l'on veut obtenir.

Cet avancement s'opère par la machine même, de la manière suivante :

Sous le chariot est un écrou rapporté f, qui est traversé par une vis de rappel horizontale V, laquelle est engagée dans un collier ménagé au centre de la traverse de fonte X, boulonnée sur les côtés du grand bâti Y qui sert de base au chariot. Sur la tête de cette vis est une poulie g, qui se trouve en regard d'une poulie plus petite g' montée sur un petit axe intermédiaire que l'on voit muni d'une roue d'angle H' (fig. 2), commandée par une roue semblable H²; celle-ci fait corps avec un second axe perpendiculaire au précédent et muni d'une poulie H³, qui est directement mise en mouvement par la poulie H.

Ainsi, la marche de la vis de rappel V, qui est filetée d'un pas très-fin, est toujours proportionnelle à la vitesse de rotation de la pièce de bois. Plus celle-ci tourne vite, plus aussi le chariot porte-lames s'avance rapidement; mais si l'on veut changer l'épaisseur des feuilles, il faut nécessairement modifier le rapport de vitesse, ce qui se fait très-facilement, puisqu'il suffit de remplacer l'une des poulies g ou g' par une autre plus grande ou plus petite.

Les produits débités s'enroulent, comme une feuille de papier, sur un rouleau en bois A', élevé à l'arrière de la machine sur deux petits supports y'.

Pour faciliter l'opération du tranchage, on fait tremper le bois pendant le travail dans une bassine en cuivre ou en fonte, qui est pleine d'eau continuellement échauffée par un filet de vapeur que l'on fait venir directement de la chaudière, ou simplement de la machine motrice, après qu'elle a produit son action sur le piston.

Avec une telle machine, on peut débiter non-seulement des billes pour en obtenir des feuilles très-longues, mais encore des madriers, des morceaux de bois d'une forme quelconque, dont on fait des feuilles de dimensions proportionnées. Il suffit, à cet effet, de monter à la place des deux axes qui portent les billes un tambour tel que celui qui est représenté sur les figures 6 et 7, et qui est composé d'un arbre de fer Z et de plusieurs disques ou croisillons de fonte Z', sur les parties planes desquelles sont boulonnées des plates-bandes dressées z', destinées à recevoir des cadres ou châssis en bois n. C'est sur ces derniers que l'on colle, comme sur les châssis des scieries ordinaires à placage, les madriers ou les morceaux de bois m que l'on veut débiter. On comprend sans peine qu'en faisant tourner ce tambour ainsi armé, sur lui-même, comme on faisait tourner la bille qu'il remplace, chacun des madriers se présentera successivement à l'action de la lame et des couteaux et se trouvera découpé en feuilles minces.

Des poulies à gorge p' (fig. 4) sont disposées à la partie supérieure de la machine, pour servir à monter, à l'aide de cordes ou de moufles, le tambour ou les pièces de bois à débiter.

MACHINE A TRANCHER EN ARC DE CERCLE
Par M. MARTINOLE, planche 9, figure 15.

La bille de bois qui doit être soumise à l'action de la machine à dérouler que nous venons de décrire doit être préalablement équarrie, comme on le voit figure 8, ce qui fait perdre les angles. Or, M. Martinole s'est fait breveter en 1868 pour la machine représentée en section transversale figure 9, qui a pour but précisément de débiter en feuilles les parties non équarries du bois; ces parties, montées sur un axe, tournent devant un couteau fixe qui les tranche sous forme d'arcs de cercle, ce qui permet d'obtenir des feuilles de placage de morceaux de bois qui n'étaient utilisés que pour d'autres usages.

A cet effet, la pièce de bois X, qu'il s'agit de trancher, est montée, à l'aide de frettes à patte et de tire-fonds, sur un arbre carré qui s'étend sur toute la longueur de la machine, et qui porte à chacune de ses extrémités une roue B engrenant avec un pignon b; l'arbre de celui-ci est également muni, à ses deux bouts, d'une roue D qui engrène avec un pignon d calé sur l'arbre de la poulie motrice P.

Tous ces arbres tournent dans des paliers montés sur le bâti A, sur le devant duquel glisse le chariot C, qui porte le couteau c surmonté du presseur E.

La marche du chariot, c'est-à-dire son avancement au fur et à mesure qu'une feuille est tranchée, est obtenue à l'aide de l'excentrique e, qui fait mouvoir un cliquet f commandant, par une roue et une vis sans fin, la vis g; cette dernière traverse l'écrou h fixé au chariot et est munie à son extrémité du volant à main v, qui permet le retour en arrière dudit chariot.

MACHINE A TRANCHER CONTINUE

Par M. W. ELLIS, planche 15, figure 10.

La machine représentée en section transversale figure 10 offre plusieurs combinaisons mécaniques intéressantes que nous allons signaler.

1° La position de la bille de bois par rapport au couteau est réglée automatiquement. A cet effet, cette bille X est, sans préparation, posée sur des coussinets a montés à coulisse dans des rainures ménagées dans des saillies fondues à l'intérieur des deux montants du bâti, de façon à pouvoir être élevée de la position représentée en traits pleins dans celle indiquée en traits ponctués, c'est-à-dire dans l'axe des roues de transmission de mouvement.

Ces coussinets a sont alors munis d'écrous traversés par les vis b, qui sont commandées par les roues à vis sans fin c et par les roues d'angle d calées sur l'arbre d' recevant elles-mêmes le mouvement, soit de l'arbre e, soit des roues d'angle f ou f' et par les poulies p; celles-ci permettent, au moyen des débrayages g et g', de renverser le mouvement pour faire redescendre les coussinets lorsque la bille de bois est arrivée à sa place et centrée.

2° Le centrage est obtenu mécaniquement. A cet effet, l'axe est formé de deux arbres placés de chaque côté du bâti et qui sont supportés par des poupées munies de paliers de butée et de vis au moyen desquelles ces arbres se rapprochent pour serrer la bille; d'un côté, cette manœuvre est obtenue mécaniquement par un pignon qui actionne la grande roue A et dont l'axe, placé en continuation de celui h, porte des poulies fixe et folle pour recevoir le mouvement et le transmettre en deux sens différents, afin de produire le serrage et le desserrage de l'arbre.

3° Malgré la diminution de diamètre de la bille, au fur et à mesure que la feuille se déroule, le tranchant du couteau i est constamment maintenu suivant le même angle par rapport à la circonférence. A cet effet, l'axe horizontal j est muni de vis sans fin qui engrènent avec les roues à denture hélicoïdale k et k', clavetées à l'extrémité des vis l et l' qui traversent des écrous fixés au porte-couteau I. Le nombre des dents des roues k et k' n'est pas le même, mais dans un rapport tel qu'il y a un avancement un peu plus grand pour la tête du porte-couteau que pour le talon et que, par suite, l'inclinaison de la lame peut varier avec le diamètre de la bille et de façon à conserver relativement à celui-ci le même angle.

4° Pour éviter que des parties dures détachées du bois ne s'engagent entre le taillant du couteau et la barre-guide m, celle-ci peut reculer, parce qu'il y a des ressorts qui sont interposés entre elle et les vis de réglage m'. En outre, devant la barre, est placé un petit rouleau, engagé dans des rainures, et qui a pour mission de diminuer le frottement sur le bois.

Lorsque cette machine est utilisée pour débiter des réglettes ou lattes de bois, la feuille, au fur et à mesure de son déroulement, se trouve divisée par les lames tranchantes montées sur le prisme N, qui est maintenu constamment en pression sur la bille, au fur et à mesure que son diamètre diminue, au moyen de la vis n, qui traverse un écrou mobilisé par la roue à denture hélicoïdale n', laquelle reçoit son mouvement par l'arbre incliné N', commandé par le même arbre j qui règle l'avancement du couteau trancheur.

Les lattes découpées tombent dans le récepteur o et de là sur la courroie sans fin C, qui les transporte à l'endroit désigné pour être mises en paquet.

MACHINE DOUBLE A TRANCHER CONTINUE

Par M. ALLCOCK, figure 11, planche 15.

Cette machine présente cette particularité qu'elle peut dérouler à la fois deux billes de bois et, comme dans la machine précédente, les feuilles peuvent être divisées dans le sens longitudinal en réglettes ou lattes plus ou moins larges au moyen d'un cylindre armé de lames coupantes.

Pour en montrer le principe, nous ne donnons aussi de cette machine qu'une coupe transversale. En réalité, le mécanisme est double, c'est-à-dire que les deux pièces de bois à dérouler reçoivent indépendamment l'une de l'autre le mouvement, chacune par un axe a muni de poulies fixe et folle. Un des axes est monté à gauche de la machine vue de face et l'autre à droite, et chacun des deux axes est muni d'un pignon b, qui engrène avec une roue B, dont l'axe c porte un pignon d engrenant avec une roue D; celle-ci est clavetée sur l'arbre à griffes qui, d'un côté, supporte la bille de bois, de sorte que le mouvement de rotation qu'elle reçoit ainsi est transmis par elle à la bille; mais pour que l'autre arbre à griffes qui maintient la bille par son autre extrémité participe à ce mouvement, il est muni d'une roue semblable à celle D, et l'arbre de transmission c porte de l'autre bout un second pignon qui la commande.

Pour effectuer le serrage de la bille par les deux arbres à griffes dont nous venons de parler, et suivant que cette bille a plus ou moins de longueur, il faut que ces arbres puissent, suivant leur axe, se rapprocher ou s'éloigner l'un de l'autre. A cet effet, M. Allcock a imaginé de terminer chaque arbre, à l'opposé des griffes, par un piston qui pénètre dans un cylindre avec tiroir de distribution et au moyen duquel il fait passer derrière le piston un liquide, eau ou huile, sous pression. Il y a donc ainsi deux cylindres pour le serrage de chaque bille, dispositions compliquées mais d'un effet très-rapide.

Les deux couteaux trancheurs c et c' doivent s'avancer vers le centre des billes au fur et à mesure du déroulement, alors que, conséquemment, leur diamètre diminue. A cet effet, les porte-couteaux E et E' sont montés à coulisseau dans les bâtis et munis d'écrous traversés par les vis f et f', qui reçoivent un mouvement de rotation très-lent communiqué par les arbres moteurs a et a', et au moyen d'une vis engrenant avec la roue à denture hélicoïdale g; l'axe de celle-ci porte un pignon qui, par deux intermédiaires, actionne le pignon i claveté à l'extrémité de la vis.

Ce même mouvement est transmis au cylindre C armé des couteaux qui divisent les feuilles en lattes, et comme l'avancement de ces couteaux diviseurs doit être le même que celui des couteaux trancheurs, il a suffi de faire engrener le pignon i avec un pignon semblable j calé à l'extrémité de la vis J engagée dans le coulisseau de l'axe dudit cylindre. Une seconde vis J', disposée au-dessus de la première, mais filetée en sens inverse parce qu'elle se trouve commandée par la roue k, qui tourne inversement à celle j par laquelle elle est commandée, assure le parallélisme du mouvement dudit cylindre.

Cette transmission générale peut être effectuée, soit par l'arbre moteur de gauche, soit par celui de droite, et, pour obtenir ce résultat, on fait fonctionner l'embrayage d'un manchon h' dont chacun des arbres H est muni.

MACHINE A TRANCHER A PLAT
SYSTÈME A CRÉMAILLÈRE
Par M. ARBEY (Pl. 16, fig. 1 à 6).

Les machines à trancher à plat se construisent suivant deux systèmes : celui dit à crémaillère, représenté figures 1 à 6, planche 16, appliqué au tranchage de 1m,50, 2m,50 et jusqu'à 3 mètres de longueur, et le système à bielle représenté par les figures 7 à 10, qui est employé pour les bois n'excédant pas 1 mètre de longueur. Dans ce dernier, le couteau peut être placé parallèlement à la pièce de bois, de façon à l'attaquer dans sa longueur, ce qui est nécessaire pour certaines essences. Dans la grande machine, au contraire, le couteau est oblique afin de ne pas attaquer le bois à la fois sur toute sa longueur et, par suite, ne pas produire d'ébranlement sur les fibres; quelquefois même, on est obligé, pour certains bois, de les placer obliquement, c'est-à-dire parallèlement au couteau.

La figure 1 représente en plan une grande machine à crémaillère;

La figure 2 en est une section longitudinale faite vers le milieu, suivant la ligne 1-2 du plan;

La figure 3 une vue par derrière, du côté de la transmission de mouvement;

La figure 4 montre l'un des côtés, suivant une section transversale faite entre le couteau et le guide presseur, suivant la ligne 3-4.

Les figures 5 et 6 montrent en détail, à l'échelle de 1/10°, l'assemblage de la lame tranchante sur le porte-outil, et la réunion de celui-ci avec le guide.

Du bâti et du plateau qui reçoit le bois a débiter. — La machine est installée au-dessus d'une fosse assez profonde pour en rendre la visite facile, et permettre le graissage des pièces qui servent à donner le mouvement ascensionnel au plateau destiné à recevoir le bloc de bois à débiter; son bâti est composé de deux longues flasques en fonte A et A', nervées et à jour, reliées entre elles, à l'arrière, par deux forts boulons a et a' formant entretoises, et à l'avant, par une plaque B, fondue avec trois nervures pour la consolider et quatre oreilles pour recevoir les boulons d'attache b. Avec les deux flasques A et A' sont venus de fonte des appendices A", qui descendent à l'intérieur de la fosse, encastrés dans la maçonnerie de celle-ci, pour recevoir les supports des vis de suspension du plateau et les arbres de leur commande.

Le plateau C, sur lequel le bloc de bois à débiter O est placé, est de forme carrée; des ouvertures sont pratiquées dans son épaisseur pour recevoir les boulons d'attache; il est fondu avec quatre fortes nervures se croisant perpendiculairement en dessous de la table, et avec deux saillies latérales de chaque côté qui sont convenablement dressées pour recevoir les écrous en bronze c, maintenus par des chapeaux qui y sont boulonnés. Pour guider bien parallèlement le plateau dans son mouvement d'élévation, les côtés des bossages qui reçoivent les écrous c sont dressés et glissent entre deux règles verticales c', rapportées à l'intérieur contre les flasques du bâti.

Disposition spéciale de l'outil trancheur. — L'outil est une sorte de rabot de grande dimension, armé de son fer et de son contre-fer d (fig. 2 et 5). Il est ajusté sur une surface inclinée et bien dressée faisant partie de la forte traverse en fonte D fondue avec deux joues D', qui s'étendent latéralement de chaque côté pour former glissière sur les bords dressés du bâti. La marche rectiligne est, de plus, assurée par une coulisse à queue d'hironde, formée par l'épaisseur des bords du bâti et par des règles convenablement dressées d' (fig. 4 et 6), vissées sous les joues latérales du porte-outil.

Le fer et son contre-fer sont maintenus solidement sur la surface inclinée de la traverse D par douze écrous et un même nombre de forts boulons e. Ces boulons traversent, en outre, des étriers E qui appuient près du taillant du fer et sont épaulés contre un rebord dressé, ménagé à la nervure verticale du porte-outil, lequel, comme on le remarque sur le plan (fig. 1), est placé obliquement par rapport à la direction horizontale de son mouvement.

Pour maintenir le bois, afin que la faible épaisseur attaquée puisse présenter une résistance assez grande à l'effort du couteau, et en même temps pour régler l'uniformité de cette épaisseur, une plaque en cuivre f est fixée au presseur en fonte F, de façon à se mouvoir avec lui. La distance du bord de la plaque en cuivre f au taillant du couteau est réglée au moyen de deux vis f (fig. 5 et 6), que l'on engage plus ou moins de chaque côté, dans l'épaisseur des deux joues D'.

Il importe aussi de pouvoir soulever ou abaisser, de petites quantités variables à volonté, cette lame f, qui laisse attaquer au fer une épaisseur justement égale à la différence de son niveau, relativement au bois, avec celui du taillant. Ce résultat est obtenu au moyen de deux coins en acier g, ajustés dans des évidements de formes correspondantes à ces coins, et ménagés aux deux extrémités du presseur, dans l'épaisseur des renflements qui s'ajustent sur les saillies dressées des joues D'.

Des vis à tête moletée g' permettent le déplacement de ces coins pour soulever ou abaisser le presseur; une fois sa position réglée, on assure sa fixité au moyen des vis à tête d'étau G, engagées dans des bossages venus de fonte avec les joues D', qui sont rabotées intérieurement pour établir un contact parfait avec des nervures h fondues avec le presseur.

TRANSMISSION DE MOUVEMENT. — Sur l'arbre de couche de l'atelier est fixé un large tambour qui reçoit les deux courroies H et H'; la première est placée à plat et marche dans le sens indiqué par la flèche, la seconde est croisée pour marcher en sens inverse. Ces deux courroies passent dans les anneaux de deux fourchettes d'embrayage I et I' posées sur un même petit arbre carré J, et destinées à les faire passer alternativement des poulies fixes sur les poulies folles, et *vice versa*, afin de communiquer au porte-couteau le mouvement alternatif de va-et-vient nécessaire pour opérer le tranchage du bloc de bois en un grand nombre de feuilles minces.

A cet effet, sur l'arbre J sont montées cinq poulies; les deux P et P' sont fixes sur cet arbre, et les trois autres p, p', p" sont folles, la dernière devant servir pour l'arrêt complet de la machine.

Le mouvement circulaire des deux poulies fixes est transformé en mouvement rectiligne de va-et-vient par l'intermédiaire des deux pignons i et i', qui engrènent avec les deux roues j et j' calées sur l'arbre K, lequel porte à ses extrémités les deux pignons k et k', qui commandent les crémaillères L et L' boulonnées au porte-couteau.

Quand les courroies sont placées comme l'indique le plan (fig. 1), le couteau tranche, c'est-à-dire marche de droite à gauche, entraîné par la courroie H engagée sur la poulie fixe P. Arrivé à fin de course, un déclenchement automatique actionne l'arbre J, et ses fourchettes I et I' font passer simultanément la courroie H sur la poulie folle p' et la courroie croisée H' sur la poulie fixe P', ce qui détermine la marche en arrière du porte-couteau, par la rotation en sens inverse communiquée à l'arbre J'. Le contraire a lieu naturellement pour ramener les courroies dans leur première position, quand le porte-couteau arrive à l'extrémité de sa course arrière, afin de solliciter de nouveau son retour en avant.

Le déclenchement qui effectue le déplacement des fourchettes d'embrayage a lieu, comme dans les machines à raboter, au moyen d'une longue tringle l disposée horizontalement contre le bâti de la machine. Cette tringle, convenablement supportée et guidée par des supports l', est reliée par de petites bielles m et m' et une équerre M, au petit arbre carré J muni des fourchettes I et I'.

Deux pièces de butée n et n' (fig. 1), dont on peut régler à volonté la place, sont fixées sur cette tringle, et un toc N sur le porte-couteau. A fin de course, ce toc rencontre la pièce de butée correspondante, et avec elle est entraînée la tringle l qui, à son tour, fait mouvoir l'arbre J en déplaçant les courroies de transmission.

Pour assurer ce déplacement et éviter toute hésitation, un levier M', muni d'un contre-poids N', oblige les fourchettes, une fois la ligne verticale dépassée, d'achever leur mouvement.

L'arrêt complet de la machine est effectué par l'ouvrier en poussant la tringle l par sa poignée P; alors la courroie H passe sur la poulie folle p² et celle H' sur la poulie également folle p'. Pour maintenir les fourchettes dans cette position, une petite manette o est disposée sur le côté du bâti, près de la poignée de manœuvre : cette manette est, à cet effet, munie d'un cran que l'on engage dans la partie saillante d'un toc o' (fig. 1) fixé à la tringle l.

MOUVEMENT DU PLATEAU POUR L'ALIMENTATION DU BOIS. — A chaque course de l'outil, après que la feuille a été tranchée, il faut nécessairement que le plateau C qui supporte le bloc de bois O s'élève d'une quantité correspondante à l'épaisseur de la feuille tranchée, pour présenter de nouveau de la matière au couteau.

Ce mouvement est obtenu par le porte-outil même, qui, à son retour, au moyen d'un doigt q, fixé à la crémaillère L', vient attaquer une étoile q' (fig. 1 et 3), qu'il fait tourner d'une certaine quantité, et dont le mouvement est transmis à la fois aux quatre vis Q, Q' du plateau C.

Voici comment cette transmission a lieu : le petit axe que porte l'étoile q' est muni, intérieurement au bâti, d'une roue dentée r, laquelle, au moyen d'une chaîne de Galle R, donne le mouvement à une roue dont l'axe reçoit une roue semblable R' qui engrène avec un pignon r'.

Celui-ci est calé sur un arbre horizontal S occupant toute la largeur de la machine, et garni à ses deux extrémités d'une petite roue d'angle s actionnant une roue semblable. Cette dernière est fixée sur l'arbre S', fileté vers ses bouts pour engrener avec deux roues à denture hélicoïde, qui sont calées chacune respectivement à la partie inférieure des vis Q'. Par ce moyen, ces vis se trouvent obligées de tourner d'une faible quantité chaque fois que l'étoile tourne.

Cette quantité dont dépend l'élévation du plateau, et qui doit varier naturellement avec l'épaisseur des feuilles de placage que l'on veut obtenir, est réglée par les rapports qui existent entre les engrenages et aussi au moyen de l'étoile, laquelle peut avoir un nombre de branches plus ou moins grand, de façon qu'à chaque course elle ne puisse faire qu'un quart, un cinquième ou un sixième de révolution.

Quand un bloc de bois est complétement débité, et qu'il s'agit de redescendre le plateau pour en fixer un nouveau, en l'épaulant contre la forte plaque B servant ainsi de butée à l'effort du couteau, on fait tourner assez rapidement les quatre vis C', en agissant sur l'axe de la roue à chaîne r au moyen de la manivelle T.

TRAVAIL ET PRODUITS DE LA MACHINE. — Sur cette machine, on peut débiter des blocs de 2ᵐ,300 de longueur sur 1ᵐ,800 de largeur maximum; la vitesse moyenne qu'il est bon de donner à l'outil pour obtenir un bon tranchage est de 14 à 16 mètres environ par minute.

Comme il n'y a que la moitié du temps employé à un travail utile, puisqu'il faut admettre comme perdu celui que met le couteau à revenir à son point de départ, on voit que l'on ne doit compter que sur une production de 8 mètres de largeur par minute, soit, par exemple, 10 feuilles de 80 centimètres ou 5 feuilles de 1ᵐ,60 ; la longueur pouvant varier jusqu'à concurrence de celle du plateau, soit 2ᵐ,30.

Pour atteindre ce résultat, l'arbre J', qui porte les poulies de commande P et P', doit être animé d'une vitesse de 50 à 55 révolutions par minute. Cette vitesse, communiquée par les pignons i et i', qui ont 0ᵐ,330 de diamètre, aux roues j et j', de 0ᵐ,530, ne transmet plus aux pignons k et k' que

$$\frac{50^t \times 0^m,330}{0^m,530} = 31^t,13;$$

comme ces pignons k et k' ont 0ᵐ,160 de diamètre, la vitesse rectiligne des crémaillères L et L' attachées au porte-outil est alors de :

$$0^m,160 \times 3,1416 \times 31,13 = 15^m,640.$$

Il suffirait donc, comme on le remarque, d'augmenter d'un tour ou deux la vitesse des poulies motrices pour obtenir, avec les relations indiquées, la marche rectiligne maximum de 16 mètres par minute.

Nous avons dit que l'on pouvait débiter, par le tranchage sur cette machine, de 100 à 150 feuilles dans une épaisseur de 27 millimètres; des feuilles aussi minces ne sont employées que pour des usages tout spéciaux; le plus ordinairement ce sont des feuilles de 1 demi-millimètre environ que l'on utilise avantageusement pour le placage, ce qui correspond à un débit de 55 à 60 feuilles dans 27 millimètres.

Quant à la force nécessaire, elle est de 4 chevaux environ.

La figure 7 représente une disposition spéciale du couteau que M. Garand a proposée et qui n'est, du reste, que la répétition de celle appliquée à la machine à dérouler décrite plus haut, laquelle consiste à faire usage d'un chariot porte-couteau D très-résistant, permettant l'emploi de lame mince maintenue par des boulons entre une pièce en acier *a* et le contre-fer *b*. Devant le taillant du couteau est monté le guide en tôle *p*, servant à régler l'épaisseur du placage au moyen des pignons *e* et de leurs crémaillères ciatrées *f*, qui permettent de rétrécir ou d'élargir la lumière suivant le besoin.

MACHINE A TRANCHER A PLAT, SYSTÈME A BIELLE

Par M. CART. (Pl. 16, fig. 8 à 11).

Le système de transmission de mouvement par bielle est dû, croyons-nous, à M. Cart, mécanicien à Paris, qui prit un brevet pour cette disposition en 1859.

La figure 8 représente cette machine dans son ensemble en plan vu en dessus;

La figure 9 en est une coupe longitudinale, et la figure 10 une coupe transversale.

Ce système se distingue de celui à crémaillères :

1° Par la disposition de l'arbre vertical *a*, qui communique le mouvement au chariot porte-couteau A au moyen de la bielle B. Cet arbre porte à sa base une roue d'angle R, avec laquelle engrène un pignon dont l'arbre porte les poulies de transmission P et P'.

2° Par l'application de plates-bandes *b* et *b'* (fig. 8 et 11) placées obliquement et fixées intérieurement au châssis en fonte C formant le bâti de la machine. Pendant le tranchage, la plate-bande oblique *b* fait glisser le chariot dans le sens transversal sur le côté du châssis, et quand il revient, la plate-bande *b'* a pour mission de le ramener à son point de départ.

Au retour, le chariot porte-couteau, muni à cet effet d'un toc *c* (fig. 8 et 10), rencontre l'étoile *d* et la fait tourner d'une portion de tour correspondant au nombre de branches de l'étoile ; l'axe de celle-ci est muni de la roue à chaîne *e*, qui commande une autre roue *e'*, dont le moyeu fait écrou à une première vis *f* (fig. 10). Cet écrou tourne donc, et c'est la vis qui monte ou descend suivant le sens de rotation qui lui est communiquée ; or, cet écrou, par une chaîne sans fin, et au moyen d'une seconde roue fondue avec lui, actionne trois autres écrous placés aux angles du support en fonte D, sur lequel la pièce de bois est fixée, et ces écrous sont traversés par un même nombre de vis f, de sorte que ladite pièce de bois se trouve soulevée, à chaque passe, de la quantité réglée à l'avance pour correspondre à l'épaisseur du placage que l'on désire obtenir.

Telles sont les dispositions générales de cette machine brevetée par M. Cart. Depuis, M. Arbey a perfectionné sa construction et quelques-uns de ses organes, et il est arrivé ainsi à en faire un excellent outil pour les fabricants de boîtes et de tous autres objets dans lesquels de petits feuillets sont employés.

Un perfectionnement important a été la substitution de la lame mince à la lame épaisse, ce qui a simplifié l'affûtage, pour lequel il fallait une machine spéciale et un temps considérable. Il suffit, dans les machines de M. Arbey, d'enlever les cales en fonte et les vis qui fixent le porte-lame à la pièce de fonte principale; on prend alors les trois pièces d'acier qui se tiennent ensemble au moyen de vis, lame, contre-fer du dessus et porte-lame du dessous; puis on lime le biseau de la lame en retournant le tout sur un établi et en affleurant parfaitement le dessous de la lame avec celui du porte-lame.

Ces opérations sont simples; toutefois, il faut dire que ces machines, qui sont d'une grande précision, doivent être conduites avec intelligence. Il faut que le trancheur étudie avec soin le degré d'étuvage, et qu'il ait le soin de disposer ses bois sur le plateau selon la nature des fibres; il doit varier l'affûtage suivant les essences; il doit enfin disposer et surveiller le séchage avec la plus grande attention.

L'économie considérable obtenue par le tranchage en feuilles minces a fait rechercher le moyen de trancher épais. On y est parvenu. On peut trancher, avec de petites machines spéciales construites par M. Arbey, jusqu'à 4 et même 5 millimètres d'épaisseur, et obtenir ainsi en 10 heures de travail 3 000 feuillets de 0^m,40 de longueur sur 0^m,27 de largeur, et avec une force motrice de 1 cheval-vapeur seulement.

Ces feuillets n'ont besoin, pour être parfaitement polis, que d'un léger ponçage et ils sont même assez lisses pour être employés brutes pour un objet commun.

CHAPITRE VII.

ENTRETIEN, AFFUTAGE ET BRASAGE DES LAMES DE SCIES.

Dans le chapitre Ier, traitant de la généralité des scies à main et des scieries mécaniques, nous avons dit de quelle importance était l'affûtage des dents de scies. Ce travail, qui pendant longtemps ne s'effectuait qu'à la lime, a donné lieu, dans ces dernières années, à de nombreuses combinaisons de machine, dans lesquelles la lime ou tiers-point est remplacée par des moules en émeri.

Fig. 29. — Machine à affûter de M. BARAS.   Fig. 30.

La figure 29 ci-dessus montre dans son ensemble une des bonnes machines de ce genre, exécutée par M. E. Baras.

La lame de scie est, comme on voit, maintenue solidement entre les mâchoires d'un étau appliqué contre un bâti en fonte dont la table reçoit les paliers de l'arbre de transmission et le support d'une douille ; dans celle-ci est engagé, et peut tourner, l'arbre terminé par une fourche qui porte l'axe de meule en émeri.

Un contre-poids, placé à l'autre extrémité de l'arbre, équilibre cette meule, et une poignée A permet de la placer suivant divers angles, afin qu'elle corresponde à l'inclinaison des dents de la scie. Une lunette, que l'arbre traverse, est munie d'une vis au moyen de laquelle on règle la profondeur des dents.

Lorsqu'il s'agit d'une scie circulaire, l'étau est remplacé par la mâchoire montée sur une tige appliquée contre le bâti, comme le montre la figure 30.

Dans les deux cas, l'affûtage a lieu de même, et donne une économie de temps considérable sur l'affûtage à la lime, en obtenant des dents bien défoncées et très-régulières.

Jusqu'ici, pour les *scies à ruban*, on fait usage d'un outil spécial dit *banc d'affût* qui, généralement, est formé, comme le représente la figure 31 ci-dessous, d'un châssis en bois, supportant deux bouts d'axe et deux poulies garnies de cuir qui répètent, au diamètre près, celles de la machine elle-même ; il porte, de plus, une mâchoire d'étau pour pincer la lame dans la partie où se pratique l'affûtage.

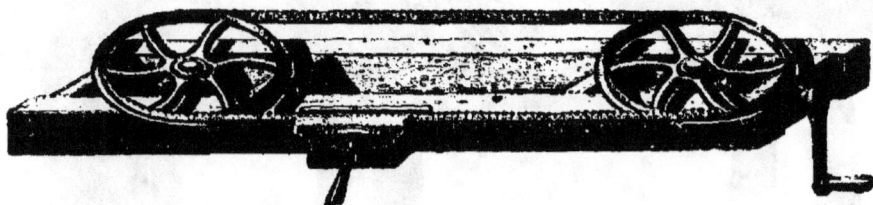

Fig. 31. — Banc à affûter de M. ARDEY.

La lame se place donc sur les deux poulies qui sont horizontales, ainsi que le banc ; l'une de ces poulies étant montée sur un support mobile et à vis qui permet de tendre la lame, dont l'un des brins traverse la mâchoire d'étau. L'ensemble de cet outil se place ainsi, d'ailleurs, sur un établi ordinaire ou simplement sur deux tréteaux.

Lorsque les dents comprises dans la portion de la lame qui est serrée entre les mâchoires ont été limées, on ouvre celles-ci, on déplace la lame en faisant tourner les poulies, puis on referme l'étau pour faire une nouvelle partie de denture, et ainsi de suite jusqu'à ce qu'on ait fait le tour complet. Une fois l'opération terminée, il suffit, après avoir desserré l'étau pour enlever la lame, de déplacer un peu la poulie mobile à l'aide de laquelle on la tenait tendue.

L'affûtage se fait avec un tiers-point à angles arrondis pour les dents droites, et avec une lime ovale pour les dents à crochet.

FORGE VOLANTE POUR BRASER. — Il arrive souvent qu'une lame à ruban se rompt, et dans ce cas il faut posséder dans la scierie même les moyens de la remettre en état de service. Cette réparation s'opère en brasant les deux bouts de la lame, et on fait usage pour cela de divers petits outils spéciaux et principalement d'une petite forge volante, dite forge à braser, qui fait comme partie intégrante d'un matériel de scies à ruban.

Voici à peu près comment s'effectue la réparation d'une lame brisée :

On lime en biseau, et sur une longueur de 1 centimètre, les deux extrémités de la lame, que l'on applique ensuite l'une sur l'autre et que l'on enveloppe avec du fil de laiton. Après avoir placé la jonction ainsi préparée entre deux pommes de terre, ou autres matières capables d'empêcher la chaleur de s'étendre et de détremper une trop grande longueur de la lame, on mouille le joint, on le saupoudre de borax, et, le présentant sur la forge, on fait fondre la soudure. Lorsque celle-ci a coulé dans le joint, on retire la lame du feu, on la laisse revenir, et, avant qu'elle soit entière-ment refroidie, on jette un peu d'eau dessus, après quoi on la lime pour lui rendre son état normal et faire disparaître toute trace de jonction.

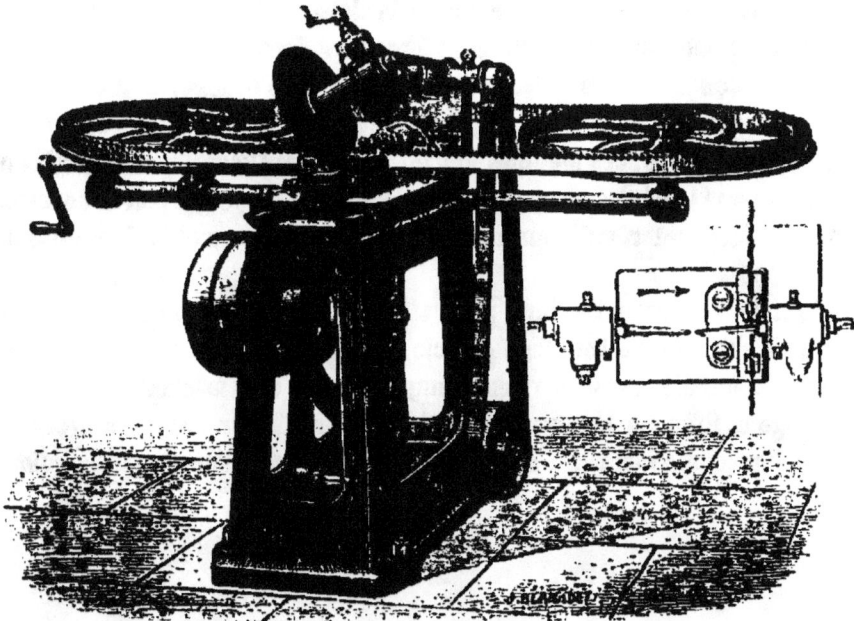

Fig. 32. — Machine à affûter et à donner la voie de M. BARAS.

Nous avons dit quel était le moyen usité pour affûter les scies à ruban, mais l'on s'occupe beaucoup actuellement de la combinaison d'une machine spéciale à affûter automatique, c'est-à-dire d'une machine dans laquelle la lame s'avance régulière-ment, dent par dent, pour se présenter à l'action de la meule qui affûte sans l'inter-vention de l'ouvrier.

Nous pouvons citer, comme atteignant parfaitement ce but, la plus simple et la plus pratique, la machine de M. Sudrat, de Bordeaux, construite par M. Baras, et que représente la figure 32 ci-dessus.

Cette machine comprend le banc d'affût composé des deux poulies sur lesquelles le ruban est tendu au moyen d'une vis. Le dessus du bâti est dressé pour former coulisseau à un chariot animé d'un mouvement de va-et-vient, lequel porte l'équipage des meules et aussi deux petites poupées destinées à recevoir deux aiguilles articulées, comme l'indique le petit plan à droite de la vue d'ensemble de la machine.

Pour l'affûtage, une seule aiguille est utilisée et à chaque passe elle s'engage successivement dans chacune des dents mêmes de la scie pour la faire avancer et, quel que soit leur écartement, elles se trouvent toujours conduites au même point.

Les mouvements sont combinés de telle sorte que la même transmission communique au chariot son va-et-vient lent et régulier nécessaire au déplacement de la scie dent par dent, et, en même temps, aux disques en émeri la rotation rapide qu'exige l'affûtage. Les disques sont en émeri spécial, juxtaposés, montés sur le même axe et de telle sorte que l'un affûte le dessous de la dent et l'autre le dessus, ce qui fait que toutes les dents sont forcément dans le même plan.

Cette machine donne aussi *la voie*. Pour cela, il suffit de dégager la meule en la relevant sur son support, et, dans ce cas, les deux aiguilles sont utilisées comme on le voit sur le plan à droite ; ces aiguilles fonctionnent alors alternativement, agissant par leur pointe pour le déplacement et par leur talon sur de petites pièces en forme de virgule, qui inclinent régulièrement une dent dans un sens et la dent suivante dans le sens opposé.

Tel est le travail de cette machine pour affûter et donner la voie aux scies à ruban, mais s'il s'agissait de l'affûtage de scie circulaire, le banc avec ses poulies qui reçoivent la lame sans fin seraient remplacés par une mâchoire à ressorts montée sur tige et fixée sur le devant du bâti ; de même, pour une lame droite, il suffirait d'appliquer une mâchoire *ad hoc* avec deux supports latéraux pour guider la lame.

FIN DE LA PREMIÈRE PARTIE.

DEUXIÈME PARTIE.

MACHINES A TRAVAILLER LES BOIS.

———

CHAPITRE VIII.

GÉNÉRALITÉS SUR LES OUTILS ET LES MACHINES A TRAVAILLER ET FAÇONNER LES BOIS.

Si depuis longtemps les machines-outils sont employées pour le travail des métaux, il n'en est pas de même pour le bois; car, malgré d'anciens et nombreux essais, ce n'est réellement que depuis une vingtaine d'années que les ateliers de charronnage et de menuiserie font généralement usage de machines, et pourtant il y a là aussi, au point de vue de la rapidité de l'exécution et de la perfection du travail, un progrès industriel considérable.

Après l'opération si importante du sciage, la mise en œuvre des bois exige, avant tout, que les parements soient rectifiés, pour passer à l'exécution des diverses parties concourant à l'assemblage des pièces qui composent l'ensemble d'une construction en bois; puis vient le façonnage, dénomination qui s'applique à des opérations très-nombreuses, parmi lesquelles on peut citer, notamment, l'exécution des moulures et celle de pièces spéciales, rais de roues, bois de fusil, sabots, coins pour les coussinets de rail, etc., etc.

A la vérité, le nombre de ces outils spéciaux peut être considéré comme indéfini puisque, pour chaque façonnage nouveau, peut naître une machine nouvelle, mais si nous réussissons à faire connaître les principaux sur lesquels sont basés les outils déjà connus, il ne sera pas difficile d'imaginer ce que l'on pourrait faire pour l'édification d'un outil destiné à la production d'un travail spécial.

Comme nous l'avons fait pour les scieries, nous allons rappeler les procédés depuis longtemps en usage dans le travail à la main, en mettant en comparaison les outils dont on se sert dans les mêmes cas sur les machines.

CORROYAGE OU RABOTAGE. — Considérant d'abord l'emploi du bois pour la menuiserie ou pour l'ébénisterie, il faut noter que les pièces sortant du débit à la scie doivent être ensuite parfaitement dressées et mises d'équerre par leurs paremenis ou sous des angles déterminés très-exacts, afin de pouvoir leur appliquer les opérations géométriques indispensables pour l'exécution correcte des assemblages : c'est cette opération qu'on appelle corroyage ou dégauchissage. Souvent cependant il suffit de simplement blanchir, c'est-à-dire de rendre les surfaces unies en effaçant les traces du sciage; c'est ce qui se produit lorsqu'une rectitude parfaite n'est point requise, comme, par exemple, pour les tablettes, les lames de parquet, les frises composant de grands panneaux en menuiserie.

Tous les outils à corroyer, raboter ou dresser sont composés d'un *fer* tenu par un coin dans une mortaise évasée pratiquée dans un *fût* en bois dur. Entre le coin et le fer est interposé un *contre-fer*, dont l'arête inférieure est taillée en biseau, et qui est destiné à la fois à aider le dégagement du copeau et à maintenir l'extrémité du fer. On nomme *lumière* l'ouverture de la mortaise dans la face inférieure du fût. Le dessus du fer fait ordinairement un angle de 45° à 50° avec la semelle.

Le rabot le plus grossier se nomme *galère* ; il ne sert qu'à dégrossir, puis vient la *demi-varlope* et la *varlope*. Celle-ci est un outil en bois très-allongé, et de forme prismatique, armé d'une poignée pour le conduire, et dans lequel est implanté le *fer*, maintenu par un coin en bois et terminé par un biseau effilé ne dépassant la surface inférieure de la varlope que d'une fraction de millimètre.

L'outillage d'un ouvrier menuisier doit donc comprendre *une paire* de varlopes semblables en apparence, mais bien différentes quant à leur destination. L'une est alors la *demi-varlope* ou *riflard*, employée pour ébaucher en enlevant des copeaux très-épais, et pour cela le tranchant du fer est très-sensiblement courbe et présente une forte saillie. Pour la varlope à l'aide de laquelle se termine le dressage, le fer est accompagné d'un contre-fer dont la rive, non tranchante, s'approche très-près du tranchant du fer ; il a pour objet d'empêcher les éclats de se produire, ce dont on n'a pas à se préoccuper avec le riflard.

Le tranchant du fer de la varlope est droit, moins les deux bords qui sont légèrement courbes en relevant, sans cela les angles traceraient sur la surface rabotée des sillons ineffaçables.

L'effet du contre-fer est on ne peut plus sensible, et, suivant que le bois est plus ou moins ronceux ou présente du contre-fil, l'ouvrier est obligé de modifier son approche. Ainsi, avec certains bois, tels que l'acajou ronceux, il est nécessaire, pour empêcher les éclats, que la saillie du tranchant sur le contre-fer soit presque nulle.

En rappelant cette condition importante pour le bon fonctionnement d'une varlope, nous sommes conduit à faire observer que si, dans certains outils mécaniques qui la remplacent, l'emploi du contre-fer est supprimé sans inconvénient, cela tient à leur incomparable vitesse d'attaque et à la très-minime quantité de bois prise à la fois. Il faut faire observer encore que les outils à travailler mécaniquement agissent en général en tournant et qu'ils n'ont donc aucune tendance à s'engager entre les fibres du bois.

Le *rabot* n'est autre chose qu'une varlope très-courte, d'environ 25 centimètres de longueur seulement, et sans poignée. Il est d'un emploi essentiel pour le dressage des surfaces de peu d'étendue ou qui présentent des inégalités ou ondulations qui s'opposeraient absolument à l'usage de la varlope. A ce titre, il est très-convenable pour blanchir, c'est-à-dire pour atteindre dans toutes ses parties une surface que l'on ne cherche pas à redresser, et dont « le gauche » ou la courbure plus ou moins sensible ne permet pas l'emploi de la varlope. On fait usage aussi du rabot pour une opération que les ouvriers appellent *replanir*, c'est-à-dire parfaire le travail de la varlope et faire disparaître les derniers éclats qu'elle a pu produire : c'est là le cas d'approcher autant que possible le contre-fer du tranchant.

Aussitôt qu'une pièce est corroyée, et une ou plusieurs de ses rives dressées et mises à l'équerre, on procède au tracé des assemblages dont voici les principaux modes :

> A tenon et mortaise ;
> A rainure et languette ;
> A moitié bois ;
> A queue d'hironde ;
> A enfourchement.

ASSEMBLAGE A TENON ET MORTAISE. — On sait que l'assemblage à tenon et mortaise est employé pour la réunion de deux pièces, dont l'une s'implante à bois de bout dans le travers de l'autre ; le tenon est découpé dans le sens du fil du bois et la mortaise se pratique perpendiculairement aux fibres ou à peu près.

Pour l'exécution d'une mortaise, qui consiste en un trou prismatique et à section ordinairement rectangulaire, on emploie un outil appelé *bec-d'âne* ou *bédane*, qui n'est autre chose qu'un ciseau très-épais, mais dont la largeur dans le sens du tranchant correspond exactement à la largeur de la mortaise à exécuter, et à laquelle l'épaisseur du tenon doit correspondre ; d'où l'outillage complet de l'ouvrier menuisier doit comprendre une série de bédanes de largeurs variables d'environ 3 à 15 millimètres ; pour de plus larges mortaises, si l'on ne possède pas de bédanes d'une largeur suffisante, on peut faire emploi du plus fort que l'on possède et compléter la mortaise ensuite ou la *recaler* à l'aide d'un ciseau.

Quant aux tenons, on les exécute toujours à la scie. Si le tenon est pris dans le tiers intérieur de l'épaisseur de la pièce, comme cela arrive le plus souvent, on donne deux coups de scie dans le sens des fibres, ce que l'on appelle « abattre le tenon », puis on fait tomber les deux parties extérieures au moyen de deux coups de scie transversaux, ce qui s'appelle plus ou moins justement « enraser ».

ASSEMBLAGE A RAINURE ET LANGUETTE. — C'est surtout pour réunir des frises destinées à composer l'ensemble d'un panneau ou d'un parquet que l'on fait usage de l'assemblage dit à rainure et languette. Étant données les deux frises qui

doivent être jointes ensemble, on pratique sur le champ de l'une des deux une véritable rainure dont la largeur répond le plus souvent au tiers de l'épaisseur du
bois, et dont la profondeur est à peu près équivalente si l'épaisseur de la planche
n'est pas moindre de 20 millimètres; tandis que pour du feuillet cette profondeur
doit être plus considérable, sans quoi l'assemblage ne présenterait pas une solidité
suffisante. Sur le champ de l'autre frise on exécute alors la languette, qui n'est
autre que le relief exact de la rainure et qui doit la remplir assez fermement pour
que l'assemblage soit très-rigide, même avant tout collage, en admettant que ce
dernier doive être appliqué.

Les outils à l'aide desquels s'exécutent à la main la rainure et la languette s'appellent *bouvets*. Ce sont des sortes de rabots minces marchant par paire, l'un
pour la rainure et l'autre pour la languette.

La partie inférieure travaillante du « bouvet de rainure » présente une languette
saillante un peu plus mince que la largeur de la rainure à exécuter, mais il est
armé d'un fer simple, disposé comme celui d'un rabot et qui, traversant cette languette, doit avoir exactement pour épaisseur la largeur de cette rainure comme sa
saillie totale en a la profondeur, tout en ne désaffleurant sur la languette de l'outil
que de l'épaisseur du copeau à arracher; le bouvet porte d'ailleurs une joue par
laquelle il est guidé contre le parement de la frise à rainer.

Le *bouvet de languette* est exactement la contre-partie du précédent; sa surface intérieure est rainée, et le fer qui porte un enfourchement d'une ouverture
égale à l'épaisseur de la languette qu'il doit produire, coupe par ses parties extérieures à l'enfourchement; il est, comme le précédent, pourvu d'un guide.

On en déduit qu'au moyen de ces deux outils l'exécution d'une rainure et d'une
languette consiste, pour l'ouvrier, à faire mordre ces deux outils successivement
sur les deux champs des frises à assembler, en les tenant très-exactement appliqués
par leurs joues contre le parement dressé de la frise, et en les conduisant parfaitement droit.

La bonne exécution de cet assemblage dépend à la fois de cette condition et du
bon état des bouvets, c'est-à-dire de l'exactitude entre la distance de la joue et du
fer pour les deux outils de la même paire, et aussi de la conformité de l'épaisseur
du fer de rainure avec la largeur de l'enfourchement du fer de languette, laquelle
largeur doit être néanmoins légèrement plus grande, afin que la languette ne
pénètre qu'en forçant dans la rainure, et que l'assemblage possède la fermeté désirable. Quant à la saillie de la languette et à la profondeur de la rainure, qui doit
présenter un léger excédant sur la première, afin que le joint extérieur soit assuré,
elles résultent simplement de la conduite à fond des deux outils.

En résumé, lorsque l'exécution est bonne, que l'assemblage est ferme, que les
deux frises affleurent parfaitement et qu'elles se présentent bien dans le même plan,
on dit que *l'embrèvement est bon*. C'est, en somme, une opération qui n'est pas

sans difficulté, ou qui, du moins, exige une main exercée, tant pour maintenir les bouvets en état que pour les conduire.

Nous devons ajouter qu'on se sert encore, pour exécuter des rainures, d'un outil appelé *bouvet de deux pièces*; c'est un bouvet sans joue, mais qui se monte sur une pièce qui doit lui servir de guide et dont on peut l'éloigner plus ou moins. On se sert du bouvet de deux pièces pour pratiquer une rainure à une distance déterminée de la rive d'une pièce de bois, lorsqu'il s'agit, par exemple, d'assembler de cette façon deux pièces perpendiculairement l'une à l'autre.

ASSEMBLAGE A MOITIÉ BOIS. — Cet assemblage consiste, comme son titre l'indique, à réunir les deux parties par simple encastrement et en réduisant chacune des deux pièces réciproquement de la moitié de leur épaisseur si l'affleurement est requis. L'exécution de ce genre d'assemblage n'exige pas d'outils spéciaux. Si l'assemblage doit avoir lieu par les extrémités des deux pièces, les entailles s'effectuent à la scie, comme pour des tenons ordinaires. Dans le cas où il s'agit d'assembler deux pièces comme les deux branches d'une croix, par exemple, les entailles sont commencées à la scie et terminées au ciseau.

ASSEMBLAGE A QUEUE D'HIRONDE. — Ce mode d'assemblage, très-ingénieux et très-solide, est employé pour réunir entre eux les côtés d'un coffre, d'une boîte ou d'un tiroir, en admettant qu'il s'agisse d'un travail soigné; il s'exécute exclusivement à la scie et au ciseau. C'est une opération pour laquelle on remplace très-difficilement la main de l'ouvrier, et les tentatives qui ont été faites dans cette voie ont conduit généralement à des outils mécaniques très-compliqués et très-coûteux.

ASSEMBLAGE A ENFOURCHEMENT. — On désigne ainsi « un assemblage à tenon et mortaise » celui dans lequel la mortaise occupe comme le tenon l'extrémité de la pièce, de façon que cette mortaise se trouve librement ouverte sur le côté; de pareils assemblages sont formés souvent de plusieurs tenons et de plusieurs entailles correspondantes. Pour ce travail, les tenons sont abattus à la scie, et s'il en existe deux ou plusieurs à côté les uns des autres, on fait sauter les intervalles au ciseau. Le même procédé s'applique à la contre-partie.

EXÉCUTION DES FEUILLURES ET DES ÉLÉGIES. — On appelle feuillure un évidement pratiqué sur le courant de la rive extérieure d'une pièce, et dont la section transversale, le plus souvent à angle droit, peut présenter un angle quelconque.

Pour l'exécution d'une feuillure en ligne droite et à section transversale d'équerre ou d'un angle d'une plus grande ouverture, les menuisiers emploient l'outil appelé *guillaume*. C'est un rabot mince armé d'un fer simple, à tranchant exactement droit et désaffleurant légèrement sur les deux faces de l'outil.

Cet outil est d'un grand usage et assez facile à manier, à moins qu'il ne s'agisse d'une feuillure très-peu profonde et ne présentant à l'outil qu'un guide peu certain.

Ces observations, ainsi que le guillaume qui en est l'objet, s'appliquent à l'exécution d'une feuillure sur une rive droite ou convexe, et dont l'angle transversal est droit ou plus grand que droit. Mais pour pratiquer une feuillure sur une rive concave, ou si la section de la feuillure est aiguë, la difficulté d'exécution devient grande, car il faut fabriquer des outils exprès. La même objection se présente d'ailleurs pour le rabotage de toute surface concave qui exige des rabots dits cintrés, et qu'il faut confectionner pour ainsi dire spécialement pour chaque nouveau rayon de courbure, bien que le même rabot cintré puisse convenir à la rigueur pour des surfaces concaves de rayons un peu différents, mais toujours plus grands que le sien.

On désigne parfois une feuillure par le nom « d'élégie », comme la même désignation peut s'appliquer à divers genres d'entailles. Mais nous ne nous occuperons ici que d'une espèce d'entaille ou d'élégie particulière, qui, constituant un véritable approfondissement ou évidement limité de toutes parts, nécessite l'emploi d'un outil spécial appelé *guimbarde*.

La guimbarde est un outil très-simple, composé d'une platine en bois et traversée par un fer fort et étroit dont la saillie, variable à volonté, se règle exactement suivant la profondeur de l'élégie à exécuter. Après avoir amorcé cette élégie au ciseau, l'ouvrier l'attaque à la guimbarde et continue son action jusqu'à ce que la platine porte exactement sur le parement de la pièce dans laquelle l'élégie s'exécute.

Nous décrirons sous le nom de machine à défoncer, un outil très-important sortant des ateliers de MM. Périn, Panhard et Cie, et qui fait plus que remplacer la guimbarde, en ce sens qu'il permet d'exécuter des travaux du même genre, mais sur une échelle infiniment plus large.

EXÉCUTION DES MOULURES. — L'exécution à la main des moulures s'effectue d'une façon très-analogue à celle des rainures et des languettes au moyen des bouvets. On fait usage des rabots minces avec joue-guide, et qui sont armés d'un fer simple auquel on donne le profil même de la moulure à exécuter. Pour certaines moulures courantes dans la construction, telles que les baguettes d'angle, ces rabots prennent le nom de *mouchettes* et le profil du fer n'a pas besoin d'être rigoureusement du même profil que la baguette, pourvu que son cintre soit d'un rayon un peu plus grand. Pour faire de simples gorges, on emploie le *rabot rond*, dont le rayon de courbure doit être au contraire un peu plus petit que celui de la gorge.

De toute façon, l'exécution à la main des moulures est une opération assez difficultueuse, surtout s'il s'agit de moulures courbes, qui exigent des outils faits exprès. Aussi les outils mécaniques destinés à ce travail sont-ils très-nombreux, très-divers et très-recherchés.

Ajoutons maintenant quelques mots sur la manière d'affûter les divers outils dont nous venons de parler. Pour tous les fers plats, on emploie le grès mouillé d'eau pour dégrossir, et la pierre à l'huile pour compléter le tranchant. Le même procédé convient également pour les fers à moulures, à condition que l'on dispose de grès et de pierres plus ou moins minces et arrondies pour attaquer les creux. Il faut noter d'ailleurs que l'affûtage des outils en général et de ceux à moulures en particulier est une opération très-importante et très-difficile, et que c'est surtout dans les ateliers modernes, montés mécaniquement, qu'on est le mieux pourvu d'outils à cet égard.

Pour les outils à la main, les ouvriers affûtent leurs fers sur des grès plats, et l'affûtage devient ainsi très-long. C'est à grand'peine que l'on arrive à leur faire adopter l'usage de la meule tournante, dont l'emploi est au contraire bien commode et donne de très-bons résultats.

Si telles sont les principales opérations auxquelles entraîne le travail du bois pour la menuiserie et l'ébénisterie, sans parler de la charpenterie, qui comprend les mêmes assemblages, mais exécutés avec des outils un peu différents, il faudrait citer les très-nombreux façonnages spéciaux qui se font à la *gouge*, au *vastringue*, à la *plane*, à la *tarière*, etc., etc., mais nous y reviendrons quand le moment sera venu de rappeler leur usage à propos des machines-outils à l'aide desquelles on les remplace.

MACHINES A CORROYER OU A DÉGAUCHIR. — Nous désignons ainsi les outils qui permettent de dresser très-exactement et de dégauchir une pièce de bois comme on le ferait au moyen de la varlope dans les conditions que nous avons indiquées plus haut.

Dans ces machines, l'outil peut posséder les trois dispositions suivantes :

1° Un plateau circulaire, horizontal ou vertical tournant à une grande vitesse, et armé de plusieurs fers étroits agissant comme des ciseaux ou comme des gouges ;

2° Un bloc prismatique armé de plusieurs fers simples, ayant au moins la largeur de la pièce, et monté sur un axe horizontal ou vertical et animé d'une très-grande vitesse de rotation ;

3° Un bloc tournant rapidement et garni d'une lame mince contournée héliçoïdalement ;

4° Un quatrième procédé consiste à disposer l'outil comme un véritable rabot qui s'avance sans tourner, à moins que ce soit le bois lui-même qui se déplace.

D'une façon ou de l'autre, la machine n'est propre à *dégauchir* que si l'outil étant fixe, le bois se trouve assujetti sur un chariot qui se déplace, de telle façon que l'outil exécute un parement aussi plan que la surface qui sert de guide au chariot ; le même résultat est obtenu si, le bois étant complétement fixe, l'outil est animé d'un mouvement de translation rectiligne ; mais c'est ordinairement le porte-outil qui est fixe et le bois mobile.

Une machine à dégauchir est donc éminemment propre à tirer d'épaisseur exactement, puisqu'il suffit, après le premier parement exécuté comme il vient d'être dit, de retourner la pièce et de l'appliquer, par le parement fait, sur le chariot pour l'exécution de la seconde surface.

Quant à la mise d'équerre d'une pièce, elle doit s'exécuter à l'aide d'une machine pourvue d'un outil disposé perpendiculairement au plateau ou à la table qui sert de support à la pièce ; quelquefois la même machine possède deux et même trois outils opérant simultanément : le premier dressant, comme il vient d'être dit, et les deux autres mettant les rives d'équerre et tirant de large tout à la fois.

En citant les deux types principaux de machines dont les unes opèrent au moyen de larges fers tournants et celles dites à plateau, dont les outils sont étroits et mordent le bois transversalement, il convient de faire observer que ces dernières sont surtout applicables aux fortes pièces, et dont les parements n'exigent pas le fini le plus parfait ; les premières permettent au contraire de donner aux surfaces un fini aussi complet qu'au moyen de la varlope.

MACHINES A RABOTER OU A BLANCHIR. — Ces machines-outils ne permettent pas comme les précédentes l'exécution d'un dégauchissage parfait, mais elles acquièrent alors une très-grande simplicité. Une telle machine se compose d'un outil tournant, à large fer, placé au-dessus d'une table entre laquelle et l'outil passe la pièce de bois qui peut être brute de sciage, et qui se trouve entraînée par des cylindres cannelés.

On comprend qu'il est nécessaire que la pièce soumise à cette action soit, au préalable, correctement sciée ; elle se trouve alors tirée d'épaisseur d'après le parement scié par lequel elle s'appuie sur la table. Inutile d'ajouter que cette table est mobile et que sa distance à l'outil est variable suivant l'épaisseur à passer.

MACHINES A BOUVETER. — Aujourd'hui on peut dire que presque tout le rainage et le languetage, au moins pour les grands travaux et surtout pour les frises de parquet, s'exécutent exclusivement à la mécanique : c'est précisément le travail des bouvets dont nous avons parlé ci-dessus.

A l'origine, M. Soutreuil, grand constructeur à Fécamp, a fait d'excellentes machines à bouveter. Les frises, préalablement blanchies et dressées sur une rive, étaient d'abord soumises à une première machine armée d'un outil tournant horizontalement avec une grande rapidité, lequel outil comportait un ou plusieurs fers de bouvet appropriés à l'exécution de la languette. A la suite de cette première opération, la frise était soumise, par son autre rive, à un second outil analogue au précédent, mais dont les fers étaient simples et disposés pour exécuter la rainure.

Cette méthode reposait sur un principe d'autant plus rationnel que l'exécution de la rainure et de la languette ayant lieu une fois le parement fait, et qui servait de guide, la perfection de l'embrèvement se trouvait assurée ; on peut faire observer encore que, par la succession de deux opérations, l'ouvrier était à l'aise pour choisir la bonne rive, afin de lui appliquer la rainure et tirer de large par la languette en faisant tomber le mauvais bois.

Néanmoins, on veut maintenant aller plus vite, et les machines à bouveter actuelles se composent d'un outil qui blanchit comme précédemment, et de deux outils latéraux qui exécutent, l'un la rainure et l'autre la languette, de telle façon qu'une frise introduite brute de sciage dans la machine, en sort dressée, bouvetée et tirée de large tout à la fois.

On conçoit que, pour obtenir un bon travail avec ces outils expéditifs, il faut que les frises soient préalablement très-bien sciées, attendu que le bouvetage s'exécute d'après la surface non rabotée comme guide. Des essais ont été faits pour construire des machines dans lesquelles le bouvetage se serait exécuté d'après le parement raboté, ce qui aurait nécessité un guide spécial; mais les résultats n'ont pas répondu aux efforts tentés, on arrivait à des complications trop grandes et ces projets ont été en partie abandonnés.

MACHINES A FAIRE LES MOULURES DROITES. — Les machines destinées à cet usage sont complétement analogues aux raboteuses ci-dessus; mais le fer de l'outil, au lieu d'être droit, est profilé suivant la forme de la moulure à exécuter. La pièce de bois doit être préalablement dressée sur une face et mise d'équerre par une rive au moins, par laquelle elle s'appuie, pendant le travail du fer, contre un guide réservé à la table qui la supporte et qui est fixe, tandis que la pièce est entraînée par des rouleaux cannelés.

MACHINES A FAIRE LES TENONS. — Il existe, pour faire les tenons mécaniquement, des machines composées de quatre fraises ou scies circulaires qui, simultanément ou successivement, abattent et enrasent; ces scies ont nécessairement des positions variables, suivant la dimension des tenons; c'est, en résumé, absolument la méthode manuelle rendue mécanique.

Mais on fait usage, le plus généralement, de machines dont l'outil est formé de bédanes tournants, écartés l'un de l'autre de l'épaisseur du tenon à abattre, et qui abattent et enrasent tout à la fois. La pièce de bois étant fixe, l'outil est monté sur un chariot que l'ouvrier fait mouvoir en réglant lui-même la prise des outils qu'il conduit suivant la largeur du tenon, jusqu'à abatage complet. Cette méthode est très-rapide et donne de très-bons résultats. Il faut seulement que la pièce s'appuie exactement sur un support garni de cuivre au droit de l'enrasement, afin d'éviter les éclats à la sortie des outils.

M. Guillet, constructeur à Auxerre, est l'auteur d'une machine à tenons très-ingénieuse, mais dont l'outil possède une forme trop spéciale. C'est un axe vertical muni de deux plateaux de grands diamètres, écartés suivant l'épaisseur du tenon à produire et armés à leur circonférence de nombreux tranchants avec lumière pour l'échappement des copeaux. La pièce de bois est placée sur un chariot que l'on repousse à la main vers les plateaux, que la pièce franchit alors en même temps que le tenon s'exécute avec la rapidité de la pensée. (Nous prenons pour exemple des tenons enlevés dans des traverses ayant jusqu'à 3 centimètres d'épaisseur sur 10 centimètres de largeur.)

En somme, les machines à tenons sont susceptibles de quelques variantes suivant les circonstances diverses de leur application. Ainsi, pour de très-gros tenons, on pourra employer des machines à deux outils d'une construction spéciale que nous ferons connaître ; comme il serait possible encore d'adopter dans le même cas le principe des machines à fraises.

MACHINES A FAIRE LES MORTAISES. — Les mortaises s'exécutent mécaniquement au moyen de mèches tournantes, dont le diamètre correspond à l'ouverture transversale de la mortaise. Mais sur cette donnée se construisent des machines assez différentes les unes des autres. Quelquefois le porte-mèche est fixe tandis que la pièce de bois se déplace suivant la longueur même que la mortaise doit avoir ; d'autres fois c'est le contraire qui a lieu.

Mais actuellement, en général, l'exécution d'une mortaise se fait en perçant au préalable, avec la mèche, deux trous extrêmes de toute profondeur, puis on promène ensuite cette mèche d'un trou à l'autre en attaquant par la surface et en fonçant peu à peu jusqu'à profondeur complète. Comme, par ce système, les extrémités de la mortaise sont rondes, si l'on s'en tient au travail exclusif de la mèche, la machine est quelquefois pourvue d'un bédane guidé, et à l'aide duquel on équarrit à la main les extrémités, si l'on ne veut pas toutefois lui conserver sa forme première et arrondir alors les bords du tenon, ce qui peut être bon dans des circonstances déterminées.

Dans les anciennes machines à mortaiser, l'outil est un véritable bédane assujetti à un mouvement rectiligne alternatif que l'on conduit à la main, et la mortaise est préalablement amorcée au moyen d'un trou percé à la mèche. Ce procédé, moins rapide que le précédent, réussit d'ailleurs très-bien et ce système d'outils n'est ni compliqué ni délicat.

MACHINES A MOULURES CINTRÉES, DITES TOUPIES. — Il n'est pas d'outil plus utile ni plus généralement employé que cette *moulurière* ainsi dénommée. Elle consiste en une sorte de borne en fonte couronnée par une table horizontale bien dressée, et à l'intérieur de laquelle tourne, avec une vitesse de 3 000 à 4 000 tours par minute, un arbre vertical qui traverse la table et dont l'extrémité peut s'élever plus ou moins ; cette extrémité supérieure de l'arbre est percée d'une mortaise dans laquelle on fixe horizontalement un outil en acier, offrant par son bord extérieur, un tranchant auquel on a donné le profil correspondant à l'objet à produire; moulure, feuillure, rainure, languette.

La pièce qui doit être ainsi façonnée, qu'elle soit droite ou courbe dans le sens du travail, est posée par l'ouvrier et par sa face dressée sur la table de la toupie ; il l'approche ensuite du fer tournant, et prenant l'arbre même comme point d'appui, il pousse la pièce en avant jusqu'à ce que l'outil l'ait parcourue dans tout son développement.

Si la moulure est droite et que le nombre de pièces soit assez considérable, la table peut recevoir un guide fixe, et l'on fait même usage de dispositifs additionnels qui permettent l'entraînement mécanique de la pièce.

Nous pouvons citer encore des toupies spéciales qui possèdent deux arbres porte-outils tournant en sens inverse. Ces outils sont très-utiles pour le façonnage de pièces qui doivent être attaquées des deux côtés, et pour lesquelles un seul outil attaquant nécessairement à contre-fil pour l'un des deux côtés, donnerait lieu à des éclats, tandis que lorsque le bois est travaillé dans la direction convenable au moyen de la toupie, le fini en est parfait.

Nous croyons utile de faire encore une remarque à propos des machines à faire les moulures. Il est évident qu'avec un outil rotatif dont chaque point décrit un plan complet perpendiculaire à l'axe de rotation, le profil exécuté ne peut présenter aucune partie rentrante par rapport à cette direction, autrement dit, toutes les parties du profil doivent au contraire se présenter en *dépouille*. Si donc un profil donné doit néanmoins posséder ce caractère, l'outil mécanique l'ébauchera, puis les parties rentrantes seront reprises avec des outils à main.

La toupie se prête en général à bien des services. Ainsi, on peut fixer sur son arbre une fraise et exécuter ainsi de petits sciages et des rainures minces et profondes. On fixe aussi une fraise obliquement par rapport à l'axe tournant, et on exécute, de cette manière, des feuillures ou des rainures ayant pour largeur le double du sinus de l'angle d'inclinaison de la lame et correspondant à son propre rayon.

MACHINES DITES A DÉFONCER. — Cet outil reproduit, mais dans de larges limites, le travail élémentaire de la *guimbarde*. Il permet d'évider un panneau suivant des contours les plus variés, comme, par exemple, d'exécuter en sculpture de forts « chanlevages » avec la plus grande rapidité.

Sa structure générale rappelle assez sensiblement celle des grandes machines à cisailler ou à poinçonner, dans laquelle le poinçon serait remplacé par une mèche verticale et tournant à plusieurs milliers de tours. La pièce à travailler est fixée au-dessous, sur un plateau doué de deux mouvements rectilignes perpendiculaires entre eux. Les vis qui commandent ces mouvements sont armées de manivelles que l'ouvrier tient en main, et sur lesquelles il agit pour déterminer les mouvements de la pièce dans le sens qui convient au travail de la mèche. Si le trait à suivre est droit et correspond à l'un ou l'autre des mouvements transversaux, l'ouvrier n'agit que sur l'une des deux manivelles ; s'il en est autrement, que ce trait soit droit et oblique ou courbe, le conducteur de la machine opère simultanément avec les deux manivelles, en combinant les déplacements d'une telle façon que le trait soit suivi, en définitive, quelle que soit sa disposition ou sa forme. Un ouvrier acquiert, en peu de temps, l'habitude du fonctionnement de cet outil qui donne de bons résultats et rend des services réellement remarquables.

MACHINES POUR FAÇONNAGES DIVERS. — Ainsi que nous le disions en commençant cet examen général des machines à travailler le bois, nous ne croyons pas utile de passer en revue en ce moment les nombreux outils appliqués à des façonnages spéciaux. Nous ferons toutefois une exception pour les ingénieux outils qui permettent le façonnage de la forme extérieure des bois de fusil, des formes à chaussures, des sabots, etc., etc., parce qu'ils sont basés sur un principe général qu'il est bon de faire connaître.

Pour ces sortes de machines, que l'on pourrait appeler pantographiques, on fait usage de formes-guides en métal et d'un châssis mobile sur lequel sont appliqués une touche assujettie à suivre ce calibre et des outils tournants ayant la même forme et la même dimension que la touche, et qui attaquent les pièces de bois à conformer ; la forme-guide et les pièces de bois étant animées d'un même mouvement de rotation lent, et le châssis porte-outils et porte-touches se déplaçant longitudinalement, c'est ainsi que les pièces de bois finissent par acquérir automatiquement la forme voulue et donnée par les formes-guides.

Nous rappellerons que c'est sur un principe tout à fait analogue que sont établies depuis longtemps des machines à sculpter qui, véritables pantographes, permettent de reproduire de même grandeur, ou en réduction, des objets d'art sculptés, la copie s'exécutant soit en plâtre, soit en bois ou même en marbre.

Nous devons à ce sujet un souvenir à M. Émile Grimpé qui, il y a bientôt 50 ans, s'est livré avec tant de génie à l'étude des machines à travailler le bois. Peu de nos contemporains se souviennent d'une machine qu'il avait imaginée et à l'aide de laquelle, comme avec la machine à défoncer, on pratiquait les découpages et les moulurages les plus variés. Dans cette machine, l'outil, disposé sur le front d'une potence isolée et tournant rapidement, avait la forme du profil à exécuter ; la pièce était fixée sur un plateau reposant sur des boulets et assujetti à suivre les contours d'un calibre en tôle ou en zinc reproduisant le dessin de la pièce à moulurer.

Pour diverses causes, cet ingénieux outil n'a pas eu le succès qu'espérait son auteur. L'objection la plus grave qui ait pu être faite à cet égard, c'est que le dessin mouluré ne pouvait présenter aucun angle aigu rentrant puisque l'outil était tournant. La même observation pourrait être faite pour la machine à défoncer ; mais pour cette dernière, l'outil peut n'être qu'une simple mèche de très-faible diamètre, et son emploi est beaucoup plus général que dans la machine de Grimpé, où il devait avoir un profil spécial et d'une difficile exécution.

CHAPITRE IX.

MACHINES A DRESSER ET DÉGAUCHIR OU CORROYER
ET A RABOTER OU PLANER.

Étant donnée une pièce de bois brut de sciage, on peut se proposer : 1° de la *blanchir* seulement, c'est-à-dire effacer les rugosités ou les traits de scie, sans se préoccuper du gauche que la pièce peut présenter ; 2° de la *dégauchir*, c'est-à-dire de la parfaitement dresser.

Les pièces qu'il suffit de blanchir sont ordinairement des planches d'une épaisseur peu considérable, déjà tirées très-sensiblement d'épaisseur au sciage. Dans ce cas, gauches ou non, on les soumet à l'action d'une raboteuse à plateau fixe où elles s'engagent sous un rouleau de pression avant d'atteindre l'outil rotatif qui agit avec elles. A la sortie, la planche, en effet, n'a été que blanchie, car, forcée par le rouleau de pression de s'appliquer sur la table fixe, elle a bien été tirée d'épaisseur d'après son parement opposé, mais aussitôt qu'elle est libre, elle redevient gauche comme auparavant.

Les pièces brutes de sciage qu'il s'agit de dégauchir doivent être appliquées sur un plateau mobile libre de toute influence de la part des formes plus ou moins irrégulières des parements du bois; de plus, la pièce doit être solidement assujettie sur le plateau afin qu'elle ne puisse subir la plus petite flexion, car, s'il en était autrement, une fois délivrée de ses entraves, elle reprendrait sa forme primitive en dépit du plan exactement engendré par l'outil.

Le premier procédé donne des résultats suffisants pour des parquets, des frises, etc., mais ne peut convenir pour des bois d'assemblage, et les autres travaux de menuiserie, ébénisterie, charpente, etc.

Pour obtenir le résultat exigé pour le second procédé, plusieurs types de machines sont employés.

Le *premier type* comprend une ou plusieurs lames de rabots fixes, et c'est la pièce de bois qui se déplace mécaniquement suivant le sens longitudinal de ses fibres, mais ces machines ont l'inconvénient d'absorber une force motrice considérable.

Le *deuxième type* a été imaginé par M. Bramah; l'ancien recueil de machines, *l'Industriel*, l'a publié vers 1829 : il consiste dans l'emploi de bouvets et de rabots de formes variées fixés sur un disque monté sur un arbre vertical animé d'un mouvement rapide de rotation pendant que la pièce de bois, fixée sur un chariot, avance lentement. A l'Exposition universelle de Londres, en 1851, M. Furness, de

Liverpool, avait envoyé une petite machine de ce genre qui est actuellement au Conservatoire des arts et métiers; M. Calla, puis MM. Périn, Panhard et Cⁱᵉ ont adopté ce type, dont nous donnons plus loin des descriptions détaillées.

Le *troisième type* présente certaines analogies avec le deuxième, en ce sens que ce sont également des outils fixés sur deux disques, mais ceux-ci sont montés sur des axes horizontaux; nous verrons que l'on arrive ainsi à dresser une pièce exactement d'équerre sur ses quatre faces et sans calage, ce qui ne peut se faire avec les autres procédés.

Enfin, le *quatrième type* est celui à lame hélicoïdale, système Maréchal et Godeau, que construit M. Arbey et au moyen duquel on peut dégauchir de grandes largeurs.

Nous allons, dans l'ordre qui précède, examiner chacun de ces types.

PLANEUSE DE M. FURNESS
Représentée figures 1 à 3, planche 17.

La machine de M. Furness acquise par le Conservatoire est d'une construction très-simple; son bâti est en bois et le chariot sur lequel est placé le bois à planer glisse sur deux rails en fer et est commandé par un pignon et une crémaillère.

Sur les figures 1 et 2 nous n'avons représenté, en élévation et en plan, que le porte-outils de cette machine, parce que là, seulement, est tout l'intérêt.

Les outils sont au nombre de deux et fixés par des étriers b dans des rainures rectangulaires pratiquées à chaque bout du porte-outils en fonte A, monté à l'extrémité de l'axe vertical B. Celui-ci tourne dans deux collets ménagés au milieu d'un châssis en fonte, dont on ne voit que la traverse inférieure C. La traverse supérieure est munie d'un fort écrou traversé par une vis à l'aide de laquelle on fait monter et descendre, à volonté, le châssis, et par suite on règle la hauteur des outils suivant l'épaisseur de la pièce de bois à dresser.

Comme l'arbre porte-outils monte et descend avec le châssis, au lieu de fixer simplement vers son milieu une poulie pour recevoir le mouvement, on a appliqué un cylindre en bois P garni de cuir, qui occupe presque la totalité de la hauteur comprise entre les deux traverses horizontales du châssis, de sorte que le cylindre peut toujours transmettre le mouvement au porte-outils, quelle que soit la hauteur de ce dernier et sans que la courroie de commande change de place.

Le bois est maintenu sur le chariot mobile au moyen d'un disque D, dont le centre est placé dans l'axe même du porte-outils, de sorte que ceux-ci travaillent en décrivant un cercle autour de ce disque (comme l'indiquent les flèches fig. 2). Il est réuni au châssis par des tringles méplates en fer D', qui passent dans des guides C' fixés aux traverses. Dans l'épaisseur de ces guides sont pratiquées des ouvertures allongées pour le passage des boulons, afin de permettre de rapprocher ou d'éloigner à volonté les deux tringles D', qui sont réunies de la même manière avec le disque.

Les outils a, comme l'indique le détail figure 3, présentent un taillant arrondi, incliné assez sensiblement en surface gauche, de façon à n'entamer le bois que graduellement. Alors la portion en saillie est d'abord enlevée par le pied de l'outil, près de sa tige carrée où le taillant est le plus élevé, le plus fort et le moins sensible; puis arrive naturellement, dans le mouvement de rotation, le taillant mince et élargi a', qui enlève plus profondément en polissant la surface.

MACHINE A RABOTER ET A PLANER

De M. CALLA, représentée par les figures 4 à 11, planche 17.

La figure 4 représente cette machine en projection verticale, vue extérieurement de côté, avec ses chariots et leurs guides.

La figure 5 est une vue de face, en supposant le massif en maçonnerie coupé, afin de laisser voir les roues d'engrenages intermédiaires qui servent à régler la hauteur des outils.

Les figures 6, 7 et 8 sont les détails, sur une plus grande échelle, d'un rabot et de la manière dont il est fixé sur le porte-outils.

Les figures 9, 10 et 11 montrent en détails une des gouges et son mode de fixation sur le plateau.

DISPOSITION GÉNÉRALE DE LA MACHINE. — Le bâti est fondu d'une seule pièce; il présente deux forts bras verticaux C réunis au sommet par une traverse horizontale C', et à la base par la plaque d'assise C², fixée solidement sur le massif en maçonnerie au moyen de huit forts boulons.

Trois collets D, D' et D², également fondus avec le bâti, sont disposés pour recevoir l'arbre vertical B et sa crapaudine mobile B'. Le collet inférieur D est réuni par une double nervure avec le dessous de la plaque d'assise, et contient un fort écrou en bronze traversé par la vis B'. Le collet intermédiaire D' est réuni avec le dessus de ladite plaque d'assise par des nervures fondues avec les deux paliers à doubles branches E et E', qui supportent l'arbre horizontal F transmettant le mouvement aux chariots G et G'. Enfin, le collet supérieur D² reçoit, comme le deuxième collet D', des coquilles en bronze entre lesquelles tourne l'extrémité supérieure de l'arbre B, muni de la poulie P recevant le mouvement du moteur pour le transmettre à la machine. Au-dessus de cette poulie est montée la poulie folle P', et au-dessous est vissé, sur la traverse C', un anneau en tôle mince p servant à soutenir la courroie.

Du PORTE-OUTILS. — Entre les deux collets D' et D² est clavetée sur l'arbre B une espèce de volant en fonte A, qui a la jante disposée pour recevoir les outils. Ceux-ci, au nombre de huit, sont fixés dans des ouvertures pratiquées en regard des huit bras du volant, de sorte qu'ils se trouvent placés deux à deux diamétralement opposés l'un à l'autre. Il y en a quatre a, qui ne sont autres que de vrais rabots, et les quatre autres a' sont des gouges d'une forme toute particulière.

Les premiers, comme il est facile de le reconnaître sur les figures 6 à 8, sont formés chacun d'une lame mince en acier trempé a, taillée en biseau et un peu arrondie sur l'un des côtés. Cette lame est placée dans une ouverture rectangulaire inclinée à 45° environ, et occupant toute la hauteur de la jante, de façon que cette ouverture puisse présenter une large assise à la lame, qui s'y trouve fixée au moyen d'un coin d et d'une vis de serrage c. Cette dernière est engagée dans le renflement fileté d'une pièce rectangulaire méplate b, un peu plus large que la lame, afin d'occuper toute la largeur formée par deux rainures pratiquées de chaque côté de l'ouverture inclinée qui reçoit le rabot.

Au moyen de cette disposition, la pièce b se trouve parfaitement épaulée de chaque côté; alors la vis c, engagée dans son renflement fileté, peut serrer fortement le coin d, et par suite maintenir solidement la lame de rabot a.

Les autres outils, indiqués en détails sur les figures 9 à 11, sont formés chacun d'une barre carrée en acier fondu a', terminée par une partie méplate élargie, arrondie et taillée en couteau ou forme de gouge. Cette barre est maintenue dans une ouverture pratiquée verticalement dans la jante de la roue A, au moyen de deux vis d' et d'un petit collier b', rappelé par un double écrou c'. Ce collier est introduit dans l'épaisseur de la jante par une sorte de mortaise percée à la circonférence, et fermée ensuite par une plaque de fer fixée de chaque côté par deux vis. Le double écrou c' peut alors s'appuyer contre cette plaque, et, en rappelant le collier, la tenir serrée contre la face interne de l'outil, tandis que les deux vis de serrage d' appuient sur l'autre face.

Pour régler avec exactitude la hauteur de la gouge, un petit étrier e est fixé latéralement par deux vis à sa partie supérieure, et une troisième vis, engagée verticalement dans cet étrier, permet, en la faisant buter sur le dessus de la jante de la roue A, de soulever l'outil, ou bien, en tournant en sens inverse, de le laisser descendre, en ayant le soin, toutefois, de desserrer les écrous du collier et les vis de serrage d'.

Le porte-outils A ainsi garni et claveté sur l'arbre vertical B, il est facile de comprendre qu'en animant cet arbre d'un mouvement de rotation continu, et en présentant à l'action des outils, à une hauteur convenable, un ou deux madriers X et X', leur surface se trouvera dressée d'une façon parfaite, d'abord par les gouges a' qui dégrossissent, et ensuite par les fers de rabots a qui terminent.

Quand l'usage que l'on veut faire des madriers n'exige pas une surface parfaite-

mont polie, ou suivant que la nature et les fibres du bois sur lequel on agit permettent de le faire, on peut remplacer très-avantageusement les gouges et les
rabots par des bouvets semblables à ceux de la machine à planer de M. Furness,
représentés figure 3, parce que ces outils sont beaucoup plus faciles à affûter et
sont bien moins susceptibles de se briser.

Dans cette machine, on ne peut faire varier la hauteur des chariots conducteurs
des pièces de bois, de sorte que, suivant que celles-ci sont plus ou moins épaisses,
il faut faire monter ou descendre le porte-outils. A cet effet, la vis B', dont la
tête forme crapaudine à l'arbre B, traverse l'écrou fixe renfermé dans le collet D.
Cet écrou est terminé par une douille sur laquelle est monté le moyeu de la grande
roue dentée R, qui engrène avec le pignon R'. Ce pignon est fixé à l'extrémité inférieure d'un arbre vertical h, muni à l'extrémité supérieure d'une roue d'angle H,
engrenant avec une roue semblable.

L'axe horizontal de cette dernière, monté dans une longue douille h' fondue
avec un des montants du bâti, est garni d'un petit volant à main V, à l'aide duquel,
et, comme nous venons de le voir, par l'intermédiaire des roues d'angle et du
pignon R', on fait tourner la grande roue R et, par suite, l'écrou renfermé dans le
collet D. La vis B', qui traverse ce collet et qui ne tourne pas, est alors obligée de
monter ou de descendre suivant le sens dans lequel on actionne le volant V.

On voit qu'au moyen de cette disposition on peut faire varier à volonté la hauteur du porte-outils A, puisque le pivot de l'arbre B sur le lequel il est calé peut
descendre ou monter en reposant toujours sur sa crapaudine.

MÉCANISME POUR LA TRANSLATION DU BOIS. — Les deux chariots G et G' sont
composés chacun de deux plaques en fonte de 3m,80 de longueur réunies par des
boulons qui traversent des oreilles fond   aux extrémités. Elles sont disposées
pour recevoir, tous les 80 centimètres, un dispositif de pinces pour fixer le bois. Le
dessous de ces plaques est fondu avec trois nervures; celle du milieu reçoit la crémaillère g, et les deux autres, placées de chaque côté, reposent sur une série de
galets montés deux à deux, sur un même axe, dans des supports fixés sur des dés
en pierre K, espacés d'environ 1m,20 l'un de l'autre. L'une de ces deux dernières
nervures présente en dessous une face plate (voyez fig. 5), qui repose simplement sur les galets k à jante plate correspondante, tandis que l'autre nervure
présente deux faces inclinées disposées pour pénétrer dans la gorge des seconds
galets k'.

Les pinces sont composées de deux griffes en fer i et i'; la première est fixée
dans une rainure pratiquée dans l'épaisseur de la plaque pour la recevoir, et la
seconde i' est forgée avec un écrou et ajustée à queue d'hironde au moyen de
deux bandes de métal, qui sont vissées sur les côtés de l'évidement dans lequel
sont logées les vis j'.

L'avancement du bois doit avoir lieu, comme on sait, en sens inverse de la marche des outils; c'est pourquoi, dans ce genre de machines, il faut que les deux chariots G et G' marchent inversement l'un de l'autre.

Voici la disposition appliquée par le constructeur pour atteindre ce résultat : Un des chariots, celui G, est actionné directement par un pignon r, qui engrène avec sa crémaillère g, et le second chariot G', par l'intermédiaire d'une paire de petites roues s et s' et du pignon r', commande la crémaillère g'.

L'arbre F, qui transmet le mouvement aux pignons, est muni en son milieu d'une roue dentée en hélice N engrenant avec une vis sans fin montée sur l'arbre principal B. Cette roue est fixée sur le moyeu d'un double manchon à griffes l ajusté fou sur l'arbre F. Deux griffes correspondantes à ce double manchon sont clavetées sur cet arbre entre les deux branches des supports E, E'; elles sont embrassées par les fourchettes m, reliées par les petites bielles m' aux leviers à manettes M et M'. Ceux-ci ont leur centre d'oscillation q sur les nervures des montants verticaux du bâti, qui, à cet effet, présentent des fourches pour les recevoir.

Il résulte de cette combinaison que l'on peut, en agissant sur les poignées de ces leviers, opérer facultativement l'embrayage ou le débrayage des manchons l, o, ou l', o', et par suite communiquer ou interrompre à volonté le mouvement des deux chariots G et G', ou de l'un d'eux séparément.

Ainsi la figure 5 indique, comme exemple, la griffe o débrayée et celle o' embrayée. Or donc, en admettant que la courroie soit sur la poulie fixe P, et que conséquemment l'arbre B du porte-outils soit en mouvement, il n'y aura que le chariot G' qui avancera. Comme ce dernier doit marcher en sens inverse de celui G, le pignon r' n'est pas monté sur l'arbre F, mais sur un petit arbre placé derrière, dans le même plan horizontal, et muni d'une petite roue engrenant avec une roue semblable s', qui est calée sur l'arbre F; par ce moyen, le sens de rotation du pignon r' se trouve naturellement inverse de celui r.

Deux petits volants à main V' sont fixés à chaque extrémité de l'arbre F pour faire mouvoir les deux chariots séparément quand les manchons sont débrayés, afin de pouvoir amener les madriers en contact avec les outils.

TRAVAIL DE LA MACHINE. — Deux machines semblables à celle que nous venons de décrire ont été en service dans les ateliers de MM. Frossard et Cie, de Lyon, et une troisième aux grands établissements de Oullins, près Lyon. Nous avons vu fonctionner cette dernière, ce qui nous a permis de constater les résultats qui suivent :

La vitesse imprimée à l'arbre principal de la machine, et conséquemment au plateau porte-outils, pour le travail ordinaire des madriers en chêne, est de 240 à 250 tours par minute.

Le diamètre du taillant des outils est de 1m,500, par conséquent la circonférence est de 4m,712.

La vitesse du taillant est alors, en admettant une vitesse moyenne de 245 tours par minute, de 4m,712 × 245 = 1154m,440.

L'avancement du bois dans le même temps est de $1^m,200$.

Le rapport existant entre la vitesse du taillant et celle du bois est alors comme

$$\frac{1154,440}{1,200} \text{ ou } :: 962 : 1.$$

En rabotant des bois de $0^m,350$ de largeur, le travail par minute est pour chaque pièce de $1^m,200 \times 0^m,350 = 0^{mq},4200$;
et pour les deux chariots de $0^m,4200 \times 2 = 0^{mq},8400$.

Ce qui produit par heure $0^m,8400 \times 60 = 50^{mq},400$ de surface rabotée;

Et par journée de 10 heures $= 504$ mètres carrés.

Si l'on admet, comme cela paraît exister généralement à l'usine, que le temps perdu pour changer les pièces, affûter les outils et opérer le graissage soit de $^1/_5$ du temps total, la surface réelle rabotée serait de :

$$504^{mq} - 100^{mq},700 = 403^{mq},200.$$

Or, un fort ouvrier corroie 8 à 9 mètres carrés de bois dans sa journée de 10 heures, la machine peut donc faire le travail de 45 à 50 ouvriers.

MACHINE A PLANER
DITE DÉGAUCHISSEUSE
Par MM. PÉRIN, PANHARD et Cⁱᵉ, représentée planche 17.

La machine à planer, plus moderne, de MM. Périn, Panhard et Cⁱᵉ, bien que reposant sur le même principe d'action que la machine de M. Calla, en diffère sensiblement dans sa construction et par ce fait, que l'outil n'attaque qu'une seule pièce de bois à la fois.

La figure 1 représente cette machine de face et en vue extérieure, le banc n'étant représenté qu'en partie à cause de sa longueur;

La figure 2 en est une projection horizontale correspondante, et la figure 3 une coupe transversale passant par l'axe du plateau porte-outil.

Elle se compose d'abord d'un banc A disposé en console, et sur la surface verticale duquel est monté un chariot B armé de supports dans lesquels tourne l'arbre C, lequel constitue l'axe tournant du plateau porte-outil D. La pièce de bois X est retenue sur un chariot E, qui glisse sur un banc en fonte F supporté par un certain nombre de pieds F'.

Cette machine étant construite pour travailler des pièces d'une longueur de 5 mètres, celle du banc a nécessairement le double de cette longueur, puisque le chariot porte-pièce doit être supporté, tant avant l'entrée de la pièce sur le plateau qu'à sa sortie.

L'origine de la commande générale est l'arbre horizontal G qui porte les poulies principales fixe et folle a et a', un tambour b, sur lequel se prend la commande du chariot, et la poulie c qui, par la courroie gauche c', commande directement l'arbre C du plateau porte-outil par son manchon C². La relation du tambour B avec le mécanisme du chariot s'effectue par les deux courroies b' et $b²$, la première croisée et la seconde droite, et qui viennent correspondre à un groupe composé d'une poulie d calée sur l'arbre intermédiaire H et de deux tambours d' et $d²$ montés fous sur le même arbre; ce dernier, tournant dans ses supports H', porte enfin le cône-poulie e qui, par la courroie e', actionne directement le cône $e²$ dont l'axe I correspond, dans des conditions que nous expliquons plus loin, au mécanisme composé de pignons droits, qui complète la commande du chariot.

Nous ferons préalablement remarquer que la combinaison du manchon b, des courroies croisée et droite b' et $b²$, et des trois poulies correspondantes d, d', $d²$, permet de faire marcher mécaniquement le chariot porte-pièce, en avant pour le travail et en arrière pour le retour, ce qui n'empêche pas que des moyens ont été réservés pour isoler ce chariot de sa commande et permettre de le déplacer à la main; nous ferons observer encore que les différents organes qui composent cette commande de chariot sont disposés pour un retard considérable de vitesse, et que la vitesse définitive de ce chariot est variable à la faveur des deux cônes c et $e²$.

A la circonférence du plateau D sont implantés six fers, trois gouges et trois planes, ces dernières destinées à effacer les sillons laissés par les gouges; le bois se trouve donc ainsi attaqué par le travers et suivant des prises en arc de cercle, conformément à la marche des fers; ce procédé évite absolument les éclats et permet d'enlever une très-forte épaisseur à la fois. L'arbre porte-outils appartenant à un chariot qui peut se déplacer verticalement, il est très-facile d'en régler la hauteur suivant l'épaisseur de la pièce X.

Dans les conditions où cette machine est établie, la pièce peut avoir 5 mètres de long et 25 centimètres sur 20 d'équarrissage.

MÉCANISME ET COMMANDE DE L'OUTIL. — La face de la console A présentant les coulisseaux nécessaires pour l'ajustement du chariot B, le déplacement vertical de ce dernier s'effectue par le mouvement de la vis J, montée verticalement en arrière et traversant l'écrou en bronze J' encloisonnée dans une portée appartenant au chariot; cette vis est munie à sa partie supérieure d'un pignon d'angle f commandé par la roue f', dont l'axe horizontal se termine du côté opposé par la roue g (fig. 2), en rapport avec le pignon g' fixé sur l'axe transversal K qui, en avant du chariot, porte le volant K' à l'aide duquel le conducteur peut ainsi faire tourner la vis J et régler la hauteur du plateau porte-outil. Faisons observer que, pour ce motif et d'autres du même genre, la console et le banc F sont reliés au moyen de pièces entretoisées F', indépendamment des pierres de fondation sur lesquelles ces deux pièces sont boulonnées.

Ces mouvements d'élévation ou d'abaissement du plateau porte-outil sont appréciés au moyen du cadran divisé L, qui tourne sur lui-même, proportionnellement aux déplacements de ce chariot, et vis-à-vis duquel se trouve l'index L' montrant la distance que l'on veut ménager entre l'attaque des outils et la surface dressée du chariot E. Le mécanisme établissant la relation entre le chariot B et le cadran divisé se compose d'un bras horizontal h, dont l'extrémité se rattache avec une chaîne Galle h' enveloppant à moitié le pignon h^2 monté sur l'axe L² du cadran, et supportant elle-même par son brin libre un contre-poids h^3. De cette façon, le bras h se déplace comme le chariot, et la chaîne, constamment soumise à l'action du contre-poids, reste toujours tendue et fait tourner le cadran de quantités exactement correspondantes.

MÉCANISME DU CHARIOT PORTE-PIÈCE. — Le chariot E, sur lequel la pièce X doit être fixée, offre une section transversale rectangulaire et glisse à plat sur le banc F, guidé latéralement par deux rebords de peu de saillie. On a ménagé dans ce chariot, de distance en distance, des évidements transversaux dans chacun desquels se trouve logée une vis M portant un volant à main M' (voir les détails fig. 4 à 6), laquelle vis traverse une griffe M² pour l'entraîner lorsqu'on la fait tourner, et qui, s'approchant du bois, vient serrer la pièce contre des arrêts N dont la hauteur ne doit pas aller jusqu'à la surface atteinte par les outils.

Ces arrêts sont de simples platines articulées en leur point d'attache, et qui peuvent ainsi s'élever ou s'abaisser en modifiant leur inclinaison; l'écrou monté sur leur axe d'oscillation permet de les arrêter solidement dans chaque position requise. Chaque griffe M² est aussi traversée par une tige fixe M³, servant à les maintenir verticales dans tous les cas.

Nous avons décrit le mécanisme de l'avancement jusqu'à l'arbre I qui traverse le banc F, et qui devient ainsi la source immédiate du mouvement du chariot.

Pour compléter ce qui concerne ce mécanisme, nous avons recours surtout à la figure 4, qui est une coupe transversale, suivant 3-4, du banc et du chariot, à la figure 5, qui en est une coupe longitudinale suivant 5-6, et à la figure 6 qui en est une coupe horizontale suivant 7-8.

On voit par ces figures que l'arbre I porte, à l'intérieur du banc, un pignon droit O, duquel il n'est d'ailleurs rendu solidaire que par l'intervention du manchon i dont la gorge est en prise avec la fourche i' fixée sur la tige transversale i^2; ce premier pignon commande la roue O' appartenant à la même pièce que le pignon P; l'ensemble de ces deux pièces se trouvant fixé sur l'axe j muni extérieurement du volant j', à l'aide duquel nous verrons que l'on peut effectuer à la main le déplacement du chariot; enfin le pignon P' commande la roue P' solidaire du pignon P², lequel engrène avec la crémaillère P³ fixée à la partie inférieure du chariot E.

Si donc l'embrayage du premier pignon O est effectué, la commande mécanique est transmise au chariot par ces divers pignons, dont l'intervention complète le retard de vitesse en rapport avec celle de l'arbre moteur G, qui est naturellement très-grande ; si, au contraire, on débraye ce pignon en repoussant la tige t^2, la commande mécanique est rompue et l'on peut, à l'aide du volant j', déplacer le chariot à la main, à volonté.

Nous avons déjà indiqué que cette commande mécanique a lieu dans les deux sens. Elle se produit en effet au moyen de ce système à deux courroies croisée et droite b' et b^2, que l'on peut amener successivement sur la poulie centrale fixe d, comme on peut aussi conduire ces deux courroies simultanément sur les tambours d' et d^2 lorsqu'il s'agit de suspendre complètement ce mouvement d'avancement.

Le transport de ces courroies s'effectue, comme toujours, au moyen d'une barre k portant les quatre guides k' entre lesquels les courroies passent. Mais ici, et pour la commodité du conducteur, l'attaque de la barre k n'est pas directe. Elle se termine en avant par une tige à crochet k^2, qui est mise en prise avec le levier vertical l appartenant à l'axe horizontal l', dont l'extrémité opposée est armée de la roue d'angle m ; cette roue engrène alors avec la roue semblable m' appartenant à l'axe n, qui porte le grand levier à poignée n' dont les positions sont réglées par le secteur n^2. Le déplacement des courroies se fait ainsi au moyen de ce dernier levier, très à portée de la main du conducteur, et qui, amené dans l'une des trois positions qu'il peut prendre suivant l'arc qu'il décrit, détermine la marche du chariot dans les deux sens ou son arrêt complet.

DISPOSITION DES OUTILS. — Les figures d'ensemble permettent de comprendre la structure du plateau D et le moyen très-simple employé pour le fixer sur son arbre C. On voit qu'à la base du cône, qui en constitue la partie principale, une zone annulaire plane est réservée pour l'implantation des outils, que les figures de détail 7 à 10 représentent dans leurs deux modes différents.

Pour un système comme pour l'autre, l'outil ou le fer proprement dit Y ou Z est serré à l'aide d'une vis o dans une platine Q, qui porte les bossages nécessaires pour cette vis et pour donner au fer un point d'appui d'une étendue suffisante ; ces platines, qui sont percées chacune de deux trous pour l'emplacement de vis, se montent sur le plateau D, qui est percé à cet effet d'ouvertures dans lesquelles s'encastrent les bossages inférieurs des platines.

Quant à ces deux fers, le premier Y est une plane ; il est disposé carrément, et le bossage de la vis de serrage offre naturellement la même disposition ; l'outil Z est une gouge ; il est incliné et la vis de serrage, ainsi que son bossage, ont une structure ad hoc.

MACHINE A CORROYER ET A ÉQUARRIR

Par M. R. HARTMANN, représentée par les figures 12 à 16, planche 17.

Pour équarrir des pièces de bois, charpentes ou solives, de grandes et fortes dimensions, M. Hartmann, constructeur à Chemnitz, a disposé la machine représentée figures 12 et 13, qui dresse simultanément deux faces parallèles, de telle façon qu'une fois ces deux premières faces dressées, il suffit de déplacer la pièce sur le chariot en lui donnant quartier, pour arriver, par le dressage des deux autres faces, à un équarrissage parfait.

Cette machine, dont le banc a plus de 12 mètres de longueur, peut recevoir sur son chariot des solives de 9 mètres de longueur ayant un équarrissage de 0m,50 à 0m,60.

La figure 12 représente cette machine en coupe transversale, faite suivant l'axe des deux poupées servant de supports aux arbres des plateaux porte-outils;

La figure 13 en est une coupe longitudinale, sur laquelle le banc et le plateau porte-pièce n'ont pu être indiqués complétement à cause de leur trop grande longueur;

La figure 14 est destinée à montrer le mécanisme de la commande du chariot, qui s'y trouve représenté en coupe horizontale;

Enfin, les figures 15 et 16 représentent en détails l'un des outils.

DISPOSITIONS D'ENSEMBLE. — Cette machine est composée d'un banc horizontal A, formé de deux longues parties de 5m,87 chacune, qui viennent s'assembler sur le bâti central B fondu avec des consoles portant, vis-à-vis l'une de l'autre, les deux poupées C qui servent de support aux axes des deux plateaux à croisillons D, armés des outils entre lesquels passe la pièce de bois X qu'il s'agit d'équarrir. Cette pièce de bois est assujettie sur la partie supérieure du plateau rectangulaire E, qui est disposé pour glisser sur le banc A dans des guides ou coulisses dressées en forme dite de grain-d'orge.

Les deux parties de banc A, boulonnées avec le bloc central B, sont en outre soutenues, à leurs extrémités opposées, par des supports en fonte B' et, vu leur grande longueur, il y a encore, entre chacun de ces supports et le bloc, un support intermédiaire de même forme et que nous n'avons pu indiquer faute d'espace; des traits ponctués à gauche de la figure 2 en indiquent seuls l'existence.

POUPÉES PORTE-OUTILS. — La forme de ces deux poupées est exactement celle que l'on donne d'habitude aux poupées de tours. L'axe a, que chacune d'elles porte, est monté sur des portées coniques qui assurent la rectitude de sa position, et il s'y trouve arrêté au moyen de deux écrous *b* appliqués sur son extrémité, qui est filetée à cet effet.

Mais afin d'éviter que, par la réaction des outils sur la pièce, cet arbre ne vienne à gripper dans ses collets par un excès de serrage, il est contre-buté extérieurement par un pointal *c* monté sur l'étrier *d*, que l'on applique ordinairement à l'arrière des poupées de tour.

L'arbre *a* porte enfin le plateau D, sorte de croisillon à quatre branches armées des fers ou outils proprement dits *e* et *e'*. Ce croisillon est monté sur l'extrémité lisse de l'arbre, son moyeu butant sur une embase, et il est retenu simplement par l'écrou *f* (fig. 13) serré sur cette extrémité de l'arbre terminée par un taraudage.

Chaque poupée C repose, comme il a été dit, sur la console correspondante fondue avec le bloc central B, et elle s'y trouve maintenue par une plaque G sur laquelle elle est ajustée à coulisse. Celle-ci étant fixée sur la console par des vis à têtes noyées *g*, la poupée peut, au contraire, glisser sur la plaque et prendre telle position convenable pour mettre le porte-outils correspondant D à distance voulue du centre du chariot E.

Le croisillon en fonte D a deux de ses branches qui offrent une légère torsion pour recevoir les deux fers *e*, ayant pour structure exactement celle d'un fer de rabot ordinaire (voy. fig. 15). Quant aux deux autres branches, elles présentent un léger déversement du côté de la pièce X et sont armées des fers *e'*, qui ont les formes et dispositions représentées en détail figure 16.

CHARIOT PORTE-PIÈCE. — Le chariot E, sur lequel se fixe la pièce de bois à dresser et équarrir, est formé de deux parties assemblées dans le sens de la longueur par des surfaces dressées d'équerre E' et au moyen de quatre boulons *e²*. Il est fondu, comme nous l'avons dit, avec deux nervures parallèles taillées en grain-d'orge, par lesquelles il s'appuie sur les deux rainures de forme correspondante pratiquées dans toute la longueur du banc et aussi du support B.

Ce plateau est pourvu à sa partie supérieure de trois rainures pour fixer des cales ou chantiers en fonte sur lesquels repose la pièce de bois, afin d'élever cette dernière au-dessus de la partie inférieure du cercle décrit par les outils.

C'est aussi aux deux chantiers extrêmes *k* que se rattache, par le boulon *l*, la griffe *k'* destinée à fixer la pièce X, et à laquelle on donne le serrage voulu au moyen de la vis à poignée *l'*.

L'ensemble du plateau E doit donc se mouvoir longitudinalement sur le banc dans toute sa longueur. A cet effet, il est pourvu d'un demi-écrou en bronze H s'emboîtant sur la vis à deux filets V, qui règne sur toute la longueur du banc et qui doit être animée d'un mouvement de rotation relativement rapide, sans se déplacer dans le sens de sa longueur. Pour cela, elle se termine, d'un côté, par une partie de plus faible diamètre, qui est filetée pour recevoir les écrous *m*, tandis que le côté opposé se trouve arrêté par le moyen des engrenages qu'il porte.

Mais une vis d'une pareille longueur, et qui n'est embrassée que par moitié par l'écrou H sur lequel elle agit, fléchirait si des points d'appui intermédiaires ne lui étaient réservés. C'est dans ce but que le banc A présente sur ses traverses A', des demi-coussinets H', dont l'intérieur est lisse et sur lesquels la vis peut s'appuyer et tourner librement.

Cette vis est soumise à un mouvement de rotation à deux vitesses différentes, suivant que la pièce s'avance dans le sens du travail, ou qu'elle fait retour à la fin de chaque passe, ou tout au moins pour ramener le chariot à son point de départ.

Le changement de marche du chariot E peut d'ailleurs s'exécuter automatiquement, au moyen du mécanisme bien connu appliqué depuis longtemps à divers outils et principalement aux machines à raboter les métaux.

Il a pour origine trois poulies (fig. 14), la première calée sur l'axe transversal K, la seconde folle sur ledit axe, et la troisième calée sur la douille L.

Celle-ci est terminée par le pignon d'angle p et montée folle sur l'arbre K, lequel porte, calé sur lui, le pignon d'angle de même diamètre p' engrenant avec la roue d'angle M, qui est clavetée à son tour sur le moyeu d'un pignon m fixé à l'extrémité de la vis V, et ce dernier engrenant avec le pignon p solidaire de la troisième poulie.

Or, on sait que ces trois poulies étant commandées par une courroie unique que l'on reporte alternativement de l'une à l'autre, si cette courroie se trouve sur la première poulie, c'est l'axe K qui est mis en rotation et qui, par le pignon p' et la roue d'angle M commande la vis V avec une vitesse déterminée par le rapport du pignon et de la roue, et dans le sens de l'avancement de la pièce à travailler; tandis que si la courroie se trouve reportée sur la troisième poulie, la commande de la vis résulte de l'engrènement des pignons p et m, c'est-à-dire que cette fois elle tourne en sens contraire et à une vitesse beaucoup plus grande, ce qui correspond à la période de retour.

Inutile d'ajouter que, si la courroie est maintenue par la poulie centrale, le mouvement de la vis est entièrement suspendu.

Le déplacement de la courroie peut être produit ici, soit à la main et à volonté, soit automatiquement par le chariot lui-même.

Le banc A porte à cet effet, sur l'un des côtés, une tringle longitudinale N (fig. 14) pouvant glisser dans des supports fixes, et qui est assemblée, du côté de la commande que nous venons de décrire, avec l'équerre n, qui se rattache au guide-courroie o.

Pour produire le débrayage ou le changement de marche à la main, il suffit de déplacer cette tringle longitudinalement, en agissant sur un levier L' monté sur l'axe q', qui traverse le banc et dont l'un des deux est assemblé avec la tringle N.

Quant au déplacement automatique de cette tringle, il peut résulter de la rencontre de talons appartenant au chariot E avec des index r fixés sur cette tringle.

La vitesse de rotation qui convient aux porte-outils tournants est considérable, comme dans la plupart des outils à bois, elle est de 1 000 tours par minute. Quant au chariot porte-pièce, c'est le contraire qui a lieu ; sa marche doit être très-lente.

Ainsi la vitesse communiquée aux poulies est de 185 tours par minute, et comme le pignon p,' qui engrène avec la roue M actionnant la vis, est dans le rapport de 1 à 3, la vis ne fait dans le même temps que : 185 : 3 = 61',66.

Or, le pas de cette vis est de 25ᵐ,4, son avancement est donc de :

$$61',66 \times 25^{mill},4 = 1^m,566 \text{ par minute ou } 2^{cent},61 \text{ par seconde.}$$

Pour le retour du plateau, cette vitesse est trois fois plus grande, puisque c'est le pignon p qui commande la vis par la roue d'angle m de même diamètre ; alors la vitesse de la vis est de 185 tours et celle du plateau de :

$$185^t \times 25^{mill},4 = 4^m,699 \text{ par } 1' \text{ ou } 7^{cent},83 \text{ par } 1''.$$

Il suffit donc d'un peu plus de deux minutes pour faire revenir le plateau à son point de départ, puisque celui-ci a 0ᵐ,50 de longueur, tandis que pour faire subir à la pièce de bois l'action des outils sur toute la longueur, celle-ci étant de 9 mètres environ, il faut alors 6',13''.

Soit pour aller et retour 8 à 9 minutes, pendant lesquelles deux faces de la solive se trouvent dressées.

MACHINE A CORROYER ET A DÉGAUCHIR
Par M. L. OLIVIER, représentée planche 19.

La machine de M. Olivier que nous allons décrire est, pour ainsi dire, une machine de précision ; elle résout le problème, pour la plupart des travaux de menuiserie et d'ébénisterie, de dresser exactement sur toutes ses faces, sans calage, une pièce de bois en enlevant en une passe une forte épaisseur.

Ainsi, sur un madrier de sapin de 0ᵐ,220 de hauteur et 3 mètres de longueur on a pu enlever en une passe 10 millimètres de bois ; si on allait au delà, l'outil ne se briserait pas, mais il arriverait que le plateau porte-outil prendrait trop de force et que la courroie glisserait sur la poulie motrice, de sorte que, même dans ce cas, la négligence d'un ouvrier n'aurait pas d'effet nuisible.

Deux points importants rendent cette machine différente des autres systèmes :

1° La disposition de l'outil, et, comme conséquence, la façon d'attaquer le parement du bois. L'outil travaillant est un plateau très-légèrement conique dans lequel sont montés radialement plusieurs fers droits, garnis de contre-fers et agissant comme le rabot ou la varlope. En vertu de la forme conique du plateau, chaque fer n'entre que successivement en action, ou autrement dit, n'attaque pas en même temps par sa longueur totale, ce qui a pour conséquence de faire du même coup, comme nous l'avons dit, des passes d'une grande épaisseur ;

2° Le mode de fixation en dessus et en dessous de la pièce de bois au moyen de griffes indépendantes qui permettent, en rapprochant toutes les paires séparément les unes des autres, de suivre les contours du bois, quelle que soit son épaisseur, ce qui dispense de toute cale.

Grâce à la disposition du chariot, une face une fois dressée, il suffit de renverser la pièce et la seconde face se trouve rigoureusement perpendiculaire à la première.

La figure 1 de la planche 19 représente cette machine à corroyer en vue de face extérieure, à l'échelle de 1/25 ou de 4 centimètres pour mètre ;

La figure 2 en est une projection horizontale en vue extérieure ;

La figure 3 en est une coupe transversale suivant la ligne 1-2-3-4 ;

Les autres figures, 4 à 10, en sont des détails à une échelle double des figures précédentes, c'est-à-dire à 8 centimètres pour mètre.

DISPOSITIONS D'ENSEMBLE. — Cette machine se compose d'abord d'un banc longitudinal en fonte A, disposé pour recevoir le chariot sur lequel se place la pièce de bois qui doit être soumise à l'outil. Latéralement, ce banc est accompagné d'un socle B, qui sert à recevoir les paliers destinés à l'arbre du plateau porte-outil C.

Si l'on se reporte à la figure 4, qui représente ce plateau en coupe transversale ainsi que la partie supérieure du banc A avec la section du chariot D, on voit que ce plateau est, comme nous l'avons dit, légèrement conique du côté de sa face travaillante. Or, son axe étant de niveau, la surface du chariot D est inclinée et perpendiculaire à la génératrice supérieure du cône, comprise dans le plan vertical passant par l'axe, car c'est lorsque chaque fer ou outil traverse cette position qu'il se trouve en coïncidence exacte avec le parement plan qu'il engendre, ce qui justifie la position inclinée du chariot et de la pièce de bois.

Théoriquement, le chariot pourrait être de niveau et l'axe du plateau incliné, ce qui reviendrait au même ; mais, pratiquement, il est plus facile de conserver la position horizontale des transmissions, ce qui a conduit le constructeur à adopter de préférence l'inclinaison du plateau.

Le chariot, monté à coulisse sur le banc A, comme celui d'un tour ordinaire, reçoit à sa partie supérieure une équerre E, qui en occupe toute la longueur et que nous appellerons *porte-pinces* ; cette équerre, dont les deux côtés sont renforcés par un certain nombre d'écharpes e, fondues de la même pièce, reçoit sur sa face verticale un grand nombre de vis *b* disposées pour tourner sur elles-mêmes sans se déplacer, mais qui traversent chacune un écrou *c* ajusté à coulisseau dans des rainures pratiquées à cet effet, ce qui permet le déplacement vertical de l'écrou, lequel porte avec lui une griffe *d* (fig. 4 et 5), dont l'extrémité est disposée pour s'agrafer sur la pièce de bois que l'on veut maintenir. Enfin, l'ensemble de l'équerre E et de tout son équipage peut se déplacer transversalement sur la table du chariot et, dans ce but, elle est munie de trois coulisses *e'* (fig. 1 et 10), sur l'ajustement desquelles nous reviendrons.

Ce déplacement transversal est évidemment nécessaire pour éloigner ou rapprocher la pièce de bois du porte-outil, suivant qu'elle est plus ou moins épaisse ou pour effectuer des passes successives sur le même parement. Alors la pièce de bois doit être exclusivement dépendante de l'équerre porte-pinces, et n'être nullement serrée contre la surface même du chariot D, puisque l'ensemble de la pince et de la pièce de bois est susceptible de se déplacer sur ce chariot.

A cet effet, on remarquera (fig. 4) que la plaque horizontale de l'équerre E porte, directement au-dessous de chacune des pinces mobiles *d*, une barre transversale *d'* qui y est fixée par un boulon *f* monté à coulisse, laquelle barre se logeant dans un évidement réservé au chariot, en désaffleure légèrement la surface et se termine aussi par une griffe.

Donc, en réalité, et comme le montrent bien les figures 4 et 5, la pièce de bois est serrée entre les deux griffes *d* et *d'*, et nullement contre le chariot.

Quant au grand nombre de pinces distribuées sur toute la longueur de l'équerre E, on comprend qu'il répond à la nécessité de monter sur la machine des pièces de longueurs les plus diverses.

Pour compléter l'exposé général des fonctions de la machine, il est nécessaire de dire quelques mots maintenant de la commande.

Le mouvement de la transmission est communiqué à un premier arbre F placé en contre-bas du sol, sur les paliers graisseurs F', et qui porte, à cet effet, les poulies fixe et folle P et P'. Cet arbre transmet directement le mouvement à l'arbre *c'*, du plateau C, par les cônes à trois vitesses C' et C²; il est en outre muni du tambour *p* affecté spécialement au mouvement de translation du chariot.

Ce mouvement, qui comprend l'aller et le retour, offre la même combinaison que dans les machines à raboter ordinaires, c'est-à-dire une translation lente pendant le travail et un retour rapide, et cela au moyen d'un mécanisme qui a pour origine les trois poulies *p'*, *p²* et *p³*, sur lesquelles se transporte successivement la courroie *f*.

PLATEAU PORTE-OUTILS (fig. 4 et 6). — Ce plateau est constitué, comme nous l'avons dit, par un disque conique en fonte C de $0^m,225$ d'épaisseur, la conicité pouvant être représentée par une différence de $0^m,020$ entre le plan normal à l'axe et la circonférence prise à $0^m,48$ du centre ; ce disque est pourvu à sa circonférence d'une frette en fer g de 0^m,060 de largeur, et son moyeu est monté à vis sur l'extrémité de l'arbre c'.

La figure 6 est une section transversale partielle du plateau, indiquant comment sont disposées les quatre lames l dont il est armé. Il nous suffira de faire remarquer que c'est exactement la disposition d'un fer de rabot avec son contre-fer l', et un certain nombre de vis pour les assujettir sur le plan incliné réservé à cet effet.

Ce porte-outils est recouvert, en marche, du tambour en tôle T.

Quant à la vitesse de ce porte-outils, elle est de plusieurs centaines de tours et doit être sagement réglée, à cause du diamètre et de la masse même de ce plateau. Pour ces causes et, en général, pour le bon fonctionnement, les paliers B' sont graisseurs automatiquement; celui de l'arrière, qui est représenté en coupe figure 3, est muni d'un dispositif spécial qui permet d'annuler le jeu que l'arbre pourrait prendre longitudinalement par suite de l'usure entre les faces des collets et les coussinets. Ce dispositif consiste à rendre mobile l'une des deux joues et à la retenir sur l'arbre au moyen de deux écrous. On conçoit, d'après cela, que si du jeu se produit, on peut faire avancer cette joue mobile et réduire ainsi la largeur de la portée à celle des coussinets après usure.

MOUVEMENT DU CHARIOT. — Comme on le voit plus particulièrement sur les figures 4, 7, 8 et 9, le chariot est monté à coulisse sur le banc A et est muni à sa partie inférieure d'une longue crémaillère H, au moyen de laquelle le mouvement de translation lui est transmis par l'intermédiaire d'un mécanisme actionné par la courroie f. Ce mécanisme se compose d'une première roue H', du pignon h (fig. 8), qui la commande, et dont l'arbre porte extérieurement la roue h' qui engrène simultanément avec les deux pignons i et i' (fig. 9), par lesquels cette roue h' est commandée alternativement, pour le retour et pour l'avancement, et dans les conditions suivantes :

Le pignon i, qui se trouve à côté de celui i', est fixé sur l'axe I dont l'extrémité opposée porte la poulie p' correspondant au retour à grande vitesse du chariot porte-pièce; donc, lorsque la courroie f est amenée sur cette poulie par le guide j, le mouvement est transmis au chariot par le pignon i, la roue h', etc.

Mais l'arbre I est entouré du manchon I', sur lequel sont clavetés la poulie p' et le pignon i', de même diamètre que le précédent i, mais engrenant avec une roue intermédiaire J, dont l'axe, porté sur la tête de cheval J', reçoit aussi le pignon i'' que nous avons dit être en rapport avec la même roue h'.

Par conséquent, lorsque la courroie f est portée sur la poulie p', qui est, ainsi que son manchon I' et le pignon i', complétement indépendante de l'arbre I, le chariot est commandé avec la vitesse qui convient au travail de l'outil, par le pignon i', l'intermédiaire J, le pignon i'', la roue h', etc.

On sait que cette inversion se produit automatiquement par le chariot même, qui agit à ses extrémités de courses sur le mécanisme du guide-courroie, à l'aide de

tocs de rencontre. On voit en effet que la barre de ce guide-courroie est en relation avec l'une des branches d'une équerre oscillante K, dont la branche opposée
est engagée dans la tige ronde K', qui peut glisser librement dans ses supports fixés
sur la face du bâti A ; cette tige est munie du toc k, qui est rencontré, lorsque le
chariot a terminé son avancement, par le talon k' (fig. 1), d'où résulte le déplacement de la tige et le passage de la courroie f sur la poulie p^2.

A l'extrémité opposée, c'est-à-dire à la fin du retour du chariot, il porte un
appendice recourbé k^2 (fig. 3), qui vient produire le même effet en sens contraire,
en attaquant directement l'extrémité de la branche de l'équerre K traversant la
tige K'. On a donné cette forme à l'appendice k^2 pour que, dans le mouvement
d'avancement, il évite le toc k.

Le déplacement du guide-courroie peut d'ailleurs être fait à la main. A cet effet,
l'équerre K est pourvue d'une troisième branche K^2 se rattachant par la tringle L
au levier L', qui est terminé par une poignée à l'aide de laquelle on peut ainsi
déplacer le guide-courroie j et, par suite, amener la courroie f sur la poulie folle
p', lorsqu'on veut arrêter le chariot.

MOUVEMENT DE L'ÉQUERRE PORTE-PINCES. — Les figures 4 et 5 montrent en
coupe verticale et en plan l'une des paires de pinces ou griffes au moyen desquelles
la pièce de bois est maintenue sur le chariot ; chacune d'elles se compose, comme
nous l'avons dit, d'une griffe supérieure d, mobile à volonté par la vis b, et de celle
inférieure d' exactement fixe comme hauteur et sur laquelle doit porter exclusivement la pièce de bois.

La pince d est formée de deux lames parallèles réunies par une barrette striée
pour former la griffe proprement dite ; l'ensemble de ce petit cadre peut glisser
dans son ajustement et prendre des saillies variables ; les stries pratiquées à la
partie supérieure de la barrette sont d'un mordant moins intense que celles qui
sont en dessous, de sorte qu'on peut faire usage de ces dernières en retournant la
pince lorsque les circonstances l'indiquent. Quant au patin inférieur d', c'est une
pièce fourchue entre les branches de laquelle se place le boulon f, qui l'assujettit
à l'équerre E de façon à permettre aussi de modifier à volonté sa saillie.

Nous avons expliqué dans quelles conditions l'ensemble de l'équerre E doit
glisser sur le chariot D pour être rapproché plus ou moins du plateau porte-outils.
Ce déplacement est réglé au moyen de trois coulisseaux e' (fig. 10), et, indépendamment de ceux-ci, le chariot et l'équerre sont reliés par les deux vis m (fig. 8),
qui ont pour mission le déplacement de l'équerre sur le chariot. A cet effet, ces
deux vis sont pourvues chacune d'une roue à chaîne m', correspondant à la chaîne M
qui les rend connexes, et qui est soutenue, vers son milieu, par le galet tendeur n.

Il suffit donc, pour déplacer le porte-pièce transversalement, de faire tourner
ces deux vis dans le sens convenable, et en agissant sur l'une des deux seulement
puisqu'elles sont rendues solidaires par la chaîne M. Pour cela l'une porte, en avant

du pignon à chaîne, une petite roue d'angle *n*, engrenant avec un pignon dont l'axe *n'* porte le volant à main V, à l'aide duquel on peut ainsi régler l'approche de la pièce de bois par rapport au porte-outils.

Ce même mécanisme est encore utilisé pour une fonction très-importante : c'est de faire reculer automatiquement la pièce de bois lorsque l'avancement est terminé, pour que dans le mouvement de retour elle ne frotte pas contre le porte-outils. Pour arriver à ce résultat, l'une des deux vis, celle qui se trouve près des poulies de transmission (fig. 1 et 2), est munie à son extrémité du rochet *o* (fig. 8 et 9), dans les dents duquel est engagé le cliquet *o'*, qui est fixé sur le bras du levier à contre-poids O et soutenu par une chaînette dont l'extrémité opposée est rattachée à un point fixe *q*.

Ce mécanisme, qui est analogue à celui usité dans les scieries pour l'avancement du bois, est commandé par le toc de rencontre *r* fixé sur la tringle R montée à l'une des extrémités du bâti A.

Au moment où le chariot termine sa course, et où la pièce de bois a échappé complétement à l'outil, le porte-cliquet O rencontre le toc *r*, et comme le chariot avance encore un peu, il est forcé de décrire un arc de cercle; en se renversant, le cliquet qu'il porte s'engage dans la denture du rochet *m'*, qui tourne sur lui-même avec la vis sur laquelle il est monté, mouvement nécessairement répété par la première vis en vertu de leur connexion par la chaîne M. Ce mouvement des deux vis, exécuté en sens contraire de celui que donne la main pour l'avancement, a, en résumé, pour effet de faire reculer le bois de la quantité nécessaire pour qu'il ne touche pas, en revenant, les lames du plateau porte-outils.

Il faut faire remarquer qu'au moment où le porte-cliquet rencontre le toc, non-seulement il s'incline, mais il peut le dépasser et reprendre ensuite son aplomb. Pour le retour, c'est au contraire le toc *r* qui se renverse pour le laisser passer en pivotant d'après un goujon *r'*, au moyen duquel il est fixé sur la tringle R, mouvement favorisé d'ailleurs par un dégagement angulaire réservé à l'ouverture de la mortaise par laquelle il est enfilé sur cette tringle.

La figure 9 montre en lignes ponctuées le mouvement d'inclinaison du porte-cliquet au moment de la rencontre, et sur la figure 1 on a indiqué de même l'abatage du toc *r* pour le passage en retour du porte-cliquet qui, dans ce moment, s'incline aussi, mais en sens contraire de la première fois, et, dans ce mouvement, le cliquet lui-même, maintenu par sa petite chaînette, ne se trouve que mieux dégagé du rochet.

TRAVAIL DE LA MACHINE. — Une objection que l'on a pu faire au sujet de cette machine, c'est que sa production ne pouvait être considérable, puisque son outil n'agissait à la fois que sur une des quatre faces d'une pièce de bois. A cela le constructeur a pu répondre que la première condition qu'il a cherché à remplir était d'obtenir une exécution parfaite, tant au point de vue de la coupe que comme corroyage et dégauchissage, et que ces résultats étaient atteints et dans des conditions des plus avantageuses.

En effet, le travail obtenu sur cette machine, avec une régularité parfaite, correspond, pour la quantité, à celui de 8 à 10 ouvriers.

Comme exemple, nous dirons qu'en 20 heures on a pu corroyer et dégauchir 216 pièces de bois de chêne pour former 12 croisées à châssis vitrés et dormants, de 2^m,450 sur 1^m,320.

En 10 heures, on a façonné 1 200 lames de persiennes, de 0^m,550 sur 0^m,070 et 0^m,011 d'épaisseur.

Enfin, également en 10 heures, ont été corroyées 52 pièces de bois de chêne de 3 mètres de longueur et 0^m,200 d'équarrissage, qui avaient sur deux faces 8 à 10 millimètres de bois à enlever.

MACHINE A CORROYER

A LAMES HÉLICOÏDALES, SYSTÈME MARÉCHAL

Construite par M. ARBEY (Pl. 20, fig. 1).

Les machines à raboter dites hélicoïdales présentent ce caractère distinctif que la forme de leurs lames tranchantes et leur disposition en hélice autour d'un cylindre fait que la génératrice qui passe par l'extrémité de l'une de ces lames rencontre la lame qui la précède à l'autre extrémité du cylindre. L'action de la lame est ainsi continue pendant toute la révolution du cylindre, qui tourne très-rapidement (2 000 tours environ par minute); par suite, les chocs sont évités et l'outil travaille sous un angle constant, répartissant la résistance d'une manière uniforme et le bois est attaqué en biaisant, suivant le fil ou en travers du fil.

Un inconvénient que pouvait présenter cette machine était celui de l'affûtage, mais la difficulté a été résolue au moyen d'une disposition spéciale qui permet d'affûter les lames tranchantes au moyen d'une meule en émeri montée sur la machine elle-même, sans qu'il soit utile de la démonter.

Les premières machines construites sur ce système, comme celle représentée planche 20, étaient munies de lames d'une épaisseur de 10 à 15 millimètres, fabriquées, soit tout en acier, soit en acier soudé sur fer; mais depuis quelques années, M. Godeau a substitué à ces fortes lames, d'un prix élevé et d'un affûtage difficile, des *lames mobiles en tôle d'acier* de 1 à 2 millimètres d'épaisseur, maintenues près du taillant par des contre-fers, qui sont évidés à l'arrière pour ne serrer la lame qu'à l'avant au moyen de vis de réglage.

Ce perfectionnement a permis de rendre le système tout à fait pratique et d'en étendre l'application aux machines à raboter des bois très-larges ou très-étroits, très-épais ou très-minces ; des machines à plateau mobile à un ou deux porte-outils servent à planer les bois de wagons, de charpente, de menuiserie, de pianos ; des machines à table fixe et à amenage continu servent à la fabrication des parquets ordinaires, des moulures, etc. ; des machines spéciales sont établies pour entailler les traverses de chemin de fer, pour la fabrication des tonneaux (jabler, biseauter et chanfreiner les fûts montés), la confection des longs tenons, etc.

Nous montrerons quelques-unes de ces applications lorsque nous nous occuperons desdites machines.

La figure 1 de la planche 20 représente en section longitudinale une machine à corroyer qui est le type primitif de ce système ;

La figure 2 en est une section transversale ;

La figure 3 représente la tête du bâti qui supporte l'affûtoir, et le porte-outil remonté pour recevoir l'action de la meule ;

La figure 4 montre l'affûtoir en plan vu en dessus ;

La figure 5 est un détail de la vis à double pas inversé qui donne le mouvement de translation d'aller et retour à la meule.

DISPOSITIONS GÉNÉRALES. — Toutes les pièces de cette machine sont supportées par un bâti en fonte composé de deux longerons A et A', réunis entre eux par des entretoises en fer a et fixés au sol par des boulons. Les entretoises a sont entourées par des manchons en fonte a', fondus avec des oreilles qui servent de centres d'oscillation à des leviers de débrayage.

Vers le milieu de leur longueur, les longerons A, A' sont pourvus de montants verticaux B, B', venus de fonte avec eux pour recevoir les supports F et F' du porte-outil D entre lesquels ils glissent.

Sur le banc peut se mouvoir, dans le sens longitudinal, la table en fonte G sur laquelle se fixe la pièce à corroyer. Le mouvement de va-et-vient est donné à cette table et, par suite, au bois à œuvrer, par une chaîne de Galle commandée en dessous par un mécanisme spécial.

Les deux montants B et B' sont réunis, à leur partie supérieure, par deux entretoises b, b' qui en maintiennent l'écartement, et en même temps servent de glissières au chariot C muni du mécanisme de l'affûtoir. L'entretoise b est taillée, dans une partie de sa longueur, sous la forme d'une vis à double pas inversé pour donner au chariot le mouvement alternatif qui lui convient.

De chaque côté du porte-outil D, et sur le même support, sont montés deux cylindres en fonte E, E', maintenus en pression sur le bois par des ressorts à boudin e, exerçant leur action aux extrémités de ces deux cylindres. L'un d'eux, celui E, est cannelé sur toute sa circonférence, et reçoit le mouvement de la chaîne de Galle e' (fig. 2 et 3), commandée par une petite roue q fondue avec le manchon à griffe p, qui est fixé sur l'axe horizontal M, monté sous la table mobile pour lui transmettre un mouvement de va-et-vient.

La chaîne e' passe sur deux pignons de renvoi e^2 (fig. 3) et va s'enrouler sur la roue dentée e^3, fixée à l'une des extrémités de l'axe dudit cylindre. Ce mouvement de rotation n'est appliqué que lorsque la machine est disposée pour blanchir le bois; il a pour but de lui communiquer le mouvement d'avance nécessaire.

PORTE-OUTIL ET SON MOUVEMENT. — Le porte-outil D se compose d'un noyau en fonte à surfaces hélicoïdales, sur lesquelles sont vissées les lames ou couteaux d. Ce noyau est fixé, au moyen de vis de pression, sur l'arbre en fer D', qui le traverse dans toute sa longueur, et il tourne dans les coussinets des supports F et F', lesquels peuvent être déplacés verticalement entre les deux montants B et B' du bâti, en entraînant tout le système du porte-outil et les cylindres de pression.

Ce déplacement est produit à la main, à la volonté de l'ouvrier, au moyen de longues vis parallèles $f\,f'$, qui traversent des écrous taraudés dans l'épaisseur des supports F et F', et qui descendent sous les longerons A, A' du bâti pour recevoir les petits pignons d'angle g et g' (fig. 2).

Ces pignons engrènent avec des pignons semblables $h\,h'$ fixés sur les petits axes intermédiaires i, qui sont supportés par des consoles I boulonnées sous le bâti. Les arbres i sont encore munis des petites roues d'angle I', qui engrènent avec les pignons i'' clavetés sur l'arbre horizontal J; cet arbre, traversant toute la largeur du bâti, est commandé par l'intermédiaire de la roue droite dentée j et du pignon j' monté sur un second axe parallèle J'. En agissant sur une manivelle montée à l'extrémité de cet axe, l'ouvrier transmet le mouvement aux roues d'engrenage que nous venons de désigner, lesquelles, comme il a été dit, font tourner les vis f et f' dans le sens convenable, pour faire monter ou descendre le porte-outil D. L'arbre D' de celui-ci est prolongé en dehors du support F, pour recevoir la poulie L (fig. 2) entourée par la courroie venant du moteur. Une autre poulie à gorge L' est encore fixée sur l'arbre D' près celle L; elle a pour but de conduire le porte-outil pendant l'opération de l'affûtage.

VA-ET-VIENT DE LA TABLE. — La table G, sur laquelle on fixe les pièces de bois à corroyer, est animée d'un mouvement alternatif qui est accéléré au retour, pour éviter le temps perdu pendant lequel l'outil ne travaille pas.

Ce mouvement de va-et-vient est produit par un mécanisme relativement très-simple, placé sous la table; il se compose de l'arbre M recevant la commande du porte-outil au moyen de deux paires d'engrenages, d'une roue et d'une vis sans fin.

A cet effet, cet arbre est muni, en dehors du bâti, de la roue droite dentée N qui engrène avec le pignon N' fixé au bout de l'axe M', muni aussi du pignon d'angle n qui engrène avec la roue n' clavetée au bout de l'axe vertical O.

Sur toute sa longueur, cet arbre O est muni d'une clavette sur laquelle peut glisser librement la roue droite à denture hélicoïde O', qui engrène avec une vis sans fin P clavetée au bout de l'axe du porte-outil. Un support P', fixé à celui F', embrasse le moyeu de la roue O', afin que, pendant le mouvement ascendant ou descendant de l'outil, cette roue et la vis P, devant marcher de concert, restent toujours engrenées.

Le mouvement rotatif, quoique rapide, communiqué au porte-outil par la courroie motrice, détermine ainsi, par ces diverses relations de roues d'engrenage, le mouvement relativement très-lent de l'arbre M, lequel, à son tour, commande celui de va-et-vient de la table.

Dans ce but, une roue à denture double M² est fixée au milieu de sa longueur pour engrener avec les maillons de la chaîne de Galle H, fixée par ses extrémités aux deux bouts de la table G. On remarquera que cette chaîne, après avoir passé sur l'un des côtés de la roue dentée double M², redescend en dessous pour embrasser le galet tendeur H', que l'on charge d'un contre-poids, puis remonte sur l'autre côté de ladite roue et s'attache à l'extrémité opposée de la table. Cette combinaison a pour but de maintenir la chaîne toujours suffisamment tendue pendant le travail, afin d'assurer l'engrènement des maillons avec la roue M².

Pour éviter les chocs nuisibles qui se produiraient inévitablement sur la chaîne à chaque fin de course au départ, aller ou retour, l'auteur a disposé les points d'attache de la chaîne à la table de façon à présenter une élasticité suffisante pour contre-balancer les effets de tension et d'arrêts brusques. Ainsi la chaîne H est reliée à chaque bout de la table par l'intermédiaire d'un petit balancier k, qui a son point fixe sur la chape en fer k' boulonnée à la table, et son autre extrémité articulée avec la tige l logée en partie sous cette même table, et à laquelle elle se trouve arrêtée par le fort ressort à boudin l' ; celui-ci est retenu par une rondelle et un écrou, de sorte que, quand la chaîne exerce sa traction, elle comprime d'abord le ressort l' avant d'entraîner la table, et par cela même évite les chocs si pernicieux pour la conservation des chaînes.

Le mécanisme au moyen duquel le renversement du mouvement rectiligne de la table est opéré, consiste dans la combinaison de deux manchons à griffes alternativement embrayées et débrayées. L'un de ces manchons p est monté sur l'arbre M ; sa partie mobile est embrassée par la fourchette du levier Q, qui a son point fixe sur le tube a' de l'une des entretoises a, et qui a pour but de déplacer latéralement la partie mobile des griffes de la partie fixe du manchon, afin d'opérer le débrayage.

Le levier à fourchette Q est relié, par la bielle en fer méplat r, à un autre levier à fourchette Q', qui embrasse un deuxième manchon p' monté sur l'arbre M'.

De cet accouplement des deux manchons il résulte que le même mouvement qui opère le débrayage de l'un détermine l'embrayage de l'autre. Or, ce double effet doit se produire à chaque extrémité de la course, aller et retour, de la table G. A cet effet, celle-ci porte sur le côté un petit taquet, dont on peut varier la position sur la longueur de la table, et dont la fonction est de venir frapper sur un butoir s fixé en un point de la longue tringle en fer S, laquelle est terminée à son extrémité par une crémaillère S', qui engrène avec le secteur denté S².

Sur l'axe de ce secteur est calée une petite manivelle r', au bouton de laquelle est reliée la longue bielle en fer R', qui s'attache par l'autre extrémité à la manivelle horizontale T. Cette dernière est fixée à la partie inférieure d'un petit arbre vertical monté dans le support T', et dont l'extrémité supérieure est munie d'une dent ou came t, qui s'engage dans une chape appliquée sur la bielle r, laquelle se trouve ainsi dépendante des mouvements communiqués à ladite came t.

Or, vers la fin de chaque course de la table, le taquet dont elle est munie vient frapper sur le butoir s fixé sur la tringle S, le repousse avec celui-ci, et sa crémaillère S' fait mouvoir le secteur S²; l'arbre R de ce secteur tourne alors, et avec lui la manivelle r' qui, par la bielle R' et la manivelle T, imprime un mouvement à la came t; celle-ci par la bielle r déplace les leviers Q et Q', qui opèrent le débrayage de l'un des manchons et l'embrayage de l'autre.

Un mouvement semblable, mais en sens inverse, a lieu au retour, au moyen d'un second taquet disposé sur le côté, vers l'autre bout de la table, pour repousser le butoir s, et replacer ainsi les manchons dans leur première position.

Un levier à poignée est fixé sur l'arbre R, en dehors du bâti, pour permettre d'opérer à la main le débrayage complet de la table, ou simplement en changer la marche à volonté.

Or, comme nous l'avons dit, le retour de la table s'effectue beaucoup plus rapidement que pendant la marche en avant, indiquée par le sens de la flèche (fig. 1) et pendant laquelle l'outil travaille. Dans ce dernier cas, la table est commandée, comme nous l'avons vu, par l'arbre M', dont le pignon N' engrène avec la roue N, d'un diamètre trois fois plus grand, montée sur l'axe M, de la roue à chaîne M²; il suit de là que cet arbre, qui commande la marche en avant, tourne avec une vitesse trois fois moins grande que celui de M', tandis qu'au retour l'arbre M, par suite du débrayage du manchon p et de l'embrayage de celui p', marche à la même vitesse que l'arbre du pignon N', parce qu'il reçoit, dans ce cas, la commande des trois pignons droits m² de même diamètre.

Afin que, pendant le retour, le bois corroyé ne soit pas touché par les lames, la table sur laquelle il est assujetti s'abaisse de quelques millimètres au moyen d'une disposition de glissière à coins dont ses bords latéraux sont munis.

Pour fixer le bois à œuvrer sur la table, l'une des extrémités de celle-ci est pourvue d'une griffe fixe v, contre laquelle le bois vient s'appuyer, et l'autre extrémité est munie de deux griffes mobiles V, dont on règle exactement la position à la distance voulue, suivant la longueur des bois, en les faisant glisser entre deux coulisseaux fixés sur la plaque V', laquelle peut se déplacer facilement sur la table et y être arrêtée au moyen de deux écrous.

A l'extrémité postérieure de chaque griffe V est articulée à charnière une vis en fer æ, qui traverse un écrou prisonnier dans le support fixe æ'; cet écrou est fixé au moyen d'un petit volant à main X, qu'il suffit de tourner à gauche ou à droite pour serrer ou desserrer le bois qu'il s'agit de corroyer.

APPAREIL DE L'AFFUTOIR. — L'affûtage des lames étant, comme nous l'avons dit, une des conditions importantes de ce système de machine à raboter à lame hélicoïdale, un organe spécial permet d'affûter les lames sans rien démonter. A cet effet, la partie supérieure des montants B et B' est munie d'un petit chariot rectangulaire C, qui peut se déplacer dans le sens transversal sur deux entretoises fixes b, b', servant de glissières. A l'intérieur de ce chariot est monté sur pointes un petit arbre qui porte la meule mince en émeri C', une petite poulie à gorge c pour la commande et une vis sans fin c' (fig. 3 et 4). Cette dernière transmet le mouvement à une roue à denture hélicoïdale c², fixée sur un arbre horizontal C², également monté sur pointes et placé dans une direction perpendiculaire à celui de la meule.

Cet arbre C² est aussi muni de la vis sans fin d', qui donne, en dessous, le mouvement à la roue dentée d² fixée sur la douille en bronze a⁴ (fig. 5), pouvant tourner librement sur la vis à deux pas inversés b, laquelle, quoique restant fixe, donne au chariot C son mouvement de va-et-vient. Voici comment :

Sur la douille a⁴ est fixé un petit canon en bronze a², dans lequel tourne librement la queue d'une pièce à fourche z, qui embrasse une partie de la circonférence du noyau de la double vis b, et qui sert d'écrou pour la conduite du chariot. Comme les rainures hélicoïdales de cette vis se coupent nécessairement deux fois par chaque révolution, les branches de la pièce z doivent être plus longues que les rainures formées de chaque côté de la vis par le croisement des deux filets à leur rencontre. Sans cette précaution, elle pourrait quitter une rainure pour l'autre aux croisements.

Quand on veut faire fonctionner l'affûtoir, il suffit d'embrayer l'écrou dans les pas de la vis b, ce qui se produit au moyen d'une petite douille en bronze z' commandée par le levier à main Z (fig. 4), qui a son point fixe sur le bâti, à l'extrémité de la vis.

La partie intérieure de cette douille d'embrayage z' est terminée (voy. fig. 5) suivant la direction hélicoïdale de croisement des deux filets de la vis, de manière à fermer, pour ainsi dire, lesdits filets, afin que pendant la rotation de la douille a⁴ et de l'écrou z, celui-ci, abandonnant le filet à droite, par exemple, s'engage de lui-même dans celui à gauche pour reprendre une direction de mouvement contraire à celle qu'il avait précédemment.

En éloignant la douille z' des filets de la vis au moyen du levier Z, l'écrou z est abandonné à lui-même et ne s'engage plus dans le second filet de la vis, de sorte que le chariot reste en place.

L'autre extrémité de la double vis b est fermée, de même qu'à l'endroit du débrayage, afin que le chariot puisse opérer une course complète, aller et retour, sans aucun autre mécanisme.

Pour affûter les lames, il suffit de faire monter le porte-outil en agissant sur la manivelle K, dont l'arbre fait mouvoir les divers engrenages qui actionnent les vis verticales f et f', ainsi que nous l'avons décrit plus haut, afin de mettre en contact le biseau de l'une des lames avec la meule C, position représentée figure 9.

La lame à affûter vient alors s'appuyer sur un support c', fixé au chariot, destiné à recevoir la pression de la meule c, à empêcher le porte-outil de se déplacer. Pour cette opération, la poulie L', fixée à l'extrémité de l'axe D' du porte-outil, est munie d'une corde avec un fort contre-poids G' (représenté en lignes ponctuées fig. 2), lequel agit pour amener tous les points de la lame hélicoïdale en contact avec la meule.

L'on embraye alors l'écrou z ; le chariot C commence aussitôt à se mouvoir, et la meule, tournant rapidement, se déplace avec lui, allant et venant sur le taillant qu'elle affûte, pendant que celui-ci se déplace en se déroulant suivant les pas de son hélice sous l'action du contre-poids G', qui le sollicite à présenter à la meule tous les points de son biseau.

Quand l'ouvrier qui surveille l'opération voit que le morfil est produit sur toute la longueur de la lame par laquelle il a commencé, il passe à l'affûtage de la seconde, et lorsque les trois lames sont ainsi affûtées, il n'y a plus qu'à enlever le morfil à la pierre à l'huile, et cela sans démonter les lames.

TRAVAIL ET PRODUIT DE LA MACHINE. — La vitesse imprimée par la poulie L à l'arbre principal de la machine, munie du porte-outil, doit être de 1 600 à 1 800 tours par minute.

Le diamètre extérieur des lames hélicoïdales est de $0^m,290$; par conséquent, sa circonférence est de :

$$0^m,290 \times 31,416 = 0^m,911.$$

La vitesse du taillant est alors, en admettant un nombre moyen de 1 700 tours par minute, de :

$$0^m,911 \times 1\,700 = 1\,548^m,700.$$

L'avancement du bois dans le même temps est de 4 mètres.

Le rapport existant entre la vitesse du taillant et celle du bois est alors comme

$$\frac{1\,548^m,70}{4} \text{ ou} :: 387,175 : 1$$

Ce rapport est relativement peu considérable, car dans certaines machines du même genre, comme celle à plateau rotatif, il est comme 962 : 1.

Pour cet avancement de la table ou chariot de 4 mètres par minute, sa vitesse est de 12 mètres au retour, puisque, comme nous l'avons vu, il recule avec une vitesse triple. Il faut donc 1 minute 1/3 ou 80 secondes pour corroyer 4 mètres de bois, soit 20 secondes pour 1 mètre ou 3 mètres par minute, non compris le temps employé à fixer les pièces entre les griffes.

La largeur de la table du modèle que nous venons de décrire permet de corroyer des pièces de 0ᵐ,65 de largeur, ou deux planches de 0ᵐ,30 à 0ᵐ,33 chacune ou encore 4 chevrons.

Dans l'un ou l'autre cas, en comptant seulement sur une largeur de 0ᵐ,60, le travail de la machine serait, par minute, de :

$$3^m \times 0^m,60 = 1^{mq},800, \text{ et par heure de } 1,800 \times 0^m,60 = 108^{mq}$$

de surface rabotée, et de 1 080 mètres carrés par journée de 10 heures.

On peut admettre que le temps perdu pour changer les pièces et faire le service de la machine est d'environ 1/5 du temps total; on trouve alors, en définitive, que cette machine peut produire un travail journalier de 875 mètres carrés.

MACHINES A RABOTER OU PLANER A AMENAGE CONTINU

METTANT LES BOIS D'ÉPAISSEUR

Nous venons de passer en revue les principaux types de machines à dresser, dégauchir ou corroyer les bois de fortes dimensions, mais lorsqu'il s'agit de raboter des madriers et des planches dont l'épaisseur ne dépasse pas 10 à 12 centi-

Fig. 33 et 34. — Machine à raboter, par MM. PÉRIN, PANHARD et Cⁱᵉ.

mètres, on fait usage de machines dans lesquelles l'entraînement du bois se fait d'une manière continue par des rouleaux placés en avant ou en arrière des outils.

Ces machines doivent être construites très-solidement pour être à l'abri des vibrations causées par la grande vitesse de rotation qu'il est nécessaire de communiquer à l'outil, et la vitesse de l'amenage doit pouvoir varier suivant la nature du bois et la perfection du travail qu'il s'agit d'obtenir.

Les figures 33 et 34 ci-devant représentent une machine de ce genre. Le bâti en fonte est d'une seule pièce et la table sur laquelle passe le bois est mobile verticalement au moyen d'un large coin manœuvré par le volant placé à gauche.

Les rouleaux entraîneurs et presseurs sont disposés de telle façon qu'on peut passer à la fois, et sans inconvénient, deux planches de moindre largeur. Les fers du porte-outils sont droits, ce qui permet un affûtage facile.

Pour le sapin, on peut raboter avec une vitesse de 5 à 6 mètres par minute; pour le chêne, cette vitesse est environ moitié moindre. La force employée est approximativement de 3 chevaux.

Machine de M. OLIVIER, représentée planche 20, figures 6 et 7.

Cette machine est disposée pour obtenir le même résultat que la précédente. L'axe du porte-outil tourne dans deux paliers graisseurs et est commandé par la poulie *p*. Deux rouleaux cannelés *b*, disposés de chaque côté, amènent et guident la planche à raboter qui repose sur la table *a*; celle-ci peut être élevée ou abaissée suivant l'épaisseur du bois, et pour cela elle fait partie d'un tambour cylindrique A, que l'on mobilise verticalement en agissant sur le volant A', puis on l'arrête en place en serrant la vis à tête d'étau *a'*.

L'amenage est continu par la commande des rouleaux au moyen des roues droites *c* et *c'*, de la roue conique C et des pignons d'angle *d* et *d'*; celui inférieur recevant le mouvement par la série des roues et pignons droits *e*, *e'*, *f* et *f'*, le dernier calé sur l'axe muni des poulies fixe et folle P et P'. C'est en changeant ces pignons et roues que l'on fait varier la vitesse d'amenage du bois, suivant qu'il est plus ou moins dur, ou qu'il exige un rabotage plus ou moins parfait.

Machine à raboter, système à lames hélicoïdales, par M. ARBEY.

La figure 35 ci-contre représente dans son ensemble une raboteuse du même type que les deux précédentes, mais avec l'application spéciale du système à lame hélicoïdale mince avec contre-fers dont nous avons déjà vu l'emploi sur la grande machine représentée planche 20.

Comme la question de l'affûtage a toujours une grande importance pour ce genre d'outil, on voit que la machine porte son affûteur mécanique, qui est monté sur un châssis maintenu soulevé pendant le travail. Lorsqu'il s'agit d'affûter les lames, il suffit de rabattre ce châssis.

Fig. 35. — Machine à lames héllicoïdales.

Machine de MM. Ch. ROBINSON et fils (Pl. 21, fig. 1 et 2).

Cette machine est construite pour raboter des bois de 6 centimètres d'épaisseur et suivant trois modèles, pour largeur de 0ᵐ,40, 0ᵐ,50 et 0ᵐ,60; sa construction est simple et solide.

Le porte-outil A est monté à coulisseau sur le support ou fonte D pour pouvoir être élevé ou abaissé à volonté au moyen d'un écrou et d'une vis actionnée par le volant à main c, et, pour faciliter cette manœuvre, le porte-outil est équilibré par les contre-poids p suspendus aux leviers b montés aux extrémités de l'axe transversal c, qui est aussi muni des bras d agissant sous ledit porte-outil.

Au-devant de celui-ci est placée une réglette à ressort e, qui maintient le bois amené par les deux paires de rouleaux f et f'. Les quatre rouleaux reçoivent le mouvement par des engrenages commandés par la roue g, qui engrène avec la vis sans fin h, dont l'axe vertical est actionné par une paire de roues d'angle et par des cônes C et C', qui permettent de faire varier la vitesse.

Dans cette machine, contrairement à ce qui a lieu dans celle de M. Olivier, ce sont les rouleaux supérieurs et non la table que l'on élève ou abaisse suivant que l'épaisseur du bois à raboter est plus ou moins forte.

A cet effet, les quatre paliers dans lesquels tournent les axes de ces deux rouleaux peuvent monter et descendre bien parallèlement sous l'impulsion du volant à main V, qui est muni d'un écrou traversé par une vis; celle-ci est terminée par une fourche assemblée avec une équerre i reliée par un lien articulé j avec le plateau k; enfin, quatre tringles l partent de ce plateau pour s'attacher aux paliers des deux rouleaux supérieurs.

Comme il faut toujours que ces rouleaux, quelle que soit leur hauteur, reçoivent le mouvement des engrenages, leurs paliers sont disposés pour osciller sur le centre du pignon central intermédiaire m, de cette façon l'engrènement des deux autres pignons n et n' a toujours lieu.

Machine à raboter les planchettes, représentée figures 8 à 11, planche 19.

MM. Onken et Ritter, de Hambourg, ont fait breveter en France cette machine, qui se distingue par l'emploi de plaques de pression placées entre les rouleaux d'entraînement et aussi près que possible du point central où le bois est attaqué par les couteaux du porte-outil, de sorte que la planchette, quelque petite et mince qu'elle soit, peut présenter à l'action des lames la résistance nécessaire, parce qu'elle se trouve toujours maintenue près d'elles sûrement et solidement. Des dispositions mécaniques très-simples permettent aussi de changer rapidement la hauteur de la table relativement à l'outil, suivant l'épaisseur des planches à raboter, et cela sans apporter aucune modification dans l'accouplement des cylindres inférieurs d'entraînement avec leur transmission de mouvement.

Les figures 8 et 9 représentent cette machine dans son ensemble, en vue extérieure, de face et de côté.

Les figures 10 et 11 en montrent la partie principale à une plus grande échelle, et suivant deux coupes perpendiculaires l'une à l'autre.

Le bâti de cet outil est composé de deux chevalets en fonte A, disposés à leur partie supérieure pour recevoir les coussinets nécessaires à l'arbre du porte-outils B et aux deux rouleaux de pression C.

L'intervalle existant entre les deux chevalets est occupé par la table D, sur laquelle s'appuie la planche à raboter X, table qui doit pouvoir s'élever ou s'abaisser suivant l'épaisseur de cette planchette, parce que l'on peut modifier la hauteur de l'axe de l'outil; cette table présente aussi deux lumières transversales pour l'emplacement de deux rouleaux C', tangents à sa surface et destinés à déterminer l'avancement de la pièce.

La planchette X, appuyée sur la table, est introduite entre la première paire des rouleaux C et C', celle de droite (fig. 10), et se trouve entraînée entre eux et aussi pressée, parce que le rouleau supérieur est susceptible de s'élever ou de s'abaisser, son axe traversant des coussinets sur lesquels agissent les vis de pression c. Mais ces rouleaux ne suffiraient pas dans ce cas pour maintenir la planchette qui, très-mince, n'est naturellement pas d'une épaisseur égale en avant ou en arrière de l'outil B.

Pour compléter cette fonction, il existe entre l'outil et le rouleau d'entrée une série de patins E fixés à l'extrémité de boulons entourés de ressorts à boudins e, de telle sorte que la planchette, qui est encore irrégulière, se trouve néanmoins fermement maintenue par ces patins, libres de céder, chacun en particulier, à ces inégalités d'épaisseur.

Au delà de l'outil, où cette épaisseur est devenue régulière, ces patins sont remplacés par une barre unique F soumise aussi à l'action d'une série de ressorts f entourant les boulons qui maintiennent cette barre en place.

La table D, qui doit pouvoir, ainsi que nous l'avons dit, s'élever ou s'abaisser, est pourvue en dessous, à cet effet, d'oreilles traversées par deux vis verticales G s'appuyant par une embase sur une saillie qui fait partie du bâti; l'extrémité inférieure de chacune de ces deux vis est munie d'un pignon d'angle p, et les deux pignons correspondants p', montés sur un axe transversal a qui porte en son milieu un volant à main V, permettent, au moyen de celui-ci, de régler la hauteur de la table avec toute l'exactitude désirable.

Le porte-outil est constitué par une pièce prismatique en fer recevant sur deux de ses faces, et fixées par des boulons, les deux lames en acier b. Cette pièce est forgée à cet effet avec des tourillons en dehors des lames pour reposer dans les coussinets des patins A', et elle est munie à l'une de ses extrémités de la poulie H (fig. 8), par laquelle elle est commandée, et d'une poulie plus petite h' qui met en mouvement, par la courroie I et par la poulie I', l'axe horizontal J; celui-ci, destiné à actionner les rouleaux d'avancement, est pourvu à cet effet à son autre extrémité de la petite poulie j, qui commande par la courroie K la poulie l'; cette dernière est montée sur un bout d'axe garni d'un petit pignon qui engrène à la fois avec les deux roues *k*, dont les axes sont reliés d'une façon toute spéciale avec les rouleaux inférieurs C', faisant partie, comme nous l'avons dit, de la table mobile.

Or, avec cette table et d'après les hauteurs diverses qu'il faut lui faire occuper, suivant que les planchettes sont plus ou moins épaisses, se déplacent les rouleaux, et leurs axes, pour se relier avec ceux des roues *k*, doivent être accouplés au moyen d'un joint brisé.

Ce joint consiste, comme on le voit figure 8, en une sorte de petit manchon *l*, terminé de chaque bout par une denture relativement profonde et arrondie. Ces dentures, par leur forme, n'engrènent pas à fond et se prêtent, à la façon du joint dit de Cardan, aux hors-d'axe variables qui existent entre les deux parties mises en relation par son intermédiaire.

Quant aux rouleaux supérieurs de pression C, ils sont commandés directement par les axes portant les roues *k*, et qui, à cet effet, sont munis des pignons droits *m* engrenant avec les pignons *m'* calés aux extrémités des arbres desdits rouleaux.

CHAPITRE X.

MACHINES A RABOTER SUR QUATRE FACES.

Les machines à corroyer, à dégauchir, à raboter et planer que nous venons d'examiner dans le précédent chapitre n'agissent que sur une ou deux faces; or, pour certains travaux, où une exécution rapide est nécessaire, on a cherché à obtenir en une seule passe le rabotage des quatre faces d'une même pièce, malgré les complications qu'il y avait à craindre, et aussi les mouvements de trépidation et de réaction occasionnés par le travail de quatre outils, tournant à une très-grande vitesse. Cependant, par des dispositions bien étudiées et une bonne construction, on est arrivé à vaincre ces difficultés. Nous citerons les machines de M. V. Fréret, de Fécamp, de MM. Schmaltz frères, d'Offenbach, et celle de M. Dietz.

Dans la première de ces machines, celle de M. Fréret, le bois, au lieu d'être présenté à plat comme d'ordinaire, sur une série de rouleaux, est posé de champ et maintenu contre un guide vertical à l'aide de rouleaux de pression. À l'un des bouts de la table, du côté de l'entrée du bois, se trouve un premier outil vertical rotatif, composé de trois couteaux, qui dressent l'un des plats de la pièce; l'autre plat est dressé de la même manière par un outil tournant semblable, placé à l'autre bout de la table. Enfin, au milieu de celle-ci, dans un même plan vertical, se trouvent les deux outils tournants, qui rabotent ou pratiquent simultanément sur les deux champs la rainure et la languette.

Dans la machine de M. Schmaltz, la planche à raboter se présente de plat à l'action des deux outils, placés l'un au-dessous, l'autre au-dessus, celui inférieur se trouvant à l'entrée, près des deux paires de rouleaux d'entraînement, et celui supérieur, vers l'extrémité de la table. Entre ces deux outils horizontaux sont disposés les outils verticaux, qui font en même temps la rainure et la languette. Nous donnons plus loin, planche 24, le dessin de cette machine.

Dans la machine de M. Dietz, les pièces de bois, placées de champ sur un tréteau à longrines, sont entraînées par l'action d'un toc et d'une chaîne de Galle. Les quatre outils, composés chacun de quatre lames inclinées par rapport à l'axe, agissent les uns après les autres. Le premier, placé à l'entrée de la machine, est horizontal et rabote de champ en dessous; puis vient, à 0^m,40 de distance, le second, dont l'axe est vertical et qui dresse l'un des plats; le troisième, également vertical et monté aussi à une même distance du second, dresse le plat opposé; enfin, le quatrième, espacé de même de 0^m,40 du précédent, rabote le champ en dessus.

Plus récemment, M. Ransome, de Londres, M. Quetel-Trémois, à Paris, et M. Frey, ont exécuté les machines que nous allons décrire.

On verra que le rabotage mécanique des bois, sur les quatre faces à la fois, est actuellement entré dans le domaine de la pratique, chaque constructeur adoptant les dispositions qui lui paraissent les plus propres à donner les meilleurs résultats.

MACHINE A RABOTER SUR QUATRE FACES

De MM. A. RANSOME et Cⁱᵉ, représentée planche 24, figure 3.

Cette machine a ses organes étroitement groupés, et cependant elle permet de travailler des bois de 0ᵐ,300 à 0ᵐ,400 de largeur sur 0ᵐ,100 à 0ᵐ,150 d'épaisseur.

Les deux rabots horizontaux *a* et *b*, qui dressent en dessus et en dessous, peuvent être élevés ou abaissés à volonté, leur axe respectif étant monté sur des supports à chariot qui se manœuvrent à l'aide des volants à main *v* et *v'*.

Les deux rabots verticaux *c* et *d* agissent simultanément et se trouvent commandés par le même arbre *e* recevant le mouvement du moteur.

Cet arbre commande aussi, par un cône étagé A, un axe intermédiaire muni d'une poulie *f* transmettant le mouvement à la poulie *g* et cette dernière aux cylindres d'amenage. A cet effet, l'axe de la poulie *g* porte un pignon denté engrenant avec la roue B et celle-ci, de même par un pignon, actionne la grande roue C dont l'axe, également par un pignon, commande la roue centrale *h* qui engrène à la fois avec les deux roues *i* et *i'*, celles-ci sont montées sur les axes des deux rouleaux cannelés d'entraînement au-dessous desquels sont deux rouleaux lisses.

La pression des rouleaux cannelés sur le bois est obtenue par le levier à contrepoids D, qui agit sur l'axe du balancier E, dont les extrémités sont munies des tiges *j* reliées aux paliers desdits rouleaux, et qui sont articulés sur l'axe de la roue centrale *h*, comme dans le système de MM. Robinson et fils décrit plus haut.

Pour régler la hauteur des rouleaux, le balancier E est muni, au milieu, d'un écrou traversé par une vis que l'on fait tourner à l'aide du volant à main E', de telle sorte que l'on peut à volonté soulever ou abaisser ce levier, suivant que le bois à travailler est plus ou moins épais.

Le bois est maintenu pendant le travail des rabots horizontaux par les plaques de pression *k* et *k'*, dont la hauteur facultative est réglée par les vis à écrou et volant à main *l* et *l'*.

Pour les côtés latéraux, le guidage a lieu par les rouleaux horizontaux *m* et *m'* et des équerres *n*. Enfin, le poids du porte-outil supérieur est équilibré par le levier à contre-poids D'.

MACHINE A RABOTER SUR QUATRE FACES
Par M. QUETEL-TRÉMOIS (Pl. 21, fig. 1 à 7).

Cette machine présente dans sa construction des particularités intéressantes qui sont :

1° L'emploi de deux rabots horizontaux agissant en dessous, l'un près de l'autre, pour raboter le parement, l'un dégrossissant, l'autre finissant, et dans le but de n'enlever que la quantité de bois rigoureusement nécessaire en produisant un rabotage d'une grande perfection ;

2° L'entraînement du bois, pendant le travail et en dehors de la machine, au moyen de trois paires de rouleaux lisses ; les supérieurs se trouvant pressés par des tampons de caoutchouc placés dans des boîtes venues de fonte à cet effet dans les bâtis et remplaçant les leviers à contre-poids employés généralement ;

3° Le système des galets employés pour presser le bois sur les rabots inférieurs pendant le travail, et le genre de pression sur lesdits galets au moyen de forts tampons en caoutchouc ;

4° Tout le système est monté sur un chariot qui permet de découvrir les rabots, afin d'en faciliter l'accès pour le montage des outils ;

5° Le genre des rabots rotatifs qui sont munis de contre-fers fixes destinés à assurer la perfection de leur travail.

Enfin, par sa composition générale, cette machine permet d'obtenir, d'après M. Quetel-Trémois, un rendement de 600 mètres courants de travail à l'heure.

Comme on peut le reconnaître à l'examen des figures 1 et 2, cette machine est composée de deux bâtis A, de deux tables rabotées C, D, de deux rabots inférieurs a et a', de deux bouvets b et b', et du rabot supérieur c.

Au-dessous et au-dessus desdites tables sont disposés les six rouleaux lisses d'avancement, dont trois E, E', E³, placés au-dessous des tables, et trois autres F, F', F³, sont placés en dessus. De cette manière, le bois à travailler est non-seulement amené devant les outils, mais, de plus, après les opérations terminées, il se trouve entraîné hors de la machine, et ne cesse d'être conduit avec régularité pendant la durée des quatre opérations.

Les rouleaux inférieurs E, E', E³ sont mobiles dans des coussinets également mobiles, et rendus fixes au moyen de vis d'arrêt placées en dessus et en dessous desdits coussinets, ce qui permet d'en régler la hauteur à volonté ; ils portent à l'une de leurs extrémités des pignons à longues dents G, mis en mouvement par les engrenages H, I, J, actionnés eux-mêmes par les roues intermédiaires H', I', qui reçoivent leur mouvement d'un petit pignon calé sur l'arbre d actionné au moyen des poulies P et P', la dernière calée sur l'arbre du tambour T.

Les rouleaux supérieurs F, F', F² sont maintenus dans des coussinets à oreilles mobiles guidés par des cages fixes K ; et à chacun de ces coussinets est attachée, au moyen d'un goujon qui lui permet un mouvement d'oscillation, une vis dont le pas est à droite et qui traverse une seconde vis e formant écrou à la première, et filetée extérieurement du même pas, mais à gauche; cette seconde vis traverse le chapeau à écrou de la cage K, de sorte qu'en le tournant dans le sens convenable, on fait monter ou descendre à volonté le rouleau correspondant F, F' ou F².

Deux boulons-tirants traversent le chapeau et la cage, et sont terminés chacun par une tête au-dessus de laquelle se trouve un tampon de caoutchouc (vu en ponctué fig. 4), dont l'action a pour effet de maintenir en pression les rouleaux supérieurs, disposition destinée à remplacer les presseurs à contre-poids.

Lorsque l'on veut tirer des moulures sur la machine, le rabot supérieur c est muni de fers profilés et le rouleau F², dans ce cas, est en caoutchouc pour que sa pression ne détériore point les moulures.

Les deux rabots inférieurs a et a' ont leurs deux extrémités terminées en cône, pour s'ajuster dans des coussinets cylindriques en bronze placés dans la table D (voy. fig. 6), et chacun d'eux reçoit un grain d'acier trempé avec une vis de butée également en acier trempé et munie d'un contre-écrou.

Ces deux rabots sont pourvus chacun de quatre fers disposés, comme on le voit sur le détail figure 5, avec contre-fers fixes ; le premier dégrossit et le second finit le travail en rabotant en dessous, ce qui, au moyen des plaques mobiles h fixées au chariot L, permet à volonté de ménager l'épaisseur du bois.

Ce chariot, monté à coulisses sur la table, peut être déplacé dans le sens transversal au moyen d'une vis à doubles filets L' munie à cet effet d'un volant L² (fig. 5); il porte la boîte à galets M, guidée par deux montants pour pouvoir être élevée ou abaissée au moyen de deux vis munies de volants à main et qui traversent deux écrous placés aux deux extrémités de cette boîte.

Douze galets i, fixés sur des axes mobiles, appuient le bois sur les plaques d'acier h pendant le travail; les extrémités des axes de ces galets sont guidées dans des rainures pratiquées dans les côtés extrêmes de la boîte, et qui sont fermées dans le bas et ouvertes dans le haut, afin de permettre aux galets de monter ou de descendre suivant les inégalités qui peuvent exister sur les bois à travailler.

La pression nécessaire s'obtient au moyen d'un fort tampon de caoutchouc j, dont la puissance est réglée par une vis de pression j' surmontée d'un volant; la base de ce tampon repose sur une rondelle fondue avec une traverse k, laquelle porte sur deux axes munis de deux chevalets qui s'appuient sur les axes des galets i.

Les plaques h sont fixes sur le chariot L, et une clavette conique sert à faire varier l'une de ses plaques en hauteur suivant le besoin, afin de pouvoir prendre à volonté plus ou moins de bois pendant le travail.

Les collets supérieurs des porte-bouvets b et b' sont réunis à une traverse fondue avec la première table G, et s'y trouvent fixés au moyen de boulons d'arrêt; une entretoise commune N relie les crapaudines qui reçoivent leurs parties inférieures. Suivant que le bois a plus ou moins de largeur, il faut écarter l'un des bouvets. A cet effet, celui *b* est rendu mobile au moyen de la vis de rappel *l*, que l'on fait tourner en agissant sur la manivelle *l'*.

Sur la figure 7 est représenté en détail un presseur composé d'une traverse *m* portée par deux supports fixés sur la table D, et munie de deux axes ayant chacun une chape à galet *m'* et un secteur *n*, auquel est attaché un tirant qui traverse des tampons de caoutchouc *n'* placés sous la table, pour donner la pression nécessaire au galet.

En avant et au milieu, pressant sur le bois entre les deux bouvets, est un galet *o*, disposé comme sur les figures 4 et 5 ou, comme l'indique la figure 7, pris par une chape guidée par une boîte O munie intérieurement d'un tampon-presseur de caoutchouc; un bouchon à vis sert à monter ou à descendre la chape suivant le besoin, et un écrou *o'* permet, en comprimant plus ou moins le tampon en caoutchouc, de donner la pression nécessaire.

Ce système presseur peut glisser transversalement sur la traverse *m* suivant la largeur des bois, et un boulon le rend fixe à volonté.

Le rabot supérieur *c* est également monté sur pointes entre les bras du chariot R ajusté sur la face inclinée et dressée du support S. Il est à contre-fers fixes, comme les précédents, et sert au rabotage en dessus, ainsi qu'à la fabrication des moulures de toutes dimensions, notamment des baguettes d'angles, qui, à l'aide des rabots inférieurs *a* et *a'*, peuvent se faire d'une seule passe.

Derrière le rabot *c* se trouve un galet en caoutchouc *r* destiné à faire pression sur le bois après son passage sous ce rabot; ledit galet est monté à l'extrémité d'une lame flexible fixée au chariot R, que l'on mobilise à l'aide d'une vis manœuvrée par le volant à main R', de façon à régler exactement la position du rabot.

Le bois est guidé d'un côté par de longues équerres T², boulonnées sur une tablette formant prolongement à la table D, et du côté opposé, pour empêcher l'écartement du bois, par une petite équerre *t*, mobile dans une coulisse et arrêtée par un boulon à écrou.

MACHINE A RABOTER SUR QUATRE FACES

Par M. FREY, représentée planche 22, figures 1 à 6.

La figure 1 représente cette machine en coupe longitudinale;
La figure 2 en est une projection horizontale en vue extérieure;
La figure 3, une section transversale, suivant l'axe 1-2 des deux outils verticaux;
Et la figure 4, une section transversale, suivant la ligne 3-4, passant sur le chariot porte-guide disposé pour l'entrée du bois.

On voit par ces figures que cette machine a pour base le bâti principal A, auquel se rattachent exclusivement toutes les pièces du mécanisme.

Si nous suivons la direction même de l'avancement du bois, nous reconnaissons d'abord que le bâti porte à cette extrémité, et par l'intermédiaire de la forte plaque nervée A', sur laquelle d'ailleurs reposent toutes les pièces suivantes, le support horizontal B, disposé pour recevoir les trois galets à axe vertical a et a', entre lesquels la pièce X à travailler est d'abord engagée.

Immédiatement à la suite se présentent les deux supports verticaux C, dans lesquels sont ménagées des coulisses destinées à recevoir les coussinets des axes des deux rouleaux cannelés b et b', qui sont animés d'un mouvement de rotation lent, et entre lesquels la pièce de bois X, se trouvant engagée, en reçoit son mouvement d'avancement.

A la sortie de ces deux rouleaux cannelés, cette pièce vient s'appuyer sur la tablette en fonte D, dont la hauteur peut être réglée à volonté au moyen d'un guide fixé sur la table principale A', et au-dessus se trouve, pour maintenir le bois, la paire de rouleaux de pression c.

La hauteur de cette tablette D doit être effectivement réglée avec exactitude par rapport aux cylindres cannelés qui la précèdent, et par rapport au premier outil qui la suit immédiatement.

Cet outil E, placé horizontalement, exécute le dressage du parement inférieur; ses supports sont entièrement fixes et réservés encore sur la table A'. Mais on remarque qu'il existe à la suite de cet outil, et à la partie supérieure de la planche, un troisième rouleau de pression d, qui la maintient pendant l'action de ce premier outil et l'oblige à s'appliquer exactement sur le support-guide F, lequel règne jusqu'à la sortie de la pièce de tous les organes travaillants.

A la suite du troisième rouleau de pression se présentent immédiatement les deux outils verticaux G et G', dont les axes sont montés chacun sur une console fondue avec un empattement qui repose sur la table A', et dont la position peut être réglée à volonté, de façon à faire varier l'écartement des deux outils, suivant la largeur variable de la planche.

Néanmoins, ces deux outils verticaux sont précédés par deux galets horizontaux e et e', qui maintiennent la pièce X latéralement, ces deux rouleaux étant montés à coulisses sur le support F et l'un des deux soumis à la pression élastique d'un contre-poids.

Après avoir passé entre les deux outils verticaux, la pièce de bois X a son parement inférieur dressé et elle est tirée de large. Elle se présente en cet état à l'action du quatrième outil H, situé à la partie supérieure et entre deux rouleaux de pression f et f'.

Cet outil, qui tire d'épaisseur et achève le travail, est monté de façon à pouvoir s'élever ou s'abaisser à volonté, suivant l'épaisseur à donner à la pièce de bois X.

Quant à celle-ci, elle dépasse le dernier rouleau de pression f et continue son mouvement de progression en s'appuyant sur le longeron-guide en bois g', analogue à celui g qui la supporte à son entrée dans la machine.

On voit que l'arrière-partie du bâti a été prolongée d'une quantité suffisante pour porter le renvoi de commande principal, tout en laissant aux courroies une longueur convenable, disposition dont nous allons dire maintenant quelques mots.

Cette extrémité arrière du bâti est munie des deux paliers h destinés à recevoir l'arbre horizontal I, sur lequel se trouve une série de poulies dont nous allons indiquer le service respectif.

D'abord, et à l'extérieur, se présentent les poulies fixe et folle P et P', par lesquelles se transmet la commande générale; puis, à l'intérieur du bâti, deux larges tambours J et J' qui commandent les deux outils verticaux par les manchons-poulies J¹ et J², dont leurs axes sont pourvus.

Viennent ensuite la poulie K, dont la courroie commande la plus petite K', montée sur l'axe de l'outil horizontal supérieur H, et, à l'extérieur du bâti, la poulie L qui actionne l'outil horizontal inférieur par sa poulie L'.

Enfin, l'arbre I lui-même se termine par une partie galbée i, formant poulie, recevant une courroie engagée alternativement sur les poulies fixe et folle i' et i², constituant l'origine du mouvement des rouleaux cannelés b et b', par lesquels s'effectue l'avancement du bois.

L'arbre de commande I fait 500 tours à la minute, pour en communiquer 1 500 à chacun des quatre outils; comme le mouvement d'avancement est en comparaison extrêmement lent, il n'a dû s'obtenir qu'à l'aide d'un mécanisme retardateur beaucoup plus complexe, indépendamment du retard déjà considérable résultant du rapport même des diamètres du manchon i et des poulies i' et i².

Ces poulies sont montées folles sur l'axe horizontal i³ du rouleau cannelé b, mais l'une des deux est solidaire d'un premier pignon j, qui engrène avec la roue j' montée avec le second pignon k sur le bout de l'axe intermédiaire k', et ce pignon k commande, à son tour, la seconde roue l, fixée sur le même arbre i³ dudit cannelé inférieur b, lequel porte à son extrémité opposée la roue l', actionnant directement la roue semblable l² fixée sur l'arbre du rouleau cannelé supérieur b'.

En résumé, les poulies i' et i², ainsi que le premier pignon j, sont indépendants de l'arbre i³, celui-ci ne leur sert que de support, et la poulie i², qui, d'ailleurs, est complètement folle, n'a d'autre mission que de suspendre au besoin le mouvement d'avancement, sans arrêter celui des outils.

OUTILS VERTICAUX. — Chacun de ces deux outils, dans les premières machines exécutées par M. Frey, était disposé comme on le voit sur les figures d'ensemble 1, 2 et 3, c'est-à-dire composé d'un bloc triangulaire en fer, sur les trois faces duquel sont retenues, par des boulons, trois lames de 10 millimètres d'épaisseur;

les quatre outils sont d'ailleurs semblables, excepté que, pour ceux E et H, les tourillons sont de la même pièce que le bloc.

Ces outils G et G' sont montés, chacun par le bloc qui les constitue, sur l'extrémité d'un axe vertical M, qui a ses points d'appui sur une sorte de console en fonte M', dont la partie supérieure offre un empattement par lequel cette console est boulonnée sur la table A', mais à la faveur des trous de boulons allongés transversalement, on peut changer sa position par rapport au centre de la machine, et, dans cette circonstance, pour opérer rapidement et sûrement, chacune de ces deux consoles se trouve reliée avec la table A' par une vis horizontale m, taraudée dans la console et lisse dans la table avec laquelle elle est retenue à rappel.

De cette façon, après avoir desserré les boulons, on fait tourner la vis m dans le sens convenable, l'ensemble de la console et de son équipage se déplace, et l'on arrive facilement à régler la position suivant la largeur du bois à travailler, après quoi l'on resserre rigidement les boulons.

L'axe M, au lieu d'avoir été pourvu d'un pivot inférieur, est simplement guidé dans cette partie par un gobelet en bronze m', accompagné d'un bassin récepteur pour l'huile, et fermé à sa partie inférieure par un bouchon à vis; mais pour remplacer le pivot et maintenir nécessairement la position verticale de l'axe, le tourillon supérieur est engagé dans un collet en bronze m', pourvu d'une série de collets triangulaires, remplissant les mêmes fonctions que les filets carrés adoptés dans les paliers de poussée appliqués aux hélices propulsives. Dans les nouvelles machines, M. Donnay a modifié cette construction de la manière représentée sur la figure 5, où l'on voit que le gobelet a été remplacé par un pivot qui tourne sur un grain en acier que renferme la crapaudine m'.

L'outil à trois lames a été remplacé par celui à deux lames G* emmanché à collets multiples, comme on le voit représenté en élévation et au plan figure 6.

OUTILS HORIZONTAUX. — Du premier outil E, appliqué pour le parement inférieur, nous n'avons rien à dire, sinon que ses supports sont complétement fixes et assujettis sur la table A'.

Le second outil H est, au contraire, disposé en vue de sa mobilisation, puisque sa position dépend de l'épaisseur à produire. Ses supports appartiennent au châssis en fonte N ajusté à coulisse sur la face des deux consoles N', fixées sur la table A' et réunies à leur partie supérieure par la traverse N*.

Cette traverse présente, en son centre, un mamelon pour l'ajustement de l'écrou en bronze n traversé par la tige filetée n', se terminant par deux embases par lesquelles cette tige est en prise avec le châssis N. L'écrou en bronze étant prolongé en dehors du mamelon, traverse également le pignon d'angle n*, duquel il est rendu complétement solidaire; ce pignon engrène enfin avec le pignon semblable o, dont l'axe, maintenu par une douille fondue avec la traverse N*, porte le volant à main o'.

On comprend facilement comment, en agissant sur ce volant, on fait tourner l'écrou sur lui-même, ce qui fait monter ou descendre la vis n' et, par suite, le châssis N avec l'équipage de l'outil.

Les outils horizontaux sont exécutés actuellement par M. Donnay, comme on le voit sur les figures 7 et 8. Ces outils sont à deux ou trois lames. Celui à deux lames présente les meilleures conditions d'équilibre, mais ceux à trois lames ont l'avantage de raboter plus finement parce qu'ils agissent d'une façon plus continue.

Les fers sont montés sur le bloc au moyen de boulons à base conique u et maintenus par contre-fers serrés par des écrous.

La vitesse des outils horizontaux a été portée dans les nouvelles machines à 2 000 tours par minute et celle des outils verticaux à 2 200 dans le même temps.

GUIDE D'ENTRÉE. — Ce guide offre une importance particulière en raison de la mobilité nécessaire aux trois galets a et a', entre lesquels se présente le bois avant tout travail et avec sa largeur d'ailleurs variable.

La base de ce guide B (fig. 4) est un véritable support à chariot sur lequel peuvent se mouvoir les deux plaques transversales q et q', portant, l'une, les deux galets a montés sur axes verticaux, et l'autre, le galet semblable a'; chacune de ces deux plaques, par le jeu des deux vis q' et q², peut être déplacée de façon à modifier à volonté l'intervalle des galets; mais encore, la plaque qui porte le galet a' possède un degré d'indépendance de plus, et elle est soumise constamment à l'action du levier à contre-poids O, de façon que ce galet peut céder aux inégalités de largeur d'une même pièce.

C'est à ce même support B que vient s'adapter la longrine g servant de premier point d'appui à la pièce à travailler X.

TABLE MOBILE. — Nous avons expliqué la fonction du support ou table D, installé entre les cannelés et le premier outil E. La hauteur de cette table se règle à volonté par le volant D', dont l'axe est fileté et traverse un écrou prisonnier dans le mamelon réservé à ladite table, et qui s'ajuste dans le support fixe.

GRANDE TABLE-SUPPORT. — Cette pièce F, qui règne depuis le premier outil E jusqu'à la sortie du travail, offre, à l'entrée du bois, une partie dressée avec rainures, complètement analogue au support B, pour recevoir les petits chariots des deux galets e et e', ce dernier également soumis à l'influence d'un levier à contre-poids O'. Au delà des deux outils verticaux, cette table F présente encore une plate-forme plus large, dans laquelle sont pratiquées deux coulisses r (fig. 1) pour recevoir des boulons servant à fixer deux guides latéraux, lesquels, cette fois, peuvent être immobiles, puisque la pièce X, qui passe entre eux, est maintenant tirée de large par les outils G et G'.

INSTALLATION DES CYLINDRES CANNELÉS. — L'organisation de ces deux cylindres b et b' est à peu près celle des laminoirs ordinaires; leurs deux axes ont pour coussinets des blocs carrés ajustés dans les coulisses ménagées dans les deux supports C. Le cannelé inférieur b et ses coussinets sont complétement fixes, tandis que le cannelé supérieur est susceptible de s'élever ou de s'abaisser sous l'action permanente des leviers à contre-poids C', qui déterminent l'adhérence nécessaire à l'avancement du bois.

Néanmoins, pour que ce cannelé supérieur soit soutenu lorsque survient l'échappement de la pièce X, deux vis fixes s (fig. 4) sont disposées au-dessous de ses deux coussinets. C'est aussi par l'intermédiaire des deux vis s' et des cales que les leviers à contre-poids C' agissent sur ces coussinets.

Nonobstant la fixité du cylindre cannelé b, comme sa hauteur doit être réglée très-exactement, des vis calantes s'' (indiquées en traits ponctués fig. 4) semblables à celles s, sont installées au-dessous de ses coussinets i''.

ROULEAUX DE PRESSION c ET d. — Ces trois cylindres de pression c, c et d ont pour mission spéciale de maintenir la pièce X fermement appliquée sur les tables D et F, pendant l'action de l'outil inférieur E. Ils sont d'ailleurs organisés tous les trois de la même manière ; une console en fonte S, fixée sur la table A', est pourvue à sa partie supérieure de deux douilles cylindriques pour recevoir deux axes' : l'un, se terminant par une douille c' avec branche formant té, porte les cylindres c, et l'autre le galet d par une pièce à fourche d'. Aux extrémités opposées de ces deux axes sont fixés les leviers à contre-poids Q et Q', servant à déterminer la pression.

ROULEAUX DE PRESSION f ET f'. — Ces deux cylindres, qui correspondent au travail de l'outil supérieur H, ont leurs points d'appui attenants au châssis porte-outil mobile N, de façon qu'ils peuvent le suivre dans ses variations de hauteur.

Le cylindre f est directement monté par son axe sur les deux leviers à contre-poids R, lesquels sont articulés, ainsi que nous venons de le dire, sur les paliers dépendant du châssis N.

Le cylindre f' est monté de même sur deux bras de levier R', articulés de la même manière, mais reliés entre eux par la traverse R², à laquelle se trouve fixé un unique levier à contre-poids R³.

On remarquera que les leviers R et R' sont pourvus chacun d'un talon t (fig. 1), qui vient buter sur le corps du châssis, lorsque la pièce X les a échappés, et que, n'étant plus soutenus, ils tendent à retomber sous l'influence de leurs contre-poids.

M. Donnay a, dans les nouvelles machines, changé quelques parties ; c'est ainsi qu'il ajoute des guides latéraux pour conduire le bois travaillé à sa sortie du dernier rouleau f. Il a également modifié la commande des rouleaux cannelés d'amenage b et b', en ajoutant un arbre intermédiaire recevant le mouvement de l'arbre I et le transmettant aux poulies i et i'. Mais ce sont des dispositions accessoires qui ne modifient pas le caractère type de cette machine, dont plusieurs spécimens fonctionnent aux ateliers du chemin de fer du Nord, à Hellemmes et à Tergnier, chez MM. Masse et Voisine à Paris, et aux ateliers de Bacalan, à Bordeaux.

Machine à raboter sur quatre faces, par MM. PÉRIN, PANHARD et C⁰.

La machine représentée ci-dessous en élévation longitudinale et en plan vu en dessus, rabote, comme la précédente, en dessus et en dessous et sur les côtés, ou bien peut rainer et languetter sur ces mêmes côtés.

Fig. 36.

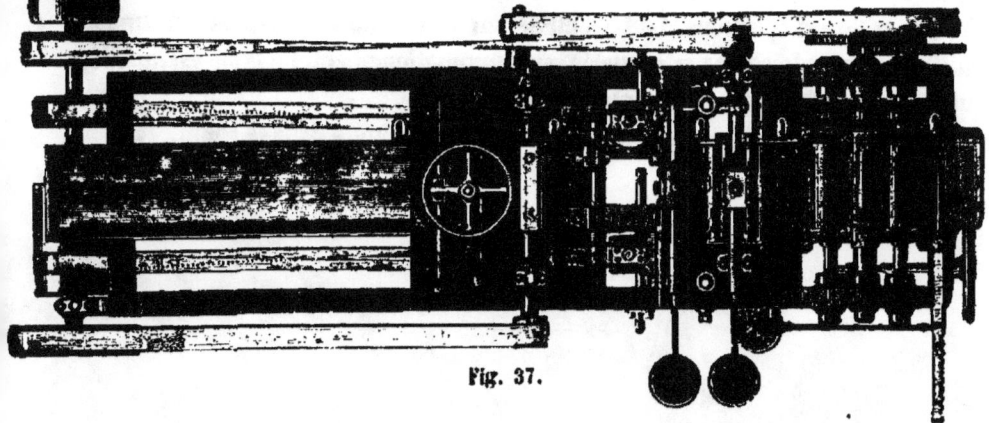

Fig. 37.

Les cylindres ameneurs sont très-énergiques, ce qui est indispensable avec la grande résistance qu'éprouve le bois dans sa marche en passant devant les divers outils, et sous la série des pressions qui le forcent à s'appliquer toujours exactement sur la table.

Ces machines sont spécialement employées pour la construction des wagons, les constructions de navires et par les marchands de bois du Nord pour la confection des parquets de sapin. Elles se construisent sous deux types de dimensions différentes. L'un, très-puissant, passe des bois de 0ᵐ,25 de largeur sur 0ᵐ,12 de hauteur, c'est celui représenté par les figures 36 et 37; l'autre, un peu plus petit, passe 0ᵐ,24 sur 0ᵐ,08.

La production dans le bois de sapin est d'environ 3500 mètres courants par journée de travail. La force nécessaire est de 4 à 6 chevaux.

Les machines travaillant sur quatre faces à la fois peuvent être utilisées pour faire des moulures dans toute la longueur de la pièce ainsi que sur les côtés, comme aussi à la confection des parquets; cependant il est préférable de faire usage de machines spéciales, qui sont relativement plus simples et mieux appropriées à ces travaux.

Nous allons examiner ces autres machines, dans lesquelles nous retrouverons bien les mêmes organes, mais avec certaines combinaisons mécaniques différentes qui, à ce point de vue, présentent un véritable intérêt.

Comme raboteuse simple, nous avons omis de citer les *raboteuses à fer fixe*, à tiroir, dans lesquelles le bois est poussé énergiquement et d'une manière continue contre un couteau qui enlève un copeau à la manière d'une varlope. Ces machines produisent beaucoup et leur travail est parfait; elles sont généralement employées pour le rabotage des parquets de chêne, et la vitesse de rabotage peut varier entre 20 et 30 mètres par minute; si une première passe ne suffit pas, on en fait une seconde.

Il y a aussi une *raboteuse en dessous* à outil rotatif, qui, comme la précédente, ne tire pas le bois d'épaisseur. Le bois glisse sur une table en fonte et est amené à l'outil au moyen de rouleaux cannelés mus automatiquement. La table est mobile, ce qui permet de faire des passes plus ou moins fortes.

La vitesse de rabotage peut atteindre 6 mètres par minute dans le sapin.

CHAPITRE XI.

MACHINES A DRESSER, RAINER ET FAIRE LES LANGUETTES.

Les trois opérations consistant à planer une des faces des planches à parquet, tailler la languette d'un côté et pratiquer la rainure de l'autre, se font, le plus ordinairement, à la fois, au moyen d'un rabot rotatif agissant horizontalement en dessus ou en dessous pour dresser, tandis que de chaque côté des outils, montés sur des axes verticaux, abattent la languette et la mortaise au fur et à mesure que la frise dressée avance. Il n'y a donc pas d'interruption dans le travail, les opérations ont lieu d'une manière continue, une planche poussant l'autre.

Dans les anciennes machines ces mêmes opérations se faisaient séparément et avec des outils indépendants. Cependant, si pour les bois droits et bien sciés, les bois de sapin, les nouvelles machines sont plus avantageuses, en ce qu'elles permettent une production beaucoup plus considérable, on est toujours obligé, pour les bois de chêne très-tordus, de faire le travail au moins en deux opérations, la première consistant dans le rabotage sur une ou deux faces et la seconde, au moyen de deux outils verticaux faisant à la fois la rainure et la languette.

Dans une machine déjà ancienne de M. Cart, le prédécesseur de M. Baros, les trois opérations du dressage, du rainage et du languetage se font sur le même appareil, mais séparément et avec outils fonctionnant indépendamment.

RABOTEUSE BOUVETEUSE

Par M. CART, représentée planche 23, figures 1 à 4.

La figure 1 représente cette machine en élévation de face, l'extrémité de droite brisée et qui n'est, du reste, que la répétition de l'extrémité gauche;

La figure 2 est le plan correspondant vu en dessus;

La figure 3 en est une coupe verticale faite sur la longueur, vers le milieu, suivant la ligne 1-2 du plan;

La figure 4 en est une section transversale par l'axe, suivant la ligne 3-4.

La machine comprend deux parties distinctes, quoique fonctionnant en même temps. L'une est celle relative au dressage ou au rabotage des planches. L'autre est celle relative à la rainure et à la languette.

Du DRESSAGE OU RABOTAGE. — La première opération s'effectue à l'aide du porte-outils A, monté sur l'axe horizontal en fer B, auquel on transmet une vitesse de rotation très-rapide par la poulie motrice C.

Ce porte-outils se compose d'un manchon en fonte ajusté et claveté sur l'arbre, et recevant à plat, sur le contour extérieur, les lames d'acier a, que l'on dispose sur des plans différents, afin de leur faire attaquer des portions distinctes de la surface du bois. Ainsi, deux de ces lames peuvent dresser une frise b, pendant que les deux autres dressent la frise voisine b'. Par cette disposition, l'une des lames dégrossit et l'autre achève immédiatement.

Il résulte de cet agencement que, pour les frises ordinaires en chêne, de 6 à 12 centimètres de largeur, on fait, ou du moins l'on peut toujours dresser deux frises à la fois. Quand on opère sur des planches de 25 à 30 centimètres de large, les deux séries de lames travaillent chacune sur une partie, de telle sorte que toute la surface est également dressée, malgré sa grande largeur.

Les planches ou les frises, quelle que soit d'ailleurs leur largeur, reposent sur une table dressée en fonte D, dont on règle exactement la hauteur d'après l'épaisseur même des bois. A cet effet, elle est fondue avec des oreilles ou parties saillantes d, qui sont ajustées à coulisse dans les montants verticaux E, et qui reçoivent des écrous en bronze e que traversent les vis de rappel F de même pas.

Ces vis se prolongent au-dessous de la plaque E', qui est fondue de la même pièce avec les montants E pour porter les petites roues d'angle G, qui engrènent en même temps avec des roues égales et correspondantes G', montées sur le même axe horizontal en fonte H. Celui-ci se prolonge, d'un bout, jusqu'au dehors de l'appareil, afin de recevoir, quand il est nécessaire de le faire tourner, une manivelle que l'on rapporte à son extrémité et que l'on manœuvre à la main.

On voit sans peine que, suivant le sens dans lequel on tourne cet axe, on fait monter ou descendre la table mobile D et tout ce qu'elle porte, et par suite on en règle rigoureusement la place suivant l'épaisseur des frises ou des planches.

Celles-ci reposent, en outre, de chaque côté de la table, sur des rouleaux ou cylindres unis en fonte I, qui peuvent tourner librement sur eux-mêmes et qui, pour suivre exactement la marche ascensionnelle de cette table, quand on la change de place, ont justement leurs axes portés par des espèces de chaises ou de consoles c fondues ou solidaires avec celle-ci, comme le montrent les figures.

Par conséquent, la surface supérieure de la table, et les génératrices supérieures des deux rouleaux sont exactement dans le même plan horizontal sur lequel se trouve le côté inférieur ou le dessous des frises.

Ces dernières sont, en outre, pressées en dessus par deux autres cylindres J, J', dont les axes sont ajustés dans les boîtes J', munies intérieurement de ressorts à boudin. On règle la tension de ces ressorts au moyen de la vis à tête méplate k. Ce système de coussinets mobiles offre l'avantage de donner une pression élastique au bois, quelle que soit sa surface, unie ou bossuée.

Le premier des cylindres, celui J, placé en arrière de la machine, est cannelé sur toute sa circonférence, afin de servir, en tournant, à faire avancer le bois. Pour cela, il n'est pas libre comme l'autre J' placé parallèlement du côté opposé, il reçoit un mouvement de rotation par la machine même, au moyen de la disposition suivante :

Sur son axe est une poulie en fonte K (fig. 1 et 2), qui est commandée par une poulie plus petite K' dont l'axe *f*, parallèle au précédent, est prolongé sur toute la largeur existante entre les deux bâtis L de l'appareil, afin de porter une roue droite M, avec laquelle engrène le petit pignon denté *m*. Ce dernier lui-même est ajusté sur un arbre intermédiaire *g*, qui porte aussi une roue dentée N, semblable à la première, et engrenant, comme celle-ci, avec un pignon analogue *n*.

Or, l'axe *h* de ce dernier, prolongé comme les précédents, et même, d'un bout jusqu'en dehors du bâti, reçoit, à son extrémité, une grande poulie O, qui est mise en communication avec l'arbre du porte-lames A par la courroie croisée *i*.

Les planches ou les frises à raboter sont d'abord posées successivement sur un rouleau P qui précède la machine, et de là poussées par l'homme chargé de la conduire, puis amenées contre le cylindre cannelé ; dès que leur extrémité se trouve engagée sous les dents de ce dernier, elles s'avancent naturellement par son propre mouvement, comme on vient de le voir. Il suffit donc alors que l'ouvrier ait le soin de les faire suivre pour qu'il n'y ait aucune interruption dans le travail.

A la suite de la machine, du côté opposé, les planches ou les frises sont également reçues sur un rouleau libre, d'où on les prend pour les mettre de côté jusqu'à ce qu'on soit en mesure d'y faire les rainures et les languettes. En établissant des rapports de vitesse convenables, on peut faire en sorte qu'elles puissent recevoir ces opérations presque immédiatement, en les reportant alors sur la face latérale.

DE LA RAINURE ET DE LA LANGUETTE. — Sur l'arbre qui porte les lames à dresser, est ajusté, à l'extrémité opposée à la commande, le manchon de fonte R sur lequel on rapporte à volonté, soit les outils *o* à faire la rainure, soit au contraire les lames propres à faire la languette.

Les planches ou les frises qui ont été, comme on l'a vu plus haut, dressées sur une face, sont placées de champ sur la grande règle de fonte S, dont la section présente la forme d'un T et à laquelle sont ménagées quatre pattes ou oreilles *p*, qui permettent de la boulonner à des espèces de tasseaux en fonte *q*, portant des écrous en bronze.

Ceux-ci sont traversés par les vis verticales U, qui ont pour objet de faire monter ou descendre la règle toujours parallèlement à elle-même, afin que la face dressée sur laquelle repose le champ du bois reste constamment horizontale, quelle que soit d'ailleurs la hauteur qu'elle occupe.

Il est nécessaire, pour cela, que ces vis marchent toutes ensemble et d'une égale quantité ; c'est, en effet, ce qui a lieu par les quatre paires de roues d'angle *s*, de même diamètre, appliquées vers la partie inférieure, et qui sont commandées par autant de roues égales s' ajustées sur l'axe longitudinal en fer t; cet arbre se termine d'un bout par une manivelle u, qu'il suffit de faire tourner d'une certaine quantité à droite ou à gauche lorsqu'on veut soulever ou baisser la règle et, par suite, la frise ou la planche qu'elle porte.

Au fur et à mesure que les outils tournent et attaquent le bois, il est nécessaire que celui-ci avance, comme lorsqu'on dresse la surface. A cet effet, sur le côté latéral de la machine sont deux cylindres ou rouleaux cannelés V, V', qui doivent constamment s'appuyer sur la frise pendant le travail.

Ces cylindres sont montés sur des axes verticaux en fer v, v', portés par des cadres ou des châssis de fonte X, X', qui sont eux-mêmes traversés du côté opposé par des axes x, x' formant pivots, afin de pouvoir au besoin tourner librement et s'écarter ou se rapprocher du bois.

Des contre-poids Y, suspendus à des cordes qui passent sur les poulies de renvoi à gorge y, et qui vont s'attacher par l'autre extrémité en un point des châssis, tendent à faire approcher ceux-ci contre le bâti de la machine et, par suite, à faire appuyer les rouleaux cannelés contre la surface du bois, avec une pression suffisante pour en déterminer l'avancement.

Or, l'un de ces cylindres, celui V', placé à droite sur la figure 1, reçoit son mouvement de la machine même.

Pour cela, son axe v' est prolongé au-dessous de son châssis, pour porter une petite roue d'angle Z, qui est commandée par une roue semblable Z', montée sur un axe inférieur z, lequel porte plus loin une grande poulie P', que l'on voit en communication avec une autre plus petite p' placée sur l'axe même qui déjà transmet son mouvement, notablement retardé, à l'axe du premier rouleau cannelé J, par lequel s'effectue l'avancement de la planche ou des frises posées à plat lorsqu'on en dresse l'une des faces.

Ainsi, par cette combinaison, la marche du bois pour la rainure ou la languette est la même que celle pour le dressage. Il est évident qu'elle pourrait être plus grande au besoin, sans inconvénient, parce que les outils n'ayant à travailler, pour ces opérations, que sur des surfaces très-étroites ne fatiguent pas autant, et ont bien moins de bois à enlever que sur des surfaces dressées. Il suffirait alors, pour augmenter la vitesse, de mettre une roue ou une poulie plus petite à la place de celle P'.

Quant au cylindre cannelé V, placé à gauche, il n'a réellement qu'à maintenir le bois; il n'est pas nécessaire qu'il soit commandé par la machine, il suffit qu'il soit libre de tourner sur lui-même, entraîné naturellement par la marche de la frise.

PARQUETEUSE

Par M. QUÊTEL-TRÉMOIS, représentée planche 23, figures 5 et 6.

Cette machine travaille les bois sur les trois faces à la fois, c'est-à-dire dresse une des faces en même temps qu'elle fait d'un côté la rainure et de l'autre la languette; elle présente dans sa construction des particularités que nous avons déjà rencontrées dans la machine à raboter sur quatre faces du même constructeur représentée planche 21 : soit l'absence complète de leviers et de contre-poids, qui sont remplacés par des tampons en caoutchouc placés dans des boîtes venues de fonte avec les bâtis; soit le genre de rabot rotatif à contre-fer, soit encore le système des cylindres conducteurs employés qui permet l'avancement du bois pendant le travail et aussi la grande longueur des arbres des bouvets, dont les poulies se trouvent en contre-bas du sol, ce qui présente une grande solidité.

La figure 5 représente cette machine en section longitudinale et la figure 6 en section horizontale passant par l'axe de l'outil dresseur.

Cette machine est composée de deux bâtis B et d'une table A, d'un rabot à contre-fer a et deux bouvets b et b'. Au-dessus et au-dessous de ladite table sont disposés les quatre cylindres d'entraînement C et C'.

Les cylindres inférieurs sont mobiles dans des coussinets, dont la hauteur est réglée à volonté au moyen de vis c en dessus et en dessous; ils portent, à une de leurs extrémités, des pignons à longues dents mis en mouvement par les roues d'engrenage D et D', commandées par le pignon E actionné lui-même par l'arbre à tambour de la machine et par l'intermédiaire de la poulie P.

Les cylindres supérieurs sont maintenus dans des coussinets mobiles à oreilles guidés dans les cages fixes F. Dans l'oreille double de chaque coussinet s'attache, au moyen d'un goujon qui lui permet un mouvement d'oscillation, une vis dont le filet est à droite; une seconde vis f, ayant un filet extérieur à gauche et un filet extérieur à droite, traverse le chapeau de la cage qui, formant écrou, permet ainsi d'élever ou d'abaisser les cylindres C'.

Ces cylindres reçoivent leur mouvement des cylindres inférieurs C qui portent chacun, du côté opposé à leur commande par les roues D, un pignon à longue dent engrenant avec un pignon intermédiaire d (fig. 6), qui engrène lui-même avec un autre pignon d' d'une largeur double et monté fixe sur un axe; ce pignon engrène à son tour par l'autre moitié de sa largeur avec celui e, calé sur l'axe du cylindre C', quelle que soit la hauteur verticale de celui-ci. Toute cette transmission est renfermée dans une boîte en fonte g boulonnée sur la table A.

Deux boulons-tirants traversent le chapeau et les montants des cages F et portent chacun une tête à leur partie inférieure, sur laquelle vient s'arrêter un tampon en caoutchouc, dont la mission, comme dans la machine à raboter précédemment décrite, est de donner, par extension, la pression sur les cylindres supérieurs.

Sur le cylindre d'avant est appliquée une chape en fonte *h* (fig. 5), servant en même temps de grattoir et de porte-cuir ; ce cuir est destiné à appuyer légèrement sur le bois pour empêcher les copeaux de passer sous le cylindre et de s'imprimer sur la partie rabotée.

Le grattoir *i*, sur le rouleau presseur *j*, est destiné, lorsqu'on travaille du sapin du Nord, à empêcher la résine de s'y attacher.

Les deux rouleaux presseurs *j* et *j''* (un petit grattoir en acier *i'* est appliqué, dans le même but, sur le presseur *j'*) sont montés, comme les cylindres entraîneurs, dans des coussinets à oreilles pressés par des tampons en caoutchouc renfermés dans des cages munies de vis de réglage *f*.

Les arbres G, au sommet desquels sont montés les bouvets *b* et *b'* sont en acier, montés dans des paliers G' et supportés par des crapaudines H ; immédiatement au-dessus de celles-ci sont calées les poulies de commande *p*.

Pour le rabot horizontal, le mouvement lui est communiqué par la poulie *p'* (fig. 6) et sa position est réglée, en rapport avec l'épaisseur de la planche à raboter, au moyen du volant V, qui agit sur une vis reliée au support muni des paliers dans lesquels tourne l'axe dudit rabot.

PARQUETEUSE

Par MM. PÉRIN, PANHARD et Cie.

Comme la précédente, cette machine, représentée en élévation et en plan figures 38 et 39, fait à la fois le rabotage et le bouvetage. La planche est amenée par les *rouleaux entraîneurs* vers l'outil horizontal qui rabote sa face supérieure ; continuant son chemin, elle passe entre les deux outils verticaux qui font, l'un la rainure, l'autre la languette.

Dans cette machine, la table sur laquelle glisse le bois est mobile verticalement, comme dans les raboteuses décrites pages 195 et 196. Or, il arrive souvent, dans un lot de bois de mêmes dimensions, qu'un certain nombre de planches sont moins épaisses ; on peut alors les passer avec cette machine en faisant monter simplement la table et avec la certitude que la rainure et la languette seront toujours à la même distance de la face rabotée, ce qui est important puisque les planches rabotées doivent toutes affleurer entre elles lorsqu'elles sont assemblées.

Cette machine, par sa construction même, présente une grande stabilité et est d'un graissage très-facile, ce qui est important dans un appareil muni de trois outils distincts qui font chacun plus de 3 500 tours par minute.

La production dans le sapin atteint environ 3 500 mètres de longueur par journée de travail. La force nécessaire est d'environ 4 chevaux.

Fig. 38.

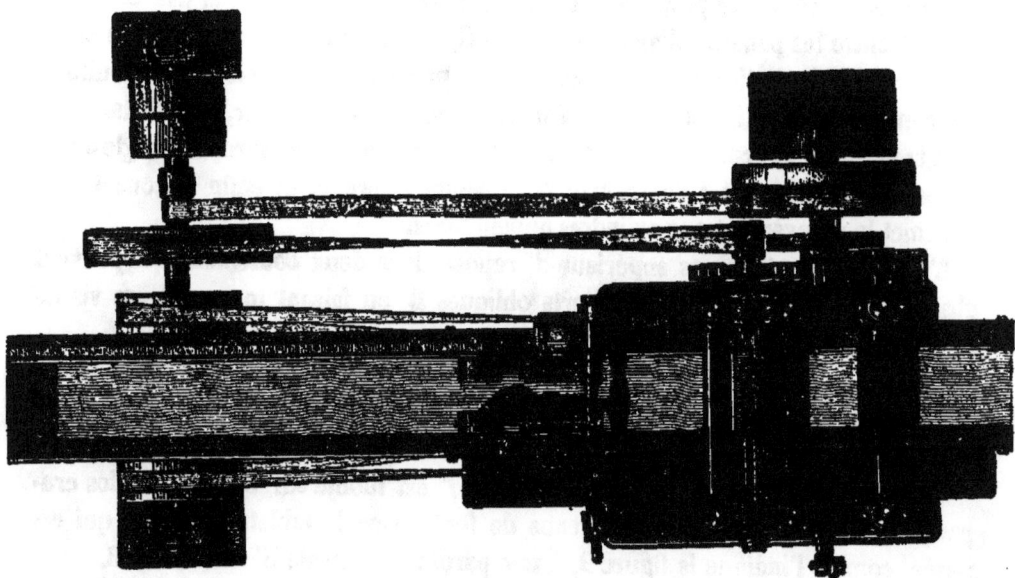

Fig. 39.

MACHINE A RABOTER, RAINER ET LANGUETER

Par MM. SCHMALTZ frères, constructeurs à Offenbach (Pl. 24, fig. 4 à 7).

Cette machine, quoique destinée spécialement à faire les frises de parquet, diffère des types que nous venons d'examiner en ce qu'elle peut être aussi utilisée pour raboter des bois sur quatre faces à la fois. Dans ce cas, elle rentre dans le catégorie des machines Frey, Quétel-Trémois, Ransome et Périn, décrites au chapitre précédent.

La figure 1 représente cette machine en projection horizontale;

La figure 2 est une section verticale, dans le sens de la longueur;

La figure 3 montre en détail, suivant une coupe faite par la ligne 1-2, la tête du porte-lames supérieur;

La figure 4 est une coupe du porte-lames inférieur;

Les figures 5 et 6 représentent le dispositif des rouleaux d'amenage;

Enfin, la figure 7 est un détail de l'un des porte-lames latéraux.

Le bâti de cette machine, en raison de sa grande dimension, est composé de cinq pièces boulonnées ensemble, à savoir : les deux supports de devant A, les deux pieds de derrière A' et la partie supérieure B, fondue avec la table horizontale.

Les deux supports A sont munis de paliers pour recevoir l'arbre moteur a, qui transmet tous les mouvements au moyen de courroies.

A cet effet, cet arbre porte, à son extrémité, les poulies motrices fixe et folle P et P' et entre les paliers : d'abord la poulie C, qui actionne, au moyen d'une courroie croisée, la petite poulie c de l'arbre porte-lames inférieur; la poulie D qui commande la petite poulie d de l'arbre porte-lames supérieur, puis le tambour E et la poulie F qui commandent, au moyen de courroies contournées à angle droit, les petites poulies e et f des arbres porte-lames latéraux, et enfin le cône G qui transmet le mouvement aux cylindres alimentaires.

L'arbre du porte-lames supérieur d' repose dans deux coussinets, qui peuvent glisser dans les coulisses des supports obliques B' en faisant tourner leurs vis de rappel au moyen du petit volant (voy. fig. 3) qui termine l'arbre horizontal b.

L'arbre du porte-lames inférieur c' ne se déplace pas par rapport à la table, sous laquelle il est monté sur pointes avec coussinets en bronze et vis de réglage, comme on le voit figure 4.

L'arbre vertical du porte-lames de droite f est monté sur pointe dans des crapaudines dont les supports sont venus de fonte avec la tablette-guide h, qui est vissée, comme l'indique la figure 2, à une paroi transversale B' de la table B.

L'arbre vertical porte-lames de gauche e' est monté de la même manière que celui de droite, mais son support est fondu d'une seule pièce avec un glissoir h', monté à queue d'hironde sur la tablette-guide h pour s'y mouvoir dans le sens transversal, dans le but de pouvoir être éloigné ou rapproché de l'outil de droite, suivant que le bois à raboter ou à rainer est plus ou moins large. Ce déplacement s'opère à l'aide d'une tige filetée, d'un écrou et du petit volant à main v.

L'appel du bois se fait par la paire de cylindres cannelés H et H' et par la paire de cylindres lisses I et I'. Les axes des deux cylindres inférieurs tournent dans des paliers à demeure pris dans l'épaisseur de la table (voy. fig. 5), tandis que les paliers des deux cylindres supérieurs font partie de deux bras de leviers *i* et *i'*, mobiles autour d'un axe central *j* (fig. 2, 5 et 6).

Une planchette J est suspendue à ces bras de leviers au moyen des quatre tringles *j'*, et peut, étant chargée de poids, communiquer aux deux cylindres supérieurs la pression nécessaire sur le bois qu'ils doivent entraîner. La combinaison des leviers K et K' avec la tige filetée *k* et le petit volant *k'* empêche la chute des cylindres après le passage du bois, et en permet le relèvement avant l'introduction d'une nouvelle pièce. C'est là, du reste, comme on le reconnaît, une disposition mécanique analogue à celle que nous avons vue appliquée aux machines Ransome et Arbey, planches 21 et 25.

Le mouvement est transmis aux quatre cylindres d'amenage simultanément par le cône G, monté sur l'arbre moteur *a* et actionnant le cône correspondant G' fixé sur l'arbre *g*; celui-ci, par la paire de roues d'angle L, met en mouvement l'arbre oblique L' muni à son extrémité supérieure de la vis sans fin *l*, qui engrène avec la roue *l'* clavetée à l'extrémité de l'arbre transversal *m* (fig. 5). L'autre extrémité de cet arbre porte la roue droite médiane *m'*, engrenant directement avec des roues semblables fixées sur les axes des cylindres inférieurs H' et I'; en même temps elle actionne les deux roues des cylindres supérieurs H et I, par l'intermédiaire d'une roue *n* située sur le prolongement de l'arbre *j*. Les bras de levier *i* et *i'* des paliers de ces deux cylindres étant mobiles autour de cet axe, ces cylindres peuvent se déplacer et les dents restent toujours engrenées.

La machine est complétée par quelques accessoires destinés à guider et à maintenir le bois. Sur le devant de la table, et dans le sens longitudinal, se trouve fixée une règle *o*, qui, de ce côté-là, guide le bois.

Le levier *q*, situé sur un axe commun de rotation avec le levier extérieur Q (fig. 1 et 2), est destiné, en réglant sa position au moyen de ce dernier, à s'appliquer et presser contre la surface du bois, et par suite empêcher les vibrations au-dessus du porte-lames inférieur *c'*.

Un galet-guide latéral *r*, assujetti dans une douille R, se déplaçant avec le glissoir *h'* du porte-lames *e'*, peut, au moyen de deux vis de rappel, être appliqué sur le bord du bois afin de le maintenir pendant le travail.

De même, pour empêcher la vibration du bois dans le voisinage du porte-lames supérieur *d'*, il y a des deux côtés des leviers S et S' doublés, à leur partie inférieure, de bandes de bois. Ces leviers viennent s'appliquer à plat sur la pièce à raboter, et sont chargés à leur extrémité des poids *p* et *p'*. Des vis de butée *s* (fig. 3) empêchent la chute des leviers après le passage du bois.

Le bois est encore guidé latéralement par la bande élastique T fixée au petit chariot *t*, mobile dans le sens transversal au moyen de la tige filetée T'. On peut ainsi placer le guide à la distance correspondante à la largeur du bois.

VITESSES. — Le nombre de tours de la poulie de transmission est de 200 par minute, et celui de l'arbre de couche a de :

$$\frac{200 \times 910}{350} = 520 \text{ par minute.}$$

L'arbre du porte-lames supérieur d' tourne à la vitesse de :

$$\frac{520\, D}{d} = \frac{520 \times 540}{140} = 2\,006 \text{ par minute.}$$

Le porte-lames inférieur c', et les outils latéraux $e'\, f'$ font :

$$\frac{520 \times 350}{120} = 1\,517 \text{ tours par minute.}$$

La vitesse circonférentielle des couteaux se déduit de la manière suivante :

Pour le porte-lames supérieur :

$$\frac{3,14 \times 0,16 \times 2\,006}{60} = 16^m,80 \text{ par seconde;}$$

Pour l'inférieur et les deux porte-lames latéraux :

$$\frac{3,14 \times 0,16 \times 1517}{60} = 12^m,70 \text{ par seconde.}$$

La vitesse de l'arbre g muni des roues d'angle L, pour les trois diamètres des cônes G et G' est de 352, 520, 768 tours par minute.

La transmission du mouvement de cet arbre aux arbres des cylindres d'amenage est dans rapport de :

$$\frac{9 \times l \times m'}{4 \times l' \times n} = \frac{33 \times 4 \times 33}{49 \times 84 \times 27} = \frac{1}{102}$$

Révolutions des cylindres alimentaires : 3,45, 5,10, 7,53 par minute.

De là on déduit la vitesse circonférentielle des cylindres, ainsi que la vitesse d'avancement du bois, qui est alors de 2^m,06, 3^m,04, 4^m,49 par minute.

L'avancement correspondant à chaque révolution de l'arbre à lames supérieur est, par conséquent de : 1,03, 1,52, 2,24 millimètres.

MACHINE A RABOTER ET RAINER, POUR PARQUETS

Par M. E. BARAS, représentée planche 24, figures 8 et 9.

Les figures 9 et 10 représentent cette machine en élévation longitudinale et en plan vu en dessus. On voit qu'elle se compose d'un banc rectangulaire en fonte, formé de deux flasques A et A', reliés par des entretoises a' et par une tablette fondue avec la console verticale B, sur la face de laquelle est monté à queue d'hironde le chariot du porte-outil horizontal a.

Ce porte-outil reçoit les trois lames qui dressent la frise sur son plat et est animé, à cet effet, d'une vitesse de 3 000 tours par minute au moyen de deux courroies qui, des deux petites poulies c, fixées aux extrémités de son axe, vont s'enrouler sur les deux poulies C clavetées sur l'arbre moteur b.

Cet arbre b est encore muni des poulies fixe et folle P et P', du tambour D, qui transmet le mouvement, par les petites poulies d, aux arbres verticaux des outils à rainer et à languetter d', et enfin du petit cône e dont la courroie est en relation avec le cône plus grand E, qui commande le mécanisme d'amenage.

Ce mécanisme comprend un large pignon f (fig. 10), qui engrène à la fois avec les roues F et F', dont les axes sont munis de pignons qui commandent les roues G et G' clavetées à l'une des extrémités des rouleaux inférieurs placés par paires devant et derrière les outils.

Les rouleaux inférieurs commandent les rouleaux supérieurs au moyen des roues g et g' fixées à l'extrémité opposée des roues G et G', et dont les dents sont longues pour que leur engrènement ait toujours lieu malgré l'écartement variable des rouleaux, suivant l'épaisseur plus ou moins forte des frises de parquet oumises au travail des outils.

Comme on l'a vu, au sujet des machines précédemment décrites, un point essentiel à observer, c'est que le bois soit bien guidé et surtout qu'il ne soit pas abandonné près des outils.

Ce double résultat est parfaitement atteint dans cette machine, d'une part parce qu'il est guidé à l'entrée sur la table H, d'un côté par un rebord h et de l'autre par un galet h' monté à l'extrémité d'un levier articulé H', à l'autre extrémité duquel s'attache une corde terminée par un contre-poids h'', qui assure une pression constante et élastique sur le bord de la frise.

Ainsi guidée, celle-ci s'engage entre la première paire de rouleaux cannelés et subit, en sortant, l'action de l'outil raboteur a; elle passe ensuite sous un petit rouleau i, au-dessus duquel se trouve un couteau i' qui, détachant les copeaux, le maintient bien lisse; puis viennent les deux outils horizontaux d' agissant latéralement pour faire d'un côté la rainure, et de l'autre la languette.

Pendant ce travail, la frise est maintenue latéralement par une lame de ressort *r* (fig. 10) monté sur une équerre à coulisse, et par deux presseurs *j* et *j'* dont on règle à volonté la hauteur, suivant l'épaisseur du bois, au moyen d'une vis et d'une manivelle *k*. Pour éviter la rigidité de la pression, la table est ouverte en dessous pour livrer passage à un ressort *k'* (vu en ponctué fig. 9), qui soulève la frise afin de la maintenir constamment en contact avec les presseurs.

Suivant que les frises sont plus ou moins larges, l'un des outils *d'* est rapproché ou éloigné de l'autre et est, à cet effet, comme dans les autres machines, monté sur un chariot; mais il faut aussi que les presseurs *j* et *j'* puissent avoir la même faculté, c'est pour cela qu'ils sont montés à l'intérieur d'un cadre *J* fondu avec deux bras reliés par articulation à des supports boulonnés sur le bâti.

Sortant des outils *d'*, la frise s'engage sous la paire de rouleaux lisses d'arrière, toujours guidée latéralement, d'un côté par la joue fixe *l* et de l'autre par les équerres à coulisse *l'*. La pression aux deux rouleaux supérieurs d'amenage est transmise des grands leviers à contre-poids *L* et *L'* par les tringles *M* et *M'* et les petits leviers articulés *m* et *m'*.

MACHINE A PARQUET RABOTANT SUR PLAT

ET RAINANT SUR CHAMP, SYSTÈME A LAME HÉLICOÏDALE

Par M. ARBEY (Pl. 25).

Nous avons dit que M. Arbey appliquait son système de porte-outils à lames hélicoïdales à différents usages, soit aux machines à raboter et planer le bois à plateau mobile, comme celle représentée planche 20, soit aux machines à table fixe et à amenage continu, comme les parqueteuses, les moulurières et, en général, au rabotage des bois minces qui ne doivent pas être dégauchis, enfin à des machines spéciales pour entailler les traverses de chemin de fer, pour fabriquer les tonneaux (rogner et jabler, biseauter les fûts, etc.), pour faire les tenons, etc.

Sur la planche 25, nous représentons la machine à parquet.

La figure 1 en est une coupe longitudinale et la figure 2 une projection horizontale vue en dessus;

Les figures 3 et 4 sont deux vues par bout, l'une du côté droit, l'autre du côté gauche;

Les figures suivantes, 5 à 9, représentent les parties principales en détail, y compris l'appareil d'affûtage.

DISPOSITIONS GÉNÉRALES. — Cette machine est composée de façon à tirer d'épaisseur et de large des planches ou plateaux dont l'un des parements a été préalablement dressé, ainsi que l'une des rives; elle peut également pratiquer l'embouvetage, c'est-à-dire enlever une rainure sur le champ préalablement dressé et qui sert de guide, et une languette du côté où la pièce est tirée de large.

La machine a pour base deux bâtis latéraux en fonte A, sur lesquels est fixée la table en fonte B, qui reçoit elle-même le châssis C auquel sont adaptées toutes les pièces qui composent l'outil à planer et son affûtoir.

De plus, les deux bâtis A sont réunis transversalement et au-dessous de la table par un autre châssis vertical D, disposé comme la table d'un chariot pour recevoir les deux bouvets et leur mouvement, l'un des deux, celui qui correspond à la languette, pouvant être mobilisé horizontalement en conformité de la largeur à laquelle la pièce doit être tirée.

AVANCEMENT DU BOIS. — L'engrènement de la planche s'effectue à l'entrée, au-dessous du premier rouleau cannelé E monté, comme le rouleau semblable E', sur le châssis en fonte a articulé sur l'axe b. Ces deux rouleaux cannelés E et E', qui sont animés, comme on le verra plus loin, d'un mouvement de rotation lent, sont maintenus constamment en contact avec la surface supérieure de la planche par une charge déposée sur le plateau en bois c, suspendu par des tringles verticales aux extrémités des bras des châssis a et a' sur lesquels les rouleaux E et E' sont montés. Mais pour assurer l'entraînement de la planche, elle s'appuie au-dessous du rouleau E sur le rouleau lisse F, désaffleurant légèrement la table dressée, et animé d'un mouvement de rotation comme les rouleaux de pression E et E'.

Le mouvement de ces trois rouleaux a pour origine la poulie G, commandée par un renvoi indépendant de la machine proprement dite et sur lequel sont réservées toutes les poulies qui correspondent aux trois outils, ainsi qu'à l'affûtoir ; ce renvoi porte également les poulies fixe et folle pour la mise en marche et l'arrêt.

Cette poulie G est montée sur le goujon d fixé par un écrou à l'un des deux bâtis A ; elle est solidaire du pignon denté e, engrenant avec la roue e' qui tourne, ainsi que le pignon f, sur le goujon à tête de cheval f' ; le pignon f commande la grande roue g, dont l'axe g', traversant la machine, porte le rouleau inférieur F, qui en reçoit ainsi son mouvement de rotation.

Le même axe g' porte enfin à son extrémité opposée le pignon h (fig. 2) correspondant à une série d'engrenages, dont deux sont montés sur les axes des rouleaux de pression E et E', et leur communiquent ainsi le mouvement nécessaire pour l'avancement du bois.

Cette série comprend le pignon h', transmettant le mouvement du pignon h à un autre pignon h^2 monté sur l'axe b, lequel porte le second pignon h^3 commandant, comme intermédiaire, les pignons h^4 montés directement sur les axes des rouleaux E et E'.

La planche X, engagée sous les rouleaux de pression, est guidée latéralement et par sa rive dressée par la saillie i (fig. 3) appartenant à la table B. Pour que ce contact se maintienne, il existe un galet horizontal i' monté sur un goujon vertical qui appartient lui-même à la barre transversale i^2, que l'on voit, figure 1, au-dessous d'une coulisse pratiquée dans la table B, pour faciliter le déplacement de l'axe du galet, lequel occupe effectivement des positions variables suivant la largeur même de la planche.

La barre i^2 est reliée, à cet effet, avec l'une des extrémités du levier i^3 oscillant en un point de sa longueur, et dont l'autre extrémité est soumise constamment, par la corde i^4, au tirage du poids i^5.

Puisque les rouleaux de pression E et E' s'abaissent sous l'influence de leur propre poids et tendent incessamment à se rapprocher de la surface de la table B, il est nécessaire de pouvoir les soulever à volonté au début d'une opération, car aussitôt une première planche passée, une seconde la suit pendant qu'elle est encore en prise avec le rouleau E'.

A cet effet, le constructeur a imaginé un petit mécanisme de treuil, qui a pour organe principal l'axe horizontal H, lequel traverse d'un bâti à l'autre et est pourvu de la manivelle H'; sur cet axe sont fixées les extrémités de quatre courroies j et j', dont les deux premières se rattachent directement au plateau c, tandis que les deux autres ne viennent s'y rattacher de même qu'après avoir passé sur le rouleau de renvoi j^2. Il est facile de concevoir comment on peut ainsi soulever l'ensemble des rouleaux de pression et du plateau porte-charge; un rochet k, fixé sur l'arbre H, et un cliquet k' (fig. 2 et 3) permettent au besoin de maintenir cet ensemble dans une position déterminée.

MÉCANISME DE L'OUTIL A PLANER. — Cet outil est construit, comme nous l'avons dit, conformément au principe antérieurement appliqué par M. Mareschal et perfectionné depuis par M. Godeau qui, aux lames hélicoïdales épaisses, a substitué des lames minces qui peuvent facilement s'infléchir et être disposées exactement suivant la courbe requise.

Comme on peut le voir, surtout à l'aide des figures de détails 5 et 6, cet outil a pour âme un manchon en fonte à génératrices hélicoïdales et à section triangulaire I, monté sur l'axe I'; sur les trois faces gauches de ce manchon sont appliquées les lames tranchantes l, qui s'y trouvent maintenues chacune par un contre-fer l' et par des boulons l^2, dont les têtes sont engagées dans des rainures à queue réservées audit manchon.

Ces contre-fers sont découpés en arrière, de façon à ce que la lame puisse être atteinte pour la repousser et régler sa saillie; des vis de réglage m sont réservées à cet effet.

On voit que les contre-fers l' ne doivent presser la lame tranchante que tout près du bord, de façon à assurer ce contact même. Pour cela faire, ils sont traversés par des vis butantes l^3 qui permettent de relever l'arrière, tandis que les boulons l^2 opèrent leur serrage entre ces vis comme point d'appui, et c'est l'angle du contre-fer qui correspond au biseau tranchant de la lame l.

L'outil ainsi disposé est monté par son axe l' dans les paliers J' du plateau J, ajusté à coulisse sur la face du châssis C fixé sur la table B.

Nous verrons qu'il est effectivement nécessaire de mobiliser l'outil, d'abord suivant l'épaisseur que doit porter la planche à dresser X et ensuite pour l'amener sous l'action de l'affûtoir.

A cet effet, le plateau porte-outil J est pourvu d'une oreille taraudée dans laquelle est engagée la vis n, maintenue à rappel dans le châssis C et surmontée de la manivelle n', qui s'y adapte lorsqu'il est nécessaire de déplacer l'outil ; mais on assure chaque position déterminée de ce dernier à l'aide des deux boulons n² (fig. 4), qui traversent le plateau J et de deux coulisses réservées au châssis C.

Il est à peine nécessaire de faire remarquer que l'axe l' du porte-outil est muni de sa poulie motrice l², qui reçoit son mouvement du renvoi dont nous avons déjà parlé et qui constitue le point de départ de tous les mouvements.

OUTILS A ENBOUVETER. — Ces outils, dont la disposition est représentée en détail figures 8 et 9, consistent simplement en fers de bouvet ordinaires o et o', fixés au moyen de vis de pression dans les manchons K et K', qui sont en partie cylindriques avec deux faces méplates abattues ; ces manchons sont ajustés à l'extrémité supérieure de deux axes verticaux, dont le milieu de la hauteur est occupé par les tambours cylindriques L et L' faisant fonction de poulie de commande.

Ces tambours sont effectivement en rapport chacun avec une poulie montée sur le renvoi dont nous avons parlé, et dont l'axe est horizontal, d'où il résulte que les courroies qui établissent cette communication passent du champ au plat.

Pour chacun de ces deux outils, l'axe appartient à un châssis vertical M et M', pourvu de larges paliers p et d'une crapaudine p' ; les deux châssis sont ainsi montés sur le chariot D, sur lequel l'un des deux, celui M', qui correspond aux outils à languette, peut se déplacer transversalement suivant la largeur à donner à la frise X.

Le déplacement et la réglementation de ce châssis s'opèrent à l'aide de la vis q, engagée dans un écrou appartenant au châssis et munie de la manivelle q'. Une disposition, que notre dessin n'indique pas, mais qu'il est facile de concevoir, permet de régler la hauteur des bouvets en rapport avec l'épaisseur de la frise.

La précision avec laquelle la frise doit être transmise aux bouvets après avoir passé sous l'outil à planer exige toute une disposition de petits organes accessoires, qui ont effectivement pour objet de maintenir cette frise parfaitement appliquée sur la table.

Nous y remarquons d'abord deux galets r, disposés à la partie inférieure des tiges r' fixées dans des poupées r² renfermant un ressort ; ces poupées sont rattachées elles-mêmes à des tiges verticales r³, à l'aide de vis de pression qui permettent de varier leur position dans le sens de la hauteur ; l'un de ces supports peut être considéré comme fixe, tandis que l'autre est engagé dans une coulisse pratiquée dans la table B et peut être déplacé transversalement suivant la largeur de la frise. De plus, sur les mêmes tiges r^s sont enfilées des poupées r^4, qui servent de point d'attache à de longs ressorts s terminés par une chape portant un petit galet s' destiné à maintenir encore la frise en avant des bouvets.

AFFUTOIR. — Une des conditions essentielles de la bonne marche de l'outil planeur, en raison de sa structure particulière en hélice, c'est son affûtage.

Indépendamment des vues d'ensemble, l'affûtoir est représenté en détail figure 7 ; il consiste en une meule d'émeri N montée sur l'axe t, dont les supports appartiennent au châssis fixe C. Cette meule est mise en mouvement par la poulie t' et elle peut glisser longitudinalement sur son axe, déplacement qu'on lui communique à la main en agissant sur la manivelle u' montée sur la vis u, qui est logée à l'intérieur d'un fourreau ouvert pour le passage de l'écrou faisant partie du système rattaché au moyeu de la meule.

Pour opérer l'affûtage, on soulève l'outil I, en agissant sur la manivelle n', jusqu'à ce que la meule arrive en contact avec le biseau des lames. L'axe I' étant armé d'une poulie à gorge I², on y adapte une corde v chargée d'un contre-poids v', dont l'action a pour objet de maintenir chaque lame en contact avec la meule, tandis que celle-ci est, comme nous l'avons expliqué, déplacée longitudinalement.

Il est évident que ces deux mouvements combinés permettent de donner aux biseaux tranchants la forme rigoureuse qu'ils doivent avoir pour agir suivant le principe d'après lequel est basée leur action.

Mais pour que cette opération s'exécute avec la précision nécessaire, la meule ne peut pas constituer à elle seule le point d'appui de la lame, tandis que le poids v' fait tourner le porte-outil et que la meule se déplace longitudinalement. C'est pourquoi il existe auprès de cette meule, se déplaçant avec elle et enfilé sur l'arbre t, un petit bloc x, dans lequel se trouve ajustée à coulisse la barrette x' qu'une vis x^2 permet de mobiliser à la main ; cette barrette se termine, à sa partie inférieure, par un talon x^3 (fig. 7) que l'on amène par le déplacement de la barrette au point requis pour que la lame en affûtage s'y appuie.

Comme on peut, à volonté, sur cette machine, arrêter l'action des outils latéraux qui forment la rainure et la languette, elle peut être utilisée pour le dressage de tous les bois de faible épaisseur qui n'ont pas besoin d'être dégauchis.

MACHINE A RABOTER, A BOUVETER ET A FAIRE LES MOULURES

Par MM. ROBINSON et fils, de Rochdale (Pl. 26, fig. 1 à 3).

Cette machine présente pour l'amenage du bois et son rabotage, les mêmes dispositions que celles de la machine simple à raboter des mêmes constructeurs, représentée figures 1 et 2, planche 21, et décrite page 198, mais elle a en plus un rabot a' pour dresser en dessous, et deux outils verticaux b et b' destinés à raboter les côtés ou à faire les languettes et les rainures.

Le mouvement part d'un arbre unique c, qui le reçoit du moteur par les poulies fixe et folle P et P' et le transmet par les cinq poulies p, p', p², p³ et p⁴.

Les deux premières commandent les outils horizontaux a et a', qui rabotent la planche en dessus et en dessous. Les outils verticaux sont commandés par le tambour p³ et la poulie p⁴. Enfin, la poulie p⁵ actionne l'arbre intermédiaire d muni d'un cône qui donne le mouvement par une paire de roues d'angle à l'arbre vertical e, dont le sommet porte une vis sans fin engrenant avec la roue à denture hélicoïdale f, qui actionne les rouleaux d'amenage g et g'.

Le bois est maintenu, pendant l'action du rabot supérieur a, par les presseurs h et h' pourvus des contre-poids i et i', et, pendant l'action du rabot inférieur a', par une touche j fixée sur un axe terminé par un bras j', dont on règle la hauteur au moyen d'une vis. Il y a aussi, pour les outils verticaux, un presseur latéral k qui agit au moyen du contre-poids k'.

Une particularité intéressante de cette machine, c'est son application à la confection des moulures. A cet effet, le chariot porte-outils A (fig. 1 et 2) est remplacé par le porte-outils A' représenté isolément figure 3. On remarque que l'axe sur lequel sont montés les outils profilés l est incliné afin que le bois ne se trouve pas attaqué de la même manière sur toute sa largeur.

Par ce moyen, d'après MM. Robinson et fils, les surfaces moulurées ont un fini et un poli que l'on ne peut obtenir avec les outils qui travaillent horizontalement, pour cette raison que ceux-ci agissent de la même manière sur toute la largeur sans tenir compte des différences d'épaisseur; les couteaux attaquent alors les parties minces de la moulure et s'y engagent en levant un fort copeau qui s'en détache en laissant une partie bossuée à la surface.

En faisant usage de cette machine soit comme raboteuse, parqueteuse ou moulurière, la production peut être de 4 à 10 mètres linéaires par minute et pour des dimensions de bois variables de 5 à 12 centimètres d'épaisseur sur 12 à 40 centimètres de largeur, suivant quatre types de ce système exécutés par les constructeurs et qui exigent, pour fonctionner, de 2 à 6 chevaux de force.

CHAPITRE XII.

MACHINES A FAIRE LES MOULURES DROITES ET COURBES.

La plupart des machines à raboter à outils rotatifs peuvent être utilisées pour pousser les moulures droites, et nous venons de voir une adaptation de ce genre faite par MM. Robinson et Cⁱᵉ ; cependant, dans un atelier bien monté, une machine spéciale est toujours préférable, elle est plus simple et mieux appropriée au travail à produire.

Pour faire les moulures droites sur bois durs, l'outil mécanique le plus simple est le *banc à tirer* tel que le construit M. Arbey, et qui se compose de deux longrines en bois fixées horizontalement et parallèlement sur des chevalets verticaux qui les relient aux deux extrémités. Entre ces longrines est ajustée, pour y glisser librement dans le sens de leur longueur, une poutrelle également en bois, munie en dessous d'une crémaillère en fonte qui engrène avec un pignon dont l'arbre fait partie d'un petit châssis ou poupée double, aussi en fonte. Cette poupée, fixée transversalement au milieu des deux longrines, est munie du porte-outil, assemblé à queue d'hironde, afin de permettre de varier sa hauteur et, par suite, celle de la lame coupante, profilée suivant la moulure que l'on veut obtenir.

Dans cette machine, l'outil est fixe, et c'est le bois sur lequel on veut pratiquer la moulure qui est mobile. A cet effet, il est fixé par ses extrémités sur la poutrelle munie de la crémaillère par des griffes de serrage à vis. La poutrelle est mise en mouvement au moyen d'une manivelle qui, en faisant tourner le pignon, la déplace dans le sens de la longueur du banc, et force ainsi la règle de bois à passer sous la lame tranchante.

Par sa simplicité, cette machine peut plutôt être considérée comme un outil mécanique destiné à supprimer les outils à main dispendieux, d'un entretien difficile et exigeant un homme exercé dans sa profession, tandis qu'avec ce banc à tirer les moulures, un ouvrier quelconque, avec un peu d'habitude, peut produire cinq fois plus que le premier. Les bois durs, tels que le chêne, le châtaignier, le noyer, le poirier, etc., et généralement tous les bois des îles peuvent seuls être *tirés en moulure*. Ces bois peuvent être également travaillés par les machines rotatives semblables à celle représentée planche 26, aussi bien que les bois tendres ; mais, outre que ces dernières nécessitent un moteur, on doit comprendre que les moulures doivent être mieux finies par l'étirage que par le rabotage.

Une autre machine, non moins simple que ce banc à tirer les moulures droites, permet d'exécuter avec une grande rapidité des *moulures cintrées* de toutes dimensions, des rainures, feuillures, refouillements, élégissements extérieurs ou intérieurs les plus contournés et avec une grande netteté. Nous voulons parler de la *toupie mécanique*, au sujet de laquelle nous aurons tout spécialement à revenir. La machine rotative est employée avantageusement pour faire les *moulures droites* ordinaires destinées à orner les appartements, ce qui explique le bas prix de ces produits de profils souvent très-compliqués.

MACHINE A POUSSER LES MOULURES DROITES

Par M. ARBEY (Pl. 26, fig. 4 à 6).

La figure 4 est une vue extérieure de face, en élévation, de cette machine;

La figure 5 en est un plan général, vu en dessus;

La figure 6 est une section verticale faite dans le sens transversal, vers le milieu de la longueur, suivant la ligne 1-2 de la figure 4.

Du BATI. — Il est composé de deux flasques en fonte A et A', nervés et à jour, reliés aux pieds par les deux boulons à entretoises *a*, et en dessus par deux traverses également en fonte *a'* et par la table de même métal B. Au milieu de leur longueur, ces flasques sont fondus avec des saillies étroites *b*, qui désaffleurent la table munie d'encastrements pour leur passage, et cette table est elle-même fondue, sur toute sa longueur, avec un rebord *b'*, contre lequel vient s'appuyer le bois.

Du PORTE-OUTILS ET DE SA COMMANDE. — L'arbre horizontal C sur lequel est claveté le porte-outils D est monté dans les paliers *e*, qui font partie de deux supports verticaux en fonte E, de section rectangulaire avec nervure au milieu, et qui ont les bords taillés en biseaux pour glisser dans des coulisses à queue d'hironde *e'*, vissées sur les faces extérieures du bâti.

Ces deux supports E, placés ainsi parallèlement, sont reliés ensemble par quatre boulons *f* à une forte traverse en fonte E', garnie en son milieu d'un écrou *f'* traversé par la tige filetée F. La partie supérieure de celle-ci est ajustée de façon à tourner librement, mais sans pouvoir se déplacer verticalement, dans un collet *g* (fig. 6) fixé à une traverse en fonte G boulonnée au bâti.

Il résulte de ces dispositions que, lorsqu'on fait tourner le volant à main F' calé sur la tige filetée F, celle-ci tourne également en faisant monter ou descendre, suivant le sens de rotation imprimé au volant, la traverse E et naturellement avec elle les supports E du porte-outils D. On règle donc ainsi, à volonté, la hauteur de ce dernier par rapport à la table de travail.

Le porte-outils, ainsi qu'on peut le reconnaître particulièrement par les figures 5 et 6 de la planche 26 et les figures 40 et 41 ci-après, est formé d'un cylindre en fonte évidé au milieu pour présenter quatre bras à angle droit destinés à recevoir, dans des entailles pratiquées dans leur épaisseur, les lames tranchantes qui doivent effectuer le travail. Ces lames sont maintenues solidement dans les entailles du porte-outils au moyen de vis engagées dans l'épaisseur du bras muni d'une partie renflée et filetée pour les recevoir.

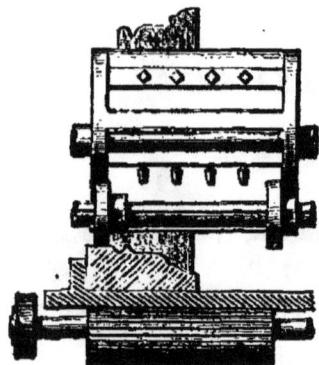
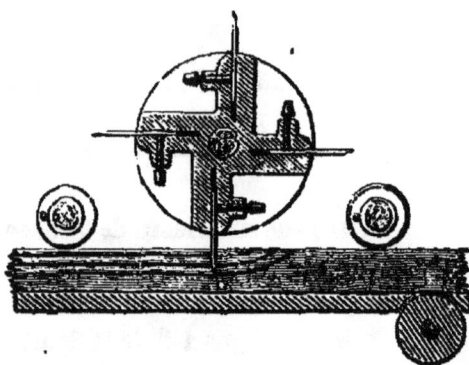

Fig. 40.   Fig. 41.

Les lames, ou fers tranchants, sont échelonnées sur le porte-outils, quand la moulure est large, pour qu'elles n'agissent que l'une après l'autre, et que les deux, trois ou quatre lames en mordant un peu l'une sur l'autre complètent le profil de la moulure que l'on veut obtenir ; en d'autres termes, si la moulure est large, de la largeur maximum du porte-outils par exemple, le premier fer placé contre l'une des joues du porte-outils doit former la tête de la moulure ; le second, fixé dans l'entaille du bras suivant, doit couvrir d'une petite quantité le premier fer en attaquant une faible portion du bois entaillé par celui-ci ; ainsi du troisième fer sur le second et du quatrième sur le précédent.

Par cette division du travail des outils, on obtient non-seulement une grande régularité en rendant leur action presque continue, mais encore on ménage extrêmement les fers, en ce que chacun d'eux, plus simples de profil, n'agit que pour enlever une quantité de bois plus ou moins forte, mais toujours la même ; ainsi, celui qui tranche la plus forte épaisseur, pour faire une gorge profonde, doit naturellement s'user plus vite que celui qui n'a qu'à effleurer le bois pour faire un simple boudin, par exemple. Il suffit donc d'affûter le premier quand cela est nécessaire sans toucher au second, tandis que, contrairement, si un seul fer présentait le profil complet, on serait dans la nécessité de l'affûter sur toute sa longueur pour ne pas changer le dessin ou le galbe de la moulure.

PLACEMENT ET AVANCEMENT DU BOIS. — La table B est fondue, comme nous l'avons dit, avec un rebord longitudinal b', contre lequel on place l'un des côtés dressés de la planchette I, que l'on veut soumettre à l'action des outils. Pour tenir cette planchette appliquée sur ce rebord, une grande lame de ressort I' est fixée par un bout sur une équerre mobile *i*, placée de l'autre côté de la table, de façon à exercer une légère pression élastique sur le bord du bois opposé à celui qui touche le rebord.

Comme les planchettes à profiler sont de largeur variable, l'équerre *i*, qui reçoit l'extrémité du ressort, peut glisser dans une rainure pratiquée transversalement dans l'épaisseur et être fixée à une distance quelconque du rebord *b'* au moyen d'un écrou à oreilles.

Malgré la pression du ressort I', le bois, sous l'action rotative des outils, pourrait être soulevé ; afin d'éviter cet inconvénient, quatre galets *j* sont disposés de chaque côté du porte-outils sur deux arbres parallèles J, de façon à rester en contact avec le bois et exercer au-dessus une certaine pression, relativement faible, pour ne pas empêcher son avancement dans le sens longitudinal.

A cet effet, chacun des arbres J tourne librement dans deux paliers qui font partie des tiges J' traversant la table B et l'épaisseur des flasques du bâti, et qui sont reliées à leurs extrémités inférieures par la traverse en fonte K. Celle-ci, par la tringle méplate en fer *k*, est réunie vers le milieu de sa longueur au levier L. Ce dernier a son centre fixe d'oscillation au sommet d'un fort boulon L' fixé à la nervure longitudinale inférieure du bâti.

Par ces dispositions, en agissant sur la manette forgée à l'extrémité de ce levier, du côté opposé à son centre d'oscillation, on soulève bien parallèlement les tiges J' et par conséquent l'arbre J muni des galets *j*, ce qui donne la facilité au conducteur de la machine de dégager la pièce de bois en travail de la pression exercée par les galets, de la retirer et, ensuite, d'en placer une nouvelle.

Les quatre galets *j* sont fixés deux à deux sur leur arbre respectif J, au moyen d'une clef qui pénètre dans une rainure pratiquée sur toute la longueur de ces arbres, de telle sorte qu'on peut les faire glisser et, par suite, régler à volonté la place qu'ils doivent occuper l'un par rapport à l'autre pour appuyer à la place convenable, déterminée par la largeur ou le profil de la moulure.

L'avancement du bois est obtenu au moyen d'un cylindre cannelé logé sous la table B, dans l'épaisseur de laquelle une ouverture transversale est ménagée pour laisser une portion de la circonférence désaffleurer d'une petite quantité, laquelle peut, du reste, être réglée au moyen de deux vis *m* (fig. 4), qui permettent de soulever bien parallèlement les deux coussinets dans lesquels repose son axe.

Ce cylindre cannelé est animé d'un mouvement de rotation continu très-lent, relativement à celui du porte-outils, par l'intermédiaire de la roue à denture hélicoïdale *m'*, qui engrène avec la vis sans fin *n* fixée à l'extrémité supérieure de l'arbre vertical M'.

Celui-ci, maintenu par le collet *o* et supporté par la crapaudine O, reçoit près de cette dernière une roue d'angle R, qui engrène avec le pignon *r* calé sur l'axe horizontal muni du cône S, à quatre étages de poulies. Ce cône est placé vis-à-vis du cône semblable mais inverse fixé sur l'arbre des poulies de commande.

TRAVAIL DE LA MACHINE. — La vitesse de régime de l'outil est de 2000 tours par minute et l'avancement moyen du bois, dans le même temps, de 2 mètres environ.

En tenant compte des pertes de temps, la production moyenne de cette machine peut être évaluée de 80 à 100 mètres à l'heure, sur une longueur plus ou moins grande, et dont le maximum est de 0ᵐ,230.

Par le fait de la grande vitesse communiquée aux outils, les bois tendres, quand la direction est bonne pendant le travail, n'ont plus qu'à être passés au papier de verre pour posséder tout le fini désirable.

MACHINE A FAIRE LES MOULURES ET A RABOTER

Par MM. PÉRIN, PANHARD et Cⁱᵉ.

La machine représentée en élévation de face et de côté par les figures 42 et 43 ci-dessous peut être utilisée, non-seulement à faire les moulures droites, mais une foule de travaux de menuiserie et d'ébénisterie. Son bâti n'est autre qu'un fort socle en fonte sur le côté duquel est montée une table mobile verticalement au moyen d'une vis engagée dans un écrou et manœuvrée par un volant.

Fig. 42.

Fig. 43.

La pièce à travailler, entraînée par un cylindre cannelé commandé mécaniquement, est placée sur cette table, au-dessus de laquelle tourne l'outil agissant en dehors de ces deux poulies.

Avec un rabot à fers plats et droits on peut raboter sur cette machine des bois de 0ᵐ,18 de large sur 0ᵐ,06 à 0ᵐ,08 d'épaisseur. En faisant usage de fers profilés, on fait les moulures droites, des baguettes évidées, etc.

On remarque que tout le mécanisme de l'avancement est enfermé dans le socle et, par conséquent, à l'abri de la poussière et des copeaux.

La force nécessaire au fonctionnement de cette machine est d'environ deux chevaux.

MACHINES A MOULURES DITES TOUPIES.

Une des machines-outils la plus répandue est assurément la moulurière verticale dite toupie. Sa simplicité, son bas prix, la mettent, du reste, à la portée de tous les ateliers de menuiserie et d'ébénisterie. Avec cette machine, on peut faire les moulures les plus diverses, cintrées ou droites, des rainures, feuillures, refouillements, élégissements, etc.

Ce précieux outil, d'abord destiné à l'ébénisterie, n'a pas tardé à être utilisé dans les travaux de charpente, pour l'arrondi sur champ des marches d'escaliers, les moulures de lucarnes, etc. Dans la menuiserie, on l'emploie à la confection des jets d'eau, des embrèvements; enfin, on le retrouve aussi actuellement dans les façonnages spéciaux, chanfreinage des fonds de tonneaux, fabrication des talons de chaussures, etc.

TOUPIE SIMPLE. — Sous sa forme la plus usuelle, une machine de ce genre, construite par M. Frey, est représentée, planche 26, en section verticale figure 7 et en section horizontale figure 8.

Elle se compose, comme on voit, d'un bâti A, fondu d'une seule pièce sous forme de colonne évidée, et à l'intérieur de laquelle sont ménagés deux appendices a destinés à recevoir les coulisseaux de la poupée B qui, placée verticalement, reçoit l'arbre porte-outil b. Celui-ci, maintenu vers le haut par le collet en bronze c, tourne sur le pivot à crapaudine c' sous l'impulsion de la courroie motrice qui, passant entre les évidements de la colonne, entoure la poulie P clavetée sur l'arbre.

Il n'y a que l'outil x qui doit dépasser la table rectangulaire en fonte T rapportée sur le chapiteau de la colonne; aussi une cavité est-elle ménagée en contre-bas de sa surface pour recevoir la tête de la vis d, au moyen de laquelle on fait monter ou descendre la poupée, afin de donner, suivant les besoins, une saillie plus ou moins grande à la lame, celle-ci étant simplement engagée dans une mortaise pratiquée dans l'arbre puis serrée en dessus par une vis.

TOUPIE DOUBLE. — Pour certains travaux, il est nécessaire de travailler le bois toujours suivant son fil, il convient alors de faire usage de la toupie double du genre de celle de MM. Worssam et Cⁱᵉ représentée figure 9.

La table rectangulaire en fonte B, fixée sur le socle carré de cette machine, est traversée, comme on voit, par deux arbres porte-outils a et a', dont les poupées C et C' peuvent être élevées ou abaissées à volonté au moyen des vis D et D' manœuvrées du bas par les volants V et V'.

Les deux arbres verticaux a et a', munis à cet effet des tambours P et P', reçoivent leur mouvement, l'un par une courroie droite, l'autre par une courroie croisée afin de tourner en sens contraire, ce qui permet de présenter la pièce à façonner, tantôt à l'un d'eux, tantôt à l'autre, suivant le fil.

Les fabricants de galoches se servent de cette machine avec avantage.

MOULURIÈRE VERTICALE DITE TOUPIE

AVEC CHARIOT AUTOMOTEUR ET ACCESSOIRES DIVERS

Par MM. PÉRIN, PANHARD et Cⁱᵉ, représentée planche 27.

Lorsqu'on n'a à sa disposition qu'une toupie ordinaire et que l'on se trouve dans l'obligation de produire de la moulure droite en assez grande quantité, l'emploi de la toupie simple n'est plus ni commode, ni économique; elle demande l'adjonction d'un appareil à l'aide duquel les pièces puissent être guidées contre l'outil, à l'exclusion de la main de l'ouvrier, et être en même temps soumises à un entraînement mécanique. C'est précisément ce qu'ont fait MM. Périn, Panhard et Cⁱᵉ, en ajoutant à la toupie qu'ils construisent un mécanisme peu important, qui permet néanmoins d'accomplir le travail spécial que nous venons d'indiquer. Ce matériel supplémentaire est d'ailleurs si peu inhérent à la toupie elle-même, que quelques minutes suffisent pour le démonter et rendre à l'outil principal la forme simple qu'il possède pour l'exécution à la main des moulures cintrées.

Indépendamment des pièces mécaniques spéciales pour cet objet, il est facile d'adapter à l'arbre moteur les outils les plus divers et qui permettent d'exécuter, comme nous l'avons dit, des rainures, feuillures, etc.

La figure 1 de la planche 27 montre cet outil équipé du mécanisme complet du chariot automoteur, en élévation extérieure, ainsi que le mécanisme de commande; la figure 2 est une projection horizontale du même ensemble.

La figure 3 représente la machine en coupe transversale suivant la ligne 1-2.

Cette machine se compose d'un bâti en fonte A affectant la forme d'une borne carrée, arrondie aux angles et dont chaque face est percée d'une ouverture rectangulaire a, permettant le passage de la courroie de commande et aussi l'accès facile du mécanisme que ce bâti renferme.

La face supérieure reçoit la table en fonte B, sur laquelle doivent s'appuyer les pièces soumises au travail de l'outil. Celui-ci consiste en un simple fer plat, analogue à un fer de rabot, mais dont le tranchant possède le profil de la moulure à exécuter;

il est retenu par une vis de pression dans une mortaise pratiquée transversalement dans la partie supérieure d'un axe C, qui tourne dans des collets réservés sur une pièce D montée comme un chariot à l'intérieur du bâti A.

Dans cette situation, et l'extrémité de l'arbre qui porte le fer s'élevant au-dessus de la table B, d'une hauteur en rapport exact avec l'épaisseur du morceau de bois à mouluver, il est facile de concevoir ce que devient la manœuvre. L'ouvrier, maintenant la pièce de bois appliquée sur la table, l'approche avec précaution du fer en mouvement ; peu à peu le fer entame le bois et, de suite, il s'arrange de façon à ce que la pièce touche l'arbre, tandis qu'il la pousse jusqu'à ce qu'elle ait été atteinte dans tout son développement.

A cela se résument le mécanisme et l'emploi de cet outil tant qu'il s'agit de moulures cintrées ou droites, mais dont le peu d'importance toutefois permet ce mode de fabrication.

Examinons maintenant comment cet outil est mis en mouvement et les moyens employés pour élever ou abaisser plus ou moins l'arbre porte-outil, suivant la hauteur à laquelle le fer doit être situé au-dessus de la table B.

L'arbre porte-outil C, étant vertical, reçoit presque toujours son mouvement d'un arbre de renvoi E, monté à quelque distance de la toupie et disposé horizontalement ; cet arbre est alors armé de la paire de poulies fixe et folle b, b', et porte à son extrémité une poulie-tambour F, par laquelle le mouvement est transmis à l'arbre porte-outil armé, à cet effet, d'un manchon F'.

Les deux axes se trouvant ainsi perpendiculaires l'un à l'autre et dans des plans différents, la courroie O, qui relie les tambours F et F', est dans cette situation particulière que l'on définit : *passant du champ au plat;* cette disposition de courroie, qui convient difficilement pour la transmission d'efforts un peu importants, rend ici un excellent service.

Les conditions dans lesquelles cette courroie fonctionne méritent d'être examinées : ses deux brins prennent d'eux-mêmes une position absolue qui dépend du sens dans lequel tourne la poulie de commande F'; le brin *conduit* se place de lui-même perpendiculairement à l'axe de l'arbre commandé, et, comme le manchon F' ne doit pas être abandonné par la courroie dans toutes les positions qu'il est susceptible d'occuper suivant qu'on l'élève ou qu'on l'abaisse, il faut donc combiner la hauteur du centre de l'arbre E et le diamètre de la poulie F, de façon à ce qu'une tangente menée horizontalement à la partie supérieure de cette poulie vienne tomber en plein sur le manchon F', dans l'une et l'autre de ses positions extrêmes; il faut, de plus, que cet arbre E tourne dans le sens indiqué par la flèche, c'est-à-dire *rabattant sur la toupie.*

Cependant, rien n'est plus aisé, dans ces conditions de montage, que de faire tourner l'arbre porte-outil dans les deux sens, ce qui est souvent réclamé par la nature du travail, par exemple quand le fil du bois s'offrant lui-même dans deux directions différentes, comme cela se présente pour des pièces d'un chantour très-accentué, le fer doit agir dans le sens convenable pour éviter les éclats.

Cette inversion du sens de rotation de l'arbre porte-outil C s'effectue tout simplement en jetant bas la courroie G pour la renverser sur la poulie F, de manière que le brin qui occupe en ce moment la partie inférieure, et qui est le brin conducteur, se trouve reporté à la partie supérieure et devienne le brin conduit, et *vice versâ*: comme dans cette opération le système d'enveloppement n'a pas varié sur le manchon F', ce dernier tourne alors en sens inverse.

C'est pour favoriser cette manœuvre que le tambour de commande F est toujours placé en porte-à-faux sur l'extrémité de son arbre E, lequel reçoit son mouvement, ainsi que nous l'avons dit, de la transmission principale, à l'aide d'une courroie en rapport avec les poulies b et b'. Mais comme l'arbre C de la toupie est susceptible de recevoir, indépendamment des fers simples à faible saillie, des manchons porte-outil d'un grand diamètre, il faut pouvoir modérer la vitesse de rotation de cet arbre C, et tout au moins lui attribuer deux vitesses extrêmes différentes. C'est pour atteindre ce but que l'arbre E porte une paire de poulies supplémentaires b'', b'', d'un plus grand diamètre que les premières, et sur lesquelles on transporte la courroie de commande lorsque l'arbre porte-outil doit posséder sa plus faible vitesse.

Il est très-important que le débrayage d'un pareil outil soit absolument sous la main de l'ouvrier, qui doit pouvoir le faire agir sans qu'il lui soit nécessaire d'abandonner un instant sa place de travail. A cet effet, la barre plate c, glissant dans des supports attenants aux chaises H, et sur laquelle sont implantées les broches d, qui servent de guide-courroie, au lieu d'être attaquée directement par une poignée e, est traversée librement par un levier f appartenant à un axe horizontal g, maintenu par de simples colliers g' fixés sur le sol, et se terminant par un long levier à poignée h, voisin de la position que l'ouvrier occupe à côté de la toupie; il est donc facile à ce dernier, rien qu'en allongeant le bras, de déplacer le guide-courroie qui porte deux goupilles c' pour limiter sa course dans les deux sens.

Ce qui précède implique donc la mobilité dans le sens vertical de l'arbre porte-outil, dont nous allons examiner le système de montage sur le chariot D, qui, pour recevoir l'arbre C, porte à sa partie supérieure un premier palier D', garni d'une paire de coussinets en bronze avec godet graisseur; au-dessous du manchon F', il offre un palier semblable D², mais beaucoup plus petit, car, en ce point, on a pu réduire le diamètre de l'arbre C, condition essentiellement recherchée afin de réduire à son minimum le travail résistant qui pourrait devenir considérable avec une aussi grande vitesse; enfin, la partie inférieure du chariot se termine par une crapaudine D³, supportant l'ensemble de l'arbre, qui n'a point de collets.

Le déplacement de ce chariot dans le sens vertical est obtenu au moyen de la vis I, prisonnière dans une douille solidaire de la borne, et qui traverse un écrou en bronze l' appartenant au chariot ; l'extrémité supérieure de cette vis se termine par un carré dont l'accès est libre au moyen d'un trou percé dans la table B, de façon que l'ouvrier puisse, quand il le veut, agir sur elle au moyen d'une clef disposée à peu près comme une manivelle.

Le chariot D est percé, derrière le manchon F', de deux ouvertures oblongues permettant le passage des brins de la courroie G, lorsque la position du renvoi E est telle que la courroie doive prendre cette direction. A ce propos, il est utile de faire observer que la position de la toupie est variable par rapport à ce renvoi, suivant les convenances de l'emplacement. Ainsi, tel que notre dessin l'indique, l'axe du renvoi E est perpendiculaire à la face du chariot D, et le tirage de la courroie G s'exerce dans le sens de l'acuité des glissières ; mais cet arbre peut lui être parallèle, ce qui est la meilleure condition pour une toupie simple, et dans ce cas-là la courroie G traverse ces ouvertures du chariot dont nous venons de parler et tire perpendiculairement à sa face principale.

MÉCANISME DU CHARIOT AUTOMOTEUR. — Étant donnée la toupie simple telle que nous venons de la décrire et telle qu'elle convient pour le travail à la main, le mécanisme additionnel qu'on lui applique pour l'exécution du tirage des grandes moulures droites se compose d'abord d'un banc en bois J, formé de deux longrines parallèles réunies à leurs deux extrémités par des traverses en bois J' et par des boulons j; ce banc, qui s'adapte d'un bout à un étrier en fer k appartenant à la table B, et qui se trouve simplement supporté à l'autre bout par un tréteau k', est garni intérieurement d'une chaîne Galle sans fin K, qui, du côté du tréteau, entoure un pignon K' (voir fig. 4 et 5), dépendant d'un étrier K², que l'on peut déplacer au moyen de l'écrou K³, placé sur sa partie filetée pour former tendeur à la chaîne. Par l'extrémité opposée, cette chaîne est en rapport avec un pignon semblable l (fig. 3) appartenant à un arbre l' se terminant par le pignon hélicoïdal l², lequel est commandé par la vis m dépendant de l'arbre m', terminé à l'autre bout par la paire de poulies fixe et folle m², m³.

On voit donc que si l'arbre m' est animé d'un mouvement de rotation, la chaîne sans fin K en reçoit un mouvement de translation continu, qui est utilisé pour entraîner la pièce X soumise à l'action de l'outil Y monté sur l'arbre de la toupie.

Pour cela, cette pièce vient buter contre une griffe L (fig. 4 et 5), dont la face inférieure est armée de dents que l'on engage dans les maillons de la chaîne, mais qui peut glisser sur les bords, garnis de plates-bandes de fer, du chariot J et avec lesquelles on la maintient par un boulon à tête oblongue muni d'une poignée L', servant à le faire tourner pour placer convenablement sa tête dans la coulisse, et qui fonctionne également comme intermédiaire entre la griffe et l'écrou que le boulon porte à sa partie supérieure.

Cette griffe, que l'on peut ainsi placer en un point quelconque de la longueur de la chaîne, suivant celle même de la pièce X, est nécessairement entraînée par cette

chaîne et fait avancer la pièce sur l'outil; aussitôt que la griffe est arrivée près de
la table B, on arrête le mouvement de la chaîne, on déplace la griffe pour la reporter en arrière au point de départ et remettre une nouvelle pièce en travail, opération qui se fait très-rapidement.

Arrivée à la fin de sa course, la griffe se trouve en un point où la chaîne s'incline
rapidement, et là elle rencontre deux petits plans inclinés qui la soulèvent légèrement, de façon que, grâce à ces deux circonstances, elle se dégage complétement
de la chaîne, qui peut alors continuer son mouvement sans provoquer d'accident.

Faisons remarquer qu'il peut être nécessaire d'interposer entre la griffe et la
pièce X une cale égale en longueur à la distance qui existe naturellement entre
l'outil et le point d'arrêt de la griffe.

Voyons maintenant comment l'arbre m' est mis en mouvement.

Cette commande est produite à l'aide d'un renvoi intermédiaire M monté sur des
chaises M' et portant un cône-poulie M², en rapport avec un cône semblable, mais
d'un plus faible diamètre M³, appartenant au renvoi principal E. Cet axe M, recevant ainsi un mouvement de rotation dont la vitesse est retardée et variable suivant
le choix que l'on fait des quatre diamètres des cônes M² et M³, transmet ce mouvement par un pignon hélicoïdal n à une roue n', dont l'axe $n²$, monté sur des supports particuliers $n³$, porte le tambour $n⁴$ que commandent, par la courroie $m⁴$, les
poulies $m²$, $m³$.

Tel est donc le moyen de transmettre le mouvement à la chaîne K par des
organes très-retardateurs, vu la vitesse considérable du renvoi E, comparée à la
lenteur du mouvement de la chaîne, dont la vitesse de translation doit correspondre
exactement avec celle que la pièce X doit posséder devant l'outil.

Notre dessin indique un renvoi de débrayage, indispensable pour la courroie $m⁴$,
puisque le mouvement de la chaîne doit être suspendu et repris à chaque nouvelle
pièce mise en travail; il consiste simplement en une barre plate à poignée I', glissant au-dessous de la table B dans des mortaises pratiquées dans les supports de
l'arbre m', et qui porte à son extrémité les goujons entre lesquels la courroie $m⁴$
est maintenue. Signalons encore le volant à poignée $I²$, qui permet de faire mouvoir
la chaîne à la main indépendamment du mécanisme principal.

Il nous reste à décrire le système de guide à l'aide duquel la pièce X est maintenue à son passage devant l'outil.

L'ensemble de ce guide, qui est composé de deux parties indépendantes, renferme deux plaques N et O, qui s'appliquent sur la table B dans chaque position
voulue et y sont assujetties au moyen de boulons à tête rectangulaire o, et de rainures à queue o' réservées à cet effet dans la table B.

La première N de ces deux plaques offre une face dressée verticale, contre laquelle s'appuie la pièce X dans son passage devant l'outil, et qui en règle la distance; de plus, un point d'articulation est réservé à l'une des consoles que présente

cette pièce, pour un levier à contre-poids N', qui porte en face de l'outil une pièce N² en forme de T; aux deux branches de celui-ci sont fixés, par un système à coulisse, deux galets N³, qui ont pour mission de transmettre à la pièce X la pression exercée par le contre-poids N' et de la maintenir ainsi appliquée sur la table B. On comprend que les coulisses du T et celles des supports des galets ont pour objet de régler la position de ces derniers par rapport à la partie supérieure de la pièce X.

On voit d'ailleurs, par l'ensemble de la construction de ce guide, que la position des galets est également variable dans le sens horizontal, de façon à la faire accorder avec l'épaisseur de la pièce sur laquelle ils pressent.

Cette première partie du guide ayant ainsi pour objet de guider réellement la pièce et de la maintenir appliquée sur la table B, l'autre partie a pour mission, à son tour, de forcer la pièce à s'appliquer sur le guide. Elle se compose, comme nous l'avons dit, de cette plaque O fixée sur la table et qui porte, ajustées à coulisse, deux pièces O', avec lesquelles sont boulonnées deux pattes qui servent de supports rotatifs à deux galets O², destinés à presser la pièce X contre le guide N.

Pour déterminer cette pression, qui doit être libre et constante, sont articulés sur la plaque O (voir fig. 6 et 7) deux leviers à contre-poids O³, qui comportent un doigt très-court traversant une mortaise pratiquée dans la plaque O, et qui s'engage dans les tiges O', de façon que l'action énergique de ces leviers à contre-poids force ainsi les galets à remplir leur objet, nonobstant les inégalités que la pièce est susceptible de présenter.

Nous avons, à ce propos, une très-importante remarque à faire.

Il peut être nécessaire que la pièce finie soit exactement tirée d'épaisseur, comme il peut être convenable que la rive opposée à la moulure reste brute de sciage.

Dans le premier cas, c'est l'outil qui se charge en moulurant de tirer d'épaisseur, et la pièce n'a subi de préparation préalable que la mise d'équerre suivant les deux faces qui s'appuient respectivement sur la table et sur le guide. Dans cette circonstance, l'organisation des guides est telle qu'elle est représentée figures 1 à 3, et la pièce passe entre le guide N et l'outil Y.

Dans le second cas, et lorsqu'il est inutile que la pièce soit tirée d'épaisseur, les choses sont disposées suivant les indications des figures 6 et 7, c'est-à-dire que les pièces N et O sont changées de côté et que c'est le guide proprement dit N qui se trouve placé entre la pièce X et l'outil Y.

C'est une condition très-précieuse dans la fabrication; car, si un tel changement ne pouvait s'effectuer et que les guides dussent rester constamment dans la position représentée figures 1 à 3, toute pièce soumise à la toupie en sortirait inévitablement tirée d'épaisseur, ce qui, dans certains cas, peut être le but que l'on se propose d'atteindre.

Cette condition, en vertu de laquelle l'outil Y est susceptible de travailler à l'intérieur même de la plaque N (fig. 6 et 7), conduit à l'adaptation de deux plaques-guides additionnelles p, qui se fixent au moyen de boulons p' et que l'on rapproche l'une de l'autre jusqu'à ce qu'elles se joignent (fig. 1 et 2), de façon à maintenir la pièce dans toute l'étendue de son parcours, ou que l'on doit forcément écarter l'une de l'autre (fig. 7), afin de ménager le passage aux fers de l'outil.

BOUVETAGE DES FRISES DE PARQUET (fig. 8 à 10). — On peut concevoir qu'à la faveur des rainures à queue réservées à la table B, il soit possible de fixer ainsi sur cette table différents dispositifs ou guides spéciaux pour exécuter certaines opérations qui doivent se répéter un grand nombre de fois, et qui, d'ailleurs, exigent quelque chose de plus que la main de l'ouvrier pour guide.

Les figures 8 et 9 représentent la disposition que l'on adopte pour exécuter l'embouvetage des frises de parquet suivant le mode de pose dit à point de Hongrie. Sur la table B sont fixées, au moyen de boulons, deux barres q qui servent de guide à un plateau q', sur lequel on place la frise Z en l'appuyant sur un guide r placé à 45°, conformément à l'angle d'arasement ; la frise est fortement maintenue sur le plateau par un presseur P monté à vis dans une douille P', qui appartient à une tige fixée dans un support P², dont la base est une platine P³ boulonnée sur la table q'.

Non-seulement la frise a pour point d'appui le guide qui règle son inclinaison, mais, avant de la serrer en place, on l'amène à buter contre un guide fixe q², de façon à en régler la longueur d'après l'arasement de son extrémité opposée.

La frise ainsi mise en place, on pousse le chariot sur l'outil dont les fers sont montés sur un porte-outil spécial Y' emmanché sur l'arbre de la toupie, et qui sont disposés pour exécuter soit la languette, soit la rainure ; pour la languette, les fers, qui sont simples, sont dans des plans différents, l'un opérant en dessus et l'autre en dessous ; pour la rainure, un seul fer suffit évidemment.

Cette opération suppose que chaque lame ou frise a été arasée d'avance à l'aide d'un outil plat.

On peut remarquer que la partie du guide sur laquelle s'appuie directement la frise est un morceau de bois q³, sur lequel l'outil peut mordre impunément, et qui est destiné à soutenir la rive de la frise contre les éclats à la sortie de l'outil.

La figure 10 représente un dispositif complètement analogue au précédent, et qui n'en diffère qu'en ce point que le guide est placé d'équerre à la direction du plateau : c'est pour exécuter le même travail sur des frises Z' arasées d'équerre et destinées à la construction de parquet dit à bâtons rompus.

OUTILS DIVERS (fig. 11 à 15). — Nous avons dit que, pour un profil de peu de saillie, un fer simple, fixé par une vis dans la mortaise de l'arbre, suffit. Pour des fers d'une grande largeur et pour opérer un dressage simple, on peut employer l'outil représenté figures 11 et 12. C'est un simple bloc S que l'on enfile sur l'arbre et sur deux faces duquel les fers S' sont fixés par des vis.

Pour l'exécution d'élégies analogues à l'abatage d'un tenon, surtout si la saillie en est un peu considérable, on peut monter sur l'arbre de la toupie deux manchons circulaires *t* (fig. 13 et 14), isolés l'un de l'autre de l'épaisseur du tenon à exécuter, et qui sont armés chacun de deux fers *t'* contre-coudés et mordant par leur partie supérieure ou inférieure. Pour l'exécution d'un pareil travail, il est évident que la pièce de bois Z" doit être fixée sur un guide à coulisse.

La figure 15 représente un dispositif que l'on emploie pour exécuter de larges coulisses au moyen d'une simple scie circulaire ou fraise avec denture *ad hoc*. Cette scie *u* est pincée entre les deux parties d'une sphère *u'*, laquelle est serrée entre deux rondelles *v*, le tout serré sur l'arbre C de la toupie au moyen de la vis *v'*, qui se place dans le même taraudage que la vis employée ordinairement pour fixer les fers simples.

La lame *u* étant placée dans une position inclinée, comme l'indique la figure, elle attaque la pièce à travailler Z''' sur une largeur correspondant à l'amplitude du mouvement oscillatoire que la rotation de l'arbre semble lui communiquer; c'est ainsi qu'une large coulisse peut être produite et suivant la profondeur voulue; il est évident que sa largeur dépend de l'inclinaison de la lame.

VITESSE DES OUTILS. — Nous avons dit que cette vitesse est très-considérable, mais variable nécessairement, suivant que l'on passe du plus petit fer, dont la circonférence décrite par l'extrémité travaillante peut ne pas atteindre 10 centimètres, à l'emploi d'un porte-outil avec lequel cette circonférence peut être double ou triple. En principe et pour la plus grande vitesse, le renvoi doit faire de 800 à 1 000 tours, ce qui donne, à cause du rapport des manchons F et F', les vitesses 4 000 ou 5 000 tours pour l'arbre porte-outil. Si nous prenons pour exemple une vitesse moyenne de 4 500 tours et 10 centimètres pour le diamètre du cercle décrit par la partie travaillante du fer, nous trouvons pour la vitesse circonférentielle correspondante, c'est-à-dire celle avec laquelle le bois est attaqué

$$V = \frac{0^m,10 \times 3,1416 \times 4\,500}{60''} = 23^m,562,$$

c'est-à-dire que cette vitesse d'attaque atteint l'énorme chiffre de près de 24 mètres à la seconde. Si donc le diamètre du cercle décrit par l'outil augmente notablement, jusqu'à devenir par exemple 15 ou 20 centimètres, on voit que dans ces limites il est urgent de réduire la vitesse de rotation dans le rapport inverse; ce que l'on obtient en faisant usage de la seconde paire de poulies du renvoi à laquelle correspond aussi sur l'arbre de commande un tambour plus petit, ce qui, en définitive, permet de réduire la vitesse du renvoi dans les conditions voulues, soit à 400 ou 500 tours, et même moins.

MACHINE A FAIRE LES MOULURES ENCLOISONNÉES DITE DÉFONCEUSE

Par MM. PÉRIN, PANHARD et C⁰, représentée planche 28.

La machine à défoncer, bien que fondée en principe sur la méthode généralement employée dans les autres outils à travailler le bois, quant à la forme de l'outil proprement dit et à son mode d'attaque, est disposée pour effectuer un travail exécuté d'ordinaire au moyen de la *guimbarde* dont les ouvriers se servent, comme nous l'avons dit, pour pratiquer un évidement encloisonné, c'est-à-dire exécuter le *fond* d'une pièce en lui réservant des saillies de diverses formes, et même des moulures, ces reliefs étant pris en pleine pièce.

La figure 1 de la planche 28 représente cette machine, dans son ensemble, suivant une coupe verticale faite par son axe longitudinal.

La figure 2 en est une projection horizontale en vue extérieure, et la figure 3, une vue de face du côté où se place l'ouvrier qui la conduit.

La figure 4 est une vue partielle de l'arrière du bâti et dans la partie où se trouve installée la commande.

Cette machine se compose d'un soubassement en fonte A, sur lequel est installé le chariot porte-pièce, et d'une potence B solidement boulonnée avec le soubassement et portant à son extrémité le chariot sur lequel est fixé un axe vertical qui se termine, à sa partie inférieure, par l'outil travaillant.

L'arbre C, armé du manchon-poulie C', est disposé pour se mouvoir avec une grande vitesse rotative dans les paliers en bronze du chariot en fonte D, qui peut glisser entre les coulisseaux *a* du second chariot E; celui-ci est monté directement sur une pièce F boulonnée sur la face de la console.

Le second chariot, dont la mobilisation doit être facile, est suspendu par deux courtes bielles *b* à un balancier G, dont l'axe *c* a ses points d'appui également sur la console, et qui supporte, par son extrémité opposée, et par une tige verticale H, une masse H' destinée à faire exactement contre-poids audit chariot E.

D'autre part, on voit que la relation entre les deux chariots est encore établie au moyen de la vis I à volant I', à l'aide de laquelle on peut modifier la position du chariot porte-outil en vue de régler l'approche du fer d'après l'épaisseur de la pièce à travailler, dont nous allons expliquer la position.

Cette pièce se fixe, au moyen de griffes, sur un plateau en fonte J monté à coulisse sur un banc transversal K, qui est lui-même monté de la même façon sur le banc longitudinal L fixé sur le soubassement A.

Si l'on considère que le mouvement du premier plateau sur son banc est réglé au moyen d'une vis *d* perpendiculaire à celle *e*, qui met en relation le chariot K sur le banc L, on comprendra que ces deux chariots J et K peuvent exécuter ensemble ou séparément des mouvements exactement perpendiculaires l'un à l'autre, et que si les deux mouvements sont donnés ensemble et convenablement combinés, la pièce fixée sur leur ensemble pourra éprouver les déplacements les plus variés.

C'est effectivement ce qui a lieu, car la première vis est commandée par l'intermédiaire de deux vis sans fin f et f', la dernière montée sur l'axe g, dont l'extrémité se termine par un carré pour l'application d'une manivelle, particularité que présente également la vis du chariot inférieur; l'ouvrier, se plaçant devant la machine, agit simultanément sur ces deux manivelles et, avec une habitude qui n'est pas très-longue à acquérir, peut déplacer ainsi la pièce de façon à faire suivre à l'outil Z les traits préalablement tracés sur la pièce à ouvrer.

Mais il peut aussi, en n'agissant que sur l'une des deux manivelles à la fois, faire suivre à l'outil des traits droits perpendiculaires les uns aux autres, respectivement dans les directions mêmes des deux plateaux.

Étant donnée cette faculté de faire mouvoir la pièce dans toutes les directions possibles, nous avons à examiner maintenant le mode d'attaque de l'outil et les moyens employés pour régler son approche et pour le commander.

Cet outil, que nous supposerons d'abord taillé comme une mèche à cuiller, est représenté en détail figure 5; il est fixé à la partie inférieure de l'arbre porte-outil C, tournant à une très-grande vitesse; admettant d'abord que son approche, suivant l'épaisseur de la pièce, ait été préalablement réglée à l'aide de la vis I, qui permet de déplacer le chariot D par rapport à celui E, l'ensemble de ces deux chariots doit être soulevé tout d'une pièce, de façon à élever d'abord l'outil au-dessus du panneau X pour le laisser ensuite redescendre jusqu'à la profondeur qu'il doit atteindre; il est également indispensable de le soulever pour attaquer différents points de la pièce: dans le cas, par exemple, où les vides à exécuter ne communiquent pas entre eux.

En principe, le soulèvement de l'outil est requis chaque fois que l'on mobilise la pièce pour changer le point d'attaque de cet outil.

A cet effet, le poids des deux chariots étant à peu près équilibré, ainsi que nous l'avons vu ci-dessus, la partie inférieure de la tige H est rattachée à un balancier M, qui, par un bout de bielle h, se relie à un bras de levier M' calé sur un axe M². Sur ce levier sont fixés, l'un à l'intérieur du bâti, et l'autre à l'extérieur, deux leviers à pédale M³, sur lesquels l'ouvrier peut agir à chaque instant et à sa volonté d'un pied ou de l'autre suivant sa position; la direction des arcs décrits par ces différents leviers indique très-bien qu'en appuyant sur ces pédales, l'ensemble des deux chariots est en même temps soulevé, et que, au contraire, si on l'abandonne, le poids de ces deux chariots étant un peu prédominant, ils redescendent d'eux-mêmes.

Mais la limite de la descente des chariots, et par conséquent de l'outil, doit être parfaitement déterminée, puisque de cette position inférieure extrême à laquelle il arrive naturellement, dépend la profondeur de l'attaque et la distance du plan que cet outil exécute par rapport à la surface du plateau J qui reçoit la pièce.

On règle très-facilement cette position au moyen de la vis *i* taraudée dans la partie supérieure du chariot mobile E, et qui vient buter, dans la descente, contre le banc F, sur lequel il glisse.

Nous avons omis de dire que, dans chaque position variable donnée au chariot porte-outil, au moyen de la grande vis I, on le maintient solidement à sa place au moyen d'une vis de serrage armée de la poignée *j* (fig. 3).

Pour la commande de l'arbre porte-outil, une console porte à l'arrière deux paliers N qui supportent l'arbre O, armé extérieurement des poulies fixe et folle P et P' et en son milieu de la poulie Q, qui communique le mouvement au moyen de la courroie Q' tournée du champ au plat.

La courroie de commande principale sur les poulies P et P' est conduite par la fourchette de débrayage *k*, en prise avec un doigt *k'* appartenant à l'axe horizontal qui se termine en avant, et à la portée de l'ouvrier, par la poignée *l'*.

Nous revenons un instant sur le bâti A B pour faire remarquer qu'il est creux et que ce vide général sert à loger toutes les pièces qui composent le mouvement de soulèvement des chariots, ainsi que la courroie de commande du porte-outil.

Nous devons faire observer encore que le porte-à-faux relativement considérable de la console est fortement motivé par la nécessité de soumettre à la machine des pièces d'une grande dimension, et qui, sans même être absolument très-grandes, sont susceptibles de se présenter dans différentes directions.

Dans l'origine, l'outil employé n'était presque toujours qu'une sorte de mèche à cuiller, comme celui dont nous avons parlé ; comme tel, il rendait de très-grands services : il permettait d'évider très-rapidement des masses de bois importantes, comme, par exemple, d'opérer le *détourage* d'un panneau sur lequel on avait exécuté une sculpture à fort relief et qui, sortant des mains du sculpteur, était reportée à la machine à défoncer pour faire ce qu'on appelle aussi quelquefois le *chanlevage*. Mais on exécutait aussi des évidements à contours très-variés, ainsi que des fonds plats, et cela avec une grande perfection.

Aujourd'hui que cette machine est susceptible d'une grande précision et qu'elle offre une stabilité suffisante, on peut lui adapter des fers à profil analogues à celui Z représenté figure 6. Ce fer, qui travaille alors comme celui d'une toupie, permet la confection de parties droites ou cintrées, sauf, bien entendu, les angles rentrants qui doivent être terminés à la main.

Cette figure 6 montre comment on l'ajuste dans le mandrin *m*, dans lequel il est assujetti à l'aide d'un coin *n*, tandis que ce mandrin lui-même, variable suivant la forme du fer ou de la mèche, doit être emmanché coniquement à la partie inférieure de l'arbre C, et serré à sa place par une vis de pression *o*.

On comprendra, en définitive, qu'il est difficile d'énumérer à *priori* la nature de tous les travaux différents qui peuvent être exécutés à l'aide d'une semblable machine, soit en variant la forme des outils, soit en modifiant le système d'application de la pièce sur les chariots.

Ainsi, comme dernier exemple, nous ferons observer qu'au lieu de fixer la pièce directement sur le plateau supérieur J, on peut appliquer sur ce dernier un plateau circulaire J', ou du moins capable d'exécuter d'après le boulon p un mouvement de rotation total ou partiel, de façon qu'en fixant la pièce sur ce plateau additionnel, on pourrait exécuter des contours circulaires avec plus de précision et de sûreté qu'en agissant simplement sur les deux vis à mouvements perpendiculaires.

DÉFONCEUSE ET MOULURIÈRE

Par MM. A. RANSOME et Cie, représentée planche 28, figures 7 et 8.

Cette machine, que nous avons vu figurer pour la première fois à l'Exposition universelle de Paris en 1867, a, en principe, beaucoup d'analogie avec celle que nous venons de décrire; sa construction seule est sensiblement différente; elle se distingue aussi en ce que, à la défonceuse proprement dite, est adjointe une toupie; celle-ci, du reste, ne peut être utilisée en même temps que la défonceuse, les deux outils se trouvant dans le même axe. De plus, le plateau destiné à porter le bois ne peut, contrairement à ce qui a lieu dans la machine de MM. Périn, Panhard et Cie, que se déplacer dans un plan horizontal, ce qui limite les opérations. Ce sont en résumé deux outils montés sur le même bâti, mais qui ne travaillent qu'indépendamment l'un de l'autre.

Le bâti creux A est fondu d'une seule pièce avec les bras A', devant lesquels est montée, à glissière, la poupée a munie de l'arbre porte-outil b, dont on règle la hauteur par rapport à la tablette B au moyen d'une vis terminée par le volant à main v. La hauteur réglée, on fait descendre ou remonter l'outil pendant le travail à l'aide du levier à manette l.

On remarque que sur le côté de la poupée se trouve une petite tige terminée par un galet c et entourée par un ressort à boudin d; or, comme cette tige descend avec la poupée, le galet vient s'appliquer sur la pièce de bois pendant le travail et le maintient, mais sans rigidité, parce que le ressort qui entoure la tige permet au galet de se soulever si la pièce présente sur sa face des inégalités.

La tablette B est munie de rainures à queue d'hironde pour guider et recevoir l'équerre e et la pièce d'appui à ressort f, entre lesquelles la pièce de bois est placée, et que l'on peut ainsi faire avancer ou reculer pendant le travail de l'outil.

Cette tablette est portée par l'établi en fonte E rapporté contre le bâti A, et muni sur le devant de la poupée g, mobile verticalement, pour régler sa hauteur au moyen d'une vis et du volant v'.

Cette disposition est, du reste, celle des toupies ordinaires et, comme dans celles-ci, l'arbre qui reçoit l'outil à sa partie supérieure, est muni d'une poulie *p* destinée à lui communiquer le mouvement que lui transmet l'arbre moteur F.

A cet effet, celui-ci porte à la fois la poulie motrice P, le tambour T en relation avec la poulie *p* de la toupie, et le tambour T' qui, par la courroie C et la poulie *p'*, commande l'outil de la défonceuse.

La vitesse de l'arbre vertical doit être de 1 000 tours par minute et la puissance nécessaire pour le mettre en mouvement est estimée à environ un cheval-vapeur.

MM. Samuel Worssam et Cie, de Chelsea, construisent aussi des machines de ce système, considéré en Angleterre comme le plus parfait pour l'exécution des travaux spéciaux de menuiserie et d'ébénisterie.

CHAPITRE XIII.

MACHINES A FAIRE LES TENONS, LES ENTAILLES
ET LES ENFOURCHEMENTS.

Les machines à faire les tenons, entailles et enfourchements, sont établies sur un principe simple ; elles se composent généralement d'outils rotatifs disposés sur un arbre horizontal monté sur un chariot, que l'on fait descendre graduelle-

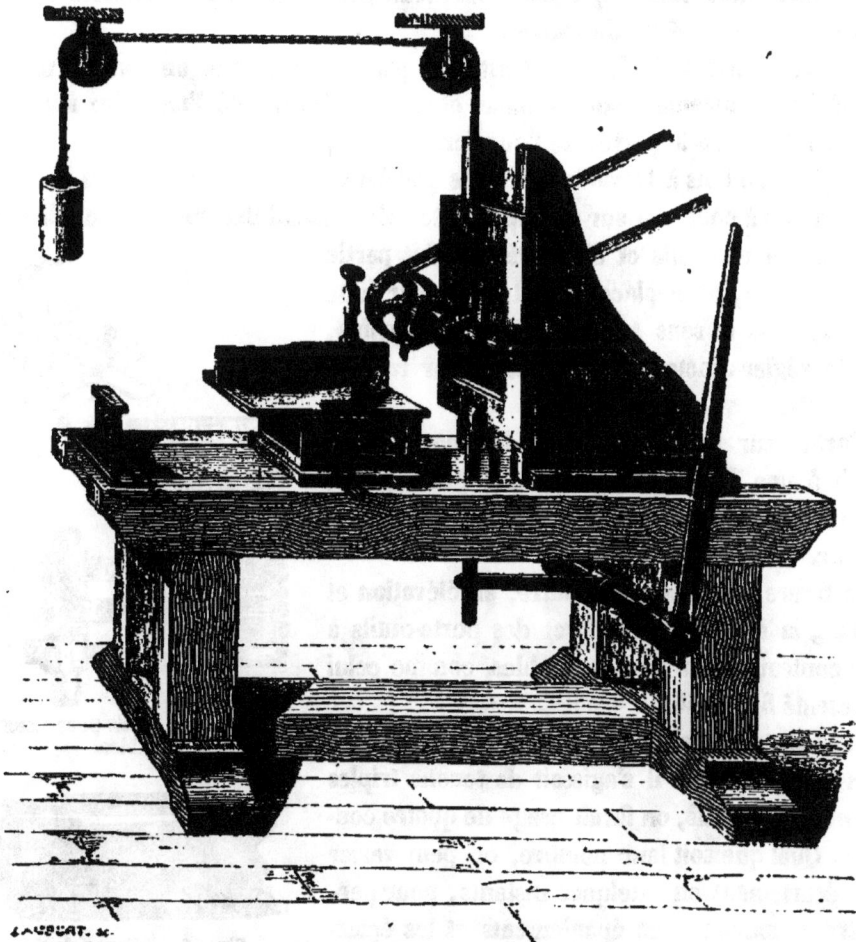

Fig. 44. — Petite machine à faire les tenons, par M. ARBEY.

ment afin de faire pénétrer les taillants dans l'extrémité de la pièce de bois qui leur est présentée.

Bien que l'on puisse faire les tenons à la scie à ruban, il est préférable, pour obtenir un travail rapide et parfait, d'employer ce genre de machine. Nous montrerons du reste que, suivant les usages, on doit adopter tel ou tel système et aussi des outils de formes variées. Comme machine simple pour la menuiserie, le charronnage, la carrosserie, etc., le modèle de M. Arbey, représenté à la page précédente, figure 44, est employé avec avantage.

Cette machine se compose d'un banc en bois sur lequel sont boulonnés deux montants verticaux en fonte présentant sur la face deux règles taillées à queue d'hironde pour recevoir un chariot muni des paliers destinés à recevoir l'arbre porte-outils. Le poids de ce chariot est équilibré par un contre-poids attaché à l'extrémité d'une corde, qui passe sur deux poulies de renvoi montées dans des chapes fixées au plafond de l'atelier.

Le côté inférieur dudit chariot est relié par une tringle et un levier à un arbre monté horizontalement sous le banc, et muni à l'extrémité d'un levier à main disposé en dehors, à la portée de l'ouvrier.

La pièce de bois à travailler est fixée par deux vis de pression sur un plateau en fonte monté à coulisses sur un support de même métal fixé sur le banc. Au moyen d'une petite manivelle et d'une vis qui fait partie de ce support, on déplace le plateau et par suite le bois, dans le sens transversal de la machine, afin de régler exactement sa position par rapport aux outils.

L'arbre sur lequel sont fixés les porte-outils reçoit à une de ses extrémités une petite poulie qui transmet le mouvement communiqué par le moteur.

La figure 45 ci-contre montre, en élévation et en plan, la forme des outils et des porte-outils à trois couteaux pour tenons doubles, comme celui représenté figure 46.

Fig. 45. — Outils pour tenons doubles.

Pour les tenons simples deux couteaux suffisent, mais si au contraire il s'agissait de tenons triples ou enfourchements, on ferait usage de quatre couteaux. Quel que soit leur nombre, on peut varier leur écartement en quelques instants, pour permettre de ménager les épaulements et les épaisseurs répondant au travail.

Fig. 46. — Tenon double.

Comme il est souvent nécessaire, pour les assemblages à pans, que le tenon soit oblique, M. Arbey applique sur ses machines le plateau mobile représenté figure 47, qui permet de placer la pièce suivant l'angle voulu.

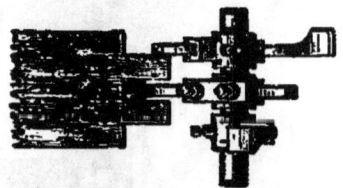

Fig. 47. — Plateau mobile pour tenons simple, double et triple.

Dans tous les cas, c'est en agissant sur le grand levier à manettes placé à la droite de l'ouvrier (*voy.* fig. 44), que celui-ci fait descendre le chariot porte-outils; alors les couteaux, dans leur rotation rapide, enlèvent avec une facilité extrême le bois qui se présente à leurs taillants.

Fig. 48. — Grande machine à faire les tenons, par M. ARBEY.

Avec la machine représentée figure 44, un ouvrier quelconque peut exécuter jusqu'à 200 tenons à l'heure.

La seconde machine représentée figure 48 est construite sur le même principe que la première, mais, destinée pour le façonnage de wagons, charpentes, etc., elle présente des conditions de force et de solidité supérieures.

Ainsi, comme on le voit, le banc est tout en fonte, ainsi que le support mobile qui reçoit le bois à œuvrer. Le chariot porte-outils est toujours équilibré par un contre-poids, mais celui-ci est placé à l'extrémité d'un levier placé sous le banc.

Enfin la descente du chariot, exigeant un plus grand effort, est effectuée à l'aide d'un volant à manette dont l'axe porte deux pignons qui engrènent avec des crémaillères parallèles fixées de chaque côté dudit chariot.

MACHINE A FAIRE LES TENONS ET LES ENTAILLES

Par M. MESSMER (Pl. 29, fig. 1 à 6).

Une machine plus ancienne que les précédentes, parfaitement exécutée à Grafenstaden pour les ateliers de wagonnage des chemins de fer de l'Est, est représentée dans son ensemble figures 1 et 2, en section longitudinale et en section transversale, mais sans les deux pieds en fonte destinés à supporter le banc.

Sur ce banc en fonte A est boulonné le support fixe B, dont les côtés latéraux sont taillés à queue d'hironde pour servir de guide à la poupée C, mobile verticalement sur sa face.

A cet effet, elle est munie d'un écrou en bronze c traversé par la vis V, de 30 millimètres de diamètre et de 9 millimètres de pas; celle-ci reçoit à sa partie supérieure un pignon d'angle p engrenant avec un pignon semblable p' fixé sur l'arbre horizontal D. Une manivelle M, montée à l'une de ses extrémités, permet de faire tourner la vis et par suite de déplacer la poupée C munie de l'arbre E.

Celui-ci tourne dans des coussinets en bronze logés dans les deux bras de la poupée qui, en outre, est fondue avec une console C' munie d'une pointe en acier c', sur laquelle s'opère la butée de l'arbre. Une poulie d'un petit diamètre P, fixée à l'extrémité opposée à la pointe, reçoit la courroie qui transmet le mouvement aux outils.

Parallèlement à l'arbre D, mais un peu plus bas, est monté, dans des oreilles fondues au sommet du support B, un second arbre D' muni de la poulie P' et d'un pignon d, lequel engrène avec un pignon semblable d' fixé par une longue clavette sur l'arbre D. A l'aide du levier à manette, on fait glisser le pignon d' sur ce der-

nier arbre e, afin d'engager ou de dégager ses dents de celles du pignon d. Dans
ce cas, quand les pignons n'engrènent pas ensemble, la poupée porte-outils ne peut
se déplacer qu'au moyen de la manivelle M. C'est seulement lorsque la passe est
faite que l'on embraye les deux pignons d et d', au moyen de la fourchette e, afin
de faire monter rapidement les outils.

Le banc de la machine est taillé à queue d'hironde sur ses bords longitudinaux
pour recevoir le premier plateau F, de forme correspondante, et ajusté par une règle
en fer f serrée par des vis de réglage. Ce plateau est muni de l'écrou F' traversé par
la vis V' logée à l'intérieur du banc. L'une d'elles est munie du pignon d'angle v
engrenant avec un pignon semblable monté sur un arbre f'. Celui-ci est soutenu
par une douille fondue avec le banc; il est traversé par un carré sur lequel s'ajuste
une manivelle, qui sert à faire mouvoir les pignons et, par suite aussi, le chariot
porte-pièces dans le sens longitudinal du banc.

La translation dans le sens transversal est obtenue au moyen de la manivelle m,
qui actionne la vis g logée dans une cavité pratiquée dans l'épaisseur du premier
plateau F. A cet effet, le second plateau G, ajusté à queue d'hironde sur le premier,
est muni d'un écrou engagé dans les filets de la vis g; il est relié à un châssis en
fonte G' muni de quatre rainures transversales; deux sont taillées à queue d'hironde pour recevoir des pièces de forme correspondante vissées avec les mordaches J et J', qui sont réunies à des écrous j traversés par les deux vis doubles h
placées parallèlement à l'intérieur du châssis; ces vis servent à rapprocher les
mordaches et à serrer la pièce de bois avant de la soumettre à l'action des outils.

Ceux-ci sont montés sur des porte-outils en fonte L, fixés sur l'arbre E au
moyen d'une clavette et des vis de pression i (fig. 3). Ils sont séparés entre eux
par des rondelles i' (fig. 2), dont les dimensions varient avec le nombre de porte-
outils placés sur l'arbre, et suivant les dimensions des tenons que l'on veut obtenir.
Toutes ces rondelles et porte-outils s'appuient d'un bout sur une embase k, et de
l'autre sont maintenus solidaires par un écrou rond k'.

Chaque outil n'est autre qu'un fer de rabot l logé dans une entaille pratiquée
dans l'épaisseur du porte-outils. Cette entaille est inclinée de 1 centimètre dans le
sens de la rotation de l'arbre. Le taillant du rabot est aussi incliné afin d'éviter les
éclats du bois, qui se produiraient s'il était attaqué à la fois en ligne droite et sur
toute la largeur de la lame.

Chaque fer de rabot est fixé solidement sur le bras du porte-outils en l'épaulant
par sa saillie l' (fig. 4 et 5), et en serrant fortement le boulon à écrou et rondelle
n. Pour les entailles à mi-bois, les porte-outils L, représentés par les figures 1, 2 et
3, sont remplacés par celui indiqué figure 5. Ce dernier possède en plus une petite
lame en acier N (fig. 6), placée perpendiculairement au rabot dans une rainure
pratiquée dans l'épaisseur de son bras développé. Un boulon, avec une tête taillée
à queue d'hironde, retient cette lame fixe avec les bras au moyen d'un écrou n';

elle est disposée sur chaque porte-outils pour correspondre aux extrémités de l'entaille, afin de pratiquer de chaque côté une fente qui remplace le trait de la scie, pour éviter l'éclat du bois.

Comme la vis V qui commande la poupée C a 9 millimètres de pas, en faisant faire environ 60 tours à la manivelle M, les porte-outils descendent de :

$$60 \times 9 = 540 \text{ millimètres par minute.}$$

La vitesse de rotation des outils est d'environ 1 700 à 1 800 tours.

Les dimensions moyennes des tenons sont : 16 millimètres d'épaisseur, 60 millimètres de largeur et 60 millimètres de hauteur.

MACHINE A FAIRE LES TENONS ET LES ENFOURCHEMENTS

Par M. BRICOGNE (Pl. 20, fig. 7 à 21).

La Compagnie du chemin de fer du Nord possède, à Tergnier (Aisne), un atelier qui renferme toutes les machines permettant de faire les grands débits et d'exécuter le corroyage, les moulures, les tenons, les mortaises, etc. Nous y avons distingué une excellente machine à faire les tenons et les enfourchements construite sous la direction de M. Bricogne.

Cette machine est surtout remarquable par son porte-outils combiné de façon à se prêter à l'exécution des coupes les plus diverses, c'est-à-dire que l'on peut produire rapidement des tenons simples ou multiples de toutes dimensions et des enfourchements de tous profils.

La figure 7 représente cette machine en vue extérieure de face;

La figure 8 en est une projection horizontale, également en vue extérieure;

La figure 9, qui est une coupe transversale partielle suivant la ligne 1-2, représente le même mécanisme en vue de face.

Cet outil a pour base un très-puissant bâti en charpente composé de deux longrines A, de plusieurs pieds B, scellés dans un massif en maçonnerie, et de trois traverses C. Le mécanisme comprend principalement une forte console en fonte D, sur la face verticale et dressée de laquelle s'applique et peut glisser le chariot E; ce dernier est formé d'un châssis muni des supports de l'arbre porte-outils H. Sur le bâti en charpente se fixe encore le support F, dont la partie supérieure reçoit un chariot G organisé pour recevoir la pièce de bois soumise au travail des outils.

L'arbre porte-outils H est destiné à recevoir des plateaux porte-fers comme ceux I, représentés en place, figures 7 et 8, et dont le nombre, les dimensions et l'écartement varient suivant la nature du travail à exécuter. Cet arbre, animé d'un vif mouvement de rotation, est pourvu de sa poulie motrice H' et d'un petit volant H'' dont la masse est néanmoins suffisante, vu la grande vitesse de rotation, pour donner au mouvement la régularité désirable.

L'exécution d'un tenon ou d'un enfourchement résulte toujours de la combinaison du mouvement de rotation des outils et de leur déplacement vertical avec l'ensemble du châssis E.

A cet effet, ce châssis E est armé en son milieu, sur sa face postérieure, d'une crémaillère J engrenant avec un pignon dont l'axe a, traversant la console, porte extérieurement un grand volant à poignée K', à l'aide duquel on peut donner ainsi audit châssis les mouvements nécessaires. Il est en outre relié, par une bielle L, à un bras de levier L' fixé sur le même axe b que deux longs leviers M, dont les extrémités portent un lourd contre-poids cylindrique.

Indépendamment des deux paliers d, dans lesquels tourne l'arbre H, cet arbre est pris entre deux pointes de butée posées sur des consoles e et f fixées sur les côtés du châssis E; de plus, la console f porte un palier supplémentaire f permettant d'éviter le porte-à-faux qui résulterait de l'emplacement nécessaire à la poulie de commande H'.

La grande console D reçoit aussi un support g, affecté au maintien de l'axe qui porte le volant à poignée K'.

Il nous reste à parler, au point de vue de l'ensemble, du support à chariot porte-pièce F. Ce support, disposé comme un banc de tour transversal, est surmonté d'un plateau G, à coulisse, que l'on peut déplacer à volonté au moyen d'une vis h organisée à la manière ordinaire et armée d'une manivelle h' pour la commander.

Ce plateau, terminé d'un côté par un rebord fixe G', porte du côté opposé un support fixe N, sur lequel est fixée une manette N'; le mamelon extérieur de cette manette est traversé par une tige taraudée O, se terminant par une griffe et pourvue d'une manivelle i, à l'aide de laquelle on déplace cette tige à volonté.

On comprend facilement que cette tige à griffe est la presse qui permet de maintenir solidement en place la pièce de bois X soumise à l'action des outils, et dont le point d'appui est le rebord G', moyennant l'emploi d'une cale O', dont la largeur est à régler d'avance suivant l'épaisseur de la pièce X.

Il résulte de ce qui précède que toute latitude est réservée quant à la dimension de cette pièce et quant à celui de ses points qui doit être attaqué par les outils. D'abord, nous verrons tout à l'heure que les outils peuvent occuper sur l'arbre H des places très-diverses; et ensuite le déplacement du chariot G est encore un moyen de régler facilement la position de la pièce suivant sa largeur ou son épaisseur et suivant le point d'attaque des outils. Il faut noter encore que la manette N' pouvant être changée de position sur son support, le point d'action de la presse O est aussi modifiable à volonté suivant la hauteur de la pièce X. Enfin, un valet peut être introduit dans l'ouverture g, de façon à maintenir la pièce par-dessus.

MONTAGE ET DISPOSITION DES OUTILS. — Les figures 11 à 21 montrent en détail la construction et le montage des divers types de plateaux porte-outils appliqués à cette machine.

Le plateau P, représenté en vue de face, figure 11, est du type dit de 0^m,350 de diamètre et porte trois fers j, dont la largeur d'attaque est de 52 millimètres. Pour l'emplacement de ces fers, le plateau porte trois entailles accompagnées d'un large évidement rectangulaire k, dans chacun desquels vient se loger une cale l, dont la partie inférieure est taillée en griffe et s'appuie sur le fer, strié lui-même comme une lime ; pour faire presser fortement cette cale sur le fer, elle est munie de deux vis l', dont la tête, terminée par un pointal, prend son point d'appui sur le plafond de l'évidement ; la tête de ces vis étant percée de quatre trous, on les serre aussi fortement que possible au moyen d'une broche en fer.

Les fers font nécessairement saillie de quelques millimètres sur la circonférence et sur les côtés du plateau ; il est remarquable, que du côté de l'attaque du fer, l'une des deux rives du plateau présente un dégagement curviligne k', appelé à jouer à peu près le même rôle que la lumière d'un guillaume ou d'un bouvet et à permettre le dégagement des copeaux vers l'extérieur de la machine.

Sur ce type, la machine peut être pourvue de porte-outils de largeurs et de diamètres différents, mais jusqu'à la limite de l'emploi possible du même mode de fixation des fers.

Dans ces conditions, les porte-outils sont fixés sur l'arbre H, suivant le mode représenté figure 12, où quatre plateaux de deux dimensions différentes sont figurés ainsi qu'un exemple du profil qu'ils exécutent.

L'arbre H présente une embase m et une partie filetée garnie de deux écrous m' permettant de serrer contre l'embase toutes les pièces enfilées sur l'arbre, qui est aussi muni d'une clef ; les plateaux étant enfilés sur l'arbre, leurs écartements respectifs sont réglés et maintenus par des rondelles en deux parties n (fig. 13 et 14), qui s'ajustent à enfourchement et dont les deux parties sont rattachées entre elles par des goujons ; ces rondelles sont rainées comme l'alésage des plateaux.

La machine est pourvue d'un jeu de rondelles de différentes épaisseurs (15, 20, 25, 30 et 35 millimètres) pour satisfaire aux écartements divers des plateaux, lorsqu'on en monte plusieurs à la fois ; toutefois, on en doit posséder le nombre nécessaire, si l'on n'emploie qu'un seul plateau, pour faire le plein de l'arbre entre son embase fixe et l'embase mobile sur laquelle pressent les écrous m'.

La disposition représentée figure 12 correspond à la confection des tenons doubles ; on voit que les deux plateaux placés au milieu exécutent ensemble l'intervalle des deux tenons ; les fers de ces deux plateaux devant alors avoir une zone d'action commune pour l'évidement complet de cette partie, et ne pouvant par conséquent se trouver en regard les uns des autres, l'un des deux plateaux présente une seconde rainure (en ponctué, fig. 11) pour le passage de la clef longue qui fixe sur l'arbre le plateau et les rondelles.

L'exécution des tenons simples s'obtient naturellement par l'emploi de deux plateaux semblables, comme cela est indiqué figure 8; enfin l'emploi de deux plateaux inégaux, figure 10, permet l'exécution des tenons *boiteux*, etc.

Le même système de plateaux et de montage des outils convient encore pour la confection des enfourchements dont la largeur n'est pas inférieure à 15 millimètres, et dont les figures 16 et 17 montrent des exemples; au-dessous de ce chiffre, le fer est trop étroit et le plateau serait trop mince pour faire usage du même procédé de fixation des fers : on emploie alors le système de porte-outils que représentent les figures 18 et 19.

Ces figures montrent cette disposition en vue de face et en plan avec un arrachement laissant voir l'un des fers à découvert; la figure 20 est une coupe verticale. Dans cette circonstance, le plateau porte-outils P', que l'on monte d'ailleurs exactement comme le précédent, est composé de deux parties s'appliquant l'une sur l'autre et portant des entailles dans lesquelles deux fers *n* sont engagés et pincés fortement sous l'action des écrous *m'* agissant par l'intermédiaire des rondelles et de l'embase mobile.

Mais, comme sûreté, ces fers, dont la surface, ainsi que celle des entailles des disques P', est taillée en lime, sont percés d'une petite coulisse dans laquelle s'engage une goupille *n'* taraudée dans l'un des disques.

Par cet ingénieux procédé on peut faire emploi de fers dont la partie travaillante se réduit jusqu'à 5 millimètres de largeur, comme on peut le voir figure 21, où l'outil est représenté exécutant un enfourchement de cette largeur et où il ne présente lui-même que 4 millimètres d'épaisseur entre son extrémité et le plateau porte-outils.

Il faut noter toutefois qu'avec ce mode de montage le fer doit travailler en porte-à-faux d'une quantité justement correspondante à la profondeur de l'enfourchement dans lequel le plateau ne pourrait pas pénétrer, ce qui n'est pas un grand inconvénient, puisque la prise de bois est excessivement faible.

Cependant, sur le modèle représenté par les figures 18 à 21, la saillie des fers sur le plateau n'est pas moindre de 75 millimètres.

En faisant varier le nombre des plateaux, il faut : 1° que le centre de gravité de l'ensemble des plateaux corresponde rigoureusement au centre de l'arbre sur lequel ils sont montés, ce qu'on reconnaît pratiquement en vérifiant s'il est possible de glisser une feuille de papier entre les pointes et les extrémités correspondantes de l'arbre; 2° que tous les fers, contre-fers ou vis aient rigoureusement le même poids.

MACHINE A FAIRE LES TENONS ET ENFOURCHEMENTS

Par MM. PÉRIN, PANHARD et Cⁱᵉ.

La machine de MM. Périn, Panhard et Cⁱᵉ, représentée ci-dessous en élévation et en plan, figures 49 et 50, ne diffère de la précédente que par ses détails de construction et son bâti, qui est tout en fonte. Les couteaux pour les tenons simples sont plats et disposés sur un disque ; pour l'enfourchement, les couteaux sont à crochet.

Fig. 49.

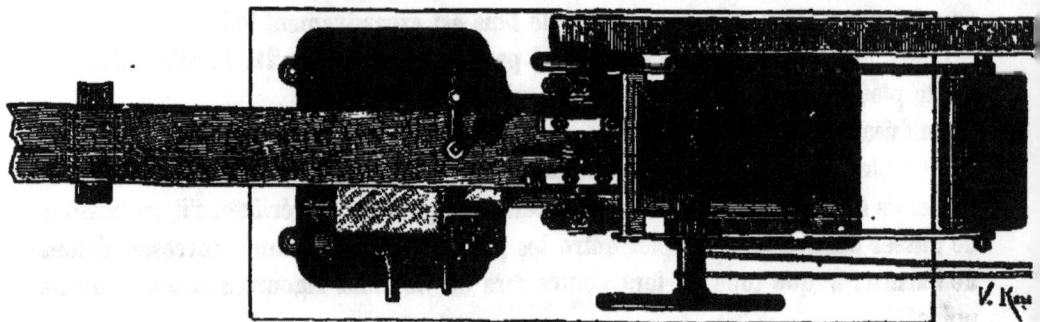

Fig. 50.

Un frein et un débrayage automatique arrêtent instantanément l'arbre porte-outils sitôt le travail fait ; on peut donc retirer la pièce de bois et en mettre une autre sans avoir à craindre les accidents. Deux chariots, pouvant se déplacer perpendiculairement l'un par rapport à l'autre, permettent de présenter le bois aux outils avec exactitude.

Pour faire les tenons dans les longrines et les traverses, lorsqu'on veut éviter une grande perte de temps et de place dans l'atelier, il convient de mettre deux machines en regard l'une de l'autre afin de n'avoir pas à retourner les pièces qui sont longues, lourdes et encombrantes. On peut ajouter à cette machine une disposition spéciale pour faire les caillebotis avec une grande rapidité et précision.

MACHINE A FAIRE LES TENONS DE GRANDES LONGUEURS
ET A FIL TRANCHÉ
Par M. ARBEY, représentée planche 30.

Cette machine est disposée pour travailler suivant deux modes différents. Dans l'un, les tenons sont enlevés à l'aide d'outils rabotants et à lames hélicoïdales minces qui permettent d'agir sur de grandes longueurs; dans l'autre, ce sont des scies circulaires, les unes refendant et les autres arasant et qu'il est préférable d'employer pour abattre les tenons sur le bois à fil tranché, c'est-à-dire sur le bois dont les fibres ne peuvent se présenter perpendiculairement à l'action des lames.

Moyennant une simple substitution d'outil, cette même machine permet de mortaiser suivant le *système à mèche* animé d'un mouvement rotatif, système que nous examinerons dans le chapitre suivant.

La machine que nous allons décrire est d'une construction parfaitement appropriée à son service; elle offre ces masses par lesquelles les outils modernes se distinguent et qui conviennent si bien, par l'inertie qu'elles présentent aux outils animés d'énormes vitesses et qui donneraient lieu sans cela à des vibrations et trépidations très-nuisibles au travail.

Les figures 1 à 4 représentent la machine disposée pour faire des tenons de grandes dimensions au moyen d'outils à lames hélicoïdales minces, de même système que l'outil à planer appliqué aux machines décrites planches 20 et 25;

La figure 5 représente en élévation de face la même machine disposée pour permettre de pratiquer des mortaises;

Les figures 7 et 8 montrent en section verticale et horizontale la machine modifiée pour l'emploi de scies circulaires pour l'abatage des tenons à fil tranché.

DISPOSITIF POUR L'EMPLOI D'OUTILS A LAMES HÉLICOÏDALES. — La figure 1re représente la machine en vue extérieure de face;

La figure 2 en est une vue de côté et suivant une coupe verticale, passant par le milieu des porte-outils, suivant la ligne 1-2;

La figure 3 en est une projection horizontale complétement extérieure.

Cet outil a pour base le bâti creux en fonte A offrant deux assises distinctes sur l'une desquelles se trouve appliqué le chariot porte-pièce, tandis que la seconde assise reçoit un bâti en console dont la face verticale est disposée pour supporter le porte-outil. Cette console B offre effectivement, par sa face verticale, des coulisses dressées pour recevoir les deux chariots C et D, sur lesquels sont respectivement montés les deux axes tournants *a* et *b*, aux extrémités desquels sont fixés en porte-à-faux les deux outils E et F. Ces deux chariots sont évidemment mobilisables; ils peuvent être écartés plus ou moins l'un de l'autre et occuper diverses positions dans le sens de la hauteur de la console B. Leur mobilisation s'effectue à volonté, et indépendamment, au moyen des vis *c* et *d*.

Les chariots C et D, susceptibles de se déplacer verticalement, sont composés eux-mêmes de deux plateaux à coulisses, comme le montre la figure 2, de telle sorte que les plateaux C' et D' étant disposés pour glisser sur la console B, les plateaux antérieurs C et D, sur lesquels sont fixés directement les axes des porte-outils, peuvent à leur tour être déplacés horizontalement. Cette fonction est particulièrement nécessaire au chariot D, dont l'axe porte-outil peut être armé d'une mèche pour le mortaisage qui s'exécute, ainsi que nous le dirons bientôt, en imprimant à cet outil un mouvement horizontal de va-et-vient, tandis qu'il est animé d'un vif mouvement rotation sur lui-même. Il y a pour effectuer ce mouvement le grand levier à main L, qui est assemblé vers le tiers de sa hauteur avec le goujon *e* implanté sur la face du chariot D, tandis que son extrémité inférieure se trouve articulée avec le bras de levier compensateur *f*, assemblé sur le goujon fixe *g* fixé sur le bâti A.

Après cet aperçu de la disposition générale du mécanisme du porte-outil, nous arrivons à la seconde partie de la machine qui concerne le chariot destiné à recevoir la pièce de bois.

C'est un simple banc en fonte H, sur lequel est appliqué le chariot I pouvant y glisser librement, mais qui porte lui-même le second chariot J monté à coulisse, et susceptible d'être mobilisé transversalement à l'aide de la vis *h*, que l'on fait mouvoir à l'aide de la manivelle *h'*.

Sur ce chariot supérieur sont installés des *valets*, qui ont chacun pour base une plaque en fonte *i* dans laquelle se trouve fixée verticalement la tige *j*, qui porte à sa partie supérieure la tête en équerre *k*, laquelle se termine par un mamelon taraudé destiné à recevoir la vis de pression *l* armée de son volant-manivelle *l'*.

La base *i* de ces valets, assujettie par des boulons sur le chariot J, qui offre des coulisses à cet effet, sert à assurer la direction de la pièce à travailler X, tandis que les vis de pression l'y maintiennent solidement.

Chacun des outils E et F est constitué, comme pour la machine à planer, au moyen d'un manchon triangulaire en fonte à génération hélicoïdale, dont chacune des faces reçoit une lame mince maintenue par un contre-fer et par des boulons.

La figure 4 représente en détail le système de montage de l'un de ces outils.

L'extrémité de l'axe qui le porte est conique et pénètre dans le manchon jusqu'à la moitié de sa largeur; elle est percée d'un trou taraudé en rapport avec la partie filetée du boulon *m* destiné à opérer la réunion des deux pièces. Ce boulon est armé d'un ergot *m'* le rendant solidaire du manchon, quant au mouvement circulaire, ce qui indique que le boulon est mis en place au moment où l'on présente le manchon sur l'arbre, et qu'il faut faire tourner le tout ensemble pour opérer le vissage. Cependant une fois cette opération terminée, on ajoute encore la petite clavette *m²* entre l'arbre et le manchon, de façon que l'assemblage à vis n'ait pas à subir l'influence de la résistance entre l'outil et le bois.

Fig. 51.

Ainsi les outils E et F, fixés sur les arbres *a* et *b* et animés d'un rapide mouvement de rotation, sont maintenus à une distance l'un de l'autre égale à l'épaisseur que doit avoir le tenon. On fixe la pièce de bois X sur le chariot J, que l'on déplace transversalement à l'aide de la vis *h* dans le but d'amener la ligne d'arasement en relation exacte avec l'extrémité extérieure des outils E et F. Une fois ce point réglé, l'ouvrier s'empare du levier L' et, déplaçant l'ensemble du chariot I J longitudinalement, il amène la pièce de bois entre les deux outils, puis, la faisant progresser suivant leur action même, le tenon se trouve abattu en un seul passage.

Quant à la commande des outils, elle a lieu, comme d'habitude, au moyen d'un renvoi portant deux poulies en correspondance avec les tambours K et K'.

La figure 51, page 261, donne une idée bien exacte de cette machine, disposée spécialement pour faire les tenons de grande longueur au moyen de lames hélicoïdales, ainsi que nous venons de le décrire.

SYSTÈME AVEC L'EMPLOI DE SCIES CIRCULAIRES. — Les figures 7 et 8 de la planche 30 représentent en coupe verticale et en projection horizontale la même machine, mais modifiée en vue de l'emploi de scies circulaires.

Premièrement, les outils E et F sont remplacés par des fraises ou scies N montées sur les arbres a et b, conformément au procédé représenté en détail figure 9, et qui ont pour mission d'effectuer l'arasement; quant à l'abatage proprement dit, il est opéré au moyen de la paire de fraises O montées à l'extrémité supérieure de l'axe supplémentaire r, disposé verticalement et appliqué sur un chariot dont les points d'appui sont réservés au massif du bâti A qui sert d'assise au chariot H. Cet axe est placé nécessairement dans un plan différent des deux premiers, attendu que leur entrée en action ne peut être que successive. Ce chariot P est mobilisable à volonté au moyen de la vis s, de façon à amener les deux scies O à la hauteur voulue; quant à l'axe r, il est pourvu d'un tambour t, et, en résumé, ce dernier système exige trois commandes au lieu de deux.

La figure 10 représente en détail le montage des scies jumelles O sur l'arbre r. Celui-ci est fendu pour recevoir la clavette u sur laquelle repose une première bague v, qui sert de base à la scie inférieure; les deux scies sont séparées par la rondelle v', dont l'épaisseur détermine rigoureusement celle que doit porter le tenon; enfin cet ensemble est maintenu par le chapeau v^2 et par la vis v^3 taraudée sur le bout de l'arbre.

Le détail, figure 9, montre que le mode de montage des scies N peut être effectué au moyen d'un chapeau x maintenu par une vis x', à large tête, vissée sur l'arbre dont l'extrémité, prolongée pour l'ajustement du chapeau, présente une ouverture très-sensiblement conique pour l'application d'une mèche à mortaiser.

La figure 11 représente une modification apportée à ce système de montage; le chapeau est remplacé par une simple rondelle x^2 et la vis x^3, beaucoup moins importante, a sa tête noyée dans la rondelle.

Il ne nous semble pas utile d'insister sur ce système qui sera compris à première vue. Il est naturel, en effet, d'employer des scies pour les petits tenons, car elles doivent opérer plus vite qu'à l'aide d'outils tranchants qui transforment le bois en copeaux, mais surtout pour les tenons qui doivent se trouver entaillés dans des bois dont les fibres ne peuvent se présenter dans un sens perpendiculaire au mouvement de l'outil.

CHAPITRE XIV.

MACHINES A MORTAISER ET A PERCER LES BOIS.

Les machines à mortaiser se construisent suivant deux systèmes : dans l'un, le plus ancien, et qui imite le travail du menuisier ou du charpentier, agissant au moyen du bédane ou de la besaiguë, le mouvement de l'outil est rectiligne alternatif, ce sont les machines dites *piocheuses;* dans le second système, l'outil est animé d'un mouvement de rotation comme la mèche d'une machine à percer.

Pour les travaux de charpente et de charronnage, les machines à bédane à mouvement alternatif sont toujours en usage, mais pour la menuiserie et l'ébénisterie la mortaiseuse à *outil rotatif* présente des avantages notables ; les dispositions mécaniques peuvent être plus simples, les copeaux se dégagent mieux de l'entaille, le fond est rendu net, plat et à vive arête ; mais les mortaises exécutées de cette manière se trouvent par cela même arrondies à leurs deux extrémités. Bien que l'assemblage du tenon, en donnant à celui-ci une forme correspondante, puisse se faire, cela peut présenter dans certains cas des difficultés.

Quelques praticiens donnent l'équarrissage à la main à l'aide d'un bédane ordinaire, ou bien font usage d'une machine spéciale dite à *équarrir* qui, munie d'un bédane manœuvré par un levier à main, permet de défoncer rapidement les extrémités arrondies. Cependant le transport des bois d'une machine sur une autre est un inconvénient que l'on a fait disparaître en adaptant à la mortaiseuse un outil à équarrir (1), de sorte qu'actuellement la machine est complète et, sous cette forme, elle est très-répandue.

La forme de la mèche, animée d'une grande vitesse, 2 000 tours environ par minute, a été l'objet de nombreux essais ; on les a faites hélicoïdales, cylindriques, à doubles cuillères, etc.; mais les difficultés de l'affûtage ont fait adopter généralement, comme nous le verrons, la forme cylindrique à cuillère.

Nous allons montrer divers modèles de ces deux systèmes de machines à mortaiser. Nous commencerons, parce qu'elles sont les plus anciennes, par les mortaiseuses à bédanes à mouvement alternatif.

---

(1) MM. Colas et Pillichodi paraissent être les premiers qui disposèrent sur la même machine l'outil mortaiseur et l'équarrissoir; le brevet de M. Colas est du 7 avril 1858. M. Périn, le 1er mai 1861, a pris également un brevet pour des dispositions analogues ; enfin, MM. Bernier aîné et F. Arbey, à la date du 10 juillet 1861, ont pris un brevet pour une disposition qui permet d'effectuer sur la machine à mortaiser à outil tournant, et sans transport de bois, l'équarrissage des deux extrémités de la mortaise.

Sur la planche 31 sont représentées deux excellentes mortaiseuses, l'une verticale, l'autre horizontale, construites sous la direction de M. Messmer, ancien ingénieur de l'usine de Graffenstaden, pour les ateliers de wagonnage du chemin de fer de l'Est.

La machine verticale est employée pour le travail des bois de fort équarrissage, et la machine horizontale pour le travail des bois de plus petite dimension.

Dans la machine verticale, le bois est fixé entre des mordaches, avec un chariot mobile horizontalement, et manœuvré par la main de l'ouvrier. Le porte-outil est vertical et reçoit son mouvement d'une bielle attachée sur un bouton de manivelle, disposé pour remonter plus rapidement que pendant le travail, qui a lieu quand l'outil descend.

Pour faire les mortaises, il faut d'abord, dans le milieu de leur longueur, percer un trou ayant pour diamètre la largeur de la mortaise, et pour longueur la profondeur qu'elle doit avoir. Ce trou sert à amorcer l'outil de la mortaiseuse, car l'outil commence à fonctionner en partant du milieu de la mortaise, et se dirigeant de droite et de gauche vers les extrémités. Le porte-outil a un mouvement tournant qui permet, une fois la portion de droite de la mortaise faite, de retourner l'outil d'un demi-tour pour faire la portion de gauche.

Dans la machine horizontale, la partie agissante de l'appareil se compose d'un porte-outil cylindrique qui glisse dans une longue douille en fonte. Celle-ci fait partie d'un chariot muni de poulies de commande et de la bielle qui transmet le mouvement. Lorsqu'on veut faire travailler l'outil, on fait avancer le chariot au moyen d'un levier à main qui actionne un mouvement à genouillère. L'extension de cette genouillère donne la limite de la course du chariot, et le point d'attache de l'arrière, pouvant se déplacer, fixe l'avancement de l'outil.

MACHINE A MORTAISER VERTICALE
Par M. MESSMER, représentée planche 31, figures 1 à 16.

La figure 1 représente cette machine extérieurement vue de face. Une pièce de bois, qui peut être une traverse de tête d'un châssis de wagon, est supposée recevoir l'action des deux outils pratiquant simultanément deux mortaises ;

La figure 2 est une section verticale faite transversalement au chariot porte-pièces, et parallèlement à l'axe de transmission de mouvement ;

La figure 3 est un plan ou section horizontale faite à la hauteur de la ligne 1-2 ;

La figure 4 est une section longitudinale du chariot et de son support ;

La figure 5 est une section horizontale, indiquant la transmission de mouvement placée devant la ligne de coupe de la figure précédente.

Les figures 6 et 7 font voir en détails, de face et en section, l'assemblage de la poulie motrice et de la manivelle excentrée, montée sur l'arbre de transmission, produisant le mouvement de retour rapide des outils;

La figure 8 donne un tracé graphique de ce mouvement;

La figure 9 indique en détail le mode de serrage du frein, à l'aide duquel on arrête la descente du porte-outils, à une hauteur quelconque de sa course;

Les figures 10 et 11 font voir, en sections verticale et horizontale, un mécanisme de débrayage au moyen duquel on fait varier la vitesse de translation du chariot porte-pièces;

Les figures suivantes sont des détails du porte-outils et des outils.

Du BATI ET DU CHARIOT PORTE-PIÈCES. — Un bâti creux A, de section rectangulaire, fondu avec un large patin A' et deux bras horizontaux B et B', est boulonné avec le banc C fondu avec une table C', évidée au milieu et les bords longitudinaux taillés à queue d'hirondelle pour servir de siége au chariot sur lequel se fixe la pièce de bois à travailler.

Un premier plateau D est monté sur la table C'; il est fondu avec des bords longitudinaux, dont l'un correspond à la forme en queue d'hirondelle de la table, tandis que l'autre, garni d'une règle en fer d'une forme semblable, est ajusté de façon à glisser de l'autre côté de cette même table.

Un second plateau E est monté de la même manière sur le premier, mais les queues d'hirondelle sont taillées dans le sens opposé, afin que les deux mouvements de glissement aient lieu perpendiculairement l'un à l'autre.

Sur la face extérieure du premier plateau D est fixée, par des vis d', une crémaillère D' (fig. 1 et 2), dont les dents sont engagées dans celles d'un pignon b monté sur le carré d'un petit arbre supporté par la douille c fondue avec le socle C. En faisant tourner ce pignon, au moyen d'une manivelle que l'on place sur le prolongement de son axe carré, on fait mouvoir à volonté, à droite ou à gauche, les deux plateaux dans le sens longitudinal.

On remarque que le mouvement est transmis directement par le pignon, de sorte qu'à chaque révolution de celui-ci le plateau se déplace d'une quantité égale à son développement, qui est de 188 millimètres, puisque son diamètre au cercle primitif des dents est de 60 millimètres.

Pour des bois durs ou des mortaises de grandes largeurs, on ne peut faire avancer le bois avec cette vitesse, quoique celle-ci ne soit que fictive à la vérité, puisqu'elle dépend de celle de la manivelle et que l'ouvrier qui l'actionne peut la modifier à volonté, mais alors la résistance devient trop considérable; dans ce cas, on fait manœuvrer le plateau par l'intermédiaire de la vis F, des roues droites F', G', et de la paire de roues d'angle f, et au moyen d'une manivelle montée sur le carré du petit arbre f'.

Pour arriver à ce résultat, ce plateau est relié à la vis F par un support à fourche g, muni de l'écrou g' (fig. 2, 10 et 11). Cet écrou est composé de deux pièces, montées à charnières chacune séparément sur un axe indépendant h; et elles sont réunies par une plaque à deux coulisses h' qui fait l'office d'un excentrique; au moyen de celui-ci, on embraie ou on débraie, c'est-à-dire que l'on ouvre ou que l'on ferme les deux mâchoires de l'écrou, afin d'isoler le plateau et la vis ou les rendre solidaires à volonté.

A cet effet, l'arbre i, sur lequel est fixée la plaque à coulisse, est muni à son extrémité d'un levier i' (fig. 10 et 11), relié à la tringle méplate I garnie du manche à poignée I'. Il suffit de tirer ou de pousser ce manche pour ouvrir ou fermer les mâchoires de l'écrou. Un goujon, fixé contre une nervure du plateau, est engagé dans la coulisse pratiquée dans la tringle méplate I, de façon à la guider bien horizontalement.

Une double équerre en cuivre mince j (fig. 4), vissée sur la nervure du plateau recouvre le mécanisme, afin d'éviter que la poussière ou les petits débris du bois, en s'accumulant entre les deux plateaux, ne gênent son fonctionnement.

Comme on a dû le remarquer, les deux dispositions que nous venons de décrire n'ont pour but que la translation du chariot dans le sens longitudinal de la table. Pour opérer le déplacement dans le sens transversal, le second plateau E est muni d'un écrou e monté au milieu du premier plateau D, et terminé par un carré servant à recevoir la manivelle motrice.

La table de ce second plateau est entaillée de cinq rainures transversales, dont deux reçoivent les équerres des mordaches J et J', entre lesquelles on maintient le bois pendant le travail; celles J sont fixes, et les deux autres J' mobiles au moyen des vis j'. Les manivelles K, montées à leur extrémité, sont reliées par une traverse k, afin que le même mouvement communiqué à l'une des manivelles fasse marcher les deux vis de la même quantité, et par suite que l'avancement des deux mordaches J' ait lieu parallèlement. Ainsi reliées, les manivelles ne peuvent tourner que d'un quart de révolution à droite ou à gauche, mais cela suffit pour effectuer rapidement le serrage et le desserrage du bois, parce que l'on opère généralement sur un grand nombre de pièces de même équarrissage.

Chaque fois que l'on change le travail, il suffit de désunir les manivelles et de régler la position des mordaches en rapport avec les dimensions des pièces de bois dans lesquelles il s'agit de pratiquer les mortaises.

Pour empêcher que le bois ne soit soulevé par l'outil quand il remonte, une presse à vis, actionnée par la manivelle k', le retient solidement. L'écrou de cette vis fait partie d'un étrier K' dont les branches sont engagées dans une rainure pratiquée à la table du plateau.

DU PORTE-OUTILS ET DE SA COMMANDE. — Les deux bras horizontaux B et B' du bâti sont disposés pour servir de guide à un arbre carré en fonte L, à l'extrémité inférieure duquel est monté le porte-outils. Celui-ci est réuni à l'arbre par l'intermédiaire d'une tige *l'*, d'une douille et. fer *m* et d'une sorte de manchon à brides *m'* (fig. 1, 2 et 12). La douille est fixée avec l'arbre par le manchon, mais la tige *l'* peut tourner librement dans la douille, parce qu'elle n'est retenue avec elle que par une rondelle et deux écrous, de sorte que le porte-outils peut monter et descendre avec l'arbre, et à la fois tourner avec la tige.

A cet effet, une embase est ménagée sur celle-ci pour recevoir un collier sur lequel est montée à charnière la manivelle *n*, afin de maintenir le porte-outils dans une position rigide. Un ressort méplat maintient cette manivelle engagée dans la dent de l'un des deux bras *n'* et, lorsqu'on veut retourner les outils pour les faire travailler en sens inverse, il suffit d'appuyer sur la poignée pour faire céder le ressort et dégager la manivelle ; ensuite on lui fait faire un demi-tour pour l'engager de la même manière dans la dent du second bras, diamétralement opposé au premier.

Ce mouvement demi-circulaire du porte-outils est nécessité par la forme même des outils M, qui, comme on le remarque sur les figures 12, 13 et 14, sont affûtés comme des ciseaux ; ils ne peuvent couper que dans un sens, et, de plus, ils sont forgés chacun avec deux joues qui servent à les maintenir dans le bois à mesure qu'ils y pénètrent. Ces outils sont fixés avec le porte-outils double au moyen de deux clavettes engagées dans des rainures *o* qui correspondent entre elles.

Pour les mortaises doubles, espacées plus ou moins l'une de l'autre, il faut avoir par conséquent des porte-outils de rechange.

Le porte-outil pour faire les mortaises simples est représenté figure 13, le ciseau unique M' est réuni directement à la tige centrale *l'*, percée d'un trou conique pour le recevoir et munie d'une entaille transversale pour loger la clavette *o'* qui l'y retient fixé.

Les deux bras B et B' sont disposés, comme nous l'avons dit, pour guider le mouvement de va-et-vient de l'arbre carré L. A cet effet, des plaques minces de cuivre, fixées par des vis, sont interposées de chaque côté des deux faces latérales, et une plaque plus épaisse en fer *b²* ferme sur le devant le passage nécessaire à l'introduction de l'arbre. Celui-ci est muni à sa partie supérieure d'une tige filetée L' (fig. 1 et 2), traversant l'écrou N, lequel est carré pour passer dans la rainure pratiquée dans l'arbre, et est prolongé pour se relier à la petite bielle N' attachée au disque O formant manivelle.

La réunion de l'arbre avec la bielle N', au moyen de la vis L', permet, à l'aide d'une manivelle montée sur le carré qui la termine, de déplacer l'écrou N, qui glisse alors dans la rainure pratiquée dans l'arbre, de façon à régler la hauteur de descente des outils par rapport à la table du chariot porte-pièces.

La course du porte-outils peut être également réglée en changeant la course de la manivelle motrice. A cet effet, une rainure en queue d'hironde est pratiquée dans l'épaisseur du disque O, et une vis *q* y est logée ; elle est engagée dans un écrou q' de la même forme que la rainure. Cet écrou est forgé avec une tige cylindrique entourée par une petite douille, sur laquelle s'opère le serrage de l'écrou et de la rondelle retenant la tête de la bielle N, garnie d'une bague en acier tournant librement sur la douille. Cet assemblage se déplace naturellement avec l'écrou quand on tourne la vis q, de sorte que le point d'attache de la bielle, ou le bouton proprement dit, est facultativement éloigné ou rapproché du centre de mouvement du disque, suivant le sens dans lequel on tourne la vis.

Le disque O est rapporté à l'une des extrémités de l'arbre O', monté à l'intérieur de la longue douille en fonte A' fondue avec le bâti. Cette douille, prolongée en dehors de celui-ci, est tournée cylindrique pour recevoir le moyeu de la poulie à deux étages P, qui y est montée librement.

Mouvement de retour rapide de l'outil. — On remarque que l'arbre O' ne se trouve pas dans l'axe de cette poulie, mais qu'au contraire il est excentré d'une façon assez sensible, et que son extrémité opposée au disque O n'est reliée à la poulie que par une espèce de manivelle p. Celle-ci n'y est pas moins attachée directement : c'est une petite pièce carrée en acier p' (fig. 2, 6 et 7), qui opère la réunion ; elle est disposée pour glisser librement dans une rainure ou coulisse rectangulaire ménagée dans l'épaisseur de la manivelle.

Ce mouvement provient naturellement de ce que l'axe O' et la poulie motrice P ne se trouvent pas dans le même axe. On peut se rendre compte de l'effet qui se produit en examinant le tracé figure 8.

Comme la manivelle est fixée sur l'arbre O', elle ne peut faire autrement que de décrire un arc de cercle concentrique à cet arbre. La pièce p' se trouve dans les mêmes conditions par rapport à la poulie P; il en résulte que cette pièce prend dans la coulisse les différentes positions indiquées par les points 1, 2, 3, etc., c'est-à-dire que, comme elle est obligée de rester à la même distance du centre de rotation de la poulie, cette distance se trouve modifiée dans la coulisse, par rapport à la manivelle, d'une quantité justement égale à l'excentricité, ou au double du rayon, ou, en d'autres termes, au double de la distance qu'il y a entre le point central de la poulie et celui de la manivelle.

On voit donc que l'arbre O' ne se meut qu'entraîné par la poulie, et que, par suite, le mouvement de l'outil doit être subordonné à celui de cet arbre, puisque c'est lui qui transmet le mouvement par l'intermédiaire de la bielle N' et du disque à manivelle O.

Cette disposition a pour but, comme on sait, de rendre variable la marche rectiligne verticale de va-et-vient du porte-outils L, en le faisant descendre lentement, lorsque les outils travaillent, et remonter rapidement lorsqu'ils n'agissent plus.

Cet effet résulte naturellement du mouvement de la pièce p' dans la coulisse de la manivelle p. On remarque sur le tracé figure 8, que lorsque cette pièce p' décrit un cercle régulier autour du point x, qui est le centre de la poulie, les angles 1, 2,

3, etc., qui correspondent à ceux 1', 2', 3', etc., décrits par la manivelle *p*, de son centre de mouvement *x'*, ne sont pas égaux entre eux.

Ainsi, on voit que la demi-révolution de la poulie, des points 1 à 5, ne fait parcourir à la manivelle fixée sur l'axe O' que la distance comprise entre les points 1' à 5', et que pendant la seconde demi-révolution, des points 5 à 1, la distance parcourue dans le même sens est beaucoup plus considérable, puisqu'elle est comprise entre les points 5' à 1'.

La différence de vitesse entre la première demi-révolution et la seconde peut être évaluée, pour la marche rectiligne du porte-outils, par la différence de longueur de la ligne 1' à 5' au point 3' pour la descente, et de cette même ligne au point 7' pour le retour rapide.

ARRÊT AU MOYEN DU FREIN. — La poulie à deux étages P est réunie par quatre vis *v'* avec une embase P' (fig. 2 et 6) montée sur son moyeu; celle-ci présente une gorge ou poulie d'un plus petit diamètre, sur la circonférence de laquelle on fait agir le frein R pour arrêter instantanément le mouvement du porte-outils.

Cet arrêt est nécessaire pour retourner les outils lorsqu'ils ont fait la moitié de la mortaise. On choisit l'instant où ils sont en haut de la course, c'est-à-dire complétement dégagés du bois, pour serrer le frein au moyen du levier S (fig. 1 et 9). Sans cesser d'appuyer sur celui-ci, l'ouvrier prend la manette *n*, la dégage de l'un des bras *n'* et, lui faisant faire un demi-tour, l'engage dans l'autre bras opposé; il cesse alors d'appuyer sur le levier S, et un ressort méplat T (fig. 9) desserre le frein, ce qui laisse le porte-outils reprendre son mouvement de va-et-vient.

Le frein est composé d'une lame cintrée en acier R, munie au milieu d'un renflement monté sur le boulon R'; ses deux extrémités sont assemblées à charnières avec deux écrous *s'* engagés dans les filets de la vis *t*, qui a le pas fileté moitié à droite, moitié à gauche. Cette vis ou plutôt ces deux vis sont fixées sur l'arbre *t'*, monté dans deux oreilles fondues avec le bâti. Celui-ci est muni à l'une de ses extrémités du ressort à palette T, et à l'autre du levier S, à l'aide duquel on fait tourner l'arbre *t'*, et par suite on rapproche simultanément les deux écrous *s* opérant le serrage des deux branches R qui forment frein sur la poulie P'.

Cette machine employée, comme nous l'avons dit, dans les ateliers du chemin de fer de l'Est, à Paris, peut suffire en moyenne au mortaisage des bois propres à la fabrication de deux wagons par jour; le porte-outils donne environ 140 coups à la minute.

Un homme fait en une heure 20 mortaises de 0^m,40 de longueur, 0^m,012 de largeur et 0^m,060 de profondeur.

Dans cette évaluation n'est pas compris le perçage des trous nécessaires pour le passage des outils.

La machine représentée ci-dessous figure 52 et 53 est du même type que la précédente, mais, comme on le voit, elle diffère sensiblement dans sa construction,
surtout en ce qu'elle est munie d'une mèche à percer au moyen de laquelle on prépare, comme nous l'avons dit, la place pour l'entrée du bédane.

Machine à mortaiser verticale, par MM. PÉRIN, PANHARD et Cie.

Fig. 52.   Fig. 53.

Le mouvement alternatif communiqué à celui-ci n'est pas à retour rapide, et
l'arbre moteur est muni des poulies fixe et folle et d'un volant sur lequel agit un
frein se manœuvrant à l'aide d'un levier à pédale, lequel en même temps déplace la
fourchette pour faire passer la courroie motrice de la poulie fixe sur la poulie
folle.

Le mouvement rotatif de la mèche est transmis par des poulies spéciales et sa
descente par l'intermédiaire de vis sans fin, d'une roue et d'une crémaillère.

MACHINE HORIZONTALE A MORTAISER
Représentée planche 34, figures 16 à 20.

La figure 16 représente cette machine en plan vue en dessous et dessinée à l'échelle de 1/12 de l'exécution;

La figure 17 en est une section longitudinale suivant la ligne 1-2 du plan;

La figure 18 est une projection horizontale, correspondante à la figure 17, de la transmission articulée du chariot porte-outils;

La figure 19 est un détail, au 1/10 d'exécution, de l'assemblage à rotule de la bielle motrice avec le porte-outils;

La figure 20 indique en détail la disposition du levier à verrou, à l'aide duquel on fait faire un demi-tour à l'outil.

DU BATI ET DU CHARIOT PORTE-PIÈCES. — Le bâti se compose d'une simple caisse fondue d'une seule pièce avec de larges empattements. Les deux côtés latéraux sont percés de deux larges ouvertures rectangulaires; l'une est fermée par un panneau en tôle et l'autre par une porte à deux battants montée à charnières, de sorte que l'intérieur du bâti forme caisse et peut servir pour loger les outils de rechange, écrous, clefs, burette à huile, etc.

La face du bâti est en outre fondue avec deux montants verticaux a, qui reçoivent des règles en fer taillées en queue d'hironde servant de guide à la table mobile C, sur laquelle est monté le chariot porte-outils.

Cette table est fo   ، avec une douille c, dans laquelle est logé un petit arbre muni du volant à main C' et du pignon d'angle c' engrenant avec un pignon semblable d. Celui-ci est monté à l'extrémité de la vis d', qui traverse un écrou e fixé sur la face du bâti, de façon qu'en tournant ce volant, à droite ou à gauche, on fait monter ou descendre la table le long de cette face, et par suite on règle à volonté la hauteur de la pièce de bois à mortaiser X par rapport à l'outil M.

Comme dans la machine verticale, l'outil ne se déplace que dans un sens pour pénétrer de la profondeur voulue dans le bois; c'est le chariot E, sur lequel il est fixé par les mordaches J et J', qui se meut perpendiculairement, pour que le mortaisage puisse s'effectuer dans le sens longitudinal.

A cet effet, le chariot E est ajusté à queue d'hironde sur la poupée D, et il est muni de la crémaillère D' engrenant avec le pignon b, qui sert à lui communiquer le mouvement.

La mordache J est fixée au moyen de boulons à têtes j engagés dans les rainures pratiquées dans l'épaisseur du chariot. Les deux autres mordaches J', qui serrent la pièce de bois à mortaiser X contre celle J, sont reliées à des écrous engagés dans les vis j', que l'on manœuvre à l'aide de petits volants à main K. La poupée est réunie avec le dessous de la table C, au moyen de deux boulons dont les têtes sont engagées dans des rainures circulaires, ce qui permet de donner au chariot des inclinaisons diverses par rapport à l'outil, de sorte que l'on peut sur cette machine pratiquer, au besoin, des mortaises inclinées, c'est-à-dire plus profondes à une extrémité qu'à l'autre.

Du PORTE-OUTILS ET DE SA COMMANDE. — La caisse A qui forme le bâti est recouverte par une plaque B fondue avec deux règles B', taillées à queue d'hironde pour servir de guide au chariot porte-outils L. Celui-ci est fondu, à cet effet, avec une table rectangulaire dont les côtés latéraux correspondent à la forme des règles. Deux supports L', fondus avec cette table, reçoivent dans des coussinets en bronze les collets de l'arbre à manivelle N, muni du petit volant V et de la poulie motrice P, qui est à deux étages afin de pouvoir faire varier au besoin la vitesse de l'outil. Ce dernier est claveté à l'extrémité du cylindre O, dont le bout opposé est assemblé avec la bielle N', qui lui transmet le mouvement de va-et-vient.

Comme l'indique la figure 19, l'assemblage est à rotule, c'est-à-dire que la bielle N' est terminée par une sphère logée dans une cavité pratiquée à l'intérieur du cylindre O; elle appuie sur un grain d'acier pendant le travail de l'outil, et un coussinet en bronze, maintenu serré par un écrou n, la retient solidaire avec le cylindre, qu'elle entraîne avec elle pendant son retour.

Le cylindre est guidé dans la douille du chariot porte-outils par des bagues en bronze rapportées à chaque extrémité; elles sont maintenues en place par les chapeaux l, vissés dans l'épaisseur du bourrelet qui termine les deux bouts de la douille. Une ouverture est ménagée au milieu de celle-ci pour livrer passage au levier G, au moyen duquel on fait faire à l'outil le demi-tour nécessaire pour pratiquer la mortaise à droite et à gauche du trou, percé à l'avance pour l'introduction du ciseau.

A cet effet, le levier est réuni au cylindre porte-outils O par l'intermédiaire d'une bague en bronze g (fig. 20), qui épouse la forme carrée à angles abattus du milieu de l'arbre. Une manette G', terminée par une petite saillie ou verrou g', est montée à charnières à l'extrémité de ce levier, qu'un ressort méplat maintient dans la position indiquée; alors le verrou g' est engagé entre les joues d'une pièce h, fixée sur l'un des côtés du chariot L, et celle-ci maintient le porte-outil dans une position rigide; il est placé, par exemple, pour que le ciseau fonctionne de gauche à droite.

Pour changer le sens, il suffit, après avoir appuyé légèrement sur la manette G pour comprimer le ressort, et par suite dégagé le verrou g' de la pièce h, de faire tourner le levier jusqu'à ce que le verrou, rencontrant les joues de la seconde pièce h' (fig. 16) fixée sur la douille diamétralement opposée à la première, vienne s'y introduire et par suite fixer l'outil dans cette seconde position.

Le chariot dans la douille duquel se meut le porte-outils, et qui porte la commande de ce dernier, comme nous l'avons vu, est lui-même mobile au moyen d'une manette R, montée à l'extrémité de l'arbre horizontal r (fig. 17 et 18). Celui-ci est muni, au milieu de sa longueur, d'un levier R' relié à deux petites bielles méplates en fer S assemblées sur une oreille fondue avec l'écrou S'. Ce dernier est traversé par la vis s montée dans une douille A² fondue avec le bâti. Un petit volant à main V' permet de faire tourner cette vis et de changer la place de l'écrou, qui glisse alors dans deux guides latéraux a² fondus en saillie de chaque côté du bâti, dans le prolongement de la douille A².

Ce déplacement de l'écrou a pour objet de faire varier la course du chariot, afin de le mettre en rapport avec la profondeur des mortaises à pratiquer dans la pièce de bois serrée entre les mordaches J et J'. En effet, plus l'écrou S sera éloigné du bois en travail, moins la profondeur de la mortaise sera grande, puisque cette profondeur est déterminée par le déploiement de la genouillère formée par le levier R' et les bielles S, comme l'indique le tracé en lignes ponctuées figure 17.

Ce changement de position de la genouillère est opéré par l'ouvrier en agissant sur la manette R.

Un homme peut faire en une heure 16 mortaises de 0^m,080 de longueur, 0^m,012 de largeur et 0^m,060 de profondeur.

MACHINES A MORTAISER A OUTIL ROTATIF

Planche 32.

Les mortaiseuses à outil rotatif travaillent de la manière suivante : on commence par percer un trou à chacune des extrémités de la mortaise, puis en imprimant un mouvement de va-et-vient au chariot et faisant avancer progressivement la mèche, on enlève tout le bois laissé entre les deux trous précédents. La mortaise ainsi faite, est terminée par deux arrondis et, pour les équarrir, on fait usage d'un bédane comme celui représenté ci-contre (fig. 54), placé sur le côté et au même niveau que la mèche. Des tocs mobiles servent à limiter la course des chariots.

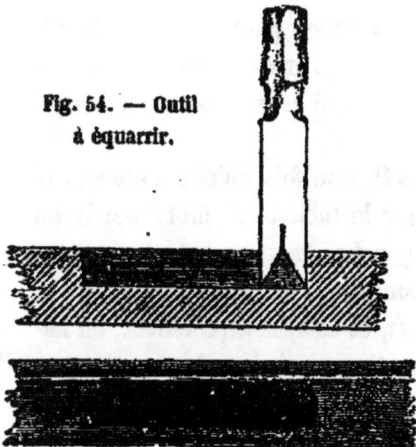

Fig. 54. — Outil à équarrir.

MORTAISEUSE DE M. PÉRIN. — Les figures 1 et 2, planche 32, représentent, en élévation latérale et en plan, une petite machine de ce genre. Elle se compose, comme on voit, d'un bâti vertical A devant lequel est ajusté, à coulisses, un tablier B destiné à supporter la petite tablette à chariot B', sur laquelle se fixe la pièce de bois à mortaiser; celle-ci y est maintenue solidement, et par le serrage de la vis v, qui l'appuie contre les appendices verticaux b ménagés de fonte avec la tablette, et par la vis v' qui la retient sur la face horizontale dressée de ladite tablette.

Le support coudé en équerre b', dont la tête filetée forme écrou à la vis v', peut être élevé ou abaissé dans sa douille et y être arrêté à la hauteur convenable, suivant celle de la pièce de bois, au moyen d'une vis de serrage.

La hauteur du tablier se règle à volonté, afin de pouvoir présenter le bois à la place exacte en face des outils, au moyen de la vis V que l'on fait tourner à l'aide du volant V'. Cette vis a son écrou en bronze monté dans la tête de la petite colonne C boulonnée à sa base sur le patin du bâti.

La pièce de bois ainsi amenée à la hauteur qu'elle doit occuper vis-à-vis des outils, on arrête le tablier dans cette position, par son serrage sur le bâti, en appuyant sur le levier L.

Dans cette machine, il y a deux outils, la gouge h qui pratique la mortaise, et l'équarrissoir e qui termine ses deux extrémités. Le porte-outil de la gouge, c'est l'arbre H monté dans les paliers du chariot G, lequel peut glisser à frottement doux dans les coulisses à queue d'hironde de la table en fonte A' boulonnée sur le bâti. Une vis de butée g maintient le recul de l'outil sous la pression exercée à l'aide du levier à manette l, pour le faire pénétrer dans le bois.

Pour limiter la course de ce levier à la profondeur que doit avoir la mortaise, il y a une tige t, que l'on peut placer à une distance plus ou moins éloignée en la faisant glisser dans une rainure ménagée à cet effet sur le bâti, et que l'on fixe en serrant la poignée t'.

Le mouvement rapide de rotation nécessaire à la gouge pour pénétrer dans le bois, lui est communiqué par la petite poulie p fixée sur l'arbre porte-outil; à côté de celle-ci, sur un manchon ne touchant pas l'arbre et qui est supporté par un palier, se trouve la poulie folle p'.

Pour pratiquer la mortaise dans la pièce de bois P, une fois qu'elle a été convenablement placée et fixée, comme il a été dit, sur la tablette B' du tablier B, on perce les deux trous extrêmes, puis de la main gauche, en poussant et en tirant alternativement cette tablette, qui glisse dans ses coulisses avec une extrême facilité, on enlève le bloc de bois laissé entre les deux trous, et cela, naturellement, en faisant pénétrer la gouge à l'aide du levier l que l'on tire à soi en même temps que l'on déplace le bois.

Cette opération terminée, il ne reste plus qu'à équarrir les extrémités au moyen du bédane e, retenu par une vis de pression dans son porte-outil E, lequel, ajusté dans une rainure pratiquée sur le côté de la table A', peut y glisser horizontalement. Il est relié à cet effet par la bielle méplate m au levier L', que l'ouvrier peut ac-

tionner aisément de la main droite en tirant à lui la poignée *l'*. Quelques coups
suffisent pour défoncer les angles de façon à équarrir les extrémités.

Fig. 55. — Machine à mortaiser, par M. ARBEY.

La machine représentée ci-dessus, figure 55, effectue le même travail que la
précédente, mais sa construction est plus simple et plus économique. Le bâti est en
bois; c'est un banc auquel est adjoint une table sur laquelle est fixé un support en
fonte pouvant se déplacer verticalement et muni de coulisses à queue d'hironde;
il reçoit une poupée se mobilisant horizontalement au moyen d'un levier vertical.

La mèche est fixée dans un mandrin monté dans les paliers de la poupée, et
peut ainsi être avancée avec celle-ci et être amenée à la hauteur voulue.

Le bois à mortaiser est maintenu par trois vis de serrage sur un petit chariot
fondu avec un patin qui peut glisser dans les coulisses à queue d'hironde d'un
châssis en fonte fixé sur le banc. Une crémaillère, faisant partie de ce chariot,
engrène avec un secteur denté monté sur un axe qui est terminé par un carré
pour recevoir une manivelle, que l'on voit au milieu, sur le devant du banc.

A l'aide de cette manivelle, l'ouvrier fait tourner le secteur et, par ce moyen,

fait avancer le bois. Pendant ce temps, la mèche, qui tourne toujours, est engagée
à la profondeur voulue en agissant sur le levier vertical, qui sert à faire glisser la
poupée dans le sens perpendiculaire au mouvement du chariot.

La mortaise achevée, on enlève la pièce de bois et on la porte à l'outil destiné
à équarrir les extrémités, cette machine ne comportant pas, comme la précédente,
d'équarrissoir.

MORTAISEUSE DE M. FREY. — Cette machine, représentée en élévation et en
plan figures 3 et 4 de la planche 32, ne fait également que les mortaises arrondies
aux extrémités et nous ne la donnons que parce qu'elle diffère dans sa construction
des deux machines décrites ci-dessus.

Sur le bâti B de cette machine, socle rectangulaire fondu d'une seule pièce, est
ajusté à queue d'hironde, dans deux coulisseaux en fer b, la poupée A, qui porte

Fig. 56. — Machine à mortaiser, par M. ARBEY.

l'arbre porte-mèche a muni de la poulie P destinée à lui communiquer le mouvement de rotation.

C'est au moyen du levier L, relié par le lien l à un goujon c fixé sur la table, que l'on fait avancer ou reculer la poupée et, par suite, que l'on engage la gouge x dans le bois pour l'en dégager ensuite, lorsque la mortaise est achevée.

Pour limiter la course en avant, c'est-à-dire la profondeur de la mortaise, le levier vient buter contre un arrêt c', dont on règle la position dans une rainure d pratiquée pour le recevoir dans l'épaisseur même de la table du bâti.

La pièce de bois à travailler X est placée sur le chariot C ajusté à queue d'hironde sur un tablier, monté lui-même dans des coulisses verticales, de façon à pouvoir être élevé ou abaissé plus ou moins vis-à-vis de la gouge; mouvement obtenu au moyen du volant à main V qui commande, par une paire de roues d'angle, une vis F dont l'écrou est fixé au bâti.

Le bois est retenu sur le chariot par l'étrier et sa vis de serrage E, puis maintenu contre deux tasseaux d, qui sont terminés par des tiges engagées dans les guides fixes e, où des vis les retiennent à l'écartement qu'ils doivent avoir suivant l'épaisseur de la pièce.

Le mouvement de translation du bois pour produire l'allongement de la mortaise, pendant que la gouge travaille, c'est-à-dire le déplacement du chariot C sur le tablier, est produit à l'aide du levier L', rattaché par articulation à ce chariot par le lien l'. L'ouvrier appuie sur la poignée de ce levier avec sa main gauche, tandis que de la main droite il commande la mèche en agissant sur le levier L.

MORTAISEUSE DE M. ARBEY. — La figure 56, page 276, montre dans son ensemble la machine double à faire les tenons et mortaiser, représentée planche 30 et disposée alors spécialement pour le mortaisage. Pour le détail des organes travailleurs, il suffira de se reporter aux figures 5 et 6 de cette planche pour comprendre cette transformation de la machine. On voit qu'il suffit de supprimer l'outil inférieur et de substituer à l'outil E (fig. 1) une mèche à cuiller M (fig. 5 et 6). Une telle machine peut être aussi utilisée comme perceuse.

MACHINE A MORTAISER LES MOYEUX DE ROUES

Par M. PÉRIN, représentée planche 32, figures 5 à 10.

La machine que nous allons décrire est aussi une mortaiseuse à outil rotatif avec équarrissoir, mais elle présente un intérêt particulier par le travail spécial qu'elle exécute, celui de pratiquer les mortaises dans les moyeux des roues et suivant la direction rigoureuse voulue.

On sait que les mortaises des moyeux de roues, de forme rectangulaire, ne sont pas, quoique dirigées vers le centre commun, à une égale distance l'une de l'autre, exactement perpendiculaires à l'axe du moyeu; les grands côtés du prisme rectangulaire sont bien parallèles entre eux et parallèles à l'axe, mais les deux côtés opposés doivent toujours faire un certain angle avec cet axe, afin que les rais que l'on y ajuste, forcés de suivre cette direction, fassent eux-mêmes, quand ils sont montés, un angle déterminé avec le plan de la roue.

On comprend aisément la nécessité de cette disposition, en remarquant que les roues des véhicules, qui doivent rouler sur les routes ordinaires, auxquelles on donne une forme convexe, sont montées par paires sur leurs essieux, de façon à former entre elles un angle ouvert, comme deux rayons concourant à un centre commun ; puis on a le soin d'incliner légèrement, par rapport à l'axe horizontal de l'essieu, les fusées qui reçoivent les boîtes des roues (ce qui s'appelle carrosser l'essieu), de telle sorte que le plan de chaque roue paraît se déverser en dehors de la voie ; mais comme il est nécessaire, pour présenter toute la solidité désirable, que les rais qui, en définitive, supportent toute la charge, se trouvent dans un plan à peu près perpendiculaire à la voie, on doit évidemment les ajuster d'avance sur leurs moyeux suivant la direction convenable.

Une machine à mortaiser les moyeux doit donc satisfaire à cette condition essentielle, en même temps qu'elle doit pouvoir travailler des pièces de dimensions très-variables (1).

La figure 5, planche 32, est un plan général de la machine exécutée par M. Périn pour le but précité ;

La figure 6 en est une section verticale faite suivant la ligne 1-2 ;

La figure 7 une section perpendiculaire à la précédente, passant par la ligne 3-4 ;

Les figures 8 et 9 donnent, à une plus grande échelle, en élévation et en plan, les détails des outils, la mèche mortaiseuse et le bédane équarrisseur.

---

(1) Nous rappelons ici que M. E. Philippe a monté, vers 1828, pour la Compagnie des omnibus, puis pour les Messageries générales, et, plus tard, pour l'arsenal de Vienne, en Autriche, une série de machines-outils au moyen desquelles presque toutes les opérations qu'exige la fabrication complète d'une roue étaient obtenues mécaniquement. Ces machines sont publiées dans le *Bulletin* de 1833 de la Société d'encouragement, et de fort beaux petits modèles, exécutés par M. Philippe même, sont exposés dans les galeries du Conservatoire des arts et métiers.

L'opération du mortaisage des moyeux était effectuée, par les procédés de M. E. Philippe, partie mécaniquement et partie à la main ; la machine divisait le moyeu et perçait trois rangées de trous au-dessus l'un de l'autre, lesquels étaient destinés à préparer les mortaises que l'on achevait ensuite au moyen d'un équarrissoir manœuvré à la main. La partie délicate de la main-d'œuvre était alors assurée, c'est-à-dire celle de la répartition des mortaises sur la circonférence du moyeu, leur direction vers le centre et dans le même plan conique. Ce résultat était obtenu en montant le moyeu sur un arbre vertical portant une plate-forme divisée en autant de parties qu'il devait y avoir de. mortaises ; l'axe de la mèche perceuse était disposé dans le prolongement d'un rayon de cet arbre, sur une poupée dont l'inclinaison se réglait à l'aide d'une manivelle permettant d'obliquer le plateau sur lequel on faisait glisser la poupée pour faire pénétrer la mèche dans le moyeu ; un quart de cercle divisé en degrés permettait de régler la position avec la plus grande exactitude.

DISPOSITIONS GÉNÉRALES. — Tous les organes dont cette machine est composée sont montés sur un socle creux en fonte en deux pièces A et A', réunies par des boulons a et fixées au sol de l'atelier sur lequel elles reposent. La table que présente le devant de ce socle est fondue avec deux saillies longitudinales a', bien dressées en dessus et, par côté, taillées à queue d'hironde, de façon à recevoir le chariot B qui peut ainsi glisser sur toute la longueur. Sur ce chariot est montée la tablette B', sur laquelle se fixent les deux poupées C et C' destinées à supporter le moyeu à mortaiser.

Sur la pièce arrière A' de ce socle sont fixés les deux coffres en fonte D et D'. Le premier, qui sert de glissière au petit chariot porte-équarrissoir E, est fondu avec deux paliers d dans lesquels tourne l'arbre F, muni de l'excentrique F' qui donne le mouvement de va-et-vient au chariot. A cet effet, cet arbre, prolongé d'un côté en dehors des paliers d et soutenu par le support indépendant G, est muni d'une poulie fixe P actionnée par le moteur de l'usine ; une poulie folle P', montée à côté de la première, reçoit la courroie lorsqu'on veut arrêter le mouvement, et un volant V, également monté sur cet arbre, assure la régularité du fonctionnement de l'excentrique, et par suite celui de l'équarrissoir.

Le second coffre D' sert de support au chariot G' et à la poupée mobile G², dans les bras de laquelle tourne l'arbre porte-gouge H qui perce les mortaises ; cet arbre reçoit le mouvement de la poulie p actionnée par une courroie spéciale partant de l'arbre de couche de l'usine.

On voit déjà, par cette description sommaire des dispositions générales de la machine, qu'elle est composée de trois éléments qui, quoique liés indispensablement pour concourir au résultat final, sont distincts en ce qu'ils peuvent se déplacer, se mouvoir, en un mot fonctionner indépendamment. Ce sont :

Le chariot et les poupées portant les moyeux et les présentant dans la position convenable à l'action des outils ;

L'outil à gouge, pratiquant les mortaises et ses mouvements ;

L'outil à bédane, chargé d'équarrir lesdites mortaises.

Nous allons décrire en détail chacun de ces éléments.

DU CHARIOT ET DES POUPÉES PORTE-MOYEUX. — On a vu que le chariot B était ajusté à queue sur le socle A, de façon à pouvoir y glisser dans le sens de sa longueur, mouvement qui est obtenu par l'intermédiaire de la vis I, à trois filets carrés, logée à l'intérieur du socle et traversant un écrou attaché audit chariot. Cette vis se manœuvre, soit par le volant à manette V', claveté à l'une de ses extrémités, soit par un second volant V², disposé, pour la commodité du service, près des outils. Comme ce volant doit alors se trouver sur un arbre perpendiculaire à la vis, cet arbre I' est muni d'un pignon d'angle i' qui engrène avec un pignon semblable.

Si les mortaises devaient être pratiquées bien perpendiculairement à l'axe du moyeu, il suffirait de monter les poupées C et C' directement sur ce chariot, sa faculté de se déplacer suivant une ligne rigoureusement droite permettant de bien présenter le moyeu à l'action des outils ; mais comme elles doivent, au contraire, former latéralement un certain angle, le constructeur a ajouté sur le dessus bien dressé de ce chariot la tablette en fonte B′ montée sur un pivot p′, et présentant un bossage circulaire auquel est fixé le secteur denté b ; celui-ci engrène avec une vis sans fin j clavetée sur l'arbre horizontal J, que l'on fait tourner à l'aide du volant à manette v fixée à son extrémité.

Pour que l'ouvrier puisse régler promptement et sans tâtonnement la position exacte que doit occuper la tablette sur le chariot, d'après l'angle déterminé, un petit doigt en métal j′ se fixe à l'avance sur le bord arrondi de ladite tablette (voy. fig. 5). En faisant tourner celle-ci, ce doigt vient rencontrer alternativement deux tocs k et k′ qui forment arrêt, et préviennent ainsi que l'on est arrivé à la position voulue. Il suffit pour cela de placer ces tocs aux places convenables dans une coulisse pratiquée à cet effet dans l'étrier J′, qui est fixé par ses extrémités recourbées sur le bord du chariot.

Si l'on avait besoin, pour un travail spécial, d'arrêter la tablette suivant un angle déterminé, on la rendrait solidaire avec le chariot en serrant les vis b′ engagées dans des coulisses, qui sont de forme circulaire pour permettre les mouvements angulaires dont il vient d'être question.

Le moyeu M, dans lequel il s'agit de percer les mortaises, se place entre les deux disques c et c′, qui sont munis de pointes saillantes destinées à pénétrer dans le bois, et fondus avec des douilles engagées dans les poupées C et C′.

Ces poupées peuvent être rapprochées ou éloignées l'une de l'autre, suivant la longueur du moyeu qu'elles ont à soutenir, en les faisant glisser sur la tablette B′, munie à cet effet de deux rainures parallèles longitudinales dans lesquelles pénètrent les boulons d'attache. Le disque c′ de la poupée C′ est solidaire avec elle au moyen de sa douille et d'une rondelle r, formant de l'autre côté rebord saillant de façon à éviter son déplacement suivant son axe sans l'empêcher de tourner.

Quant au disque c, il peut, à la fois, se déplacer horizontalement à l'intérieur de sa poupée C, pour produire le serrage du moyeu au moyen d'une vis centrale que l'on manœuvre à l'aide du volant v′, et tourner avec le manchon creux.

Ce manchon, ajusté à l'intérieur de la poupée, saillit à l'extérieur pour recevoir le plateau K′, muni à sa circonférence d'échancrures également distantes destinées à produire la division des mortaises autour du moyeu. Il suffit pour cela, chaque fois qu'une mortaise est percée, de faire tourner le plateau K′ en dégageant, par le soulèvement du contre-poids p′, le crochet d'arrêt l (vu en ponctué, fig. 6) de l'une des échancrures pour l'engager dans l'échancrure suivante.

Il faut donc, pour obtenir ce résultat, faire tourner le plateau K′ d'une quantité égale à une division ; manœuvre obtenue très-aisément à l'aide du levier à déclic L, dont le collier est monté à frottement sur le bord tourné de la poupée.

  De l'outil pratiquant les mortaises. — L'outil rotatif formant la mortaise est, ou une simple gouge demi-circulaire évidée et s'assemblant au moyen d'un carré avec le porte-outil, ou, ce qui est préférable pour les grandes dimensions, une sorte de double gouge H' (fig. 8) à bords arrondis, et légèrement évidée au milieu, en x, pour former couteau et faciliter l'entrée dans le bois et en même temps le dégagement des copeaux.

  Cet outil est terminé, non par un carré, mais par une partie conique engagée dans le renflement de l'arbre H, ce qui est bien plus facile pour l'exécution, en même temps que le centrage de l'outil est plus assuré. L'arbre H est monté dans les paliers de la poupée G', ajusté à queue d'hironde sur le petit chariot afin que l'ouvrier puisse la faire avancer et, par suite, faire pénétrer l'outil progressivement dans le bois. A cet effet, sous la poupée est fixé un écrou traversé par la vis à quatre filets l', que l'on fait tourner à l'aide du volant à manette v^2.

  Le mouvement du chariot G, qui doit s'effectuer perpendiculairement à la poupée, afin de déplacer rapidement la mèche d'un bout à l'autre de la mortaise, est obtenu c ... sant sur la manette du levier L', lequel est relié au chariot par les deux petites ... lles articulées M', comme on le voit sur la section figure 7.

  Pour limiter la course dans les positions extrêmes correspondant à la longueur exacte de la mortaise, deux vis de butée m et m', dont on règle l'écartement à volonté, sont disposées de chaque côté du chariot, l'une sur une règle verticale boulonnée au coffre D', l'autre sur le coffre même D.

  De l'outil a équarrir. — Cet outil, qui n'a d'autre mission, comme nous l'avons dit, que celle de défoncer les deux angles que laisse la gouge ronde aux extrémités de chaque mortaise, n'est doué que d'un mouvement rectiligne alternatif, qui lui est communiqué par l'excentrique F' agissant entre les deux branches verticales e du cadre en fonte E, lequel peut glisser dans la coulisse à queue ménagée sur le coffre D. Les deux faces internes des branches e sont garnies de plaques en acier pour résister au frottement de l'excentrique.

  L'outil E', qui a la forme d'un bédane pouvant couper des deux côtés (fig. 9), est maintenu sur la glissière formant le porte-outil par les deux étriers en fer e' engagés dans des rainures latérales pratiquées dans l'épaisseur de cette pièce.

  Conduite et fonctionnement. — Le moyeu, tourné suivant la forme voulue, est placé entre les deux disques c et c' des poupées C et C', puis serré convenablement en tournant le volant v'; les tocs k et k' sont arrêtés dans la coulisse de l'étrier J' à une distance déterminée pour correspondre, l'un à l'angle que l'on veut donner à l'un des côtés de la mortaise, et l'autre au côté opposé. Ceci fait, soit en agissant sur le volant V', soit sur celui V², on fait avancer le chariot B jusqu'à ce que le moyeu se trouve vis-à-vis de la gouge mortaiseuse H', en un point qui devra correspondre à l'une des extrémités de la mortaise.

  Après avoir eu le soin, en faisant tourner le volant à main v, de placer la tablette B' qui porte les poupées suivant l'inclinaison que doit avoir cette extrémité, on perce un premier trou *t* (fig. 9) traversant le moyeu jusqu'à son ouverture centrale, ce qui est obtenu en quelques secondes en faisant avancer rapidement la mèche au moyen du volant v^2 monté à l'extrémité de la vis à quatre filets *l'*.

Ce premier trou percé, on change l'inclinaison de la tablette B' en tournant le volant *v* jusqu'à ce que le doigt *j'* rencontre le second toc *k'* placé du côté opposé, puis, appuyant sur le levier L', on déplace le chariot G' d'une quantité égale à celle que doit avoir la mortaise, et qui est limitée par la rencontre de la vis de butée *m'* ; on fait alors pénétrer à nouveau la mèche dans le moyeu, et le second trou *t'* (fig. 9) est percé à fond comme le premier.

Les deux trous formant les extrémités une fois percés, il faut enlever le petit bloc de bois T qui existe entre eux ; c'est en faisant aller et venir rapidement la gouge sur ce bloc, par le soulèvement et l'abaissement alternatif du levier L', que l'ouvrier tient de la main droite, tandis que de la gauche il tourne le volant v^2 pour faire avancer la mèche, que ce bloc, réduit en copeaux très-minces, disparaît.

Il ne reste plus, pour achever la mortaise, que d'en équarrir les deux extrémités. La première manœuvre, pour atteindre ce but, est, en tournant le volant V^2, de ramener le chariot B de façon à ce que le moyeu vienne présenter l'une des extrémités de sa mortaise en face du bédane E', et celui-ci, que l'on met en mouvement en faisant passer la courroie de la poulie folle P' sur celle fixe P, a bientôt, en quelques coups, équarri le côté qui lui est présenté (voyez le détail fig. 10).

Dès que ce côté est achevé, on passe à l'autre, en faisant d'abord avancer le chariot jusqu'à ce qu'il vienne buter contre la vis de réglage *s*, engagée dans une équerre en fer *s'* fixée contre le socle ; puis, on change l'angle des poupées à l'aide du volant *v*, de la vis sans fin *j* et du secteur *b*, c'est-à-dire que l'on procède comme on l'avait fait précédemment pour le perçage des trous.

La mortaise achevée, on fait tourner le plateau K' d'une division au moyen du levier à déclic L ; puis, sans interruption, on renouvelle la série des opérations que nous venons de décrire.

La vitesse de rotation de la gouge est de 1 500 à 2000 tours par minute, tandis que le bédane ne frappe que 100 à 120 coups dans le même temps.

Nous devons ajouter que MM. Périn, Panhard et Cie ont apporté à cette machine des modifications sensibles dans sa construction, dans le but surtout de lui faire occuper moins de place. A cet effet, le mécanisme du bédane, au lieu de se trouver à côté de la mèche, est placé en dessus, de façon à agir verticalement ; de cette sorte, la machine a plus de hauteur, mais moins de développement.

MACHINES A PERCER.

Les machines à mortaiser à *outil rotatif* ne sont autres, comme on l'a vu, que des machines à percer, aussi peuvent-elles être utilisées pour cette opération ; cependant, dans les ateliers bien outillés, d'une certaine importance, les machines à percer spéciales sont nécessaires.

Fig. 57. — Grande machine à percer, par MM. PÉRIN, PANHARD et Cⁱᵉ.

Les dispositions mécaniques de ces machines sont toujours très-simples, puisqu'il n'y a qu'un mouvement rotatif rapide à transmettre à la mèche, en même temps qu'un mouvement longitudinal pour l'obliger à pénétrer dans le bois.

PERCEUSES VERTICALES. — Un modèle, construit très-solidement et employé dans les grands ateliers de construction, les compagnies de chemins de fer et les arsenaux, est celui de MM. Périn, Panhard et Cie, représenté page précédente, figure 57.

La transmission de mouvement a lieu par courroies et par l'intermédiaire d'un cône qui permet de changer la vitesse suivant les diamètres à percer. L'absence d'engrenages rend le fonctionnement très-doux et entièrement silencieux.

La console qui sert à recevoir le bois peut monter et descendre facilement au moyen d'une manivelle placée à la portée de l'ouvrier. Au besoin, on peut monter sur cette console, comme dans certaines machines à percer les métaux, un double chariot avec deux mouvements dans deux sens perpendiculaires, de la même manière que dans la mortaiseuse verticale figures 52 et 53, page 270.

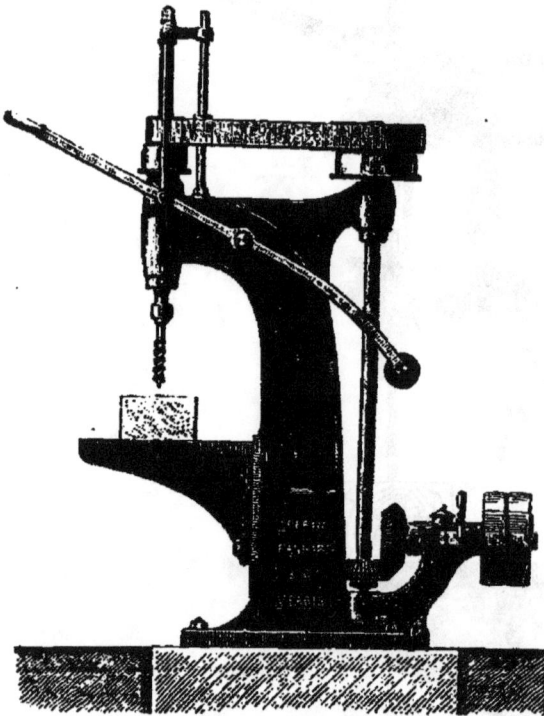

Fig. 58. — Petite machine à percer,
par MM. PÉRIN, PANHARD et Cie.

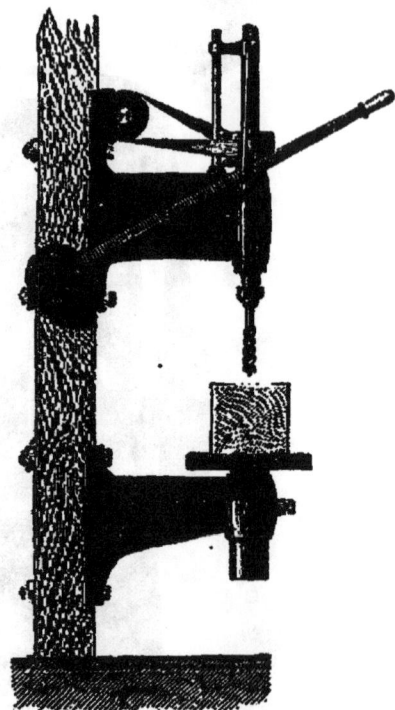

Fig. 59. — Machine à percer-appliqué,
par MM. PÉRIN, PANHARD et Cie.

Le porte-outil est maintenu constamment soulevé par un contre-poids placé à l'extrémité d'un levier supérieur qui oscille sur une colonnette fixée au sommet du bâti, et c'est en appuyant sur la manette rattachée à ce levier par deux bielles de suspension, que l'on fait descendre la mèche ljusqu'à la profondeur du trou percé.

Fig. 60. — Machine à percer à plateau mobile, par M. ARBEY.

On peut percer, avec cette machine, des trous de 0^m,25 de profondeur sur 0^m,10 de diamètre. La force employée est de $^1/_2$ à 1 cheval-vapeur.

D'une disposition analogue, mais plus simple dans sa construction, est la machine représentée figure 58. Ici, le renvoi de mouvement a lieu par une paire de roues d'angle et l'une des deux roues est montée directement sur l'arbre qui porte les poulies fixe et folle.

Le levier à manette est articulé directement sur le bâti, reçoit à son autre extrémité le contre-poids et est relié à la partie supérieure du porte-outil par deux tringles. Une troisième tringle, qui est fixée sur le bâti, sert de guide.

Sur cette machine, on peut encore percer des trous de 0^m,20 de profondeur.

La machine représentée figure 59 permet de produire le même travail que la précédente et sa construction est plus économique ; mais il faut, pour en faire usage, avoir l'emplacement spécial, c'est-à-dire pouvoir utiliser un poteau de l'atelier. Alors, à celui-ci on boulonne, vers le haut, la tête en fonte de la perceuse, qui reçoit le porte-outil et le palier muni de la poulie motrice et de la poulie de renvoi et, vers le bas, le support de la tablette destinée à recevoir la pièce de bois à percer.

Pour des travaux moins importants, dans les ateliers de menuiserie et d'ébénisterie par exemple, où l'on fait des assemblages à goujon ou à cheville, M. Arbey construit des machines légères à percer à plateau mobile, dont le bâti est en bois.

La figure 60 représente ce genre de machine, qui comprend, comme on voit, une table en bois avec deux montants sur lesquels peut glisser et être arrêtée à la hauteur voulue une poupée en fonte, dont les branches reçoivent le porte-mèche. Celui-ci est maintenu soulevé par un contre-poids suspendu à une corde qui passe sur une poulie de renvoi, et vient s'attacher au levier à manette servant à l'ouvrier pour faire descendre la mèche.

La tringle, à l'une des extrémités de laquelle oscille ledit levier, a son autre extrémité fixée à une pièce en fer boulonné au chapiteau reliant les montants, et comme il faut pouvoir allonger ou raccourcir cette tringle, suivant la hauteur occupée par la poupée porte-mèche, elle est percée de trous étagés, qui permettent l'introduction du boulon d'attache à la place voulue.

Le plateau destiné à recevoir la pièce à

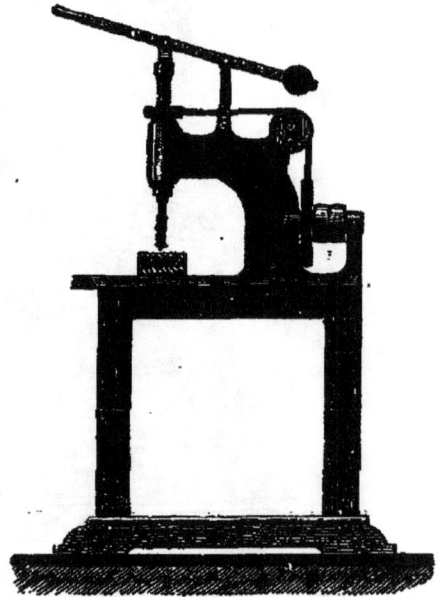

Fig. 61. — Petit modèle de MM. PÉRIN, PANHARD et Cie.

percer est fixé à un secteur qui est engagé dans le support boulonné sur l'établi,

Fig. 62.

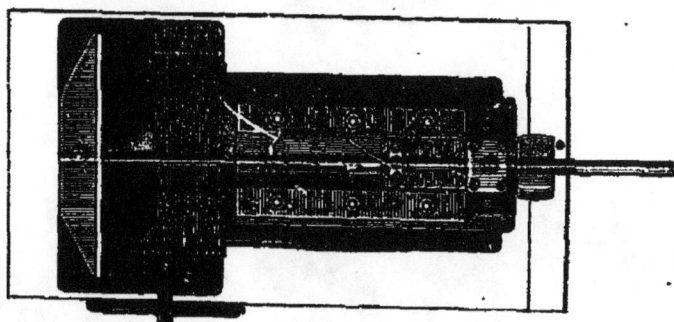

Fig. 63. — Machine à percer horizontale, par MM. PÉRIN, PANHARD et Cⁱᵉ.

ce qui permet de percer obliquement en inclinant ledit plateau suivant l'angle voulu ; une vis serrée par un écrou le retient en place.

Pour percer de très-petits trous, MM. Périn, Panhard et Cie construisent le modèle représenté figure 61, qui se compose d'un support en fonte dont la tête reçoit le porte-mèche, et le patin l'arbre de transmission, lequel porte la poulie qui actionne la mèche au moyen d'une corde à boyau, celle-ci guidée, pour son retour dans le plan horizontal, par une poulie de renvoi.

C'est là un outil des plus simples et d'un prix peu élevé.

Dans certains cas, il peut être avantageux, surtout lorsque des trous assez nombreux sont disposés sur la même ligne, de faire usage d'une machine à percer dans laquelle la mèche avance horizontalement au lieu de descendre horizontalement comme dans les modèles ci-dessus.

La machine représentée en élévation et en plan par les figures 62 et 63 satisfait à cette condition. Le bois est porté sur une table montée à coulisseau sur le devant du bâti, de façon à pouvoir être amenée à la hauteur convenable en agissant sur un volant à main qui actionne une vis engagée dans un écrou; celui-ci est fixé dans un renflement ménagé pour le recevoir dans la semelle du bâti.

La mèche avance ou recule sous l'impulsion de la main de l'ouvrier, qui agit sur un volant dont l'axe porte un pignon, lequel engrène avec une crémaillère fixée sur le chariot porte-poupée.

La figure 62 indique la transmission de mouvement mécanique à la mèche, et le dispositif du petit balancier muni de tirettes au moyen desquelles on fait fonctionner la fourchette pour faire passer la courroie de la poulie fixe sur la poulie folle, et *vice versâ*.

Avec cette machine, on peut percer des trous de 0m,30 de profondeur en employant une force motrice estimée à $^1/_2$ cheval environ.

CHAPITRE XV.

MACHINES A OUTILS MULTIPLES COMBINÉS
POUR EFFECTUER LES PRINCIPALES OPÉRATIONS
DU FAÇONNAGE DES BOIS.

Si dans les grands établissements de construction il est presque toujours préférable d'installer des machines spéciales destinées chacune séparément à un travail
déterminé, il peut y avoir aussi un véritable intérêt pour un petit atelier à posséder
une série d'outils mécaniques groupés de façon à occuper peu de place et à présenter une installation simple et économique. Cela est vrai dans un grand nombre
d'industries, mais surtout pour le travail du bois, où les outils, agissant sur une
matière tendre, produisent beaucoup. Il est donc bon de pouvoir faire passer la
pièce à façonner rapidement d'un outil à un autre, et on peut ainsi obtenir, avec
une seule machine, des pièces complétement achevées et une somme de travail
relativement considérable.

Par contre, on peut objecter que les outils à bois fonctionnent à une grande
vitesse, et qu'il en résulte des trépidations qui deviennent d'autant plus sensibles
qu'il y a plusieurs outils installés sur le même bâti. Ce fait est certain, aussi il ne
faut pas admettre que tous les outils doivent être utilisés simultanément, mais bien
seulement un ou deux à la fois, car autrement il y aurait une somme de travail
à produire qui serait assez considérable pour qu'il y eût avantage à installer dans
l'atelier des machines spéciales destinées à chaque opération.

Déjà en 1862, à l'Exposition universelle de Londres, M. Worssam, de Chelsea,
exposait une machine de ce genre, dite *Universal joiner* ou établi universel, sur
laquelle on pouvait scier les bois suivant des faces droites ou courbes, faire des
feuillures, rainures et languettes, découper des tenons, faire des mortaises simples
ou doubles, des moulures, percer et raboter. Ces diverses opérations étaient obtenues non pas avec des machines particulières pour chacune d'elles, mais avec des
outils et des guides de rechange, tels que mèches, gouges, lames à profils variés.
Les dispositions de la machine étaient celles d'une scie circulaire, c'est-à-dire qu'elle
était composée d'un bâti en fonte portant une table horizontale dressée dessus pour
recevoir des guides perpendiculaires l'un à l'autre et à inclinaisons variables ; en
dessous se trouvait un arbre horizontal, monté sur une poupée mobile, et muni,
d'un bout, d'une scie circulaire et, de l'autre, d'un porte-outil pour mèche, gouge,

ciseau, etc. De ce côté était installé un chariot pour recevoir les bois à travailler, et les présenter à l'action des outils.

A l'Exposition de Paris, en 1867, M. Worssam jeune avait envoyé une machine de ce genre, mais perfectionnée, en ce sens que, tenant compte de certaines objections relatives à la multiplicité des opérations que l'on pouvait exécuter sur la première machine exposée, la deuxième ne comportait que la réunion de cinq outils distincts, reconnus suffisants pour que, mis entre les mains d'un menuisier expérimenté et de deux aides, on pût faire l'ouvrage de 20 à 25 habiles ouvriers.

Il y avait aussi à cette même Exposition une machine installée dans l'annexe de l'avenue La Bourdonnaye, qui, bien différente dans ses combinaisons d'ensemble et de détails de la machine anglaise, était cependant destinée à atteindre le même but. Nous voulons parler de l'établi mécanique ou « raboteur universel » de M. Guillot, d'Auxerre, autour duquel les visiteurs venaient en grand nombre pour admirer les travaux multiples que l'inventeur exécutait. Son habileté était en effet très-grande et sa série d'outils des plus remarquables.

A l'Exposition de 1878, M. Ransome et d'autres constructeurs anglais avaient envoyé des machines combinées également pour faire les tenons, les mortaises, percer, moulurer, etc.

M. B. Flambart, contre-maître des ateliers de la marine, avait exposé une machine de ce genre très-ingénieusement disposée, dite « la menuisière », sur laquelle, au moyen de pièces de rechange, il était facultatif de faire tous les travaux usuels de la menuiserie, de l'ébénisterie et de la charpenterie : enfourchements, tenons, mortaises, feuillures, élégies, moulures droites ou cintrées, glissières à rainure ou à queue, entailles rectilignes ou circulaires, etc.

Nous montrerons les dispositions principales de cette machine, mais avant nous allons décrire le « menuisier mécanique » de M. Frey, représenté par les figures 1 à 5, planche 33. On remarquera qu'il est composé de quatre outils groupés d'une façon tout à fait symétrique autour d'une forte colonne qui porte à son sommet les principaux organes de la transmission, et qui permet de rendre le mouvement de chaque outil indépendant. Cette disposition très-simple rend le service facile, tout en permettant de restreindre l'emplacement qui, en effet, exige moins de 2 mètres carrés.

MENUISIER MÉCANIQUE
Par M. FREY, représenté planche 33, figures 1 à 5.

La figure 1 représente l'appareil en élévation vue de face ;
Les figures 2 et 3 le montrent sur ses deux faces latérales ;
Les 4e et 5e figures sont des détails d'assemblages de pièces.

DISPOSITIONS D'ENSEMBLE. — Le corps de cette machine est formé par la colonne creuse en fonte A, de section rectangulaire, fixée sur la forte plaque d'assise A', qui présente quatre empattements destinés à recevoir les bâtis des quatre outils placés vis-à-vis de chacune des faces de cette colonne.

Son couronnement ou chapiteau est fondu avec des bras destinés à recevoir les paliers des arbres de la transmission de mouvement.

C'est d'abord l'arbre principal a, qui reçoit l'action du moteur par les poulies fixe et folle P et P' pour la transmettre directement à trois des outils par les trois paires de poulies p, p' et p'', et enfin au quatrième outil par l'arbre perpendiculaire a', qui reçoit le mouvement de la paire de roues d'angle b et le communique par les poulies p''. Des fourchettes d'embrayage, dont les leviers B, B', B'' et B³ trouvent leur centre fixe d'oscillation sur des supports en fer attachés au bras du chapiteau de la colonne, permettent de mettre en mouvement ou d'arrêter séparément, à volonté, chacun des outils. Ces fourchettes sont maintenues dans les deux positions correspondantes à ces deux états au moyen des guides munis de crans b', dans lesquels s'engagent les leviers.

On remarque que, contrairement à l'usage, les poulies folles de cette commande sont montées sur l'arbre moteur au lieu de l'être sur l'arbre respectif de chaque outil. Comme agencement, dans ce cas, cette disposition offre l'avantage de débarrasser l'outil de la complication de la poulie folle et surtout, lorsqu'il y a arrêt, de laisser la courroie immobile, de telle sorte que, lorsqu'il s'agit de mettre en marche, cette courroie, conduite par la fourchette sur la poulie fixe, peut y glisser et par suite ne transmettre à l'outil qu'au bout de quelques instants sa vitesse normale, en facilitant ainsi, sans un brusque effort, le passage de l'état de repos à celui du mouvement rapide.

SCIE SANS FIN. — Les deux poulies C et C', qui reçoivent la lame de scie, sont fixées au moyen d'un assemblage conique, comme on voit sur le détail (fig. 4), aux extrémités de deux arbres horizontaux c et c'. L'arbre inférieur c, monté dans les deux paliers en fonte D boulonnés sur la plaque d'assise, reçoit la commande de l'arbre a par la paire de poulies D', l'une fixe, l'autre folle. Une troisième poulie d', calée sur ce même arbre, est destinée à recevoir l'action du frein e au moyen duquel on parvient à amener rapidement l'arrêt de la scie.

A cet effet, ce frein, qui se manœuvre à l'aide du levier à main E, a son arbre e' muni du petit levier e² relié à une tringle qui porte à son extrémité la fourchette d'embrayage E' ; il résulte de cette combinaison qu'en appuyant sur le levier E, on déplace la courroie motrice de façon à la faire passer de la poulie fixe sur la poulie folle D', et que, simultanément, l'on fait agir le frein e qui vient se serrer sur la jante de sa poulie d'.

On remarque (fig. 3) que l'arbre e', sur lequel sont montés ces leviers, trouve ses deux points d'appui, d'un bout contre la colonne principale A et de l'autre sur la colonnette F, servant de support à la table de travail F'.

L'arbre supérieur c', qui porte la seconde poulie C', tourne dans les paliers de
la poupée F² montée sur un plateau à coulisse qui peut se mouvoir verticalement
sur des portées ménagées à cet effet en saillie sur la face de la colonne, et dont
les bords sont dressés pour recevoir les coulisseaux de ce plateau.

On peut donc ainsi régler la hauteur de la poulie supérieure par rapport à celle
inférieure, mais pour cela il faut un mécanisme qui, dans cette machine, est composé des deux tiges filetées f et f', l'une se vissant dans un écrou ajusté dans le
petit bras g, et l'autre dans un écrou engagé par ses tourillons entre l'extrémité
fourchue du levier G.

Cette dernière tige est montée prisonnière dans un renflement g' ménagé de
fonte à cet effet au plateau à coulisse sur lequel est fixée la poupée F²; il suffit donc,
pour faire monter ou descendre ce plateau, de soulever ou d'abaisser le levier G
auquel il se trouve ainsi suspendu; c'est ce que l'on obtient en faisant tourner
l'écrou de la tige f à l'aide du volant à main v.

La hauteur de la poulie supérieure peut ainsi être réglée et l'on peut engager
sur elle et sur celle inférieure la lame de scie, puis effectuer la tension de cette
dernière avec la plus grande facilité, à l'aide du volant à main v' fixé à l'extrémité
inférieure de la tige f'. On a donc de cette manière à sa disposition, comme dans
la grande scie du même constructeur représentée planche 14, deux moyens pour
faire varier, suivant les besoins du travail, et avec une grande exactitude, l'amplitude même de la course de la poupée sur son plateau à coulisse.

Il y a en outre, pour assurer la position de la lame de scie sur la jante de la
poulie, un moyen de réglage qui permet de modifier le parallélisme des deux arbres
et qui consiste dans l'emploi des deux vis de butée g².

Le complément indispensable des scies à ruban sont les deux guides en bois
fendus h et h'; l'un est engagé dans une chape montée à poste fixe sous la table
de travail F²; l'autre est maintenu de la même manière à l'extrémité de la tige
en fer G', dont on peut régler la hauteur en la faisant glisser dans les deux bras G²
qui la soutiennent, et qui sont fixés au plateau à coulisse de la poupée, de façon à
se déplacer avec celle-ci. La tige G' est arrêtée par des vis et ne peut tourner grâce
à la clef h², comme l'indique le détail figure 5.

MACHINE A FAIRE LES TENONS. — Cette machine, installée à gauche de la scie
sans fin, est très-simple; elle n'est en effet composée que de deux organes : le tablier qui doit présenter le bois à l'action de l'outil, et la poupée porte-outil.

On voit tout d'abord que le bâti creux en fonte H est relié, d'une part, à la face
correspondante de la colonne centrale A, et, d'autre part, à la plaque d'assise A'. Ce
bâti porte latéralement, assemblé à coulisse, le petit tablier H', qui reçoit la pièce
de bois à travailler, et dont on peut régler la hauteur au moyen d'une crémaillère
et d'un pignon (fig. 1) que l'on fait tourner à l'aide du volant à main V. Le bois est
maintenu sur ce tablier par l'étrier i muni de la vis à tête d'étau i'.

Dans des coulisseaux ménagés sur sa tablette horizontale, le bâti reçoit une petite poupée dont l'axe porte entre ses coussinets la longue poulie ou bobine I et en dehors les outils I'. Ce sont, comme on voit, des disques dentés d'épaisseur variables et enfilés sur l'arbre avec interposition entre eux de rondelles qui permettent de régler leur écartement respectif.

Avec des disques et des rondelles de rechange, on peut modifier, suivant les besoins, la forme et les dimensions des tenons. De plus, pour permettre d'engager les outils à l'endroit convenable, on fait avancer ou reculer la poupée en agissant sur le petit volant à main v', qui commande une vis dont l'écrou est fixé sous la table.

MACHINE A PERCER ET A FAIRE LES MORTAISES. — Celle-ci est installée sur le bâti J, à peu près semblable à celui de la machine à faire les tenons, et comme lui relié par un appendice horizontal à la colonne et, par un pied-droit, à la plaque d'assise.

Le tablier J', sur lequel se place le bois à percer ou à mortaiser, se déplace verticalement au moyen de la vis j' (fig. 9) que l'on fait tourner en agissant sur le volant V'. Deux étriers k, avec vis à tête d'étau, maintiennent le bois solidement pendant l'opération qu'effectue la mèche k' fixée à l'extrémité de l'axe du porte-outil. Celui-ci tourne dans les coussinets d'une poupée montée à coulisse sur le chariot K, de sorte que l'outil peut être animé de deux mouvements de translation perpendiculaires l'un à l'autre, et en même temps qu'il tourne rapidement sous l'impulsion de la poulie motrice p', qui le commande par l'intermédiaire d'une courroie entourant la bobine K' fixée sur son axe, entre les bras de la poupée.

Le déplacement de celle-ci pour permettre de faire pénétrer la gouge dans le bois, puis, par un mouvement contraire, de l'en retirer, est produit par une vis à pas très-allongé que l'on fait tourner au moyen du volant à main V'.

Quant au second mouvement perpendiculaire au premier, et qui est nécessaire pour obliger la mèche à ouvrir la mortaise suivant sa longueur, il est obtenu par le déplacement du chariot glissant dans ses coulisseaux sous l'impulsion d'une vis qui se manœuvre par le volant V'.

MACHINE A FAIRE LES MOULURES. — Sur la quatrième face de la colonne centrale est appliqué le bâti L, qui peut être disposé pour recevoir, soit une machine à raboter les bois, et, en changeant son outil, à faire les moulures droites, soit, comme on l'a supposé sur le dessin, une machine à faire les moulures cintrées, dite toupie, et sur laquelle on peut au besoin faire des moulures droites, des feuillures, etc.

Cette machine se compose de la poupée fixe L', destinée à porter l'axe de la bobine l, qui reçoit le mouvement des poulies p' et le transmet par la paire de roues d'angle l' à l'arbre vertical m, maintenu entre deux collets en bronze et tournant sur pivot; sa partie supérieure, qui désaffleure la table de travail M, est garnie de l'outil m', que l'on fixe au moyen d'une clef; on modifie à volonté la hauteur que celui-ci doit occuper suivant le travail à produire et par rapport à la table, en interposant des rondelles entre l'embase et l'écrou de serrage.

ÉTABLI UNIVERSEL
Par MM. A. RANSOME et Cⁱᵉ, planche 33, figures 6 et 7.

L'établi de M. Ransome présente, comme on voit, un bien moins grand développement que le menuisier mécanique de M. Frey, mais, tel qu'il est, il rend d'excellents services dans les ateliers de menuiserie, d'ébénisterie, de carrosserie, etc.

Au bâti rectangulaire en fonte A se rattachent toutes les pièces de la transmission, des outils et des tables mobiles qui permettent à l'ouvrier, d'un côté, de scier, dresser, moulurer, faire les tenons et rainures et, de l'autre, de mortaiser et percer.

Les tenons sont obtenus en fixant la pièce de bois X dans une position verticale sur le support a, que l'on peut faire glisser sur la table B, à travers laquelle passent les deux scies circulaires b montées à côté l'une de l'autre à l'extrémité de l'axe horizontal c. Les arasements s'obtiennent avec une seule lame de scie en plaçant le bois sur la table dans une position horizontale et en l'appuyant, pour le guider, contre la paroi verticale C.

Pour faire une rainure, la scie circulaire est montée inclinée sur son axe, suivant un angle qui doit correspondre à sa largeur, et la table être élevée à une hauteur telle que la scie ne dessaffleure que de la profondeur à donner à ladite rainure.

Pour dresser, canneler, moulurer, chanfreiner, la scie circulaire est remplacée par un manchon auquel se fixent les outils qui font ces divers travaux.

Pour percer ou pour mortaiser, la pièce de bois x est montée sur la table D du support E fixé sur le côté droit du bâti, et l'outil d vissé à l'extrémité de l'arbre c opposée à celle qui reçoit les scies.

L'avancement sur la mèche perceuse ou mortaiseuse est obtenu au moyen d'une vis manœuvrée par le volant à main v, et le déplacement longitudinal par le levier à manette L. La hauteur de la table D se règle à l'aide d'une vis que l'on fait tourner en agissant sur le volant V.

Le mouvement est transmis à l'arbre porte-outils c au moyen des poulies p, qui sont actionnées par un arbre indépendant e, monté dans des supports placés près de la machine et muni, à cet effet, des deux poulies étagées P et d'une autre poulie P', qui reçoit la courroie venant de l'arbre de couche de l'atelier.

MACHINE DITE MENUISIÈRE
Par M. FLAMBART, planche 33, figures 8 et 9.

Comme nous l'avons dit, cette machine permet l'usage de pièces de rechange, au moyen desquelles tous les travaux de menuiserie peuvent être exécutés. Elle se compose de deux parties distinctes :

1° De deux chaises parallèles servant de consoles ou de supports aux arbres sur lesquels sont montées les poulies folle et fixe qui transmettent le mouvement du moteur de l'atelier à la machine ;

2° De la machine proprement dite, qui est parfaitement symétrique par rapport à son axe.

CHAISES PARALLÈLES. — Les chaises parallèles A sont en fonte et reliées entre elles par des tirants de fer qui les rendent solidaires l'une de l'autre ; c'est sur la partie supérieure de ces chaises que repose, dans des coussinets, l'arbre sur lequel sont calées la poulie qui reçoit directement le mouvement du moteur, et diverses autres poulies dont nous allons expliquer la destination.

Ce sont d'abord les poulies fixe et folle p et p' ; on fait passer la courroie de l'une sur l'autre à l'aide d'un levier horizontal B, dont la poignée se trouve devant la machine sous la main de l'ouvrier. Puis la petite poulie a qui, par celle plus grande l', communique le mouvement à un arbre placé à la partie inférieure des chaises parallèles, lequel arbre porte les poulies étagées b et b'.

Deux tambours C et C' donnent le mouvement à l'arbre porte-outil, dont les supports c sont montés sur un petit chariot mobile entre des glissières fixées sur la table du bâti de la machine.

Enfin, une poulie D donne le mouvement de rotation à un autre chariot, que l'on substitue à celui que nous venons de signaler et qui sert lorsque la machine est appelée à raboter les bois ou à faire des moulures cintrées.

A côté du tambour C' il y a encore une petite poulie d, qui transmet le mouvement à des meules E supportées par de petits paliers boulonnés aux chaises A, et à l'aide desquelles on affûte les outils.

MACHINE PROPREMENT DITE. — La seconde partie de la machine est, comme nous l'avons dit, symétrique par rapport à son axe ; le mécanisme est identiquement le même des deux côtés. La machine est donc double, mais on peut cependant exécuter simultanément des travaux différents.

Ainsi, par exemple, pendant que sur la partie de droite on mettra les pièces de rechange nécessaires à l'exécution des mortaises, sur la partie de gauche on peut mettre celles que nécessite l'exécution des tenons.

On doit donc comprendre, dès maintenant, pourquoi il y a sur les chaises parallèles deux tambours pour transmettre le mouvement à l'outil travailleur, puisque sur la partie supérieure de la machine proprement dite, il y a deux chariots porte-outil complétement indépendants l'un de l'autre ; les deux côtés de la machine peuvent ainsi produire du travail en même temps, ou bien on peut isoler un des côtés et ne faire produire de travail qu'à un seul.

Dans la description qui va suivre, il ne sera question que de machine dégagée des différentes pièces de rechange que l'on est obligé d'y adapter pour les divers travaux qu'elle est appelée à exécuter, et nous ne nous occuperons que de l'un des côtés.

La machine se compose d'un bâti de fonte en plusieurs pièces assemblées entre elles à l'aide de boulons. Sur la plaque d'assise sont fixés de petits paliers F et F' qui reçoivent un arbre f et f' sur lequel est calé un cône-étage e, e' recevant le mouvement du cône semblable mais inverse b, b' ; à son extrémité, ce même arbre est muni d'un pignon conique, qui peut engrener avec l'une des deux roues d'angle g, g' établies sur un manchon mobile le long d'un axe vertical, de telle sorte qu'à l'aide d'un levier à manette G, relié par articulation avec un autre petit levier terminé par une fourche qui enveloppe ce manchon, on peut faire engrener l'une et l'autre de ces roues avec le pignon conique.

On conçoit donc que si, pour l'une d'elles, l'arbre qui les porte a un mouvement de rotation de droite à gauche, pour l'autre ce mouvement serait de gauche à droite. Les poulies h, h' et i, i', qui sont calées sur cet arbre, participent donc à ses mouvements de rotation dans un sens ou dans l'autre, et lorsqu'on a amené l'une des roues d'angle à s'engrener avec le pignon, cet état de choses est rendu permanent en établissant l'immobilité complète du levier G par le serrage d'un écrou à oreilles j, j'.

Sur la face latérale de la machine peut se mouvoir verticalement un bâti mobile H, H', dont la partie supérieure forme table pour recevoir, ajusté à coulisse à frottement, un plateau I et autres pièces de rechange, nécessaires pour les divers travaux. Le mouvement vertical dudit bâti mobile H, H' est assuré par des glissières à queue d'hironde que porte le bâti principal ; il est transmis par la vis à filet carré, munie de la poulie l, l', en relation par une courroie croisée avec la poulie h, h'.

A ce bâti mobile est fixé un goujon qui sert d'axe de rotation au levier L, au moyen duquel on peut donner au plateau I et autres pièces de rechange un mouvement de va-et-vient nécessaire pour présenter la pièce à l'action de l'outil.

Audit bâti mobile sont encore fixés, du côté qui fait face aux chaises parallèles de la transmission, des paliers en fonte m, m' dans lesquels tourne un arbre vertical muni d'un tambour N, N' et d'une poulie n, n'. Le premier reçoit le mouvement de la poulie i, i', et le second le transmet à des pièces de rechange pour l'exécution des moulures droites, rabotage de bois, etc.

La figure 8 montre, pour la partie de droite, le bâti mobile H' en haut de sa course et dépourvu de son plateau, et pour la partie de gauche, le bâti H dans une position intermédiaire et muni des pièces de rechange nécessaires pour l'exécution des mortaises. La partie supérieure du bâti fixe est une table plane sur laquelle sont rapportées les glissières entre lesquelles doivent se mouvoir les chariots porte-outil.

CHAPITRE XVI

TOURS A BOIS POUR DIVERS USAGES.

La machine-outil la plus simple, la plus élémentaire et aussi la plus ancienne doit être le tour, mais avec l'outil primitif une main habile était indispensable, tandis qu'actuellement, par l'adjonction des plateaux à griffes, mandrins particuliers ou universels, touches, gabarits, etc., on peut exécuter, dans des conditions exceptionnelles de rapidité et d'économie, les objets les plus divers, de formes ronde, ovale, conique, torse, profilée, guillochée, filetée, etc.

Sans entrer dans les détails de chacune de ces opérations spéciales, nous allons montrer quelques-uns des principaux types de tours actuellement en usage.

Les tours ordinaires à pointes que l'ouvrier actionne au moyen d'une pédale, reçoivent le mouvement soit par un volant monté dans des paliers fixés au plafond de l'atelier, soit par un volant disposé sous l'établi, comme on le voit représenté sur la figure 64 ci-dessous.

Fig. 64. — Tour à pédale, par M. ARBEY.

Dans les deux cas, l'établi est en bois, la poupée de gauche est en fonte ainsi que la contre-pointe de droite et entre elles se place une lunette pour maintenir la pièce si sa longueur l'exige; puis, sur le devant se trouve le support qui reçoit l'outil que la main ne pourrait maintenir d'une façon assez rigide.

Sous une forme plus moderne et une construction plus mécanique, la figure 65 représente un tour complétement en métal, mais on remarque que le support de la poupée fixe qui porte le cône des poulies étagées de la transmission de mouvement est indépendant du banc. Or, ce banc est monté à coulisse, sur ses pieds, dans deux rainures longitudinales, afin de pouvoir l'approcher ou l'éloigner à volonté du plateau. Cette disposition a pour but, comme dans les tours à métaux à banc rompu, de donner la possibilité de tourner des pièces d'un grand diamètre, ce qui se présente souvent, surtout dans les ateliers de modeleurs-mécaniciens.

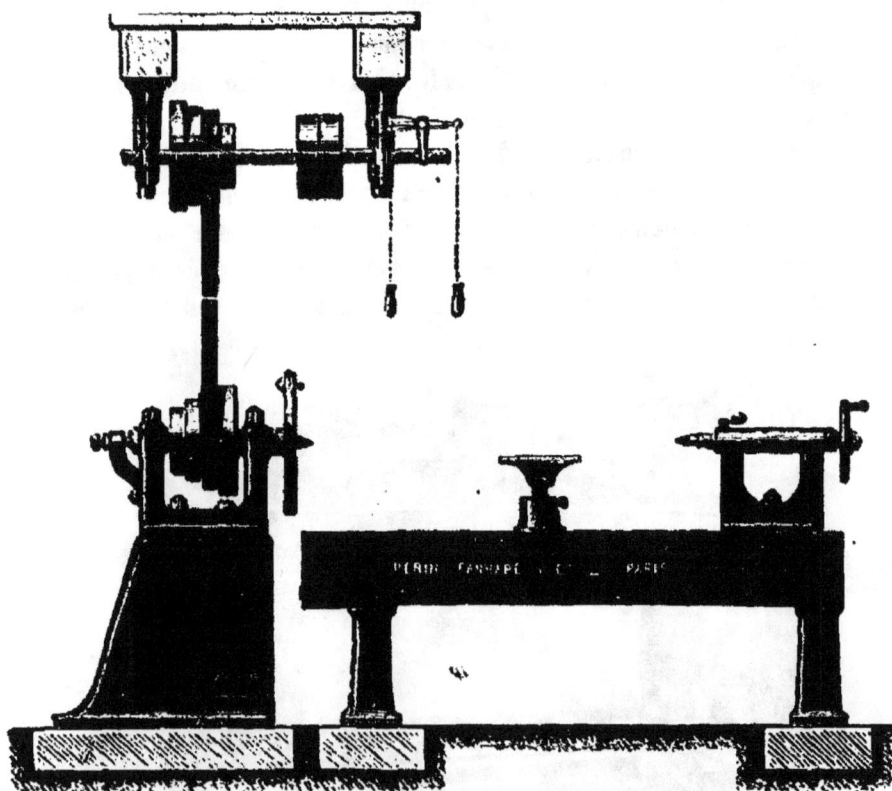

Fig. 65. — Tour à banc rompu, par MM. PÉRIN, PANHARD et Cⁱᵉ.

On voit que le mouvement de la pédale par le pied de l'ouvrier est remplacé par celui de la transmission mécanique, au moyen de l'arbre supérieur qui reçoit les poulies fixe et folle et applique sur une des poulies la fourchette qui permet de faire passer la courroie sur l'une ou l'autre de ces poulies. Il suffit pour cela de tirer l'un ou l'autre des cordons terminés par un mancheron et qui se trouvent à la portée du tourneur.

La figure 66, page suivante, représente un tour qui ressemble beaucoup à ceux employés pour tourner les métaux ; il est muni comme ces derniers d'un double support à chariots permettant le déplacement de l'outil dans deux sens perpendiculaires.

Ce support est commandé par une vis qui règne sur toute la longueur du banc et qui reçoit le mouvement de l'arbre de la poupée par une série d'engrenages avec pignons de rechange, pour permettre de faire varier la vitesse de la vis et, par suite, celle de l'avancement de l'outil suivant le travail à effectuer, mécanisme permettant de produire avec la plus grande exactitude les surfaces cylindriques, et que l'on emploie surtout pour confectionner les rouleaux de filature et autres qui exigent une grande régularité.

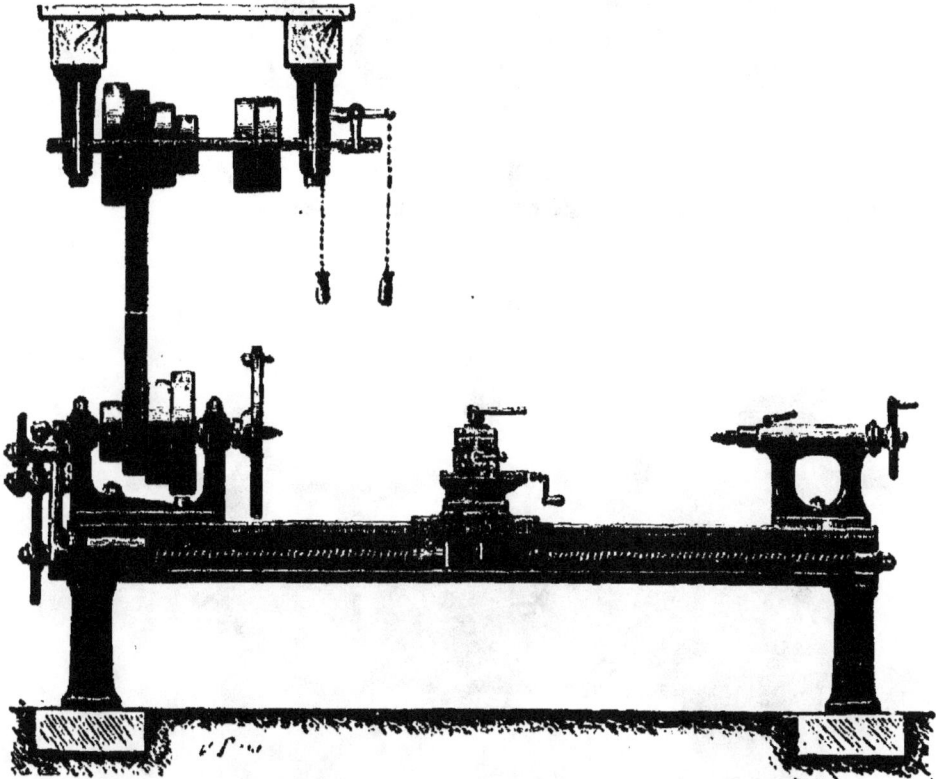

Fig. 66. — Tour à mouvements parallèles, par MM. PÉRIN, PANHARD et Cⁱᵉ.

Le travail se fait ainsi très-rapidement et très-sûrement, et l'ouvrier n'a plus à examiner sans cesse, au moyen de son compas d'épaisseur, s'il n'y a pas de variation dans le diamètre d'un bout à l'autre de la pièce.

Pour reproduire des profils variés se répétant sans cesse, les queues de billards, les manches de pelle, de pioche, ou bien des pieds de table, colonnettes, etc., on fait usage du tour parallèle avec chariot muni d'une touche maintenue constamment en contact avec un gabarit portant le profil à reproduire.

M. Arbey, pour façonner de petits objets, tels que ceux représentés ci-après figure 67, fait exécuter dans ses ateliers le modèle de tour parallèle à touche représenté figure 68.

Comme on le remarque, la poupée et la contre-pointe sont doubles et espacées

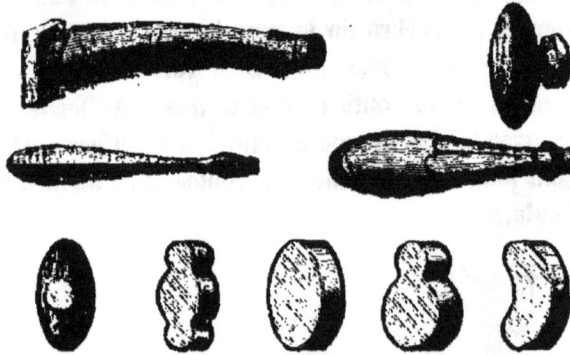

Fig. 67.

parallèlement sur un même plan horizontal ; derrière est placé le gabarit et sur le devant le bloc de bois à façonner monté entre les deux pointes.

Fig. 68. — Tour parallèle à touche, par M. ARBEY.

Le chariot se déplace longitudinalement sous l'action mécanique de la vis et en même temps l'ouvrier, tenant en main les poignées des deux leviers placés à sa disposition, fait suivre à la touche et à l'outil la forme du gabarit, et comme la touche est reliée à un ressort, celui-ci assure les contacts.

TOUR A PÉDALE
POUR LA CONFECTION DES POLYÈDRES
Par M. DUPIN DE LA GÉRINIÈRE, planche 34, figures 1 à 7.

A l'Exposition universelle de 1878, on a pu voir dans la grande galerie des machines françaises, un petit tour très-bien exécuté, destiné spécialement à découper, avec toute la précision désirable, les faces droites et obliques des polyèdres, comme aussi à exécuter des troncs de cônes, des pyramides, des cubes, des cylindres, sections coniques, prismes, sphères, etc., enfin toutes les figures géométriques qui servent aux démonstrations géométriques et à l'enseignement.

A cet effet, le même banc qui porte les poupées reçoit une scie à ruban, marchant au pied comme le tour lui-même, et au moyen de laquelle on exécute les surfaces planes ou courbes à génératrices droites, à la faveur d'un support mobile universel sur lequel on fixe la pièce à travailler.

Les figures 1 et 2, planche 34, représentent ce tour en élévation et en plan.

Comme ensemble, ce tour, qui est construit exclusivement en métal, offre la structure ordinaire des outils du même genre destinés aux petits travaux et devant être conduits au pied, avec cette particularité que l'exécution est parfaitement soignée dans tous les détails et que rien n'a été négligé pour diminuer les frottements, éviter le jeu entre les pièces mobiles et remédier à l'usure.

Il est composé d'un banc en fonte A, porté par deux pieds B également en fonte, et sur lesquels sont pris les supports de l'arbre de commande C, présentant un vilebrequin C' qui le relie par la tige a au châssis de la pédale D.

La section du banc est celle qui convient aux tours à chariot, c'est-à-dire que sa surface est parfaitement dressée et que ses deux rives sont parallèles et disposées à queue. La poupée E, fixée sur son extrémité de gauche, est munie de l'arbre ordinaire b portant un cône à trois diamètres c, en rapport avec le volant-poulie F monté sur l'arbre C. L'arbre de la poupée pouvant être ainsi commandé directement, au moyen d'une corde, par la poulie F et le cône c, on s'est de plus réservé un moyen particulier de retarder sa vitesse jusqu'à une limite qui n'aurait pu être atteinte directement de la même façon. On a, pour cela, ajouté à cette poupée un arbre d, donnant le mouvement au précédent par le pignon e et par la roue f, cet arbre *d* étant lui-même en rapport avec l'arbre principal C par les poulies à corde G et G'. Il est clair que, dans le cas où l'on veut faire usage de la commande directe, on supprime le mouvement de l'arbre *d* en enlevant la corde *g* et en prenant également soin de dégager, en le faisant glisser, le pignon *e* de la roue *f*.

Le mécanisme du tour proprement dit se complète nécessairement par la contre-pointe H et le support à main I.

Le support I est composé d'une platine I' portant une douille dans laquelle s'ajuste la tige du support proprement dit I, et qui peut y prendre diverses positions comme hauteur et comme obliquité par rapport à l'axe du tour.

De la poupée E, nous n'avons reproduit en détail (fig. 3), que le collet de gauche où se trouve installée la butée de l'arbre par la vis *m*. Cette vis traverse un contre-écrou *m'* monté sur le prolongement du coussinet *m²*, dont l'extrémité est garnie d'une vis *m³* sur la tête de laquelle porte la vis de butée *m*.

Avant d'examiner l'installation de la scie à ruban, disons quelques mots de la pédale D. Cette pièce, qui est en bois, est réunie au moyen d'armatures en fer avec deux bras de levier D' montés sur un axe horizontal D² pouvant tourner d'après ses supports réservés sur les patins du bâti. Le mouvement de ce châssis, dont la rigidité est assurée par une entretoise *n*, s'effectue donc parallèlement de quelque point que le pied attaque la pédale D; il suffit alors d'opérer la réunion du châssis avec l'arbre C par l'unique coude C' qu'il présente, et par la tige *a* qui se rattache, par une chape, avec l'un des leviers D'.

INSTALLATION DE LA SCIE A RUBAN. — Cet outil a pour base de sa réunion avec le tour, une colonne en fonte J se terminant par un patin par lequel elle est boulonnée sur le banc; dans cette colonne, qui est creuse, est ajustée à sa partie supérieure une tige filetée, dont la tête est traversée par l'axe de l'une des deux poulies L que la lame de scie entoure. La poulie inférieure L a son axe pris dans un support J' fixé à la partie inférieure du banc. La tige supérieure reçoit un écrou qui sert de repos à la douille sur la colonne J, et qui a pour objet de permettre de donner à la lame de scie la tension nécessaire; une vis de pression à manivelle est employée pour l'assujettir et l'empêcher de tourner sur elle-même.

Pour donner le mouvement à la scie, dont les poulies tournent dans le même plan que l'axe du banc de tour, on a dû faire usage d'un retour d'angle. Ce mécanisme de commande est composé d'un axe horizontal M, ayant ses supports *p* fixés après le banc de tour et situés à la hauteur même du centre de l'axe de la poulie L', de telle façon que ces deux axes ont pu être mis en rapport par deux pignons d'angle *q*; l'arbre M porte ensuite une poulie à corde M', à l'aide de laquelle il reçoit son mouvement d'une poulie plus grande mais semblable M² fixée sur l'arbre principal C.

L'installation de la scie à ruban a pour complément indispensable un support à chariot que les figures 4 à 7 représentent en détail.

Ce chariot N est organisé d'abord pour se déplacer sur toute la longueur du banc, et porte, à cet effet, sur le devant, un écrou r enfilé sur une vis r' que l'on fait tourner sur elle-même au moyen de la manivelle r². Mais, d'autre part, ce chariot sert de guide, dans les mêmes conditions, à un second chariot N' qui peut se déplacer sur le premier à la faveur de la vis s et de la manivelle s'.

Ce double chariot, donnant la faculté du mouvement longitudinal et du mouvement transversal combinés ou indépendants, c'est sur le plateau N' que se trouve monté le support O sur lequel on fixe la pièce X à découper, et qui permet de lui donner toutes les inclinaisons requises.

Ce support est composé d'une platine en deux parties O, portant deux joues verticales entre lesquelles est fixée une pièce O', qui peut tourner sur elle-même d'après deux portées cylindriques t pénétrant dans les deux joues latérales; à l'aide de la figure 7, qui représente cette pièce O' en coupe transversale, on voit qu'elle renferme un axe carré u traversant un plateau u' sur lequel se fixe la pièce à découper. Ce petit plateau fait fonction de diviseur pour les faces successives que l'on peut avoir à exécuter sur la pièce et pour l'amener très-régulièrement dans différentes positions à l'action de la scie.

A cet effet, l'axe u dont il dépend est muni d'un pignon hélicoïdal v, mis en rapport avec une vis sans fin v' appartenant à un axe v², qui traverse le support suivant son centre général de mouvement et porte une petite manivelle v³ permettant de le faire tourner. C'est donc en agissant sur l'axe v² que l'on fait mouvoir l'autre axe u, de façon à changer convenablement l'angle de position de la pièce X par rapport à la scie.

Enfin, on incline à volonté l'ensemble de la pièce O en la faisant tourner d'après les portées t par lesquelles elle s'ajuste dans les joues de la platine O; on produit ce mouvement à volonté au moyen de la manivelle x, montée comme une lunette sur l'une de ces deux portées prolongée à l'extérieur.

Sur les figures 1 et 2, nous avons supposé, comme exemple, le façonnage d'un prisme X dont le découpage des faces à la scie demande que le plateau porte-pièce u conserve une horizontalité parfaite, ou, ce qui revient au même, que sa surface soit rigoureusement perpendiculaire à la direction de la lame de scie P.

D'après ce que l'on vient de voir, il est facile de se servir d'un tel outil et d'y exécuter les solides dont nous avons parlé. Il ne faudra donc pas à un ouvrier intelligent une bien longue pratique pour être à même de faire ' . pyramides et les polyèdres dans les dimensions et avec toute l'exactitude géométrique désirable.

MACHINE A TOURNER LES BATONS

Par M. FRÉRET, représentée planche 34, figures 8 à 11.

La machine représentée dans son ensemble, de face et de côté, figures 8 et 9, diffère sensiblement des tours ordinaires, quoique destinée à un usage analogue, soit à tourner les bâtons, tels que manches à balais, piquets de tentes, etc. Avec cette machine il n'est pas nécessaire de savoir tourner, le travail se fait automatiquement, rapidement et d'une façon continue, il suffit d'un enfant pour l'alimenter.

Le porte-outils est surtout remarquable ; il est circulaire-conique, muni de trois lames placées à la suite les unes des autres, sans interruption et à une distance du centre faiblement inégale, de façon à attaquer progressivement le bois, la première agissant comme dégrossisseuse et la troisième comme finisseuse.

Dans cette machine, le bois, débité préalablement de longueur et présentant une section transversale carrée, est placé entre des rouleaux d'appel et de pression qui l'amènent à l'embouchure du porte-outils conique, lequel, animé d'une grande vitesse, lui donne rapidement la forme cylindrique qu'il doit avoir. Les règles de bois ainsi transformées en bâtons ronds, de n'importe quel diamètre, sont saisies par d'autres rouleaux qui les entraînent hors de la machine.

Le cône porte-outils est fixé sur un mandrin creux fondu vers le milieu de sa longueur avec une poulie, qui est commandée par une courroie prenant son mouvement sur une transmission souterraine. Cette courroie commande aussi, mais par simple friction, une poulie qui, par la combinaison de roues et d'une chaîne sans fin, fait tourner les rouleaux d'appel.

La base de cette machine, comme on le voit figures 8 et 9, se compose de deux flasques en fonte A, réunies par des entretoises a et par une table B sur laquelle sont montés les organes essentiels. Tout d'abord, ce sont les supports G du manchon D auquel est fixé le porte-outils conique E muni des trois fers f. Ce manchon est animé d'un très-rapide mouvement de rotation sur lui-même et que partage par conséquent le porte-outils qui en est solidaire. De chaque côté de cette pièce principale sont fixées deux espèces de consoles F, destinées à servir de supports aux axes de six galets à gorge disposés en deux groupes G et G', et qui sont destinés à déterminer l'appel du bois soumis au travail de l'outil, tant avant son entrée qu'à sa sortie.

Après cet aperçu, il est facile d'expliquer le fonctionnement de cet outil.

Le bâton X, de section carrée, qu'il s'agit de mettre au rond, est d'abord engagé entre les trois galets G qui, animés à cet effet d'un mouvement de rotation, le font cheminer en l'empêchant de tourner sur lui-même, et l'engagent alors dans le porte-outils E ; de celui-ci, les fers *f* ne tardent pas à l'attaquer et comme l'avancement est continu, le bâton pénètre arrondi au travers du manchon D, traverse une virole-guide H, disposée à la suite de ce dernier, et se trouve enfin saisi par les galets de sortie G', dont l'intervention est naturellement indispensable lorsque l'opération est près de sa fin, et que ledit bâton a abandonné les galets d'entrée G.

Quant au porte-outils, par sa disposition, on peut le comparer à un petit instrument que l'on appelle *taille-crayon*, excepté cependant que celui qui nous occupe doit tourner rond et non point conique.

La figure 10 représente ce porte-outils en coupe longitudinale, et la figure 11 en est une coupe transversale.

Le manchon en fonte qui le constitue est de forme conique pour permettre l'introduction du bâton, qui a pour dimension primitive la diagonale du carré circonscrit au cercle correspondant au diamètre à produire ; il est fondu avec trois portées *e* disposées pour l'application des trois fers *f*, qui s'y trouvent maintenus par les plaques vissées *g*, et qui pénètrent par leur extrémité tranchante à l'intérieur du manchon, à la faveur de lumières ménagées à cet effet ; au delà de la dernière lame, l'intérieur du porte-outils est exactement cylindrique au diamètre à produire, et il se termine de ce côté par un plateau à emboîtement au moyen duquel il est vissé sur la tête dudit manchon.

La disposition en échelons des trois lames *e* est telle, que le bois se trouve attaqué successivement suivant des diamètres différents, et l'on remarquera que ces lames sont inclinées dans le même sens que l'avancement du bois, ce qui favorise sa coupe et empêche les éclats.

Nous arrivons maintenant à la disposition du mécanisme de commande.

La machine étant boulonnée sur un plancher, la commande a pour origine une poulie P, dont l'axe tourne dans les paliers d'un support I fixé sur un plancher inférieur ; cette poulie reçoit la courroie J, qui entoure également la partie renflée centrale *d* du manchon D, de façon à lui transmettre ainsi directement son mouvement de rotation.

Mais cette même courroie J s'infléchit à sa sortie de la première poulie P pour s'appliquer sur une partie de la circonférence d'une autre poulie P', dont l'axe, tournant sur le même support I, est muni d'une autre poulie beaucoup plus petite qui, par la courroie K, actionne enfin la grande poulie L montée sur un goujon *i* fixé sur l'une des flasques du bâti A de la machine.

Sur ce même goujon, contre le moyeu de la poulie, de façon à participer à son mouvement de rotation déjà notablement ralenti, se trouve un pignon *l* dans les dents duquel sont engagés les maillons de la chaîne sans fin M, qui est dirigée sur deux roues dentées semblablement, mais plus grandes N, dont la mission consiste, comme nous allons l'expliquer, à mettre en mouvement les galets d'avancement.

Cette transmission, qui est la même pour les deux groupes, consiste en un premier pignon u, monté sur l'axe de chaque roue N et qui, par une intermédiaire o, transmet le mouvement à une roue O, fixée sur le même axe que le galet le plus rapproché de la poupée de chacun des deux groupes G et G'. Il n'y a donc ainsi qu'un seul des trois galets de chaque groupe commandé mécaniquement, les deux autres se trouvant entraînés par friction.

On remarquera que l'axe de la roue intermédiaire o, retenu au bâti par un écrou o', traverse une coulisse, c'est afin de pouvoir remonter plus ou moins cet axe pour maintenir l'engrènement avec la roue O et parce que la hauteur de celle-ci, c'est-à-dire du galet d'entraînement, doit pouvoir être changé à volonté.

A cet effet, les axes des galets inférieurs sont montés dans une chape mobile h rattachée à une vis h', qui a son écrou réservé dans la traverse j, de telle sorte qu'en attaquant cette vis par son volant, on peut élever plus ou moins la chape et, par conséquent, les galets, et cela pour se conformer à la grosseur du bâton X, dont le centre doit rester en parfait accord avec celui du porte-outil.

D'autre part, sur l'axe du galet supérieur, qui est libre de s'élever ou de s'abaisser, sont enfilées deux douilles auxquelles sont fixées deux tiges pendantes k, celles-ci reliées à leur partie inférieure par une traverse k' sur laquelle s'exerce la pression d'un levier à contre-poids p.

Ainsi les galets inférieurs, dont les axes ont une position invariable pendant la marche, peuvent être élevés ou abaissés à volonté suivant la dimension transversale du bâton X, et comme le galet supérieur est constamment amené en contact par l'action du levier à contre-poids, et que l'un de ces trois galets est commandé mécaniquement, les autres sont nécessairement entraînés par friction.

CHAPITRE XVII.

MACHINES A FAÇONNER LES FORMES, LES SABOTS, LES BOIS DE FUSILS ET DE PISTOLETS.

Vers 1834, M. Émile Grimpé proposa au Gouvernement de fabriquer les bois de fusils par des moyens mécaniques; une commission spéciale fut chargée d'examiner la question et des fonds furent votés par l'État; mais, malgré toute l'importance qu'on y avait d'abord attachée, cette affaire n'eut aucune suite. Ce n'est qu'en 1898 que M. E. Grimpé s'est fait breveter pour diverses machines, qui comprenaient, non-seulement celles relatives à la fabrication complète des bois de fusils, mais encore des machines propres à la confection des formes, des sabots et d'une foule d'autres objets en bois. Les appareils qu'il a décrits se distinguent par l'emploi d'outils tranchants disposés sur la circonférence de disques mobiles, suivant tous les contours déterminés par le contact de touches sur des modèles de fonte.

Un ancien élève de l'École de Châlons, M. Durod, en 1841, a imaginé une machine spéciale pour faire des sabots de toutes formes et de toutes dimensions. Son système consiste en une mèche particulière coupant à la fois par bout et sur les côtés, et animée d'un mouvement de rotation rapide : un genre de pantographe permet de faire arriver la mèche dans toutes les directions, aussi bien à l'intérieur qu'à l'extérieur, de sorte qu'une seule machine suffit pour dégrossir et finir.

En 1845, M. Forgues prit un brevet pour une machine à façonner les formes de chaussures. Son système consiste en une scie droite alternative, marchant comme les scieries à placage en attaquant à la fois plusieurs madriers en bois, mobiles sur eux-mêmes, avec deux modèles de fonte placés sur les côtés du châssis qui les porte, et avec lesquels se mettent constamment en contact des touches qui ont pour objet de guider le travail de la scie.

Une machine exactement semblable, exécutée par M. Tamisier, mécanicien à Paris, et brevetée aussi en son nom, le 4 juillet 1845, fut également proposée pour fabriquer en même temps trois ou quatre paires de formes.

Déjà, en 1840, MM. Deffous et Riperty, d'Autun, s'étaient fait breveter pour une machine à fabriquer les formes de chaussures consistant en scies circulaires animées d'un mouvement de rotation, et râpant les bois soumis à leur action jusqu'à ce que la forme-modèle touche la surface d'une rondelle régulatrice.

Plusieurs machines employant des scies et des fraises de petit diamètre ont été essayées chez M. Mariotte pour façonner les bois de fusils et y pratiquer des entailles; M. de Girard avait envoyé à l'Exposition de 1844 des bois de fusils également fabriqués mécaniquement.

M. de Barros, vers 1850, a fait construire par M. Decoster une série de machines qui ne ressemblent en rien, tant elles sont modifiées, à celles que nous venons de citer; elles reposent bien, à vrai dire, sur un principe analogue, si on veut comprendre comme principe l'outil proprement dit qui opère, c'est-à-dire sur l'emploi de scies circulaires et de lames à rotation rapide; mais jusqu'aux formes et dimensions de ces outils, tout est changé, à plus forte raison le mécanisme.

MACHINE A FAÇONNER

Représentée planche 35, figures 1 à 7.

Les appareils construits par M. Decoster comprenaient :

1° Une machine spéciale pour le façonnage des formes ou d'autres objets;

2° La machine propre à la confection des bois de fusils ou de pistolets;

3° Et comme accessoires utiles, l'appareil destiné à préparer ou arrondir les parties qui reçoivent le canon de fusil, puis l'appareil à y faire la rainure ou gorge conique et celle qui reçoit la baguette.

Dans chacune des deux premières machines, les outils sont des fraises circulaires animées d'un mouvement de rotation rapide, dont la denture angulaire coupe non-seulement par bout, mais encore par les côtés, en dehors et en dedans, disposition très-avantageuse qui permet de faire des copeaux et non de la sciure ou de la poussière, et de se dégager du bois, quelle que soit l'épaisseur à traverser.

Nous avons dû, pour l'intelligence de la construction de ces scies ou fraises circulaires, les représenter en détails séparés sur une grande échelle (fig. 1 à 4).

FRAISES CIRCULAIRES. — La figure 1 montre l'une de ces lames A, qui comprend deux genres de denture : d'un côté, c'est une simple dent angulaire a, comme l'indique la figure 2; de l'autre côté, la denture b (fig. 3 et 4) est moins longue que la première, mais tranchante en dedans, c'est-à-dire du côté intérieur, afin de servir à enlever la matière en relevant, pour que le bois ne gêne pas le mouvement de la fraise malgré la masse où elle se trouve engagée.

TOUCHES CIRCULAIRES. — Les touches, qui s'appuient sur les modèles de fonte en relief, pour servir de guide aux lames dentées, sont aussi particulières. Au lieu de se réduire à de simples pointes coniques, comme par exemple dans les machines à sculpter, le constructeur leur a donné, au contraire, une forme cintrée ou circulaire correspondante à celle de la circonférence extérieure des fraises, afin que le contact de celles-ci sur le bois qu'elles attaquent corresponde exactement avec celui des touches sur les modèles ou gabarits.

MACHINES A FAÇONNER LES FORMES. — La figure 5 représente une projection latérale de la machine à formes; la figure 6 en est un plan général vu en dessus.

En tête de la machine se trouve une longue vis E', filetée sur la moitié de sa longueur d'un pas à droite, et sur l'autre moitié d'un pas à gauche, afin de faire tourner une première série de formes F et leurs gabarits ou modèles en fonte G dans un sens, et la seconde série dans le sens diamétralement opposé. Cette vis se prolonge d'un bout pour porter une poulie F', par laquelle elle reçoit son mouvement de rotation qu'elle communique à la fois à toutes les roues droites G', qui sont dentées en hélice et montées sur des douilles creuses e, servant de manchons aux écrous à griffes f. Ces écrous reçoivent les vis e' dont la partie extérieure porte les petits volants à main d', et dont le mouvement effectue le serrage ou le desserrage des objets à façonner (voir pour les détails de ce mécanisme la figure 7). Entre les griffes f et celles opposées f' sont pincés les morceaux de bois F, préalablement dégrossis, et qui reçoivent ainsi un mouvement de rotation très-lent, puisque le rapport entre la vis et le nombre de dents des roues est d'environ 1 à 40.

Les deux gabarits G qui servent de guides ne sont pas exactement semblables : l'un correspond à la chaussure de gauche, et l'autre, qui tourne en sens contraire, à celle de droite, de manière à permettre de façonner à la fois autant de formes du pied gauche que du pied droit. C'est ce qui a déterminé le constructeur à établir le mouvement d'une partie des pièces dans un sens, et celui de l'autre partie dans le sens opposé.

Les griffes ou pinces g et g' qui retiennent les modèles ou gabarits ne sont pas semblables aux premières f et f'; comme ces gabarits sont de fonte, on a pu à l'avance ménager à leurs extrémités des portées qui permettent de les entrer dans les pinces et de les y serrer par des pattes ou des vis. Les tiges ou les axes qui portent les griffes g' se prolongent au delà pour servir à commander, par les pignons h qu'ils portent, les deux roues droites H, qui sont elles-mêmes rapportées à l'extrémité des deux vis latérales et parallèles I, et par suite à faire avancer lentement tout le système porte-lames et porte-touches.

A cet effet, ces vis traversent les écrous filetés i, qui sont engagés entre les pattes des chariots horizontaux J, avec lesquels font corps les supports K de l'axe transversal L; par conséquent, lorsque la machine fonctionne, les vis latérales I tournent et font, à chaque révolution, avancer les chariots J, et avec eux la traverse L.

Or, cette dernière porte non-seulement les bras en fer méplat M, à l'extrémité desquels sont ajustées les poupées D' qui renferment les tiges des touches circulaires C, mais en outre les axes en fer tourné B, qui portent les scies ou fraises circulaires A, et qui, vers ces dernières, sont également soutenues dans une seconde traverse L' semblable à la première, et renfermant comme elle des douilles en bronze qui servent de coussinets aux tourillons de ces axes. Il résulte de la disposition adoptée, que tout le système avance avec les chariots, et toujours en proportion avec la vitesse de rotation des gabarits et des bois travaillés.

Comme il est nécessaire de pouvoir, au besoin, faire marcher tout ce système à la main, chaque fois qu'il faut, par exemple, le ramener à sa position primitive, il est muni à l'extrémité des deux vis de rappel des petits pignons d'angle j avec lesquels engrènent les roues j', dont l'axe commun k se tourne à la main par une manivelle que l'on rapporte à l'une de ses extrémités.

Un mécanisme analogue permet de régler exactement la hauteur de tout le système au-dessus des gabarits et des formes. Il consiste en deux courtes vis parallèles taraudées dans des oreilles ou équerres coudées solidaires avec les bras M, et mises en communication par les deux paires de roues d'angle l, l' et l'axe transversal m, que l'on manœuvre également à la main.

Il est facile de concevoir que lorsqu'on fait tourner ces vis dans le sens convenable, on oblige tout le châssis porte-lames et porte-touches à s'élever ; et, réciproquement, lorsqu'on les fait tourner en sens contraire, on l'oblige à descendre. Un toc à surface courbe n' est rapporté à la partie inférieure de chaque vis et butte sur la face droite horizontale du bâti de fonte Y, pour permettre ainsi de régler la position du système avec toute l'exactitude désirable. On peut d'ailleurs, en outre, régler les positions de chacune des touches C indépendamment l'une de l'autre, à l'aide des petites vis de rappel E, dont nous avons déjà parlé, et qui, logées dans les douilles D', sont munies chacune d'un volant à main ou d'une manivelle.

Les traverses en fer L et L' qui soutiennent les axes des fraises sont fixées par des écrous aux deux bras M, afin de suivre absolument les mêmes inclinaisons et les mêmes mouvements que ceux-ci. A l'extrémité des axes sont ajustées les petites poulies O, lesquelles sont sans joue pour ne pas gêner la marche de la courroie de commande qui passe successivement de l'une à l'autre.

MACHINE A FAIRE LES RAIS DE ROUES

Par MM. PÉRIN, PANHARD et Cⁱᵉ.

Sur un principe analogue à la machine de MM. de Barros et Decoster, MM. Périn, Panhard et Cⁱᵉ construisent des machines à faire les rais de roues de voitures à deux outils et quatre outils. Les figures 68 et 69 ci-contre représentent en élévation et en plan la machine à deux outils. Elle se compose, comme on voit, d'un banc en fonte sur le plateau duquel sont montées deux poupées armées de pointes, entre lesquelles se fixent les deux bois à travailler, préalablement débités à la scie à ruban en prismes rectangulaires.

Entre les deux bois est monté un type en fonte qui a exactement la forme que l'on veut donner aux rais. Ce type et les deux bois sont animés d'un mouvement de rotation, et l'ensemble, composé du plateau et des poupées, possède un mouvement de translation sur le banc.

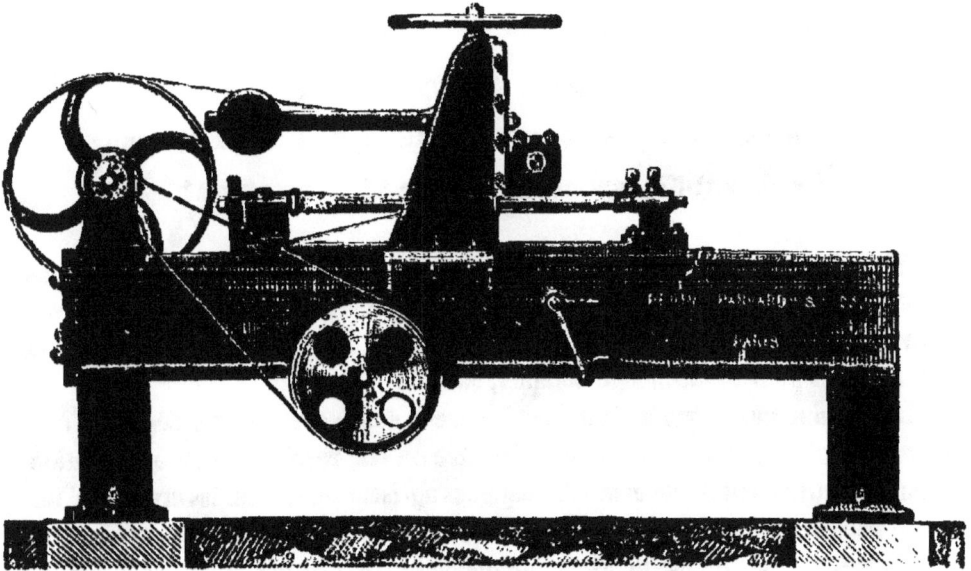

Fig. 68.

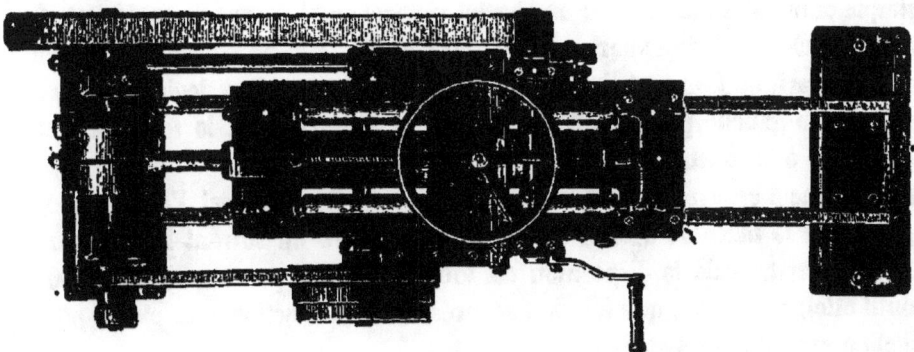

Fig. 69.

Un chariot, pouvant osciller verticalement, s'appuie sur le type au moyen d'une touche ; il porte un arbre horizontal armé de couteaux et d'un profil convenable ; ce sont ces couteaux qui, tournant avec une grande vitesse, donnent aux rais la forme qu'ils doivent avoir. Il suffit donc, comme on voit, de changer le type pour avoir des profils variés.

En général, les carrossiers font usage de la machine à faire deux rais à la fois, et les fabricants de roues et les arsenaux celle qui en fait quatre. Avec cette dernière, on peut obtenir quatre rais de dimensions moyennes en 6 ou 7 minutes.

En prenant 10 minutes, pour tenir compte du temps d'arrêt, la production est donc environ de 250 à 300 pièces par journée de travail. Il faudrait 12 ou 15 ouvriers pour faire à la main le même travail.

MACHINE A FAÇONNER

LES RAIS, LES SABOTS, BOIS DE FUSILS, ETC.

Par M. ARBEY, représentée planche 35, figures 8 à 11.

A l'Exposition universelle de 1878, on a pu voir fonctionner dans la grande galerie des machines françaises, au Champ de Mars, un outillage complet pour la fabrication mécanique des sabots, outillage relativement simple puisqu'il n'exige que trois machines pour le façonnage complet, soit :

1° La machine qui donne la forme extérieure à des blocs de bois dégrossis à la scie sans fin et qui, au nombre de deux, quatre ou six, reçoivent à cet effet l'action de lames rotatives à profil déterminé, lesquelles agissent en suivant les arrondis d'un type ou gabarit en fonte suivi par une touche ayant le profil des lames, comme dans les machines précédemment décrites ; de même le chariot, qui porte les blocs de bois et le gabarit, avance automatiquement dans le sens des fibres du bois ;

2° La machine à creuser le plat du sabot, ou partie découverte, qui se compose d'un simple outil rotatif monté sur un chariot vertical muni d'une touche. Un sabot, sortant de la machine à façonner, est placé au-dessous, sur un chariot horizontal portant un gabarit en fonte, et il suffit à l'ouvrier d'agir sur deux leviers placés à sa droite et à sa gauche pour que l'outil creuse le sabot suivant la forme exacte qu'il fait suivre à la touche du gabarit ;

3° La machine à creuser le fond, ou partie couverte. Dans celle-ci, l'outil agit de même que dans la machine à creuser le plat, c'est-à-dire en suivant les contours creux d'un gabarit, mais la disposition est toute différente parce qu'il faut, pour que l'outil atteigne le fond, que le sabot se présente à son action non plus à plat, mais incliné suivant divers angles.

La première de ces machines peut, en vertu de son principe même, qui est celui des machines Barros et Decoster, et Périn, Panhard et Cⁱᵉ, être utilisée, comme celles-ci, au façonnage des rais de roues, des bois de fusils, de pistolets, soit de tous objets présentant extérieurement des formes convexes ou concaves ; ce n'est, en effet, qu'un changement de gabarit, de touches et de lames.

Les figures 8 et 9, planche 35, représentent en élévation et en plan cette machine

installée pour faire des rais, et la figure 70 ci-dessous montre un petit modèle construit sur le même principe, et installé pour façonner des formes de chaussure.

ENSEMBLE DE LA DISPOSITION. — Cette machine a pour base le bâti en fonte A
composé de deux flasques réunies transversalement par des traverses en fonte A',
l'ensemble de ce bâti reposant sur un châssis en forte charpente. La partie supérieure des deux flasques A présente, d'un côté, un grain d'orge et, de l'autre, un
dressage plat pour le glissement de la table B sur laquelle sont montées les pièces X
et les deux gabarits-types Y.

Fig. 70.

Ces mêmes flasques portent chacune un fort support à oreille C pour servir de
centre d'articulation au châssis D, à l'extrémité mobile duquel se trouve placé l'arbre
horizontal E muni d'autant d'outils qu'il y a de pièces X, et de deux touches de même
forme destinées à s'appliquer sur les deux gabarits Y.

Conformément au principe sur lequel sont basées les machines que nous avons
précédemment citées, on voit que le façonnage des pièces résulte de divers mouvements simultanés de la part de ces pièces, du mouvement de rotation des outils et
du contact des deux touches avec les deux gabarits, lesquels obligent l'ensemble du
châssis et des outils à exécuter une suite de déplacements oscillatoires d'après les
centres C, de telle sorte que l'action des outils sur les pièces X ne peut être que

40

conforme à tous les moments de contact différents des touches sur les deux gabarits. En même temps, ceci implique un déplacement longitudinal entre le châssis porte-outils et la table porte-pièces B.

Nous avons donc à examiner les différentes fonctions suivantes : 1° déplacement longitudinal de la table ; 2° mouvement de rotation lent et simultané des pièces et des deux gabarits ; 3° mouvement rotatoire rapide des outils.

La source de ces différentes fonctions est dans l'arbre horizontal F, monté à l'une des extrémités du bâti et qui porte vers son milieu la paire de poulies fixe et folle P et P' recevant le mouvement du moteur par la courroie a. Cet arbre est muni à l'une de ses extrémités de la poulie b qui, par la courroie a' et par une poulie plus petite b', transmet le mouvement de rotation à l'arbre porte-outil E.

A son extrémité opposée, ce premier arbre de commande F, dont la vitesse est considérable, porte la petite poulie c en rapport, par la courroie a², avec une plus grande poulie c', tournant simplement sur un goujon, mais solidaire du petit pignon droit G engrenant avec la roue d'un plus grand diamètre G', qui se trouve montée sur l'arbre H, parallèle à celui F, et qui a précisément pour fonction de communiquer à la fois, à la table B son mouvement de transport horizontal, et aux pièces X ainsi qu'aux deux gabarits Y leur mouvement rotatoire sur eux-mêmes.

A cet effet, l'arbre H est muni des deux pignons d'angle I engrenant avec les roues I', fixées chacune respectivement à l'extrémité des tiges cylindriques J, qui ont la plus grande partie de leur longueur filetée pour traverser les écrous d solidaires de la table mobile B.

Le mouvement de rotation communiqué à ces deux tiges J permet donc, par ce moyen, de déterminer le déplacement longitudinal de la table A, ce qui a pour effet d'amener sur toute leur étendue les pièces X et les gabarits Y à l'action des outils. De plus, ces mêmes tiges, par leurs parties non filetées, fonctionnant comme des arbres simples, communiquent aux pièces X et aux gabarits le mouvement de rotation sur eux-mêmes, lequel doit se combiner avec leur déplacement longitudinal afin d'obtenir le façonnage demandé.

Dans ce but, chaque tige J passe, à son entrée sous la table B, dans une douille qui lui est réunie par un long clavetage, et qui porte la petite roue droite K engrenant avec le pignon K', lequel est fixé sur un bout d'axe dont l'autre extrémité est cramponnée avec l'un des deux gabarits correspondants, de façon à l'entraîner dans son mouvement de rotation. Mais ce bout d'axe porte également le pignon d'angle L commandant le pignon semblable L' monté sur l'arbre horizontal M, lequel, par les pignons N, transmet un mouvement de rotation, identique à celui des gabarits, aux pièces X, dont les pointes d'entraînement sont munies à cet effet de pignons d'angle N'.

Ainsi qu'on a dû le comprendre, tout ce mécanisme est exclusivement solidaire de la table B et se transporte avec elle, ce qui peut avoir lieu sans obstacle et sans que la commande soit interrompue, puisque la réunion des roues droites K avec les deux tiges J s'effectue au moyen d'une clavette engagée dans une rainure, qui présente sur ces tiges une longueur au moins égale à la course de la table.

Le mouvement mécanique de celle-ci ne se produit que dans une seule direction, qui est celle de l'avancement du travail des outils, et lorsque cette table est arrivée à l'extrémité de sa course, et qu'il faut la ramener à son point de départ, on arrête complétement la machine et le mouvement de retour est effectué à la main.

A cet effet, cette table est garnie à sa partie inférieure des deux crémaillères e, qui engrènent avec les deux pignons f montés sur l'axe horizontal g, terminé par un carré destiné à recevoir une manivelle à l'aide de laquelle il est facile de déplacer la table B, moyennant toutefois que l'on ait pris soin d'opérer le débrayage des vis J et des écrous d, d' qu'elles traversent.

La figure 9 montre que ces écrous sont formés chacun de deux parties indépendantes, l'une d' fixe dans la table et lisse intérieurement, et l'autre d filetée et mobile; les deux parties d sont reliées chacune avec la tige plate i, dont l'extrémité opposée est assemblée avec le levier j constamment sous l'action du ressort à boudin j', qui tend incessamment à tenir ces deux parties d'écrous dégagées des deux vis; mais lorsque la machine fonctionne, l'action du ressort est neutralisée par la barre k assemblée par l'une de ses extrémités avec le levier j et s'arrêtant par l'autre sur le verrou l, qui, à cet effet, dépasse la table.

Si donc on repousse ce verrou en arrière, la barre k perd son point d'appui, et le ressort j' est libre d'exercer son action sur le levier j qui, en se déplaçant angulairement, détermine immédiatement le débrayage des deux vis J. Pour opérer, au contraire, l'embrayage, il suffit évidemment d'agir à la main sur le levier j, et le verrou l, pressé par le ressort l', revient à sa place.

Mais pendant le fonctionnement même de la machine, il est indispensable que le débrayage des vis s'effectue automatiquement pour ne pas être exposé à voir le mouvement de la table se continuer au delà de sa limite possible. Il a suffi pour cela de fixer sur le bâti A un talon m (fig. 9), sur lequel le verrou l vient buter par son contre-coude l' au moment même où la table B doit cesser d'avancer. Cette butée a évidemment pour effet de faire reculer le verrou et de supprimer le point d'appui de la barre k, qui se trouve ainsi libre de céder à l'action du ressort j', lequel opère le débrayage dans les conditions expliquées ci-dessus.

Pendant la manœuvre manuelle de la table B, soit dans d'autres circonstances, il est nécessaire de pouvoir relever le châssis D et de le tenir fermement soulevé. On fait usage à cet effet d'un mécanisme très-simple et cependant très-efficace. Les extrémités du châssis sont terminées par des oreilles D', auxquelles viennent s'articuler les deux tiges plates n qui s'assemblent de même par leur extrémité opposée avec les longs leviers O, ceux-ci prenant leur point d'articulation sur le bâti.

Les deux leviers O sont eux-mêmes rattachés chacun par la courroie n' avec l'axe transversal O', qui doit fonctionner, en quelque sorte, comme le tambour d'un treuil et qui, à cet effet, est pourvu du rochet à déclic O². En appliquant une manivelle sur l'extrémité de cet axe, on fait enrouler sur lui les deux courroies n' et on relève ainsi facilement le châssis D, en le maintenant dans toutes les positions voulues.

DÉTAIL DES OUTILS ET DES TOUCHES. — Les figures 10 et 11 représentent en détail, en vues de face et de côté, la disposition de l'un des outils en action, ainsi que l'une des deux touches appliquée sur le gabarit correspondant : on suppose ici le façonnage d'un sabot.

Chaque outil P est composé simplement de deux lames plates engagées dans une mortaise pratiquée dans l'arbre E, où elles sont maintenues par deux vis de pression ; le taillant est en arc de cercle et la rive opposée de chaque lame est disposée suivant une ligne brisée, de façon que les deux lames s'emboîtent l'une sur l'autre.

On voit que dans cette machine le mode d'action des outils sur le bois est complétement différent de ce qu'il était dans la machine Decoster, où les outils étaient en quelque sorte des fraises dentelées, tournant dans un plan perpendiculaire à la direction des pièces et de leur avancement. Ici ce sont donc de simples tranchants lisses, et le plan de leur mouvement de rotation est parallèle au mouvement de la table, puisque l'arbre de commande E lui est perpendiculaire.

Quant aux deux touches Q, elles consistent chacune en un manchon en acier coulé et tourné extérieurement en forme de baril suivant la courbure des outils, et accompagné de chaque bout d'un épaulement à six pans par lesquels la touche s'emboîte dans la chaise Q', fixée par les vis p traversant une coulisse ménagée sur la traverse T du châssis.

L'ajustement à six pans est motivé par la nécessité de changer la position de la touche au fur et à mesure que l'usure se manifeste à son contact avec le gabarit. Les positions différentes sont assurées par les vis q. On règle d'ailleurs très-exactement la hauteur de la chaise au moyen des vis butantes p', qui permettent de l'abaisser ou de la soulever à volonté ; puis le serrage à la hauteur déterminée s'effectue par les vis p.

La mobilisation des deux chaises Q est surtout nécessaire dans le cas où l'opération du façonnage doit s'exécuter en deux ou plusieurs passes successives. Pour chaque nouvelle passe, il faut remonter simultanément les deux guides, et, pour assurer la régularité de ce déplacement, un point de repère et une graduation en millimètres ont été ménagés.

EMPOINTAGE DES PIÈCES ET DES GABARITS. — On a vu que les bois à façonner ainsi que les gabarits sont pris chacun entre deux tiges à griffes, dont l'une des deux doit lui communiquer en même temps le mouvement de rotation.

En se reportant particulièrement au détail fig. 10, on voit comment la première griffe se trouve ajustée dans le support fixe R assujetti sur la table B par deux boulons ; extérieurement, cette griffe porte le pignon d'angle de commande N'.

La seconde griffe doit tourner également dans son support R', dont le service diffère du précédent en ce qu'il peut se déplacer sur la table B, dans laquelle sont pratiquées pour cela de longues coulisses.

ÉVALUATION DES VITESSES. — Une machine semblable offre la curieuse combinaison d'organes fonctionnant à d'énormes vitesses, en rapport avec d'autres qui doivent au contraire se mouvoir avec une extrême lenteur.

Ainsi le premier arbre de commande F fait en moyenne 650 révolutions à la minute et transmet directement aux outils une vitesse de 3200 tours dans le même temps. Le premier intermédiaire, l'arbre H, reçoit de celui F une vitesse de 190 tours par minute, et en transmet une de 32 à la poulie c' qui commande l'arbre des vis J. Celles-ci ne font enfin qu'environ 8 tours à la minute, d'où, en considération de la valeur de leur pas, on en déduit que l'avancement du chariot B porte-pièces n'excède pas 8 centimètres par minute.

Quant aux gabarits et aux pièces qui reçoivent, de la part des vis, un mouvement de rotation accéléré, ils exécutent 23 tours dans le même temps.

MACHINE A CREUSER LE PLAT DES SABOTS
Par M. ARBEY, représentée planche 36, figures 1 et 2.

La figure 1 représente cette machine dans son ensemble en élévation de côté, et la figure 2 en vue de face, la tablette et le chariot porte-pièces coupés suivant 1-2.

Les dispositions d'ensemble de cette machine sont celles d'une mortaiseuse à outil tournant, composée d'un bâti vertical creux A, fondu avec un large patin muni des boulons de scellement, et une tête présentant de face une tablette verticale taillée à queue d'hirondelle pour recevoir la poupée B du porte-outil.

Une longue rainure, pratiquée sur le devant, permet d'engager la tête des boulons qui fixent la tablette à console C à la hauteur convenable. Enfin, une chaise à deux branches D reçoit l'arbre de transmission E, qui est muni des poulies de commande fixe et folle p et p', de la poulie P, actionnant par la courroie F le tambour G du porte-outil, et aussi de la poulie à gorge P' destinée à mettre en mouvement le petit ventilateur V, qui, par le tuyau G', vient chasser devant l'outil les copeaux au fur et à mesure qu'ils se produisent.

A l'extrémité de deux bras fondus avec la poupée B est monté un axe b terminé par la touche b', laquelle se trouve ainsi placée parallèlement à l'outil a et solidaire de la même pièce. Or, celle-ci est reliée par le balancier H et la tringle H' au levier à contre-poids I, articulé sur l'axe i du levier à pédale I', de telle sorte qu'en appuyant sur ce dernier, on fait descendre la poupée et par conséquent ensemble l'outil et la touche. Lorsque le pied cesse d'appuyer sur la pédale, le contre-poids relève le tout.

Sur la tablette C est monté à coulisse un premier chariot J, que l'on fait glisser dans le sens de la longueur de cette tablette en agissant sur le levier à poignée L placé à la droite de l'ouvrier. Un second chariot K est monté sur le premier, et, pour le déplacer dans le sens perpendiculaire, un levier L' est placé à gauche.

Enfin, sur le second chariot est fixé un plateau muni de petites poupées m, qui reçoivent le gabarit M et le sabot à creuser M, placés ainsi parallèlement l'un à l'autre, et obligé de suivre les mêmes mouvements communiqués aux deux chariots aux moyens des leviers L et L'.

La forme de l'outil n'est autre qu'une lame en acier a présentant de chaque côté, sur une hauteur correspondante à la profondeur du creux du sabot, un rebord formant inversément saillie et coupant à la manière d'une fraise.

Le travail de cette machine est extrêmement rapide ; le sabot une fois serré entre les pointes fixes et mobiles de la petite poupée m, l'ouvrier de sa main droite fait avancer ou reculer le chariot inférieur J, tandis que, de sa main gauche, il peut déplacer transversalement le chariot K, ce qui lui permet de faire exécuter au gabarit des mouvements dans tous les sens.

D'autre part, comme la touche b descend avec l'outil sous l'impulsion de la pédale, on comprend qu'en faisant suivre au gabarit ses contours creux par la touche, on obtienne avec la mèche les mêmes contours et la même profondeur dans le sabot.

L'arbre moteur de cette machine est animé d'une vitesse de 500 tours par minute, et comme le rapport de la poulie P et du tambour G est de 1 à 4, l'outil fait dans le même temps 2000 tours.

MACHINE A CREUSER LE FOND DES SABOTS
Par M. ARBEY, représentée planche 36, figures 3 et 4.

La figure 3 représente cette machine en élévation latérale ;

La figure 4 est une vue de face, le socle en fonte coupé, suivant l'axe des outils, par la ligne 3-4.

Au moyen de cette machine, deux sabots M et M' sont creusés à la fois, et entre eux se trouve placé le gabarit N, dans lequel peut pénétrer la touche b fixée sur la tablette du socle en fonte A.

De chaque côté de cette touche sont disposés les deux outils a et a', dont les axes sont montés dans des collets en bronze et sur pointes, et munis de tambours B et B, qui reçoivent les courroies venant des poulies motrices.

Le gabarit et les deux sabots sont appuyés en dessous sur des griffes et serrés en dessus par les vis des petites poupées *m* fixées sur des plaques C, articulées haut et bas sur des traverses; celle du haut est une barre plate *e* reliée au levier de manœuvre L, au moyen duquel on déplace à volonté et à la fois, de droite à gauche ou inversement, le gabarit et les deux sabots.

On fait aussi osciller parallèlement les trois plaques C sur la traverse inférieure D, qui est montée sur des pointes *d* vissées à des consoles boulonnées sur le chariot E, lequel peut se déplacer verticalement le long du bâti F monté à coulisse sur le socle A de la machine.

Un second levier à poignée L', réuni par le lien *e* à la traverse *e*, et qui, par la bielle articulée *e'*, a son point fixe d'oscillation sur la colonnette *f* fixée au chariot, permet d'incliner à volonté tout l'ensemble du châssis des porte-sabots et du porte-gabarit, de telle sorte qu'en agissant sur les deux leviers L et L' à la fois, on peut faire accomplir à ce châssis tous les mouvements nécessaires pour faire suivre au gabarit sur la touche fixe *b* toutes les sinuosités du creux que les deux outils doivent pratiquer simultanément au fond des deux sabots.

Il faut aussi que, pendant que l'ouvrier manœuvre les leviers L et L', le châssis descende lentement pour que les outils puissent pénétrer à la profondeur voulue. Ce mouvement est produit par la vis *g*, qui entraîne un écrou fixé derrière le chariot E et qui, dans ce but, est muni à son extrémité inférieure d'une roue à denture hélicoïdale *h* engrenant avec une vis sans fin *h'*, dont l'axe porte une roue d'angle G commandée par une roue semblable H fixée sur l'arbre moteur I, de telle sorte que la vitesse de celui-ci n'est que de 60 tours par minute.

A l'extrémité de cet arbre sont montées folles les deux poulies P et P', qui reçoivent chacune une courroie, l'une à plat, l'autre croisée, de façon à ce qu'elles puissent tourner en sens inverse l'une de l'autre; entre elles est un manchon à griffes *i*, qui permet de les rendre fixes sur l'arbre, et par suite celui-ci peut se trouver entraîné dans l'une ou l'autre des deux rotations des poulies. Il en résulte un mouvement à droite ou à gauche de la vis *g*, et le chariot E monte ou descend.

Le déplacement du manchon à griffes au moyen duquel on peut produire ce double embrayage et aussi l'arrêt de l'arbre I, lorsqu'il est placé au milieu des deux poulies P et P', est obtenu à la main ou automatiquement.

Dans le premier cas, l'ouvrier agit sur la manivelle M clavetée à l'une des extrémités de l'arbre horizontal K, qui porte à son autre extrémité le levier *k* engagé dans la gorge du manchon.

Dans le second cas, ce sont les deux tocs *j* qui, lorsque le chariot est arrivé à fin de course, haut et bas, viennent rencontrer l'une des deux bagues correspondantes *l* fixées à la tige verticale L, et comme celle-ci est reliée par son extrémité inférieure au moyen du levier L' avec l'arbre K, cet arbre oscille et, par la fourchette *k*, déplace le manchon *i*.

La vitesse communiquée aux outils doit être dans cette machine de 3500 tours environ par minute.

En faisant usage des trois machines, la première façonnant extérieurement six sabots à la fois, la seconde creusant le plat d'un sabot et la troisième creusant le fond de deux sabots, on peut aisément produire par journée de dix heures 180 à 200 paires.

MACHINE A FABRIQUER LES ROUES DE VOITURES

Par M. GUILLET, représentée planche 36, figures 5 à 12.

Bien que l'usage des machines à travailler le bois dans la fabrication des roues de voiture soit assez répandu, il n'y a encore que quelques grands établissements en France qui soient organisés pour une production réellement mécanique. Un des plus anciens est celui des ateliers de construction des omnibus de Paris, que M. Philippe installa vers 1828.

Dans une notice que nous avons publiée dans le *Génie industriel*, volume XXX, numéro d'octobre 1865, nous avons rappelé que ces ateliers, d'abord établis à Paris, rue du Chemin-Vert, étaient actuellement rue des Poissonniers, où ils ont été considérablement agrandis et augmentés d'un outillage perfectionné, mais dans lequel pourtant on retrouve la plupart des premières machines, vraiment très-remarquables, que M. Philippe y avait installées, et dont une collection complète de modèles réduits au 1/5 se trouve au Conservatoire des arts et métiers.

De son côté, M. Guillet a combiné toute une série de machines au moyen desquelles les opérations multiples nécessaires à la confection d'une roue peuvent se faire dans des conditions de rapidité et d'économie exceptionnelles.

Les machines qu'il a imaginées dans ce but sont assez nombreuses ; nous allons les énumérer, et nous décrirons ensuite en détails celles qui nous ont paru présenter le plus d'intérêt.

Dans une roue, on le sait, il y a trois parties constitutives à considérer : 1° le moyeu ; 2° les rais ; 3° la jante.

MOYEU. — La fabrication du moyeu nécessite trois opérations :

La première, très-simple, consiste à centrer et à percer le bloc de bois dans lequel le moyeu doit être pris. La machine est une sorte de tour dont la poupée porte une mèche qui doit percer le bloc, lequel est fixé sur un chariot que l'on manœuvre à l'aide d'une vis pour le faire avancer, de façon à faire pénétrer la mèche.

La deuxième opération est le façonnage, qui, par le procédé de M. Guillet, consiste, non plus à placer le bloc de bois sur les pointes d'un tour et à lui présenter l'outil qui doit lui donner la forme voulue, mais au contraire à maintenir le bloc, relativement fixe, sur un axe monté sur un chariot, et à faire usage d'un porte-outil tournant à une grande vitesse.

Ce porte-outil est garni, suivant son axe, d'une lame profilée d'après la forme exacte que doit avoir le moyeu, et sur ses côtés latéraux de segments dentés qui sont destinés à l'araser à la longueur voulue, et qui, en même temps, le dressent de manière à présenter des faces exactement parallèles.

La lame profilée est disposée pour attaquer d'angle, c'est-à-dire pour agir préalablement sur les angles vifs ou parties saillantes avant les fonds. Le bloc de bois qui doit former le moyeu et que l'on présente au-devant de cette lame, animée d'une grande vitesse, tourne également, mais très-lentement et en sens inverse.

Il résulte de ces combinaisons que l'on peut monter sur cette machine le bloc non dégrossi, parce que l'outil attaque le bois, quelle que soit l'épaisseur à enlever, avec une netteté et une rapidité remarquables.

La troisième opération consiste à pratiquer les mortaises autour du moyeu. A cet effet, M. Guillet fait usage d'une machine à mèche hélicoïdale rotative qui agit verticalement, contrairement à celle de M. Périn, représentée planche 32, mais qui, cependant, ne diffère de celle-ci que par l'agencement des organes dont elle est formée, par le fait même de la direction perpendiculaire donnée à la mèche.

RAIS. — Le façonnage des rais est obtenu au moyen de trois machines. La première, qui a pour but d'équarrir les morceaux de bois destinés à la fabrication, est des plus simples : c'est une sorte de banc en fonte dressé en dessus dans le sens longitudinal pour recevoir, dans des coulisseaux, un chariot muni de griffes au moyen desquelles le bois doit être maintenu. De chaque côté, au milieu de sa longueur, le banc est fondu avec deux consoles destinées à recevoir respectivement une poupée dont l'axe porte une poulie motrice et une scie circulaire. Les poupées sont montées sur leurs consoles dans des coulisseaux à queue d'hironde et munis de vis de rappel, de sorte que l'on peut rapprocher ou éloigner à volonté l'une de l'autre les deux scies, et, par conséquent, régler l'espace laissé entre elles pour le passage du bois qu'elles doivent débiter.

La seconde machine, disposée pour donner la forme et les contours voulus au bois équarri par la première, présente des combinaisons mécaniques tout à fait spéciales, mais le principe du fonctionnement est analogue aux machines Barros, Decoster et Arbey, c'est-à-dire que l'on retrouve toujours l'usage du gabarit, de pièces tournantes et de fraises.

Enfin, la troisième machine sert à faire les tenons qui doivent exister aux extrémités des rais ; on pourra se rendre compte de ses dispositions à l'examen de la figure 5, planche 36.

JANTE. — Cinq machines concourent à la fabrication des jantes ; ce sont :

1° Une machine à débiter les segments suivant l'épaisseur déterminée ; nous en donnons plus loin une description sommaire ;

2° Une machine à conformer circulairement lesdits segments ; elle est représentée par les figures 6 et 7 ;

3° Une machine qui sert à la fois à couper de longueur les segments et à percer à leurs extrémités un trou pour opérer leur jonction ; elle est représentée par les figures 8 et 9 ;

4° Une machine à mortaiser lesdits segments, représentée figures 10 et 11 ;

5° Enfin une machine à équarrir les deux extrémités des mortaises faites à l'aide de la machine précédente.

Cette énumération montre que toutes les opérations nécessaires pour fabriquer les trois parties constitutives d'une roue sont effectuées mécaniquement. Voyons actuellement quelles sont les dispositions spéciales de ces machines. Nous passerons les machines à façonner les moyeux et les rais.

Machine à faire les tenons aux extrémités des rais, représentée figure 5.

Cet outil est extrêmement simple. Il se compose d'un bâti en fonte formé de la flasque A entretoisée avec une partie semblable par le bâti intermédiaire A' ; la partie supérieure des deux flasques verticales est dressée pour recevoir la table mobile B, qui peut y glisser horizontalement au moyen d'un assemblage à queue.

Cette table est mise en mouvement à la main par la manivelle a, dont l'axe porte le pignon b engrenant avec la crémaillère c fixée en dessous ; sur sa face supérieure se trouve fixée l'arcade C, pourvue d'écrous pour le passage de la vis de pression D qui permet, ainsi qu'une petite vis latérale e, de maintenir le rai X sur la table.

Quant à l'outil à tenons, dont M. Guillet fait un emploi très-général, il est constitué par deux plateaux E, qui ont leur circonférence relevée sous forme de dents tranchantes ; ces deux plateaux, isolés l'un de l'autre d'une quantité correspondante à l'épaisseur que doit avoir le tenon, sont montés sur l'axe vertical f, dont les supports appartiennent au bâti de face A, et qui est pourvu de la poulie de commande P à laquelle le mouvement est donné au moyen d'un renvoi disposé ad hoc.

Cet outil étant animé d'une vitesse de rotation très-rapide, et le rai fixé sur la table, comme il vient d'être dit, on mobilise cette table au moyen de la manivelle de commande a, de façon à amener le rai vers les outils tournants E ; alors le contact ayant lieu, les deux plateaux attaquent le bois, puis on continue l'avancement du rai jusqu'à ce qu'on ait dépassé les outils. C'est ainsi que le tenon se trouve abattu, et le temps nécessaire n'exige pas plus d'une demi-seconde.

Nous devons faire observer que ce tenon devant être oblique, conformément à la disposition même de l'assemblage du rai avec le moyeu et la jante, on doit avoir le soin de donner à ce rai, par rapport au plan de la table, l'inclinaison voulue pour obtenir la coupe requise.

Machine à tirer les segments d'épaisseur.

FABRICATION DES JANTES. — Les segments de jante, préalablement débités dans le sens de leur épaisseur et suivant leur chantournement, sont ensuite tirés exactement d'épaisseur à l'aide d'une machine, qui a pour base un bâti sur lequel se trouve monté un premier axe vertical porteur d'un croisillon disposé horizontalement, et à la circonférence duquel on fixe convenablement, en trois points différents, les segments qu'il s'agit de tirer d'épaisseur.

L'outil travaillant est complétement analogue à celui E de la machine représentée figure 5, et son montage sur le bâti de la machine actuelle est aussi absolument identique ; l'écartement des deux plateaux qui le composent correspond d'ailleurs d'une façon précise à l'épaisseur que doivent avoir les segments. En faisant tourner le croisillon, chaque segment est amené à l'action de l'outil.

Deux ouvriers sont nécessaires pour le service de cette machine et sont employés, indépendamment du mouvement à donner au croisillon, à monter et démonter les segments bruts ou travaillés. Ces segments, ainsi tirés d'épaisseur, sont soumis à la machine que nous allons décrire et qui a pour objet de leur donner la forme circulaire.

Machine à conformer les segments de jantes, représentée figures 6 et 7.

Cette machine, destinée à conformer les segments de jantes suivant la largeur radiale et le diamètre auxquels ils doivent correspondre, offre beaucoup d'analogie, quant à la manœuvre, avec la précédente. Elle se compose du banc horizontal en fonte A, sur lequel peut se déplacer le chariot B à l'aide de la vis a et de sa manivelle a' ; ce chariot n'est autre qu'un plateau traversé par l'axe vertical b, sur lequel est monté par sa douille centrale le croisillon à six branches C, destiné à recevoir à la fois trois segments X' à conformer.

A l'extrémité opposée du banc se trouve monté un outil, consistant en un plateau D dont le bord est relevé et disposé en dents tranchantes; à côté de ce premier outil s'en trouve situé un second D', d'une disposition analogue, mais monté sur le chariot E qui peut se mouvoir sur le banc A dans les conditions ordinaires, et à l'aide de la manivelle F.

Comme l'intervalle des deux outils D et D' doit correspondre exactement à la largeur radiale que doivent avoir les segments, on conçoit qu'il est indispensable que l'un de ces deux outils soit mobilisable, de façon à pouvoir varier cette largeur.

Quant au rayon des segments, il est également réglable à volonté et dépend justement de la position du croisillon C, qui est déterminée, ainsi que nous l'avons vu, par la mobilisation *ad libitum* du chariot B sur lequel il est monté.

Les branches du croisillon C sont, en définitive, autant de coulisses pour l'application de presses G à l'aide desquelles on fixe les segments X', qui reposent chacun sur une cale en bois c appuyée elle-même sur des supports d.

Les segments ainsi assujettis et la réglementation de la machine assurée, quant à la largeur radiale des segments et à leur rayon, on voit qu'il suffit de faire tourner le croisillon à la main, de façon à faire passer chaque segment l'un après l'autre dans l'intervalle qui sépare les outils D et D', passage qui ne peut s'effectuer complétement qu'autant que les outils ont terminé leur action respective, extérieurement et intérieurement.

On comprend que la machine étant disposée pour recevoir trois segments à la fois, on a eu pour but de donner le temps nécessaire pour démonter chaque segment fini et lui en substituer un autre, dans le moment même que l'un des trois est soumis à l'action des outils.

Machine à araser et à percer, représentée figures 8 et 9.

Les segments, après avoir été soumis à la machine précédente, ont acquis leur forme exacte, mais il reste encore à les couper de longueur ou araser, puis à percer sur chacune de leurs deux extrémités un trou destiné à l'emmanchement du goujon à l'aide duquel s'opère la jonction des segments entre eux ; puis il y a encore à les mortaiser pour leur assemblage avec les rais.

La machine, représentée en élévation figure 8 et en projection horizontale figure 9, est destinée à opérer successivement l'arasement et le perçage. Elle est constituée par le banc en fonte A, sur lequel la table B peut prendre un mouvement rectiligne à l'aide d'une crémaillère, du pignon b et de la manivelle a appliquée sur l'axe du pignon.

Sur la table se trouve montée la potence C pourvue de la vis D, au moyen de laquelle on maintient le segment X' sur la table, qui porte à cet effet, et monté à coulisse, le butoir I sur lequel le segment vient s'appuyer en occupant la position qui convient à la coupe de l'arasement.

Le banc A est fondu avec un appendice A', sur lequel est monté un petit arbre horizontal muni de la scie circulaire E et de sa poulie motrice P.

Sur la face verticale de ce même appendice est monté le chariot F, dont la hauteur verticale est réglable à volonté au moyen de la vis e.

Ce chariot est muni des paliers f dans lesquels tourne l'axe g, qui porte d'un bout la poulie P' et du bout opposé la mèche hélicoïdale m, employée au perçage du trou qui doit être pratiqué aussitôt l'arasement terminé.

Comme cette mèche et, par conséquent, son axe doivent être, pour agir, déplacés longitudinalement dans les supports, l'axe est pourvu à cet effet d'une bague à gorge *i*, dans laquelle est engagée une petite fourche appartenant à la tringle plate *j* montée à coulisse sur les chapeaux des supports *f*. Cette tringle est reliée, par la petite bielle *k*, avec le levier à main L, articulé sur une oreille appartenant au chariot, et à l'aide duquel on donne alors à l'ensemble de l'arbre le mouvement longitudinal nécessaire pour faire pénétrer la mèche dans le bois.

Rien n'est donc plus facile que de comprendre le fonctionnement de cet outil. Le segment X' étant assujetti sur la table, on fait avancer celle-ci vers la fraise qui opère l'arasement, puis on ramène la table qui s'arrête alors sur le butoir H, dont la position est réglée de telle façon que l'extrémité arasée vienne se présenter très-exactement en face de la mèche ; on fait entrer cette dernière en fonction en l'approchant à l'aide du levier à main L, et l'opération est terminée.

Un arrêt réservé à ce dernier outil permet encore de limiter très-exactement la profondeur du trou à percer.

Il est à peine nécessaire d'ajouter que l'arasement, pour chacune des deux extrémités, doit se faire d'abord pour l'une des deux et pour toute une série de segments, car c'est d'après le premier arasement que le second peut être pratiqué avec exactitude.

Machine à mortaiser, représentée figures 10 et 11.

Cet outil n'offre de particularités remarquables que l'oscillation de la table B sur laquelle se fixe le segment X', et qui se trouve montée sur le bâti A. Cette disposition est nécessaire parce que la mortaise à pratiquer doit présenter un peu de *conicité*, ou mieux d'*entrée*, pour l'emmanchement du tenon.

Cette table B est effectivement retenue sur le banc par un seul boulon *a* d'après lequel elle peut pivoter horizontalement, l'amplitude de l'oscillation étant déterminée au moyen des vis butantes *b* et *b'*.

Le segment X' est maintenu à l'aide de la presse C et par une pièce d'arrêt D, dont la position est variable sur le bras à coulisse de la table, qui a son extrémité pourvue d'une poignée *c* par laquelle on lui fait décrire le mouvement oscillatoire.

Quant à la mèche *m*, qui permet le mortaisage, elle est fixée à l'extrémité de l'axe *g* tournant dans les paliers *f* réservés au chariot F appliqué sur le bras A' du bâti, et mobilisable verticalement au moyen de la vis *e*.

Cette mèche, commandée par la poulie P', est mobilisée longitudinalement, comme dans la machine précédente, en agissant sur le levier à main·L, qui se rattache par la bielle *k* à la tringle à coulisse *j*, à laquelle est fixée une fourche ou un goujon engagé dans la gorge *i* réservée à l'arbre *g*.

Ainsi l'ouvrier appliqué à cet outil fait de la main gauche osciller la table B, et de la main droite fonce la mèche pour pratiquer le mortaisage.

Machine à équarrir les mortaises, représentée figure 12.

Cette machine est composée du bâti A, sur l'une des faces verticales duquel est montée à chariot la table B destinée à recevoir le segment X', qui y est assujetti dans les mêmes conditions que précédemment, c'est-à-dire au moyen de la presse C et de l'arrêt variable D.

La partie supérieure du bâti A présente deux rainures convergentes dans lesquelles sont ajustées les deux barres méplates E, reliées par les deux liens *a* avec l'écrou de la vis *b* qui est fixe, quant au sens longitudinal, et dont l'extrémité peut recevoir une manivelle pour la mettre en mouvement. Deux bédanes F sont fixés aux extrémités des barres E.

Par conséquent, en faisant tourner la vis *b* dans le sens convenable, l'écrou se déplace et les deux liens *a* poussent les barres E, qui s'avancent vers le segment en suivant les coulisses obliques dans lesquelles elles sont ajustées. Il en résulte que les bédanes F pénètrent dans la mortaise à équarrir, et sous l'angle voulu pour lui donner l'entrée dont il a été question à propos de la machine précédente. Ils dressent ainsi simultanément les deux côtés que la mèche avait laissés ronds.

OBSERVATIONS GÉNÉRALES. — Il n'est pas sans intérêt de faire observer en terminant, que toutes les machines qui viennent d'être décrites sont établies de manière à pouvoir servir indifféremment à la préparation des parties constitutives des roues de tout diamètre ordinairement en usage, résultat obtenu par la combinaison des organes qu'on peut aisément déplacer et régler.

Comme production, l'avantage qui peut résulter de l'emploi d'un semblable outillage est très-sensible; l'auteur, pour nous en donner une idée, nous a assuré qu'il peut arriver en fabrication courante à terminer complètement tout le façonnage d'une roue, prête à être montée, en dix minutes.

FABRICATION MÉCANIQUE DES BOIS DE FUSILS.

Si la France peut revendiquer, grâce à M. Émile Grimpé, l'idée première de l'outillage mécanique pour la fabrication des bois de fusils, il n'en est pas de même de sa réalisation pratique, qui constitue, dans son entier, une création américaine et dont l'auteur est M. Boukland, ingénieur de la manufacture nationale de Springfield. Nous devons la communication des renseignements qui suivent à M. Kreutzberger, qui est l'importateur en France des machines, auxquelles il a apporté de notables perfectionnements.

L'industrie des armes, en Amérique, ne possédait pas, après la guerre de 1812, des centres de fabrication comme il en existait en Europe, à Birmingham, Liége, Saint-Étienne et autres villes manufacturières; à cette même époque, il n'existait, pour ainsi dire, en Amérique, aucune manufacture d'armes, et le blocus ainsi que les besoins créés par les guerres de l'Empire amenèrent le Congrès américain à décréter la création de la manufacture de Springfield et à donner tous les encouragements possibles à l'industrie privée, dont les fondateurs en ce genre furent surtout MM. Whitney, à New-Haven, et Remington, à Ilion.

Néanmoins une pareille entreprise devait présenter des difficultés, car toute industrie spéciale exige des hommes aptes à l'exercer, et dont le concours fit, au début, défaut aux Américains, attendu qu'à cette époque les gouvernements européens occupaient dans leurs manufactures d'armes tous les ouvriers et hommes spéciaux à cette industrie. Les Américains se mirent donc à l'œuvre et, avec leurs propres ressources et le génie qui les distingue, créèrent cette industrie mécanique toute moderne. Elle eut naturellement pour but et pour moyen l'établissement de pièces construites avec la plus rigoureuse exactitude et pouvant se substituer les unes aux autres, ainsi que l'exige le montage d'armes dont toutes les pièces ont été faites séparément et par des procédés mécaniques.

C'est à la manufacture de Springfield que furent construites les premières machines qui effectuent les opérations les plus difficiles, telles que l'encastrement du canon et de la platine, et, peu à peu, toutes les opérations entrèrent dans le domaine de la mécanique. Finalement, la fabrication d'un bois de fusil ne subit plus d'autre opération manuelle que celle du finissage extérieur à la lime douce, du papier de verre, ou polissage.

Le travail des machines à bois américaines est d'une merveilleuse précision, tout y est prévu : l'usure des outils n'amène aucune différence dans le travail produit ; le réglage des coupes à obtenir est imaginé de la manière la mieux entendue ; la fabrication est d'une sécurité absolue, malgré la variété des formes que présente un bois de fusil.

Mais il est aisé de comprendre que, pour atteindre à un pareil résultat, le bois de fusil doit passer par une série d'opérations nombreuses, jusqu'au point où il peut être remis à l'ouvrier polisseur, puis à l'ouvrier monteur, qui ne fait usage, à cet effet, que de très-peu d'outils et auquel les retouches sont chose presque inconnue.

En résumé, les différentes machines destinées à la fabrication mécanique des bois de fusils constituent la série suivante :

1° Scie à ruban pour chantourner la forme du bois ;

2° Scie circulaire pour en dresser une face et couper les deux extrémités ;

3° Machine à centrer les deux extrémités ;

4° Machine à dégrossir le fût ;

5° Machine à dégrossir la crosse.

A la suite de cette première série d'opérations, qui ont surtout pour objet le débit et le dégrossissage, les bois sont soumis à un séchage de quelques jours pour leur laisser accomplir le travail qui s'effectue inévitablement pour tous les bois nouvellement débités et sortis de la masse.

La série des opérations est ensuite reprise pour une nouvelle rectification de la forme extérieure, savoir :

6° et 7° Machines à faire les portées et à encastrer le canon ;

8° Machine à profiler ;

9° Machine à encastrer le ressort de la gâchette ;

10°, 11° et 12° Machines à encastrer la sous-garde, à faire les arasements des deux extrémités, crosse et fût, à encastrer la plaque de couche.

Toutes les opérations principales du travail d'encastrement étant faites, on termine ensuite le bois extérieurement à l'aide des machines suivantes :

13° Machine à façonner l'emplacement des garnitures, grenadière, capucine et embouchoir ;

14°, 15° et 16° Machines à tourner le fût, la poignée et la crosse ;

17° Machine à encastrer les ressorts de garniture et à creuser le canal de la baguette ;

18° Machine à percer le logement de la baguette ;

19° Machine à tarauder les trous pour les vis de plaque de couche et de sous-garde.

Les opérations manuelles sont au nombre de deux : le polissage ou finissage extérieur du bois, dont un ouvrier fait 25 à 30 pièces par jour ; puis enfin le montage de l'arme, un ouvrier terminant 100 à 120 fusils dans le même temps.

Cette première énumération faisant connaître que chacune de ces machines est appropriée à une opération particulière, nous allons résumer rapidement le fonctionnement de chacune d'elles.

OPÉRATIONS 1 A 5. — Les bois de fusils sont ordinairement fournis à la fabrique sous une forme qui s'approche, jusqu'à un certain point, de celle du fusil lui-même, mais qui résulte néanmoins d'un véritable débit en gros : il convient donc de régulariser cette forme, ce qui se fait au moyen de la scie à ruban, et après avoir indiqué le débit à l'aide d'un gabarit appliqué directement sur le bois brut.

A la suite de cette première opération, qui ne détermine que le contour approximatif de la pièce, il est nécessaire d'en dresser l'une des faces, dressage qui résulte d'une levée faite à la scie circulaire. On place, à cet effet, le bois sur un chariot mécanique qui présente les points d'appui voulu pour que le bois s'y maintienne en s'y appuyant par les différents points de son contour, et, à l'aide de ce chariot, le bois est soumis régulièrement à l'action de la scie. Par un procédé analogue, c'est-à-dire en montant de nouveau ce bois sur un chariot disposé avec des buttoirs, on en arase les extrémités avec une scie circulaire.

La troisième opération ne consiste qu'à piquer des centres sur chaque extrémité du bois, en rapport avec son point central.

Il est possible alors de procéder à la quatrième et à la cinquième opération, c'est-à-dire le tournage du fût et le dégrossissage de la crosse, mais seulement pour se rapprocher davantage de la forme définitive.

Il est en effet nécessaire, ainsi qu'on l'a dit plus haut, que le bois ainsi dégrossi subisse, pendant quelques jours, une dessiccation naturelle; condition indispensable à remplir pour la transformation de bois bruts en pièces ouvrées et fouillées en tous sens et dont on veut éviter tout jeu ultérieur qui en altère la forme.

OPÉRATIONS 6 A 19. — La première opération à effectuer sur les bois préparés par les cinq opérations précédentes, consiste à produire des parties planes de distance en distance, en rapport avec les points d'appui réservés sur les outils mécaniques destinés aux opérations suivantes.

La première de celles-ci, c'est-à-dire la septième, est la gouttière pour l'encastrement du canon, qui désormais va servir de guide dans toutes les opérations qui viennent à la suite. Cette gouttière pouvant être effectivement considérée comme axe géométrique du fusil, le bois est monté sur un faux canon et placé ainsi sur un outil servant à profiler le dessus du bois, deux des côtés et le contour de la crosse. L'encastrement du canon est ensuite achevé à l'aide d'une machine à cinq outils, qui sert également à creuser la place du ressort de la gâchette.

La dixième opération a pour objet l'encastrement de la sous-garde, à l'aide de la machine représentée planche 37, figures 1 à 6. Nous montrerons que cette machine est basée sur le principe d'un outil perceur ou fouilleur, permettant, au moyen de calibres que suit un guide semblable à l'outil, de pratiquer des entailles très-délicatement ouvertes, suivant la forme et l'épaisseur très-exacte des pièces qui doivent y être encastrées.

Les arasements du bois sont ensuite rectifiés; puis on pratique l'encastrement de la plaque de couche à l'aide d'une machine analogue à celle dont nous venons de parler, mais avec un dispositif particulier nécessité par la position que cet encastrement occupe à l'extrémité du bois.

Nous sommes parvenus à la treizième opération, qui est l'objet de la machine représentée planche 37, figures 7 à 10 et qui sert à façonner l'emplacement des garnitures. On verra, par la description détaillée de cette machine, que le bois monté sur un faux canon tournant est soumis à l'action de plusieurs outils, qui ne l'attaquent qu'aux places que doivent occuper les pièces destinées à relier ensemble le canon et le bois, tandis que les autres parties ne sont encore qu'ébauchées.

Puis suivent les opérations 14, 15 et 16, auxquelles correspondent des machines analogues à la précédente, et au moyen desquelles le bois est totalement achevé dans sa forme extérieure par le tournage du fût, de la poignée et de la crosse.

On comprend facilement que le résultat de ces dernières opérations, procédant après un dégrossissage préalable et après que les outils n'ont plus, par conséquent, que peu de bois à enlever et d'une manière régulière, doit être tel qu'on peut l'attendre d'outils qui n'ont à mordre que légèrement et ne sont jamais fatigués.

Nous n'insisterons pas sur les opérations 17, 18 et 19 dernières, qui ont pour objet, comme la nomenclature ci-dessus l'indique, l'encastrement des ressorts de garnitures, l'emplacement de la baguette et le taraudage des trous pour les vis de plaque de couche et de sous-garde.

Si nous nous sommes étendu sur cet exposé, dans lequel les diverses machines sont seulement citées et non pas décrites, c'était pour montrer comment le façonnage d'un bois de fusil est en effet entièrement mécanique, et pour faire connaître surtout la place occupée dans cette longue série par les outils que nous allons décrire. Il est vrai de dire que ces deux machines, représentées planche 37, constituent les deux types sur lesquels sont basées celles que nous n'avons fait que citer.

C'est par la machine destinée à pratiquer les encastrements, tels que ceux de la sous-garde et du battant de crosse, que nous allons débuter, laquelle correspond à la dixième opération.

MACHINE A PRATIQUER LES ENCASTREMENTS

Représentée planche 37, figures 1 à 6.

Cet outil, aussi remarquable par la simplicité de son principe que par le génie de ses détails d'exécution, consiste, dans son ensemble, en une machine à percer quadruple, dont chacun des outils agit comme dans les machines dites à défoncer, décrites pages 244 et suivantes.

Dans la machine actuelle en effet, comme dans celles à défoncer, l'outil est une simple mèche tournante que l'ouvrier dirige à son gré, soit pour lui faire suivre un contour déterminé, soit pour la faire plonger plus ou moins. Avec la machine à défoncer ordinaire, l'ouvrier n'a souvent pour guide que le tracé fait sur la pièce; tandis que cette machine étant destinée à une fabrication fixe, consistant en opérations semblables et répétées un très-grand nombre de fois, la direction de l'outil est confiée à des guides mécaniques reproduisant avec la plus grande exactitude la forme des entailles et encastrements à pratiquer.

En somme, nous devons considérer, dans cette machine, deux parties distinctes, savoir : l'outil travaillant proprement dit et l'appareil spécial disposé pour recevoir la pièce et les guides ou calibres, appareil en quelque sorte superposé à la machine elle-même et qui varie nécessairement avec la nature même des opérations.

ENSEMBLE DE LA MACHINE PORTE-OUTILS. — La figure 1ʳᵉ représente cette machine en vue de côté ;

La figure 2 en est une vue de bout, quelques parties également en coupe ;

La figure 3 en est une projection horizontale extérieure.

Comme ces figures l'indiquent, la machine a pour base un banc en fonte composé d'une table A montée sur deux chevalets A' ; sur ce banc s'élèvent deux colonnes B et C, dont l'une sert de centre rotatif à un châssis D à quatre ventaux semblables, et dont chaque ventail porte le système mécanique d'un outil travaillant y ; les deux colonnes B et C sont reliées par leur partie supérieure au moyen du bâti triangulaire A², dont le sommet maintient l'extrémité supérieure d'un axe de commande vertical E qui traverse une troisième colonne C', également montée sur la table A, lequel arbre se rattache, au-dessous de celle-ci, au mécanisme de la commande que nous décrirons bientôt.

En principe, on voit déjà que ce châssis à quatre ventaux, que l'on fait tourner sur lui-même à la main, est organisé de façon que chacun de ses ventaux et l'outil qu'il porte puissent venir s'installer entre les deux colonnes où se trouve aussi placée, sur la table, la pièce à travailler, cette facile substitution d'un outil à l'autre devenant nécessaire lorsqu'un même travail donné exige en effet, pour le parfaire complétement, plusieurs outils de diamètres ou de profils différents.

D'après cela, il est facile de comprendre que, chacun de ces outils entrant en action indépendamment des autres, le mécanisme à l'aide duquel le mouvement de rotation lui est communiqué doit être aussi disposé en conséquence de cette substitution. Voici en quoi consiste ce mécanisme, qui est une des parties les plus ingénieuses de la machine :

On voit tout d'abord, sans entrer, quant à présent, dans des détails plus circonstanciés, que chaque outil y est fixé à l'extrémité inférieure d'un axe vertical F appartenant à un chariot avec lequel il peut monter et descendre, en même temps qu'il peut se déplacer horizontalement, et que cet axe porte à sa partie supérieure une poulie fixe F'. D'autre part, on remarque une poulie folle F² montée sur un goujon dépendant du châssis triangulaire A², et dont l'axe géométrique, situé vers le milieu de l'intervalle des deux colonnes, est précisément celui avec lequel vient coïncider l'arbre porte-outil au moment où chaque ventail du châssis tournant D est amené entre les deux colonnes.

Or, l'arbre vertical E, qui est mis en mouvement par la commande principale, porte un large tambour F³ correspondant, par la courroie droite a, avec la poulie folle sur laquelle cette courroie se tient exclusivement lorsqu'aucun outil ne travaille ; mais aussitôt que l'un des quatre outils est amené dans la position active, le chariot sur lequel il est monté vient se placer, à l'aide d'un repère invariable, de manière que la poulie fixe F' se trouve en rapport exact avec la poulie folle F², d'où la courroie, dirigée par une fourchette d'embrayage, descend sur la poulie fixe et détermine le mouvement de l'outil.

C'est cette dernière position qu'indique le ponctué de la courroie *a* (fig. 1). Alors, dès l'instant où cette courroie se trouve entièrement passée sur la poulie fixe, elle suit aisément le porte-outil dans ses déplacements verticaux et horizontaux ; mais quand on veut suspendre le mouvement de l'outil, on la ramène sur la poulie folle. Il en est évidemment de même à chaque changement d'outil, c'est-à-dire à chaque fois qu'on fait tourner le châssis D pour amener un nouvel outil en action.

Cet aperçu d'ensemble peut se compléter par quelques mots sur la transmission de mouvement.

La commande principale vient de l'arbre horizontal G pourvu à cet effet, à son extrémité, de la poulie fixe G', près de laquelle se trouve la poulie folle G², mais montée sur une douille fixe que l'arbre G traverse librement. Cet arbre porte une grande poulie à gorge H qui, par une corde *a'* et deux poulies de renvoi en retour d'équerre H' et H², transmet le mouvement à la poulie E' fixée sur l'extrémité inférieure de l'axe vertical E.

Ce système de transmission consiste dans la communication d'un mouvement en retour d'angle à l'aide d'une seule corde continue, à laquelle il devient facile de donner tout le développement nécessaire. Avec un peu d'attention, on peut retrouver sur le dessin le mode d'enroulement de cette même corde continue *a'* autour des quatre poulies H, H', H² et E'.

Ainsi, partons du brin n° 1 qui passe de la poulie H à la poulie H' ; on voit qu'il enveloppe à moitié cette dernière poulie et en sort sous le n° 2 réunissant les poulies H' et E' ; il entoure cette dernière à moitié, s'en échappe sous le n° 3 pour envelopper à moitié la poulie H², d'où il fait retour, sous le n° 4, vers la poulie H qu'il enveloppe à moitié pour redevenir le n° 1.

Quand nous disons que les brins entrent ou sortent, ce n'est que pour indiquer une direction ; quant au sens réel du mouvement, il peut aussi bien se produire dans une direction que dans l'autre.

Telles sont les fonctions générales de cet outil ; il ne nous reste qu'à indiquer la position de la pièce soumise à son action.

Cette pièce, qui est le bois de fusil X, est placée sur une sorte de chariot dont le support I repose sur la table entre les deux colonnes.

Pendant que l'ouvrier, au moyen de la main gauche et d'un moulinet I', fait mouvoir le bois de fusil longitudinalement, il tient avec la main droite la poignée d'un levier D', à l'aide duquel il donne au chariot porte-outil les mouvements nécessaires pour faire plonger cet outil dans le bois et lui faire suivre la forme de l'entaille à pratiquer, dirigé par un guide disposé *ad hoc*.

CONSTRUCTION DU CHASSIS A VENTAUX PORTE-OUTIL. — Le châssis porte-outils est formé de deux platines D, découpées sous la forme de croisillons à quatre branches et montées sur un fourreau B' (fig. 2) enfilé sur la colonne B, qui présente à cet effet des parties saillantes tournées. Ce fourreau s'ajuste sur un rebord réservé à la colonne, et dont la partie inférieure est tournée conique pour recevoir la bague c, maintenue par les entretoises b assemblant les platines, laquelle bague a pour objet d'empêcher l'ensemble du porte-outil de varier verticalement.

Le poids de ce dernier est loin de reposer sur cet ajustement inférieur qui n'est là que pour le maintenir; on s'est arrangé pour que ce poids soit réellement porté tout entier par la colonne et par un pivot placé à la partie supérieure.

La figure 2, sur laquelle le fourreau du tambour est représenté en coupe, montre que ce fourreau est fermé à sa partie supérieure par un tampon taraudé et traversé par une vis c', qui s'appuie comme un pivot sur la tête de la colonne, garnie, à cet effet, d'une crapaudine en acier. Ainsi, cette vis permet de soulager complétement l'ajustement inférieur, de telle sorte qu'il ne supporte, pour ainsi dire, aucune pression.

Faisons observer, en passant, que le tampon supérieur du fourreau sert en même temps de point d'assemblage au châssis triangulaire A', qui emboîte une portée réservée au tampon et se trouve retenu par une rondelle et par un écrou à contre-écrou. La réunion du même châssis avec la seconde colonne C est naturellement plus simple, et résulte d'un emboîtement et de trois vis taraudées dans le chapiteau.

Les deux platines D du porte-outil sont donc réunies par quatre entretoises b réparties autour du fourreau, et par quatre entretoises b' placées aux extrémités des bras formant les quatre venteaux sur lesquels se trouvent appliqués un même nombre de mécanismes absolument identiques.

Chacun d'eux, pris séparément, se compose d'un chariot J glissant verticalement dans un cadre à coulisses J', lui-même pouvant se déplacer horizontalement sur les points d'appui et d'attache qui lui sont réservés sur le champ des platines D.

C'est sur ce chariot J que sont appliqués les supports d et d' de l'arbre porte-outil F, qui s'assemble avec l'un des deux par un double cône et une bague inférieure; assemblage ayant pour objet de soustraire cet arbre et l'outil qui le termine à toute variation dans le sens vertical.

L'ensemble de ce chariot porte-outil doit, comme nous l'avons expliqué plus haut, se déplacer à la main; il est à cet effet traversé par le levier à poignée D', qui, prenant un point d'appui mobile dans une mortaise pratiquée dans un balustre e dépendant des platines D, par ses points d'attache, se trouve assemblé dans une ouverture pratiquée dans le chariot J et arrêté, en ce point, par une sorte de rotule sphérique; ce qui permet, en résumé, de faire prendre à ce levier des inclinaisons dans tous les sens, en entraînant alors soit le chariot verticalement, tout seul, si l'inclinaison imprimée au levier a lieu de haut en bas ou de bas en haut, soit avec lui son cadre J', et horizontalement si le levier est poussé dans cette dernière direction, mouvement qui s'exécute, dans tous les cas, d'après la mortaise du balustre, comme point fixe. Rien n'empêche d'ailleurs de produire ces deux effets simultanément en poussant le levier dans une direction convenable.

Tout est prévu dans cet ingénieux mécanisme pour que l'ouvrier n'éprouve aucune résistance anormale, et qu'il puisse diriger l'outil avec autant de sûreté et de précision que s'il le tenait directement à la main.

La pesanteur du chariot mobile, qu'il fallait surtout contre-balancer, se trouve annulée au moyen d'un ressort enroulé *c'*, qui prend son point d'appui fixe sur le cadre J' et se rattache, par sa branche opposée, à un goujon *c'* dépendant au contraire du chariot J, et dans lequel une coulisse a été percée à cet effet. La puissance de ce ressort est suffisante pour tenir relevé le chariot et son équipage, de façon que l'ouvrier n'éprouve aucune résistance pour l'abaisser ou pour le relever.

Ce mécanisme est complété par une tige K montée dans un support K' fixé par une patte sur le chariot J. Cette tige, qui est disposée parallèlement au porte-outil, est le guide dont l'outil *y* doit répéter exactement les mouvements, et auquel l'ouvrier fait suivre à lui-même le calibre fixé sur le porte-pièce. Ce guide se termine à cet effet par une partie dont le diamètre doit être précisément égal à celui du cercle décrit par l'arête coupante et active de l'outil.

Il nous reste à dire quelques mots d'un petit organe que notre dessin ne permet pas d'apercevoir, mais dont la fonction sera parfaitement comprise. C'est un simple goujon implanté sur la face postérieure du chariot J, et pour lequel une entaille a été ménagée dans la platine supérieure D; cette entaille n'est autre chose qu'un point de repère pour le goujon, qui vient s'engager chaque fois que l'on veut mettre la poulie F' en coïncidence avec la poulie F² pour embrayer ou débrayer l'outil, repère qui constitue la sûreté de cette manœuvre.

MÉCANISME D'ARRÊT DU TAMBOUR ET DE L'EMBRAYAGE. — Nous abordons la description d'un mécanisme tout à la fois délicat et ingénieux dont les fonctions, assez multiples, consistent à opérer le passage de la courroie *a* de l'une à l'autre des poulies F' et F², et l'arrêt invariable de chaque ventail dans la position qu'il vient occuper entre les deux colonnes pendant le travail de l'outil.

Afin de rendre cette description plus claire, nous séparerons d'abord ces deux fonctions, sauf à faire connaître ensuite ce qu'elles ont de connexe.

On remarque sur le côté de la colonne C une tringle verticale L qui, traversant la table A, porte enroulé sur elle un ressort à boudin L' (fig. 1) qui se trouve maintenu entre une bague *f* montée sur cette tringle et un support fixe *f'* appartenant au bâti et que la tringle traverse néanmoins; cette tringle se rattache, en effet, au-dessous du support *f'*, à un levier à pédale L² articulé aussi sur le bâti. En nous reportant, au contraire, à la partie supérieure de la même tringle, nous voyons qu'elle est percée d'une mortaise longue, dans laquelle est engagée l'extrémité d'un balancier M, oscillant sur un support *g* fixé sur le bâti triangulaire A², et à l'extrémité opposée duquel est rattachée la tringle M' portant le guide-courroie g' dirigée par un étrier.

Ne considérant que cette fonction, voici comment les choses se passent :

La tringle L, constamment relevée par le ressort qui la pousse par la bague f, n'a pas d'action sur le balancier M, qui se maintient à peu près horizontal, et le guide-courroie g' retient, dans ce cas, la courroie a sur la poulie F' fixée sur l'axe du porte-outil.

Dans cette situation, qui est celle du travail, on peut faire subir à ce porte-outil ses déplacements sans que la courroie abandonne la poulie F', attendu que son adhérence sur cette poulie suffit pour que le guide-courroie la suive en faisant osciller légèrement le balancier M, qui est libre d'effectuer ce mouvement dans la mortaise de la tringle L.

Mais lorsqu'il s'agit de débrayer, c'est-à-dire de faire remonter la courroie sur la poulie folle F', et après avoir amené, bien entendu, le porte-outil au point de repère, l'ouvrier agit sur la pédale L' et force la tringle L à descendre en comprimant le ressort L'; il vient alors un moment où cette tringle, par l'extrémité de sa mortaise, vient rencontrer le balancier M et l'incliner suffisamment pour relever le guide-courroie jusqu'à la hauteur de la poulie folle.

Ce débrayage, qui fonctionne essentiellement pour le changement d'outil, c'est-à-dire au moment de la substitution d'un ventail à un autre, se combine, en effet, avec l'autre fonction de la tringle L que nous allons maintenant décrire.

La colonne C, qui est représentée en coupe figure 2, est traversée par deux équerres h articulées dans leurs mortaises, et dont l'une des branches est entaillée pour se mettre en prise avec l'entretoise b' du tambour à vantaux, tandis que l'autre branche est engagée dans une mortaise pratiquée dans la tringle L; chacune de ces deux équerres est d'ailleurs superposée à un ressort h', qui tend à les maintenir constamment en prise avec l'entretoise b' dans la situation du travail.

Indépendamment de cela, la colonne est encore traversée par un verrou i sur la tête duquel presse un ressort i', et qui correspond à une entaille pratiquée dans la tringle L, dans laquelle il s'engage à un moment déterminé.

En effet, pendant le travail, et dans la position représentée figure 2, cette entaille est plus élevée que le verrou qui s'appuie simplement contre la tringle poussé par le ressort; mais lorsqu'on fait descendre cette tringle en appuyant sur la pédale, comme nous l'avons dit ci-dessus, voici ce qui se produit :

En descendant, la tringle L rencontre d'abord le balancier M et dégage la poulie fixe de la courroie; presque au même instant, et avec un temps perdu calculé convenablement, les deux équerres h sont attaquées par la partie supérieure des mortaises dans lesquelles elles sont engagées, et, se rabattant dans la colonne, elles abandonnent l'entretoise b': en même temps l'entaille du verrou est descendue à sa hauteur, il s'y engage, poussé par le ressort i', et enfin maintient rigidement cette tringle contre l'action du ressort L' (fig. 1) qui tend à la ramener constamment dans sa position supérieure.

Rien ne s'oppose donc plus à ce que le porte-outil puisse tourner sur lui-même pour repousser le ventail actuel et lui substituer celui qui le précède immédiatement. La particularité intéressante, dans cette substitution, c'est que le nouveau ventail, en arrivant à sa place, remet exactement les choses dans l'état de fonctionnement où nous les avons prises.

Pour cela, chacune des branches du tambour D porte à son angle supérieur un ergot j, et le verrou i en porte un semblable disposé en sens contraire. Au moment même où le ventail arrive à sa place, les deux ergots agissent l'un sur l'autre comme le pêne d'une serrure, le verrou est tiré hors de son entaille et délivre complétement la tringle L : celle-ci alors, remontant sous l'influence du ressort L', abandonne d'abord les équerres h, qui, repoussées par leurs ressorts h', étreignent l'entretoise b' et arrêtent le ventail; ensuite, terminant sa course, elle rabat le balancier M et renvoie enfin la courroie sur la poulie F' de l'axe porte-outil.

Ainsi, par cette intéressante combinaison, un coup de pédale suffit pour opérer le déplacement de la courroie et délivrer complétement le châssis porte-outil, tandis qu'un verrou maintient le mécanisme dans cette position, et l'approche d'un nouveau ventail suffit encore pour remettre tout à sa place.

PORTE-PIÈCE. — Le porte-pièce est un appareil assez complexe qui renferme une infinité de détails très-intéressants.

Le siège du porte-pièce est formé d'une tablette I se fixant sur la table A, et sur laquelle peut se mouvoir le chariot N, qui est à la fois le porte-pièce et le porte-calibre.

La tablette I est accompagnée de deux flasques latérales k garnies intérieurement de deux coulisseaux d'après lesquels glisse le chariot N, dont le dessus est plat. Ce chariot porte, en un point de sa longueur, deux oreilles l (fig. 1, 4 et 5) sur lesquelles est articulée une sorte de boîte en fonte O armée aussi de deux galets l', qui roulent, comme sur des rails, sur les bords des flasques k et constituent le complément des points d'appui de cette boîte, se rattachant ainsi, d'une part au chariot par les oreilles et, d'autre part, s'appuyant par les galets l' sur les rebords du support I.

C'est enfin dans cette boîte, relativement mobile, que se fixe le bois de fusil X dans la position favorable au travail de l'outil. Les entailles pour lesquelles cette boîte est spécialement établie se trouvant sur le côté du bois opposé au canon, ce bois se trouve placé de champ au centre de la largeur de la boîte, l'emplacement du canon en dessous; il est appuyé, d'un bout, par la crosse, sur une traverse m réservée à la boîte et, de l'autre bout, sur une traverse analogue m' garnie d'une cale cintrée m², sur laquelle le bois s'appuie par l'emplacement du canon qui est, ainsi que nous l'avons dit, l'une des premières opérations faites.

Une fois le bois de fusil ainsi posé de champ, il reste à le retenir en le pinçant latéralement. A cet effet, deux talons sont réservés à la boîte, et le bout est pressé entre eux par deux ressorts à platines o et o' dont l'action est réglée à l'aide d'un verrou à came.

En se rapportant particulièrement au détail figure 5, qui montre la face intérieure de la boîte O sur laquelle le verrou est monté, on reconnaît que ce verrou est une tige plate p présentant à chacune de ses extrémités une came : l'une p' en rapport avec une came semblable appartenant au ressort à platine o, et l'autre came p² agissant contre le ressort à platine lui-même.

Le simple examen de la structure de ce verrou permet de comprendre que si on le repousse de gauche à droite, il presse par les cames sur les ressorts et les force à se serrer sur les bois de fusil, et que, dans le mouvement contraire, il en opère le desserrage.

Or, pour effectuer ce mouvement, on fait usage ici d'un petit axe q traversant la boîte O (voir aussi fig. 6), pourvu extérieurement d'une manivelle q', mais portant aussi, à l'endroit du verrou, un petit excentrique circulaire q² embrassé par une fourche appartenant au verrou. Un demi-tour de cet axe suffit donc pour faire effectuer au verrou la course requise de gauche à droite ou de droite à gauche, et pour déterminer le serrage du bois de fusil entre les talons et les platines.

Cependant, indépendamment de la pression latérale, on a jugé nécessaire de brider légèrement et en premier lieu le bois par rapport à ses points d'appui inférieurs. On emploie pour cela deux lames recourbées r et r' qui, pressées intérieurement par les ressorts r² tendant constamment à les renverser, sont articulées sur deux platines verticales s percées chacune d'une ouverture dans laquelle joue une petite came à trois centres s' appartenant à ce même axe q qui commande le verrou. Le mouvement de cet axe, par les deux cames s', fait monter ou descendre les platines s.

Quand ces plaques montent, élevant avec elles les lames cintrées r et r', ces lames, poussées par les ressorts r² et se dégageant peu à peu de la boîte, se renversent extérieurement et délivrent le bois de fusil : si les platines s descendent, au contraire, les centres d'articulation des lames r et r' descendent avec elles, et ces lames, se rapprochant de plus en plus, viennent exercer sur le bois la pression nécessaire pour le maintenir.

Ainsi, moins d'un demi-tour de l'arbre q permet d'opérer simultanément le serrage latéral par le verrou et le serrage supérieur par les lames r et r'. Comme il est toujours admissible que dans ces quatre pressions simultanées les contacts intimes ne se produiront pas avec la même intensité et au même moment, on a dû compter sur des temps perdus et des flexions. Déjà on peut remarquer que la came p² du verrou agit sur la partie flexible de la platine o', tandis que la came opposée p' presse directement sur la partie rigide de la platine o. Mais, de plus,

comme le serrage des lames r et r' se produit en même temps, leur peu d'épaisseur leur permet de fléchir, et, enfin, les excentriques s' qui les font mouvoir
agissant par une courbe circulaire concentrique avec l'axe q, cet axe peut, par
l'excentrique q', continuer d'agir certain temps exclusivement sur le verrou.

Voici maintenant comment se manœuvre le porte-pièce :

Le chariot N est armé, à sa partie inférieure, de la crémaillère t qui engrène
avec la roue droite t' fixée sur le bout d'arbre P traversant la table, et pour lequel
un support P' lui a été adapté (voir fig. 4), le même axe portant extérieurement le
moulinet à quatre poignées t', à l'aide duquel, et de sa main gauche, l'ouvrier le
met en action. Il peut, en effet, par l'intermédiaire de ce mécanisme, faire circuler
le porte-pièce à l'intérieur de la tablette I, de façon à faire parcourir au bois sous
l'outil un chemin correspondant à l'étendue de l'entaille à pratiquer.

Nous avons dit que cette évolution est réglée au moyen d'un calibre qui possède
exactement la forme de cette entaille. Le montage actuel est disposé pour les deux
opérations dites *encastrement de la sous-garde* et du *battant de crosse*, pour lesquelles deux calibres sont appliqués sur le bord de la boîte O.

Les calibres Q sont formés d'un bloc en fer garni, à sa partie supérieure, d'une
plaque en acier trempé ayant pour épaisseur la profondeur de l'entaille, et ouverte
intérieurement à la forme qu'elle doit avoir.

Sur le même type sont établies d'autres machines de la même série destinées
au façonnage des bois de fusils; telle qu'elle est, elle est également susceptible de
diverses applications, en substituant simplement un porte-pièce à un autre avec les
calibres convenables.

M. Kreutzberger construit aussi de ces machines dont le châssis porte-outil porte
cinq venteaux au lieu de quatre.

MACHINE A FAÇONNER L'EMPLACEMENT DES GARNITURES
Représentée planche 37, figures 7 à 11.

Dans notre exposé, nous avons dit que le bois de fusil arrivé à ce point d'avancement où l'emplacement du canon est préparé, l'extérieur ébauché dans sa forme,
et les diverses entailles pratiquées à l'aide de la machine précédente et d'autres
outils analogues, ce bois, avons-nous dit, était soumis à une machine disposée
pour façonner l'emplacement des garnitures destinées, comme l'on sait, à brider
ensemble le canon et la monture du fusil.

Cette machine, sur le type de laquelle sont basés les autres outils destinés à conformer le bois dans sa structure extérieure, est représentée dans son ensemble en
élévation figure 7 et en plan figure 8.

La figure 9 en est une coupe transversale suivant 5-6 de la figure 7.

ENSEMBLE DE LA DISPOSITION. — Cette machine, si ce n'était sa position verticale, repose sur le principe des machines Barros, Decoster et Arbey. Le bois de fusil, animé sur lui-même d'un mouvement circulaire lent, est soumis à l'action d'un certain nombre d'outils indépendants, tournant rapidement et soumis eux-mêmes à des calibres possédant une forme, qui est la résultante de celle que chaque outil doit produire et qui, en effet, en règle l'approche par rapport au centre du mouvement que possède le bois de fusil pendant le travail.

Voici comment ce principe est ici réalisé :

La machine a pour base un banc composé d'une table horizontale A montée sur deux chevalets B, également reliés vers leur partie inférieure par une table plus étroite C, à laquelle sont rattachés les bâtis porte-outils et l'arbre de la commande du mouvement.

La table, dans laquelle est pratiquée une grande ouverture rectangulaire, porte quatre consoles D, D′ et D² disposées précisément pour recevoir le bois de fusil, qui les traverse avec les diverses armatures au moyen desquelles il reçoit un mouvement de rotation sur lui-même. Nous montrerons en effet comment ce bois est pris dans des lunettes dont l'extérieur est circulaire et qui sont ajustées, pour s'y mouvoir, dans ces consoles.

Les autres organes importants de la machine sont trois châssis E, E′ et E² articulés chacun indépendamment sur la traverse C, et dont la partie supérieure présente une fourche entre les branches de laquelle tourne l'axe du porte-outil F.

Cet ensemble est complété par l'installation du bois de fusil dans les lunettes d'après lesquelles il tourne. Pour cette opération, comme pour d'autres précédentes, le bois de fusil, dans lequel nous savons que l'emplacement du canon est l'une des premières opérations faites, est appliqué sur une pièce en fer G appelée *faux-canon*, et qui est elle-même vissée à l'intérieur des lunettes a et a′ ajustées dans les trois premières consoles D et D′, ce faux-canon se terminant par un pointal appuyé dans un grain b ajusté dans la quatrième console D². Ajoutons que la première lunette a est armée extérieurement d'une roue à vis sans fin H (fig. 7 et 10), qui reçoit de la commande un mouvement circulaire qu'elle communique de cette première lunette au canon et par suite au bois de fusil.

Notre dessin montre que, vis-à-vis du centre de chacun des trois châssis E, E′, E², le faux-canon porte un manchon c, c′ et c², qui constitue le calibre en rapport avec la forme que l'outil correspondant doit produire. Ce calibre, vissé sur le faux-canon, est traversé par le bois de fusil et forme un tout solidaire avec ce système tournant ; il agit par son contour extérieur, comme nous allons l'expliquer.

Chacun des châssis porte-outils E, E′, E² est armé d'un bras de levier d implanté rigidement et terminé par un contre-poids sphérique d′, qui tend à amener constamment le châssis oscillant, ainsi que le porte-outil F, en contact avec le bois.

Près du point d'assemblage de la branche à contre-poids se trouve articulée une touche e, dont l'extrémité supérieure est disposée pour venir s'appuyer sur le calibre c, c' ou c² correspondant; une vis de butée e' (fig. 9), appartenant à un support entièrement dépendant du châssis, permet, par l'intermédiaire de cette touche, de régler l'approche du châssis par rapport au calibre.

Par conséquent, le châssis, constamment sollicité par le contre-poids, amène l'outil sur le bois; mais, loin de rester fixe dans un degré d'inclinaison quelconque, il oscille en avant et en arrière, conformément à la forme du calibre, dont les différents rayons, par la rotation du bois de fusil, viennent se présenter successivement devant la règle ou touche e, et tantôt la repoussent, ou la laissent revenir sous l'influence du contre-poids d'; et comme le porte-outil en fait autant, la partie attaquée du bois prend nécessairement une forme semblable à celle du calibre auquel sont dus les mouvements oscillatoires du châssis et de son équipage.

A cet effet, l'arbre principal I, monté au-dessous de la traverse C, porte d'abord la poulie de commande J, à côté de laquelle se trouve placée la poulie folle J', mais qui se trouve montée sur l'extrémité de la douille appartenant au bâti, et que traverse l'arbre mobile; cet arbre porte trois poulies semblables K, K' et K² en rapport par des courroies f avec les poulies L, L' et L² montées sur les arbres des trois porte-outils F, F' et F², auxquelles elles ne cessent de transmettre le mouvement sans que l'oscillation du châssis E y apporte aucun obstacle.

L'arbre de commande I se termine enfin par une poulie à gorge M qui transmet le mouvement, par une corde f, à un tambour M' à deux diamètres monté sur un goujon g; ce tambour, par son petit diamètre et par une corde h se retournant d'équerre, transmet le mouvement à un disque à gorge M² fixé sur l'arbre h' portant également la vis sans fin H', qui commande la roue H montée sur la lunette a, laquelle entraîne l'ensemble du bois de fusil, du faux-canon et des trois calibres.

L'arbre principal doit faire 1 200 révolutions à la minute et en faire faire environ 3 600 dans le même temps aux axes des porte-outils.

Quant au bois de fusil, le mécanisme qui lui donne le mouvement retarde jusqu'à ne lui faire exécuter qu'environ cinq tours par minute.

INSTALLATION DU BOIS DE FUSIL. — La tige G, appelée faux-canon, est demi-cylindrique d'un côté pour son ajustement avec le bois, tandis que de l'autre elle est plate et présente des parties en saillie à l'endroit des lunettes avec lesquelles le faux-canon est réuni au moyen de longues vis.

Les calibres ont, en général, la forme d'un disque circulaire épaulé sur une partie de leur épaisseur au profil voulu, la saillie ou rebord qui en résulte servant de maintien à la touche-guide e; l'intérieur en est évidé pour le passage du bois, et présente une entaille pour s'adapter au faux-canon avec lequel chaque calibre est fixé par une vis. On remarque qu'ici le faux-canon se prolonge au delà du bois et porte à cette extrémité le troisième calibre c².

Les deux lunettes a', ajustées cylindriquement dans les consoles D', s'y trouvent retenues par une bague goupillée *i*; des moyens de graissage sont réservés, A l'égard de la lunette principale *a*, c'est la roue H qui remplace la bague. Quant au grain *b* sur lequel le faux-canon est centré, il est fixe et maintenu par une vis de pression *i'*; de plus, il est contre-buté par une vis *i²*.

L'ouverture des lunettes offre un excès de dimension pour le passage du bois dont la forme n'est encore qu'approximative, ainsi que nous l'avons dit; néanmoins, comme ce bois doit être rigidement maintenu et qu'il n'est que simplement appliqué sur le faux-canon, on a disposé à l'intérieur des lunettes un ressort *j* se terminant par une palette sur laquelle vient appuyer une vis de pression *j'*, qui maintient ainsi le bois contre le faux-canon. La fonction de ce ressort consiste à relever la palette aussitôt que l'on desserre la vis et à mettre immédiatement le bois en liberté. Cette palette pourrait n'être qu'une simple cale mobile, mais il faudrait alors l'introduire chaque fois à sa place, et elle courrait le risque de s'égarer : cette disposition est donc utile au point de vue de la sûreté et de la rapidité de la manœuvre.

CONSTRUCTION DES CHASSIS PORTE-OUTIL. — Les trois appareils sont complètement identiques, et il nous suffira par conséquent de décrire l'un d'eux.

Le châssis E présente à sa partie inférieure deux oreilles par lesquelles il est assemblé, au moyen de boulons *k*, avec des oreilles analogues appartenant à un cadre N fixé sur la traverse C. La réunion de ce cadre ou plaque avec la traverse est opérée à l'aide d'un boulon central *l*, qui traverse un mamelon élevé fondu au centre de cette plaque. Il faut dire que ce boulon est appelé à jouer le rôle d'une cheville ouvrière, d'après laquelle on peut faire varier l'ensemble de la plaque et du châssis, soit pour en régler le carrément, soit pour régler convenablement l'attaque de l'outil ; mais pour l'arrêter dans chaque position obtenue, on a placé dans la traverse C deux poupées *l'* portant des vis butantes pour lesquelles des points d'appui sont réservés à la plaque.

Nous avons dit que le levier à contre-poids *d* est implanté rigidement dans le châssis et dans une traverse qu'il présente au milieu de sa longueur. Nous devons ajouter que cette traverse, qui se prolonge extérieurement sous la forme de deux oreilles, peut être en effet percée d'un certain nombre de trous pour modifier à volonté la position de ce levier *d* et celle de la touche *e*, suivant la place que doivent occuper le calibre et l'outil correspondant, et qui est susceptible de changer pour chaque modèle d'arme.

Une pièce en fer *m* fixée sur la traverse supérieure du châssis E, et qui porte la vis de réglage *e'*, offre de chaque côté une fourche dont les branches servent de guides latéraux à la touche.

Pour enlever le bois de fusil façonné et le remplacer par un autre, il existe un verrou à l'aide duquel on peut tenir l'ensemble du châssis et du porte-outil fixement écarté du faux-canon.

Ce verrou, qui se trouve indiqué en détail vu de face figure 11, consiste en une équerre O articulée en *a* sur la table A, pourvue de la poignée *o'* et se terminant par l'autre branche par un crochet *o²*. Le levier à contre-poids *d* peut jouer pendant le fonctionnement dans l'ouverture de la fourche *n* également fixée contre la table ; mais lorsqu'il s'agit d'arrêter, c'est-à-dire de tenir l'outil éloigné du bois, il suffit de soulever ce levier à la main et de l'élever plus haut que le crochet *o²*. Celui-ci s'engage alors dessous et le soutient ; pour le rendre libre, on le soulève d'une quantité suffisante afin de le dégager du crochet, qui s'efface sous l'impulsion de la poignée *o'* que l'ouvrier soulève un instant.

DISPOSITION DES OUTILS. — Chaque outil est formé d'un manchon en fonte présentant quatre pans sur chacun desquels est vissé un fer, dont la largeur correspond exactement à l'emplacement qu'il est appelé à pratiquer sur le bois de fusil. Comme pour la plupart des outils du même genre, et pour favoriser le coupage du bois, le pan qui reçoit la lame présente une certaine inclinaison qui, se combinant avec l'inclinaison même du biseau du fer, donne au tranchant de ce dernier une position oblique, comprise néanmoins sur la surface du cylindre engendré par la rotation de l'ensemble du porte-outil.

Celui-ci est claveté sur un bout d'axe P, qui se termine par des pointes coniques engagées dans deux grains *q* ajustés dans les branches de la fourche constituant la partie supérieure du châssis E ; des graisseurs *q'* ont été réservés pour lubrifier abondamment le frottement des pointes de l'arbre qui tourne, ainsi que nous l'avons dit, à l'énorme vitesse de 3 600 tours à la minute.

L'arbre porte enfin la poulie L, en rapport par la courroie droite *f* avec la poulie K appartenant à l'arbre moteur I.

Nous rappellerons que, suivant le cas, l'ensemble de l'axe porte-outil peut être replacé bout pour bout entre les branches de la fourche ; ce qui amènerait en même temps le déplacement de la grande poulie de commande.

DÉTAILS DE LA TRANSMISSION. — Nous n'avons guère à revenir sur ce mécanisme que pour expliquer une disposition qui permet de rendre la roue à vis sans fin H indépendante des organes qui lui communiquent le mouvement, de façon à pouvoir agir à la main sur le bois de fusil et les pièces avec lesquelles il est relié.

Cette disposition spéciale repose tout entière sur la mobilité de l'axe *h'*, qui peut, en effet, s'incliner jusqu'à ce que la vis sans fin H' soit complètement dégagée de la denture de la roue H. A cet effet, l'arbre *h'* est maintenu à l'intérieur d'un fourreau *h²*, qui a lui-même pour support, d'un bout et tout près du disque M², un tourillon d'après lequel il peut tourner comme centre, et, de l'autre bout, une simple chape formée de deux goujons et d'une bride *r'*. A cette même extrémité, le fourreau est pourvu d'une oreille avec laquelle est assemblée une petite manivelle *s*, dont l'extrémité s'appuie sur une plaque fixe *s'* découpée sous la forme d'un arc incliné convenablement par rapport au centre de la manivelle.

Lorsque la manivelle occupe la partie supérieure de l'arc, et le fourreau se trouvant maintenu dans sa position horizontale normale, la vis et la roue sont en prise, et la transmission mécanique se trouve établie; mais si l'on ramène la manivelle a à la partie inférieure de l'arc, cette extrémité du fourreau s'abaisse, emmenant avec elle la vis sans fin qui laisse libre la roue H.

On peut alors faire tourner à la main tout l'équipage du bois de fusil, en agissant par deux poignées *l*, qui ont été à cet effet fixées par des vis sur la face de la roue.

L'objet de cette machine est donc bien, comme on voit, de façonner l'emplacement des garnitures, c'est-à-dire de la *grenadière* par le premier outil F et de l'*embouchoir* par le troisième outil F². Quant à l'outil central F', comme dans le modèle Chassepot, il n'existe pas de garniture en cet endroit, cet outil détermine l'arasement d'une longue partie lisse qui règne depuis ce point jusqu'à l'emplacement de l'embouchoir.

C'est donc après avoir été soumis à l'action de cette machine que le bois est porté successivement à celles qui ont pour fonctions d'achever le tournage du fût, de la poignée et de la crosse, puis enfin à d'autres machines qui le terminent entièrement dans l'ordre que nous avons indiqué en commençant.

Tel est, en résumé, ce système de façonnage mécanique des bois de fusils qui permet une production rapide en même temps qu'une exécution parfaite. Si le principe en est dû aux Américains, l'importation en France appartient à M. Kreutzberger, qui construit ces machines et les perfectionne incessamment.

Bien que ces outils soient établis jusqu'à présent spécialement pour la fabrication des bois de fusils, ils renferment des principes qui peuvent être appliqués par l'industrie et servir alors, au lieu d'engins de guerre, à un but plus désirable : celui d'objets susceptibles d'être utilisés pendant la paix qui est l'état normal et prospère des nations.

Pour le façonnage d'objets spéciaux en bois, nous aurions encore à décrire un bien plus grand nombre de machines, telles que celles employées pour la fabrication des tonneaux, faire les navettes, saboter les traverses de chemins de fer, etc., etc., mais le cadre de cet ouvrage ne nous permet pas d'entrer dans d'aussi grands développements; les exemples que nous venons de donner doivent suffire pour montrer qu'il y a bien peu de produits en bois qui ne puissent aujourd'hui être obtenus mécaniquement.

MACHINES A AFFUTER

Dans la plupart des ateliers, l'affûtage des fers des machines à raboter et autres se fait sur la meule en grès marchant au pied ou mécaniquement, et cela exige, de la part de l'ouvrier, une certaine habileté. Tout en conservant cette méthode, M. Arbey construit un modèle de meule avec chariot automatique au moyen duquel l'affûtage des fers droits, de grandes largeurs, est obtenu parfaitement régulier par l'ouvrier le moins expérimenté.

La figure 70 ci-dessous représente cette machine dans son ensemble.

On voit que l'axe de cette meule, du bout opposé à celui qui reçoit la poulie motrice, est muni d'un pignon d'angle engrenant avec une roue semblable ; l'axe de celle-ci commande, par une autre paire de petites roues d'angle, la vis du chariot sur lequel se monte le fer à raboter.

Ce fer est maintenu solidement au moyen de vis de serrage et présenté à l'action de la meule suivant l'angle voulu, parce que la plaque qui le reçoit peut prendre diverses inclinaisons.

Fig. 70. — Machine à affûter, par M. ARBEY.

MM. Périn, Panhard et Cⁱᵉ ont un modèle de machine à affûter dans lequel une meule en émeri est substituée à la meule en grès. Le fer qu'il s'agit d'affûter est aussi fixé sur un chariot qui est animé d'un mouvement alternatif de va-et-vient, et la meule, tournant à très-grande vitesse, se présente de face ; elle affûte par conséquent par son bord seulement, son centre étant évidé.

La meule en émeri présente cet avantage de donner au taillant un tranchant plus vif que ne peut le faire la meule en grès ou la lime.

CHAPITRE XVIII.

CONSERVATION DES BOIS

ÉTUVES DE DESSICCATION ET APPAREILS POUR L'INJECTION
ET LA CARBONISATION

ALTÉRATION DES BOIS. — La pourriture des bois provient principalement de la fermentation et de la putréfaction des matières azotées qu'ils contiennent, favorisées par l'humidité et l'oxygène de l'air. Ces substances azotées, analogues aux matières animales, alimentent certaines végétations nuisibles qui se développent dans les parties humides des bois, les champignons, les moisissures, etc., ainsi que les diverses espèces d'insectes qui pénètrent jusqu'au cœur du bois et l'altèrent rapidement. Pour combattre ces causes de destruction, des moyens très-nombreux ont été proposés, mais ils peuvent cependant être classés dans les suivants :

1° Application à la surface d'un enduit conservateur ;

2° Immersion plus ou moins prolongée des bois dans des liquides antiseptiques ;

3° Dessiccation naturelle ou artificielle au moyen de l'air, de la vapeur ou de la fumée ;

4° Carbonisation superficielle ou torréfaction légère ;

5° Enfin, pénétration d'un liquide antiseptique à l'aide de la pression physique ou mécanique.

ENDUITS CONSERVATEURS. — Il serait trop long d'énumérer les substances proposées comme enduit, le tanin, le goudron, les huiles, résines, cire, la glu marine, le sel marin, les sulfates de fer, de zinc, de cuivre, les chlorures, etc. La plupart de ces enduits sont d'excellents préservatifs, mais ne peuvent être employés que pour certains usages et, en tout cas, ont besoin d'être renouvelés à des temps rapprochés.

IMMERSION. — Les procédés par immersion à chaud ou à froid ne conviennent pas à toutes les espèces de bois et ne peuvent donner qu'une pénétration superficielle, estimée insuffisante.

DESSICCATION NATURELLE OU ARTIFICIELLE. — Le séchage des bois à l'air libre exige beaucoup de soin, de grands emplacements couverts pour les mettre à l'abri de la pluie et de la sécheresse, et une année est nécessaire pour une bonne dessiccation. En faisant usage d'étuves, le résultat est rapide et par cela même le procédé est rendu pratique pour les bois de grande consommation.

CARBONISATION SUPERFICIELLE. — L'usage de ce procédé est très-ancien pour préserver la partie des poteaux, pieux, échalas, qui sont enfoncés en terre, mais ce n'est que depuis une vingtaine d'années que l'application en est faite aux bois de construction employés par l'industrie.

PÉNÉTRATION D'UN LIQUIDE ANTISEPTIQUE. — L'emploi du vase clos, du vide et de la pression atmosphérique fut imaginé, dès 1794, par Samuel Bentham pour faire pénétrer le liquide jusqu'au cœur des bois, mais ce n'est qu'en 1838 que M. le Dr Boucherie eut l'idée de pénétrer de substances préservatrices un arbre entier, sans avoir recours à aucun moyen mécanique.

Sans nous arrêter à la partie historique de cette importante question de la conservation des bois, nous allons examiner les procédés actuellement en usage : 1° pour la dessiccation ; 2° pour la carbonisation ; 3° pour la pénétration.

ÉTUVES DE DESSICCATION.

Le séchage des bois, en le renfermant purement et simplement dans des espaces clos, où l'on introduit de l'air chaud ou de la fumée, présente cet inconvénient que la vapeur d'eau enfermée avec la fumée se condense et retombe sur les bois, à chaque abaissement de température, et par suite retarde beaucoup leur dessiccation.

Des dispositions particulières destinées à permettre l'échappement de ces vapeurs, sont appliquées aux étuves, mais trouvant leur efficacité incomplète, feu M. Fréret, de Fécamp, a imaginé un système qui a pour but de produire l'évaporation de l'humidité, tout en conservant dans l'étuve, aux premiers moments de l'opération, un état hygrométrique suffisant pour empêcher la dessiccation trop rapide des bois à la partie externe, précaution indispensable si l'on veut les empêcher de se fendre.

Les sabotiers qui emploient des étuves pour la préparation de leurs produits, n'opèrent que par le simple passage de la fumée et n'obtiennent qu'une coloration des bois, seul but que, du reste, ils désirent atteindre.

Par la disposition des étuves employées par M. Fréret, les bois de chêne, d'orme et de hêtre, séchés graduellement, arrivent à un état plus satisfaisant encore que le sapin, le pin et, en général, les bois résineux.

L'acide pyroligneux contenu dans les bois verts se dégage par l'action de la chaleur et se combine avec la créosote contenue dans la fumée. Le composé de ces deux principes chimiques forme un des meilleurs éléments conservateurs. On sait d'ailleurs que, dès l'origine des procédés de conservation des bois, la créosote a été appliquée, par injection ou immersion, aux traverses de chemins de fer et aux poteaux télégraphiques, et qu'elle a toujours donné, question de prix à part, des résultats plus complets et plus uniformes que les sels métalliques, tous plus ou moins solubles, qui peu à peu sont délavés par l'action atmosphérique.

L'application des étuves de M. Fréret consiste dans ce fait que l'on peut transformer, en peu de jours, du bois humide ou trop jeune en bois très-convenable
pour tous les genres d'applications ; son système a été adopté par les Compagnies
des chemins de fer pour la construction des wagons. La Compagnie des omnibus
et celle des petites voitures ont aussi installé des étuves Fréret.

ÉTUVE DE DESSICCATION

Par M. FRÉRET, représentée planche 38, figure 1.

La figure 1 représente en section transversale une étuve de dimensions ordinaires et telle que M. Fréret en a fait établir plusieurs.

Le procédé consiste, comme on va le reconnaître, dans un système d'*étuve à
circulation de fumée au moyen de cheminées d'appel et de carneaux*, permettant à
l'humidité de s'échapper au lieu de retomber sur les bois, à chaque condensation.

Dans cette étuve, il se produit une double action, à la fois physique et chimique,
qui a pour résultat, comme nous l'avons dit, de remplacer l'injection artificielle des
bois par une absorption naturelle d'un produit combiné d'acide pyroligneux et
de créosote, obtenu par l'action même de la fumée chaude sur les bois placés dans
l'étuve. Le principe est caractérisé par une disposition dans laquelle il y a des foyers
multiples, un plafond laissant s'échapper la fumée et les produits aqueux, et des
carneaux verticaux pour établir une communication avec des cheminées.

Les foyers A sont de simples ouvertures assez basses pratiquées dans le mur de
la façade, et communiquant, au niveau du sol, avec une chambre unique, qui n'est
limitée que par les murs de côté et de fond. Ces foyers sont fermés par devant au
moyen des portes en tôle B, montées à coulisses et équilibrées par des contre-poids
p suspendus aux chaînes de traction *b*. On peut ainsi, en maintenant les portes plus
ou moins élevées, régler la combustion des copeaux, sciure et autres déchets d'ateliers de menuiserie généralement employés par économie, et qui sont introduits à
l'entrée des ouvertures, de façon à graduer à volonté la flamme produite et procéder à une combustion lente et régulière.

Directement à la suite des ouvertures, pour se trouver au-dessus du combustible,
sont placées, sur des fers plats *c*, des feuilles de tôle pleine C, formant une sorte
d'écran destiné à la fois à couvrir le feu, ou plutôt à rabattre les flammes de
manière à ce qu'elles ne puissent, en aucun cas, atteindre les bois et en même
temps à conduire la fumée qui se dégage au centre de l'étuve.

Au-dessus de cet écran, mais alors régnant dans toute l'étendue, sont placées,
sur des fers *d* à double T, des plaques en tôle D, qui sont percées de trous inégalement espacés et qui se répètent dans un ordre méthodique vis-à-vis chaque foyer.

Cette disposition, appliquée tout d'abord, avait pour but de présenter un obstacle partiel à la fumée directe, et d'arriver par suite à sa régularisation aussi complète que possible; mais dans la pratique, il a été reconnu que l'écran *e* suffisait dans cette partie pour éviter l'appel direct.

Les bois à sécher sont enfournés par les côtés latéraux, munis à cet effet de grandes ouvertures rectangulaires encadrées de fer à double T, et fermées par des portes, qui sont à deux vantaux, en tôle et doublées avec des panneaux de bois pour empêcher le refroidissement.

La première rangée de bois repose sur des fers F, à double T, et chaque pièce est espacée de l'autre de façon à laisser un vide égal à ses dimensions; la seconde rangée est espacée de la première par des traverses proportionnées aux pièces de bois, de même pour la troisième, et ainsi de suite jusqu'à parfait chargement.

Le plafond de l'étuve est formé de planchettes en bois G fixées sur tasseau, laissant des ouvertures parallèles dans le sens longitudinal, comme des lames de persiennes, et dont l'écartement augmente en s'éloignant des carneaux, afin de régulariser la distribution de la fumée.

Entre ce plafond et la couverture H, qui est en pannes-tuiles ordinaires, est réservé un espace libre formant conduit pour la fumée, lequel est lui-même plafonné au moyen d'une couche d'argile *h*, matière isolante destinée à empêcher le froid extérieur d'abaisser la température.

Dans l'épaisseur du mur de face sont ménagés les carneaux I, dans lesquels se produit la condensation de la fumée appelée par les cheminées J, qui communiquent avec ces carneaux.

La fumée et le gaz s'élèvent dans ces cheminées et s'échappent; mais les produits condensés abandonnés par la fumée retombent et s'écoulent par l'ouverture *j*, ménagée à cet effet au bas desdites cheminées.

Pour régler le tirage, un registre-papillon est placé dans chaque cheminée, de sorte que l'on peut arriver, d'une part en ouvrant plus ou moins l'un ou l'autre de ces registres, et d'autre part les portes des foyers, à maintenir dans l'étuve une température uniforme et au degré nécessaire, et qu'un pyromètre, qui a son cadran sur la façade, permet de reconnaître.

L'appréciation du moment où l'opération doit être considérée comme achevée est facilitée par le retrait d'un *échantillon*, qui se place sur une tablette L disposée à cet effet à l'intérieur de l'étuve et dont une petite porte L' permet le service; alors le morceau de bois d'échantillon, retiré à volonté et pesé, permet de juger à quel point est arrivée la dessiccation.

RÉSULTATS OBTENUS ET AVANTAGES DU SYSTÈME. — Nous allons donner les résultats de deux expériences faites dans deux étuves établies sur le principe de celle que nous venons de décrire.

La première de ces expériences, dont les résultats sont consignés dans le tableau ci-après, a été faite à Ivry, chez MM. Bionne et Cie (maison des orgues Alexandre).

Expérience faite à Ivry.

ÉTAT DES BOIS							RÉSULTATS OBTENUS.			
A L'ENTRÉE DANS L'ÉTUVE.				A LA SORTIE.			PERTES			
Longueur.	Largeur.	Épaiseur.	Poids.	Largeur.	Épaisseur.	Poids.	en larg.	en épaiss.	au poids.	pour cent.
m.	m.	mill.	kil.	m.	mill.	kil.	mill.	mill.	kil.	
2,91	0,20	25	18,00	0,28	24	10,00	10	1	8,00	44,41
2,91	0,28	25	17,00	0,205	24	9,05	15	1	7,95	46,76
2,90	0,29	26	14,05	0,27	24	9,05	20	2	5,00	35,59
2,91	0,295	25	17,05	0,28	24	10,00	15	1	7,05	41,34
2,94	0,30	24	14,05	0,29	23,5	10,05	10	0,5	4,00	28,46
»	»	»	26,00	0,36	24	15,05	»	»	10,95	42,11
3,00	0,39	26	24,00	0,375	24,5	14,05	15	1,5	9,95	41,45
3,00	0,35	25	20,05	0,34	24	12,05	10	1	8,00	30,95
3,00	0,41	26	27,05	0,38	24,5	16,00	30	1,5	11,05	41,05
3,07	0,40	26	28,00	0,38	25	16,80	30	1	11,20	40,00

Moyenne de perte pour cent **40,10**

Le bois soumis au séchage était du noyer d'Amérique, bois considéré comme le plus rebelle à la dessiccation. Ce bois avait quelques années d'abatage et venait d'être débité dans de grosses poutres, quelques jours seulement avant d'être introduit dans l'étuve.

Le feu a été allumé le 25 avril, à 6 heures du soir, et le 7 mai, à la même heure, l'opération était terminée. Mais à dater du 5 mai, le bois n'a rien perdu de son poids; en conséquence il était complétement sec à cette date. D'où il résulte que le séchage a été réellement opéré en neuf jours. Les planches ont été retirées parfaitement droites, nullement voilées, sans aucune fente ni gerçure.

Pour le chauffage, il n'a été employé que de la sciure de bois vert de chêne, hêtre, sapin, noyer, etc.

La deuxième expérience a été faite aux ateliers de Fécamp.

Les bois soumis à l'épreuve étaient des planches de hêtre envoyées par MM. Tranchant et fils, facteurs de pianos à Paris.

Ces planches étaient débitées depuis plusieurs mois et avaient déjà plus d'un an d'empilage dans un magasin couvert; elles avaient par conséquent un commencement de siccité. L'opération, commencée le 5 juin, a été terminée le 15. Les bois ont été retirés parfaitement droits, sans fentes ni gerçures autres que celles constatées avant l'entrée dans l'étuve, lesquelles n'ont pas augmenté.

Expérience faite à Fécamp.

DIMENSIONS DES BOIS.				POIDS		DENSITÉ		PERTE	
Longueur.	Largeur.	Épaisseur.	Cube.	à l'entrée.	à la sortie.	avant.	après.	en poids.	pour cent.
m.	m.	mill.	m. c.	kil.	kil.	kil.	kil.	kil.	
2,25	0,30	40	0,0270	25,59	14,63	948	542	10,90	42,82
2,24	0,29	38	0,0247	21,21	13,21	859	535	08,00	37,71
2,30	0,28	39	0,0251	24,47	14,05	975	560	10,42	42,50
2,30	0,25	40	0,0230	22,08	12,60	960	548	09,48	42,91
2,25	0,25	40	0,0225	20,16	12,10	896	538	08,06	39,95
2,24	0,27	39	0,0236	20,76	12,74	880	540	08,02	38,63
2,28	0,30	38	0,0258	24,38	13,90	945	539	10,48	42,96
2,25	0,28	40	0,0252	22,55	13,48	995	535	09,07	40,22
2,24	0,30	40	0,0269	26,36	14,47	980	538	11,89	45,10
2,25	0,25	40	0,0225	21,37	12,19	950	512	9,18	42,91
TOTAUX....			m.c. 0,2463	k. 228,93	k. 133,37			k. 95,56	
					Moyenne :	k. 920,45	k. 541,59		41,75

Dans ces conditions, comme le constate le tableau ci-dessus, la *densité* obtenue après le séchage a varié entre 535 et 560 kilogr. et a donné une *moyenne de* 541ᵏ,59 ; la *perte en poids* a été *en moyenne de* 41,75 p. 100.

Étuve par M. GUIBERT, représentée figures 2 et 3.

Cette étuve est construite en briques réfractaires et pourvue d'un carneau *a*, en communication avec un foyer spécial B placé en dehors sous une hotte *a'*.

Les produits de la combustion, dirigés par le carneau *a*, se répandent dans toute l'étuve, et s'échappent ensuite par les carneaux *b* pratiqués dans la voûte et réunis par les conduits *b'*, qui aboutissent au ventilateur V placé sur le côté de l'étuve.

Ce ventilateur a pour effet d'aspirer les fumées de la partie supérieure, qui naturellement sont les plus chauds, et de les renvoyer dans l'étuve, à la partie inférieure, en les faisant déboucher par les orifices *c'* pratiqués en nombre convenable dans les deux conduits horizontaux *c* ménagés sous le plancher.

Les bois à sécher sont placés sur un truc ou chariot C, qui roule sur un chemin de fer communiquant avec le chantier. Les bois sont superposés et séparés par de petits tasseaux, de manière à ce que la fumée et l'air chaud puissent circuler librement autour d'eux.

Le chariot étant chargé, on le pousse dans l'étuve, et l'on referme la grande porte ménagée dans le fond, du côté opposé au ventilateur, et l'on mastique le pourtour avec de l'argile délayée, afin d'empêcher toute rentrée d'air extérieur. Cette opération terminée, on procède au séchage de la manière suivante :

On place dans le foyer de la sciure de bois, de la tannée de bois vert, de la houille et de tous corps produisant de la fumée (les corps résineux sont préférables en prenant soin de laisser développer la flamme); cette fumée s'introduit dans l'étuve par le canal a, le remplit en entourant tout le bois qu'elle contient. On doit forcer son développement jusqu'à ce qu'elle se dégage par ce même canal; mais la fumée la plus chaude occupant toujours la partie supérieure de l'étuve, de temps en temps on l'aspire par le ventilateur, qui la refoule dans la partie inférieure par les carneaux c afin que la température soit à peu près la même dans toutes les parties de la chambre A.

SÉCHOIR POUR TRAVERSES
ÉTABLI AU CHEMIN DE FER DE L'EST
Planche 38, figures 4 à 6.

Sous la direction de M. Guillaume, ingénieur du matériel au chemin de fer de l'Est, MM. Gaillard, Haillot et Cie ont installé des étuves pour le séchage rapide des traverses destinées à être ensuite injectées.

La température uniforme obtenue à l'aide de leurs calorifères entièrement en terre a été l'un des éléments de réussite de cette installation, qui est représentée par la figure 4 en coupe longitudinale faite suivant la ligne brisée 9 à 14; par la figure 5, qui est une demi-coupe transversale faite suivant 5-6, 7-8, et enfin par la figure 6, qui est une coupe horizontale faite à la hauteur de la ligne 15-16; une partie en est perdue dans le cadre, ce qui ne présente aucun inconvénient, puisque l'appareil est symétrique par rapport à la direction 9-10.

L'installation se compose de quatre galeries voûtées A, de 14 mètres de long, disposées deux à deux de chaque côté d'une chambre B ayant même longueur que les galeries et une largeur de 4m,65. Dans la chambre B sont établis le calorifère C et les cheminées de ventilation D, dans lesquelles se trouvent les cheminées en tôle D' servant au départ des gaz de la combustion.

Les traverses sont disposées sur des wagonnets en fer dont le nombre peut être de cinq dans chaque galerie qui, remplie, peut contenir ainsi 215 à 220 traverses. On peut donc sécher à la fois 860 à 880 traverses dans tout l'appareil.

Les voûtes en briques, de 220 millimètres d'épaisseur, sont recouvertes d'une couche de matières peu conductrices de la chaleur, telles que briques cassées, poteries, etc.; cette couche est régalée uniformément au-dessous du comble.

Les wagonnets sont poussés à bras entre deux murettes sur des rails disposés sur longrines.

L'air, pris dans la chambre B et chauffé dans le calorifère, s'échappe de ce dernier par les carneaux verticaux c qu'il parcourt de haut en bas, et qui l'amènent à la partie inférieure des galeries A par les conduits c'. Cet air, chargé de la vapeur d'eau abandonnée par les traverses, se dirige dans la galerie vers les carneaux d'échappement d qui l'amènent dans les cheminées de ventilation D. Les gaz de la combustion dans le calorifère passent par les conduits d'; les cheminées en tôle D' les rejettent à l'extérieur.

L'appel dans les cheminées D est produit d'abord par la chaleur des gaz de la combustion transmise à travers la tôle de D', et surtout par deux petits foyers spéciaux F disposés à la base des cheminées D.

Des registres r règlent la sortie de l'air des galeries.

Le calorifère permet de chauffer 6 000 mètres cubes d'air à une température de 90° : sa température à la sortie est de 40° ; il a donc cédé $50 \times 0,2373 \times 6\,000 = 71\,190$ calories, qui sont utilisées, d'une part, à compenser les pertes de chaleur par les murs et, d'autre part, à évaporer l'eau contenue dans les traverses.

La durée du séchage est de vingt-quatre heures.

ÉTUVES POUR TRAVERSES

ÉTABLIES A BORDEAUX PAR MM. DORSETT ET BLYTHE

Planche 38, figures 7 et 8.

La double étuve, représentée en section transversale figure 7 et en section longitudinale figure 8 (cette dernière ne montrant que l'une des extrémités), permet un service continu pour le chargement et le déchargement. Ces étuves, dont les capacités sont combinées avec celles de deux cylindres d'injection, représentés planche 39, permettent de faire passer sans interruption, les bois desséchés dans les cylindres.

Cette double étuve est composée de deux grandes chambres A' et B' ayant chacune 3m,25 de largeur intérieure, 12 mètres de longueur et 2m,50 de hauteur moyenne. Les parois de ces chambres sont en briques réfractaires, et l'on a ménagé dans leur épaisseur un espace vide sur toute la longueur pour former les conduits d'air a, a', a², dans lesquels doivent se rendre les vapeurs d'eau, l'air et les produits de la combustion appelés par les cheminées C, C' C² dont ces conduits sont surmontés.

Les voûtes de ces deux chambres sont également en briques réfractaires garnies en dessus et par côté de béton, et sur ce béton d'une couche de menu charbon pour éviter, autant que possible, le refroidissement. Sur cette couche de charbon sont disposées des tuiles suivant un plan incliné à droite et à gauche pour l'écoulement des eaux pluviales.

Les murs de clôture et la cloison de séparation des deux chambres sont élevés sur des massifs en maçonnerie d, entre lesquels il y en a deux autres d', qui règnent également sur toute la longueur de l'étuve pour recevoir les rails Barlow c, destinés à recevoir les wagonnets V, chargés des bois à soumettre à la dessiccation.

Les espaces compris entre les massifs d et d' sont recouverts par de petites voûtes en briques réfractaires f et f'. Celle du milieu f est surmontée latéralement et au milieu de cloisons peu élevées qui supportent un petit plancher g, formé de plaques en fonte placées simplement les unes à côté des autres sur toute la longueur de l'étuve. Le dessus de cette petite voûte centrale présente ainsi, au milieu de chaque chambre d'étuve, deux carneaux longitudinaux D et D' ayant chacun, à l'extrémité opposée, un foyer de combustion E et E' avec grille et cendrier.

Pour que ces foyers aient une largeur suffisante, ils occupent de chaque côté la même largeur que les deux conduits, et pour que les produits de la combustion de l'un ne se mêlent pas avec ceux de l'autre, la cloison du milieu qui divise le conduit se raccorde aux deux bouts.

Les parois latérales de ces derniers sont percées d'ouvertures rectangulaires o, laissant échapper dans l'étuve les gaz de la combustion des deux foyers, qui suivent alors la marche indiquée par les *flèches en lignes pleines*.

D'autres *flèches en lignes ponctuées* indiquent, dans les deux étuves, le mouvement des gaz de la combustion et des vapeurs dégagées des traverses, qui sont introduites sur les wagonnets V rangées sur ceux-ci.

On remarque que les gaz, par l'effet physique de leur densité, montent tout d'abord à la voûte des étuves, en circulant entre les traverses de bois et en entraînant l'eau vaporisée qu'elles contiennent.

Ces gaz et ces vapeurs, en se refroidissant, se trouvent naturellement sollicités à redescendre en suivant les murs latéraux, rafraîchis par les chambres à air a, a', a², et dont la partie inférieure est percée d'une ouverture rectangulaire h, qui établissent une communication directe entre les cheminées d'aspiration C, C' C² et l'intérieur des étuves. Les vapeurs condensées qui s'écoulent le long des murs descendent par les demi-voûtes latérales f dans une rigole qui les conduit au dehors.

Pour l'entrée et la sortie des wagonnets chargés des bois, les deux chambres de dessiccation sont ouvertes des deux bouts. Le chargement effectué, on ferme ces ouvertures qui sont pourvues, à cet effet, de portes en tôle F, à deux battants, montés à charnières sur des montants verticaux en fer j, qui ne sont autres que des rails Barlow. Des rails semblables consolident les murs latéraux au moyen de tirants en fer k qui maintiennent la poussée des voûtes.

APPAREILS
POUR L'INJECTION ET LA CARBONISATION
Représentés planche 39.

INJECTION PAR ASPIRATION ET INFILTRATION PAR LA SIMPLE PRESSION DE L'AIR. — Le procédé de l'injection des bois par l'aspiration vitale ou par le mouvement séveux, ainsi qu'il a été indiqué par M. le Dr Boucherie, n'est employé aujourd'hui dans les Landes que pour la conservation des bois destinés à l'échalassement des vignes et à l'étaiement des jeunes arbres cultivés dans les pépinières et jardins.

C'est là l'une des premières applications qui aient été faites du procédé par aspiration du Dr Boucherie, et par ce moyen on est parvenu à faire durer les échalas plus de 10 ans. Les chantiers dans lesquels se préparent ces différents bois d'œuvre, et qui sont toujours placés à proximité des semis dont ils proviennent, se composent généralement :

1° D'un puits à eau et d'une pompe élevant cette eau dans des conduits qui l'amènent dans une ou plusieurs grandes caves, de la capacité de plusieurs hectolitres, où se prépare la dissolution du sulfate de cuivre, au titre de 2 kilogrammes par hectolitre ;

2° De seaux, dans lesquels on reçoit la dissolution s'échappant de la cuve par un robinet, et au moyen desquels on transporte la liqueur dans les bailles où se fait l'immersion ;

3° D'un certain nombre de ces bailles, moitié de barriques enfoncées en terre ou simplement posées sur le sol, alignées sur deux rangs de part et d'autre d'une ligne de rondins de pins, soutenus par des poteaux s'entrecroisant et établis horizontalement à 3 mètres environ d'élévation. C'est contre ces rondins que l'on appuie l'extrémité supérieure des brins de pins, dont on fait plonger la base dans la liqueur préservatrice.

Ces jeunes pins, coupés dans les semis et rendus sur le chantier, doivent être écorcés et avoir toutes leurs branches enlevées, à l'exception d'un petit bouquet de feuilles terminales destiné à assurer et à activer l'opération.

On les plonge au nombre de cinquante à soixante dans chaque baille, de manière à ce qu'ils trempent de 30 à 50 centimètres dans la liqueur.

On remplace chaque jour la portion de liqueur qui est absorbée. L'opération est terminée lorsque la résine qui s'écoule des nœuds résultant de l'ébranchement prend une couleur verdâtre, à 1^m,50 ou 2 mètres au-dessus du point utile de la pénétration. Cette opération dure moyennement de 10 à 12 jours.

Les pins ainsi injectés doivent alors être enlevés, rester en tas le moins possible, être au plus tôt rognés à la longueur marchande, et être mis en paquets suivant leur grosseur et leur destination.

Dans cette opération de l'injection des bois de pin provenant de l'éclaircissage des semis, les frais de préparation s'élèvent généralement à moitié du prix de revient de ces bois sur le chantier, soit de 40 à 50 fr. le millier.

INJECTION DES POTEAUX TÉLÉGRAPHIQUES PAR LE PROCÉDÉ BOUCHERIE. — La première ligne télégraphique établie en France fut celle de Rouen, qui se construisit en 1845, et pour laquelle on employa des poteaux en chêne, qui, dès 1849, étaient déjà pourris en partie, et qui, trois ans plus tard, étaient tous entièrement détruits.

En 1846, on fit usage pour la première fois, sur la ligne du Nord, de poteaux en pin ou sapin injectés de sulfate de cuivre par le procédé Boucherie, et ces poteaux, dont le prix de revient n'équivalait qu'au tiers environ de ceux de chêne, ayant été en 1852 trouvés parfaitement conservés, devinrent dès lors d'un usage général dans la télégraphie.

Les poteaux télégraphiques sont généralement de trois longueurs, savoir : de 6, de 8 et de 10 mètres.

Deux dispositions différentes furent tout d'abord employées pour l'injection de ces poteaux, suivant qu'ils étaient plus ou moins longs.

L'injection des poteaux de 6 mètres de longueur se fit en disposant les billes verticalement, en plaçant le gros bout en haut et en l'engageant dans une calotte cylindrique en plomb, qui recevait le liquide injecteur par un petit tube partant du réservoir supérieur dans lequel ce liquide était contenu.

La sève était recueillie au bas dans une dalle qui la conduisait dans une baille, pour être utilisée en pharmacie.

Pour la pénétration des poteaux de 8 et 10 mètres de longueur, les billes étaient posées horizontalement. On appliquait contre la surface de leur base, et à quelques millimètres de distance, un plateau en bois que l'on y fixait par des vis, et qui pressait entre lui et cette surface une bande de basane ou de caoutchouc ou un bourrelet en corde. Un tube en caoutchouc, soudé d'une part avec le plateau, d'autre part avec un tuyau en cuivre, faisait communiquer l'intervalle laissé libre entre le plateau et la base de poteau avec un réservoir placé à 5 ou 6 mètres d'élévation, et servait à l'introduction du liquide.

Aujourd'hui, tous les poteaux télégraphiques que l'on injecte par le procédé Boucherie sont, quelle que soit leur longueur, préparés en suivant la dernière de ces dispositions. Les chantiers établis à cet effet se composent :

1° De plusieurs cuves d'égale capacité, posées sur le sol, remplies l'une après l'autre de l'eau qu'une pompe tire d'un puits voisin, et dans lesquelles on fait dissoudre la quantité exacte de sulfate nécessaire pour amener cette eau au titre voulu (1ᵏ,50 par hectolitre), ainsi que d'un réservoir inférieur établi dans le sol, et recevant successivement la dissolution clarifiée contenue dans chaque cuve.

2° D'un échafaudage en charpente établi à une certaine élévation, et sur lequel est posé le réservoir supérieur destiné à faire la pression ; une deuxième pompe, placée sur cet échafaudage, puise la liqueur dans le réservoir inférieur et la déverse dans le réservoir supérieur. La hauteur de ce dernier doit varier avec l'essence et les dimensions des bois à préparer. Elle doit être assez grande pour faire pénétrer le liquide dans tous les canaux séveux, et ne doit pas être assez énergique pour faire que la liqueur traverse ces canaux sans y former de combinaisons stables. La hauteur reconnue utile pour la préparation des poteaux télégraphiques de 8 mètres de longueur est celle de 8 à 10 mètres.

3° De deux tuyaux en cuivre faisant suite l'un à l'autre, et destinés à mettre la liqueur préservatrice en communication avec les plateaux fixés aux extrémités supérieures des poteaux, qui se terminent, à leur extrémité opposée, à des troncs d'arbres en cuvette ou à des dalles en métal, dans lesquelles la liqueur sortant des billes est reçue et conduite dans des réservoirs spéciaux. L'un de ces tuyaux, dit de *descente*, est vertical ; il part du fond de la cuve supérieure et amène la liqueur au niveau des poteaux. L'autre, dit de *distribution*, est très-légèrement incliné ; il passe près des poteaux et se relie à leurs plateaux au moyen de petits tubes en caoutchouc adaptés à des tubulures en cuivre.

4° Enfin, d'une sole formée de rondins établis à terre et sur lesquels sont posées deux rangées de poteaux qui sont placés côte à côte, de part et d'autre du tuyau horizontal, avec rigoles de retour.

La première liqueur qui s'écoule est de la sève pure, qu'on recueille pour être employée en pharmacie. Celle qui paraît ensuite est un mélange de sève et de sel antiseptique, qui est quelquefois reprise pour servir à la préparation de nouveaux bois et diminuer la consommation du sel antiseptique. Mais c'est à tort, attendu que l'on ramène ainsi dans les billes des sucs susceptibles de fermentation. Les poteaux sont injectés avec leur écorce ; il faut ensuite les écorcer, les unir à la plane, les couper à la longueur voulue, et les appointir au sommet.

La pénétration est d'autant plus facile que l'arbre est plus jeune, mais il absorbe d'autant plus.

La durée de la pénétration des poteaux de même âge est très-différente, suivant leur longueur ; ainsi, en belle saison, des poteaux de 6 mètres s'injecteront facilement en 3 jours, tandis que des poteaux de 8 mètres en demanderont 7, et ceux de 10 en exigeront 12 dans les mêmes circonstances.

Les poteaux de 8 mètres, qui sont employés en plus grand nombre, doivent avoir au moins 18 centimètres de diamètre à 1 mètre de la base et 10 centimètres au petit bout. L'administration exige qu'ils n'aient pas plus d'un tiers de cœur, et que leur durée, après leur injection, soit garantie pour 5 années.

INJECTION DES TRAVERSES DE CHEMINS DE FER. — Les premières g.andes lignes de chemins de fer construites en France datent de l'année 1836, et pendant 10 années on y fit exclusivement usage de traverses en chêne, dont la durée pouvait être de 10 à 12 ans sans être préparées. A cette époque, on y substitua des traverses en hêtre injecté au sulfate de cuivre.

La première fourniture remonte à 1847. Ce fut seulement en 1850 que l'on commença dans la Gironde à préparer pour les chemins de fer des traverses en pin injecté, et jusqu'en 1854 on se servit uniquement du procédé Boucherie pour cette préparation.

Deux dispositions différentes furent encore employées, suivant que l'on opérait sur des billes de longueur simple ou double.

Pour les billes n'ayant que la longueur d'une traverse, M. Boucherie opérait verticalement, comme pour les poteaux de 6 mètres, en culottant leur gros bout avec un tuyau métallique ou un manchon en toile caoutchoutée.

Pour les billes de la longueur de deux traverses, M. Boucherie opérait horizontalement en plaçant les billes à terre, à la suite les unes des autres, élevées de quelques centimètres au-dessus du sol ; il pratiquait au milieu de chaque bille un trait de scie transversal, qu'il fermait au moyen de l'enroulement d'un simple tour de corde, de même qu'un trou oblique qui aboutissait au vide ainsi produit.

La liqueur préservatrice à injecter était introduite dans ces vides au moyen de petits tubes s'adaptant par une de leurs extrémités aux trous obliques, et par l'autre extrémité à un gros tube courant sous les traverses et communiquant avec le réservoir de la liqueur établi à plusieurs mètres d'élévation.

Sous la pression déterminée par la hauteur de cette colonne liquide, la liqueur pénétrait dans les vaisseaux du bois, et la sève s'écoulait par les deux extrémités libres des billes, où elle était reçue dans un bassin.

Ce procédé si simple et d'exécution si facile de l'injection dans la position couchée des bois en grume et récemment abattus, destinés à faire des traverses, fut pendant longtemps le seul employé dans l'industrie, mais il ne permettait de préparer au plus en deux jours que la quantité de bois nécessaire à la confection de 200 traverses, soit par jour celle de 100 traverses équivalant à environ à 11 mètres cubes.

Ce procédé était donc fort lent ; il était aussi fort coûteux, car le mètre cube de bois ainsi préparé n'y revenait pas, droit de brevet compris, à moins de 15 fr., en raison surtout de la forte proportion de sulfate consommé, et dont une partie en pure perte, ce bois étant injecté en grume et s'employant écorcé ; par ces raisons, cette méthode fut complétement abandonnée dès que celle plus rapide et moins chère de l'injection en vase clos fut connue.

INJECTION PAR LE VIDE

ET LA HAUTE PRESSION EN VASE CLOS.

Le procédé de l'injection en vase clos par le vide et la haute pression, inventé par M. Bréant et rendu pratique par M. Béthell, fut employé en France vers 1840 par ce dernier. En 1854, il fit disposer un grand appareil dans lequel il employa le sulfate de cuivre pour antiseptique ; mais il reconnut que cette matière corrodait la tôle dont était formé le cylindre, et qu'il se produisait du sulfate de fer, lequel nuisait à la bonne préparation du bois.

M. Béthell dut alors substituer le chlorure de zinc au sulfate de cuivre, préparation vicieuse pour cette raison qu'il y avait entraînement par les eaux pluviales de la presque totalité du chlorure, qui est très-soluble.

En 1859, la Compagnie Dorsett et Blythe, cessionnaire des droits du brevet pris en France en 1858 par M. Béthell pour l'injection au sulfate de cuivre dans des cylindres en fer préparés contre l'action de cette dissolution par un triple revêtement intérieur, vint établir avec beaucoup de succès, d'abord à la gare Saint-Jean, à Belfort, puis à Labouheyre, deux grands chantiers.

En 1861, deux nouveaux appareils d'injection au sulfate de cuivre par le vide et la haute pression furent montés, l'un à Labouheyre dans le système Légé et Fleury, l'autre à Barsac dans le système Fragneau.

Enfin, en 1862, MM. Dorsett et Blythe montèrent encore à Morcens un chantier de préparation semblable à celui qu'ils avaient déjà à Labouheyre.

DISPOSITIONS SOMMAIRES DES APPAREILS. — On y prépare généralement la dissolution au moyen de deux cuves en bois, doublées en plomb. Dans la première, on fait dissoudre le sulfate de cuivre ; dans la seconde, on l'amène au degré voulu par des additions successives d'eau pure. La dernière cuve est traversée d'un serpentin dans lequel passe un courant de vapeur qui réchauffe la dissolution ; celle-ci est surmontée d'un flotteur à tige graduée qui fait connaître à chaque instant la quantité de liquide contenue et, par différence, celle absorbée.

Le vase clos dans lequel on met les bois à préparer est un cylindre métallique horizontal, en tôle, en fonte de fer ou en cuivre, qui se charge et se décharge, soit par les extrémités, soit par le milieu.

Le vide et la pression sont successivement opérés dans le vase clos, au moyen de pompes pneumatiques et de pompes aspirantes et foulantes que meut une machine à vapeur, le plus souvent une locomobile de la force de 4 à 12 chevaux. A cet effet, des tuyaux et robinets en bronze font communiquer, tantôt les pompes pneumatiques avec le cylindre, tantôt les pompes aspirantes avec la dissolution.

Voici, dans tous les systèmes, le mode d'opérer :

MODE D'OPÉRER. — Les bois à opérer, provenant d'une même coupe, sont empilés aux environs du chantier; la première chose à faire est de se bien rendre compte, d'après la proportion d'aubier que renferme le bois, ainsi que d'après sa pesanteur spécifique, le temps écoulé depuis son abatage et son degré de dessiccation, de la quantité de dissolution qu'il pourra absorber, du titre à donner à cette dissolution pour y introduire au mètre cube la quantité de sulfate voulue, et de la pression à faire éprouver à la dissolution pour que cette quantité se répande uniformément dans tous les pores du bois.

La quantité minimum de sulfate à injecter dans les bois pour assurer leur conservation, a été reconnue par l'expérience devoir être de 5 à 6 kilogrammes par mètre cube; or, la quantité de liqueur absorbée par un même bois peut varier du simple au double, suivant son état. Il faut donc aussi, suivant cet état, employer des liqueurs à titres différents. Ordinairement, cette liqueur est préparée au titre de 1^k,50 à 2^k,30 par hectolitre d'eau sous la température de 15°.

La pression sous laquelle doit être refoulé le liquide pour le faire pénétrer dans les pores du bois en quantité suffisante, pourra de même varier du simple au double, suivant le degré de perméabilité du bois ou sa facilité d'absorption en raison de sa texture; ordinairement, la pression sous laquelle le liquide est refoulé dans le bois varie de 6 à 10 atmosphères. Cette pression, pour être efficace, ne devant pas être inférieure à 6 atmosphères, s'il arrivait que le bois étant très-perméable, s'imprégnât de toute la quantité voulue sous une plus faible pression, il faudrait diminuer le titre de la dissolution et lui en faire absorber une plus grande quantité sous une pression plus forte.

En général, pour les bois verts, dans lesquels l'injection est moins abondante et plus difficile, on doit se servir d'une dissolution riche, au taux de 2 kilogrammes à 2^k,30 de sulfate par 100 kilogrammes, et pousser la pression jusqu'à 8 à 10 atmosphères pour introduire dans le bois la quantité de liqueur qu'il doit absorber et la quantité de sel voulue pour sa conservation.

Pour les bois secs, au contraire, dans lesquels l'injection est plus abondante et plus facile, on doit se servir d'une dissolution moins riche, au taux de 1^k,50 à 2 kilogrammes, et ne pas pousser la pression au delà de 5 à 6 atmosphères pour arriver au même résultat. S'étant fixé sur ces différents points par quelques essais préparatoires, on fait charger le cylindre et on prend note de la quantité de bois qui y est entrée et du volume que ces bois représentent.

Le cylindre étant chargé et refermé, on ouvre le robinet de communication avec la pompe pneumatique d'une part, avec le tube manométrique d'autre part; on met la machine en marche, et le vide se produit, mesuré par une colonne de 60 à 65 centimètres de mercure.

Ce vide étant fait, on ouvre la communication du cylindre avec le réservoir dans lequel est contenue la dissolution; la pompe pneumatique continue à fonctionner, afin   ciliter l'introduction du liquide dans le cylindre. Au bout de quelques minutes, ce cylindre est à peu près rempli; on ferme la communication avec le réservoir, on arrête la pompe pneumatique, et on met en action la pompe foulante, qui, puisant dans le même réservoir et introduisant de nouvelles quantités de liquide dans le cylindre, achève d'abord le remplissage de ce dernier, puis y opère le refoulement de la liqueur et son absorption par le bois.

Au moment où se fait le plein du cylindre, ce que l'on reconnaît par le tube recourbé partant de sa partie supérieure, l'agent de la compagnie pour laquelle la préparation s'exécute et le conducteur des travaux prennent un échantillon de la liqueur; ils en observent le titre et la température au moyen de l'aréomètre et du thermomètre, et en déduisent, au moyen de deux tableaux affichés dans l'atelier, la quantité réelle de la dissolution à injecter.

Alors que commence le refoulement du liquide et son absorption par le bois, on fait une marque à la place qu'occupe l'indicateur du flotteur, et par son abaissement on juge de la quantité de liqueur qui y est introduite; puis, aussitôt que l'on reconnaît que cette quantité égale celle déterminée par le calcul, on arrête le jeu de la pompe foulante; on rouvre la communication du cylindre avec le réservoir; tout le liquide non absorbé par le bois retombe dans ce réservoir, le flotteur remonte, et par la distance à laquelle il reste au-dessous de son point de départ, on vérifie la quantité de liqueur réellement absorbée. Le cylindre étant vidé, on l'ouvre pour en retirer les bois et procéder à un nouveau chargement. Ce mode d'injection est arrivé, comme on voit, à des opérations très-simples, et qui peuvent être confiées à tout ouvrier un peu intelligent.

On reconnaît que l'injection a été parfaitement exécutée par la couleur rouge violacé qu'accuse une solution de cyano-ferrure de potassium, au titre de 90 grammes par litre d'eau, versée sur les différentes parties de la tranche du bois injecté, coupé au milieu de la longueur des pièces.

APPAREILS

POUR L'INJECTION DES BOIS AU SULFATE DE CUIVRE

Représentés planche 39, figure 1.

Le chantier dont il vient d'être question, installé par MM. Dorsett et Blythe se compose de deux cylindres d'injection A et B, en tôle de fer, recouverte à l'intérieur d'abord d'une couche de 1 millimètre d'épaisseur d'un mélange de bitume raffiné et de gutta-percha, puis d'une lame de plomb de 2 millimètres, enfin d'un doublage en bois de chêne et de pin de 4 centimètres d'épaisseur.

Le premier cylindre A, d'une longueur de 12 mètres et d'un diamètre intérieur de 1m,80, peut recevoir sur quatre longueurs la quantité de 200 traverses, qui se chargent par les deux bouts ; le second cylindre B, de même diamètre que celui A, mais d'une longueur de 15 mètres, peut recevoir sur cinq longueurs la quantité de 250 traverses, qui se chargent également par les deux bouts.

A cet effet, des couvercles en fonte a, a' et b, b' ferment ces deux bouts au moyen de boulons et peuvent s'ouvrir aisément à l'aide d'un mode de suspension que nous décrirons plus loin. Le chargement et les déchargements se font par des manœuvres, qui portent les traverses une à une sur leurs épaules, et qui vont les déposer dans le cylindre, puis les en retirer.

Une machine à vapeur horizontale C, de la force de 10 à 12 chevaux et alimentée par les générateurs de vapeur D et D', actionne, au moyen d'un renvoi de mouvement qui ralentit la vitesse, les deux pompes à air c destinées à faire le vide, et les deux pompes foulantes d pour le remplissage et la pression.

Un manchon d'embrayage, disposé vers le milieu de l'arbre à manivelle e, permet de rendre le mouvement des pompes à air indépendant de celui des pompes foulantes, et réciproquement.

Un seul tuyau sert à établir la communication des deux cylindres d'injection avec les pompes pneumatiques et les pompes foulantes. A cet effet, ce tuyau est en communication avec deux récipients c' et d', munis de robinets qui servent à favoriser l'absorption de l'air et son refoulement, ainsi que celui de l'eau dans les cylindres.

Un autre tuyau f', partant du générateur D', amène la vapeur dans un serpentin que contient la cuve cylindrique E, dans laquelle se trouve la dissolution de sulfate de cuivre au degré convenable, et qui est alors chauffée par cette vapeur.

Un réservoir d'eau F, disposé au-dessus de la cuve E, permet d'amener dans celle-ci l'eau nécessaire. A cet effet, un tube g muni de robinets établit une communication du réservoir avec le vase E', dans lequel on fait dissoudre le sulfate de cuivre, que l'on a le soin de placer dans un petit baquet g', à fond percé de trous, pour qu'il ne se répande pas dans le vase E', de sorte que la grande cuve ne contient que la dissolution amenée au degré voulu par les additions successives d'eau pure fournie par le réservoir supérieur F. La cuve E et le vase E' sont en bois doublé de plomb.

Les deux cylindres A et B sont en communication avec la cuve E par les tuyaux G et G', munis chacun d'un fort robinet ; le niveau d'eau dans la cuve doit toujours se trouver au-dessous de la ligne tangente inférieure des cylindres, afin que le liquide que l'on introduit dans ceux-ci puisse retourner librement dans la cuve.

Les pompes foulantes d aspirent le liquide antiseptique dans la cuve par le tuyau h, et le refoulent dans les deux cylindres d'injection, comme nous l'avons dit, par le tube unique f. Deux autres tubes i et i', également en communication avec les boîtes d'aspiration et de refoulement de ces pompes, permettent de les utiliser au besoin pour remplir d'eau pure le réservoir supérieur F.

MISE EN MARCHE ET FONCTIONNEMENT. — Comme il a été dit plus haut, les bois jugés dans un état de dessiccation suffisant pour être préparés sont chargés dans les cylindres. Le temps ordinairement employé au chargement et déchargement de chaque cylindre est d'environ une heure.

Le cylindre chargé, on ferme et on lute les deux couvercles a, a', b, b', on ouvre le robinet de communication avec les pompes à air c, que l'on fait alors fonctionner; le temps nécessaire pour faire le vide à 65 centimètres de mercure est de 12 à 15 minutes. Ce résultat obtenu, on ouvre les robinets des tuyaux G et G', qui établissent la communication de la cuve E avec les cylindres, et on continue de faire fonctionner encore quelques instants pour faciliter l'introduction du liquide. Ce cylindre se remplit à peu près par la pression naturelle de l'air atmosphérique et on ferme les robinets qui établissent la communication avec le réservoir, on arrête les pompes pneumatiques et on met les pompes foulantes en mouvement. Celles-ci remplissent d'abord les cylindres, ce qui dure environ 10 minutes, puis y opèrent le refoulement jusqu'à une pression qui peut varier de 6 à 10 atmosphères, comme il a été dit plus haut, ce qui peut durer de 35 à 40 minutes.

Quand on a reconnu que les bois déjà contenus dans les cylindres ont absorbé la quantité déterminée de liquide, on ouvre à nouveau les robinets des tuyaux G et G', et tout le liquide qui n'a pas pénétré les bois retourne à la cuve contenant la dissolution. Le cylindre ainsi purgé, on ouvre les fonds pour en retirer les bois et procéder sans interruption à un nouveau chargement.

Le temps pour faire le vide, remplir les cylindres de liquide, puis le refouler, n'est en résumé, comme on l'a vu, que d'une heure et celui du chargement et du déchargement que d'une heure également, de sorte que le temps total d'une opération complète est de deux heures, et que, les deux cylindres travaillant alternativement, la machine peut fonctionner constamment puisque pendant le temps que l'opération s'achève dans un cylindre, l'autre a été déchargé et rechargé. On peut faire de la sorte cinq à six opérations complètes par journée de 12 à 13 heures, et préparer moyennement 2 400 traverses dans ce temps.

La préparation des poteaux télégraphiques offre plus de difficultés, exige plus de temps et coûte beaucoup plus cher que celle des traverses.

On charge encore sans trop de peine les poteaux de 6 mètres, du volume de 0^{mc},10, qu'un seul homme suffit à porter; mais ceux de 8 mètres, du volume de 0^{mc},16, exigent 3 hommes pour être transportés, et ceux de 10 mètres, du volume de 0^{mc},24, 4 hommes.

On prépare les poteaux de 6 mètres et ceux de 10 mètres dans le cylindre de 12 mètres, qui peut recevoir 200 des premiers sur deux longueurs, et 60 des seconds sur une seule longueur. Les poteaux de 8 mètres sont préparés dans le cylindre de 15 mètres, qui peut en recevoir 150 sur deux longueurs.

Les difficultés de manutention de ces divers bois exigeant qu'on y passe beaucoup de temps, on ne peut faire par jour que trois à quatre opérations. L'injection proprement dite des poteaux s'exécute d'ailleurs de même que pour les traverses, avec cette différence que les poteaux, étant en plus jeune bois, absorbent beaucoup plus, et qu'on doit employer une dissolution plus faible, au titre de 1k,50 par hectolitre, pour injecter la même quantité de sulfate au mètre cube.

SERVICE DES ÉTUVES AVEC LES CYLINDRES. — Nous avons dit que le temps nécessaire pour faire une opération complète d'injection dans chaque cylindre A et B (fig. 1, pl. 39) était de deux heures, y compris le chargement et le déchargement, et que l'un pouvait contenir 200 traverses et l'autre 250.

De plus, nous avons vu que les deux cylindres étaient chargés alternativement, c'est-à-dire que, pendant l'heure que durait la triple opération du vide, du remplissage et de la pression dans l'un des cylindres, on chargeait l'autre, et vice versa ; de sorte qu'il n'y avait pas d'interruption dans le service des machines, ni dans celui des chargements et déchargements.

Pour faire la première de ces manœuvres, dans le cas où l'on a à traiter des bois verts, qui ont besoin d'être soumis à une dessiccation préalable, on fait sortir de chaque étuve un wagonnet, celui qui a été introduit le premier, et on le remplace immédiatement par un second wagonnet tout chargé. Ce dernier doit pénétrer dans l'étuve A′ (fig. 7 et 6, pl. 38 et fig. 1, pl. 39), par la porte opposée à celle qui donne issue au wagonnet que l'on retire.

Cette double manœuvre de la sortie du premier wagonnet et de la rentrée du second est effectuée simultanément à l'aide d'un cabestan autour duquel on enroule la chaîne l, par exemple, que l'on tire dans le sens indiqué par les flèches x, et qui est attachée au wagonnet V′. Celui-ci, attiré alors, pousse, en entrant dans l'étuve, le dernier qui se présente à lui et fait obstacle à son entrée, et qui, lui-même, repousse le suivant, puis celui-ci le deuxième et enfin le premier, qui sort alors de l'étuve, remplacé ainsi par le wagonnet V′ occupant dans ce cas la dernière place.

On effectue la même manœuvre dans l'autre étuve B′ au moyen de la chaîne l′, qui attire, mais en sens inverse, comme l'indiquent les flèches x′, le wagonnet V²; de cette manière, au fur et à mesure que l'on fait entrer un wagonnet d'un côté on en fait sortir un de l'autre, et inversement pour chaque étuve.

Ces deux directions sont nécessaires pour effectuer le chargement des cylindres; ainsi les traverses que porte le wagonnet de la première étuve A′ sont introduites par les bouts des cylindres qui se trouvent de ce côté, et les traverses du wagonnet sortant de la seconde étuve B′ sont employées au chargement des mêmes cylindres, mais par leurs bouts opposés.

Pour qu'il n'y ait pas d'interruption dans les opérations, il est nécessaire que la dessiccation s'opère dans l'espace de quatre heures, puisqu'il faut que toutes les heures on puisse sortir au moins un des wagonnets de chaque étuve, ceux-ci contenant 99 traverses.

Or, nous avons vu que dans les deux cylindres on pouvait injecter 2 400 traverses en 12 ou 13 heures.

Les deux étuves ont été calculées pour satisfaire complétement à cette exigence de la continuité de marche des appareils d'injection.

APPAREIL D'INJECTION

De M. FRAGNEAU, représenté planche 39, figure 2.

Pour éviter, autant que possible, les frais de transport et de manœuvres qui augmentent sensiblement le prix des traverses de chemin de fer et des poteaux télégraphiques, M. Fragneau a eu l'idée de disposer un appareil pouvant être aisément et rapidement transporté sur tous les points où seraient entassés, le long d'une ligne ferrée par exemple, les traverses sorties des forêts avoisinantes.

L'appareil dont fait usage M. Fragneau peut, au besoin, remplir cette condition avec une locomobile pour moteur et un tuyautage facile à installer. Il fait gagner du temps pour le chargement et le déchargement du cylindre, en ce que les deux moitiés de ce cylindre n'ayant que la longueur d'une traverse, les ouvriers n'ont point à pénétrer dans son intérieur. Mais cette économie de temps n'a d'importance qu'avec l'emploi d'un seul et court cylindre, auquel cas la production journalière est, naturellement, peu considérable.

M. Fragneau a établi à Barsac un chantier sur ce système, qui se compose :

1° D'une étuve destinée à la dessiccation des bois ;

2° D'une caisse pour la préparation de la liqueur et de deux cylindres injecteurs, montés chacun sur quatre roues ;

3° D'une chaudière tubulaire de la force de 6 chevaux, et d'une machine à vapeur de la force de 3 chevaux qui donne le mouvement à une pompe à air et à deux pompes foulantes.

L'étuve, de la capacité d'environ 40 mètres cubes, est divisée en deux compartiments chauffés séparément par un feu de coke. On introduit dans chaque compartiment 80 à 100 traverses, qu'on y fait séjourner pendant une à deux heures, et qui sont ensuite immédiatement chargées dans les cylindres.

Les cylindres sont en fonte; leur longueur est de 5m,80 et le diamètre de 1m,50. Ils n'ont d'autre enduit préservateur qu'une mince couche de minium et se réunissent par des agrafes boulonnées.

Le chargement se fait ici en séparant les deux parties dont se compose chaque cylindre et en introduisant dans chacune une longueur de traverse avec deux postes de 3 hommes. Le déchargement se fait de même : l'une et l'autre opération ne prennent pas plus de 40 minutes.

La dissolution est préparée au titre de 2^k,50 par hectolitre, et chauffée à 45° avec l'échappement seul de la machine.

La marche des opérations, dépendante de l'état de siccité du bois, est la suivante pour des traverses ayant quatre à cinq mois d'abatage :

On met pour faire le vide . . . . 13 minutes.   ⎫
  —   faire le plein. . . . . 12 —   ⎪
  —   refouler le liquide et vider le cylindre . . . . 45 —   ⎬ 110 minutes.
  —   charger et décharger le cylindre. . . . . . . 40 —   ⎭

On peut conséquemment faire sept opérations dans une journée de 13 heures, et préparer moyennement pendant ce temps 600 traverses.

La figure 2 de la planche 39 représente cette installation. Chacun des cylindres en fonte A et B est composé de deux tronçons montés chacun sur quatre petites roues qui peuvent glisser aisément sur des rails en fer r, disposés au-dessous à cet effet, de façon à pouvoir éloigner ces deux tronçons l'un de l'autre pour en effectuer de chaque côté le chargement ; puis les rapprocher pour les réunir au moyen des boulons, montés à charnières sur des oreilles venues de fonte avec l'un des côtés, et pénétrant dans des encoches dont l'autre côté est garni sur toute sa périphérie.

Entre les cylindres est disposé le bassin C contenant l'eau d'injection ; ce bassin, par une rigole transversale C', communique sous les deux cylindres pour recevoir le liquide non absorbé qu'ils contiennent encore lorsqu'on les ouvre après l'opération.

Le vide est fait dans les deux cylindres par la pompe pneumatique D avec laquelle ils communiquent par les deux tubes d et d'. Cette pompe est montée horizontalement sur un bâti en fonte D', qui reçoit les glissières de la tige du piston ainsi que l'arbre à manivelle lui transmettant le mouvement.

A cet effet, cet arbre est muni d'une roue d'engrenage commandée par un petit pignon calé sur un arbre intermédiaire e, lequel porte la poulie E. Celle-ci est actionnée par une poulie semblable E' fixée sur l'arbre F, qui porte la grande poulie F' commandée directement par la petite poulie f de l'arbre à manivelle de la machine à vapeur G.

Cette machine est montée sur sa chaudière G', et sa vitesse, qui est de 200 à 250 coups par minute, est réduite, pour les pistons de la pompe pneumatique, à 30 ou 35 coups dans le même temps, par suite des rapports qui existent entre les poulies f, F', le pignon calé sur l'arbre e, et la roue de l'arbre coudé de la pompe pneumatique. Ce même arbre commande les deux pompes g et g', qui puisent l'eau dans le bassin C par les tuyaux *h*, et la refoulent par les deux tuyaux *h'* dans les cylindres d'injection. Ce bassin est alimenté par une petite pompe *i*, qui aspire l'eau dans un puits et la conduit par le tuyau H.

APPAREIL LOCOMOBILE
Représenté planche 39, figure 3.

L'appareil de M. Fragneau, bien que facilement transportable, exige encore une certaine installation pour le bassin, la transmission de mouvement, etc.; MM. Dorsett et Blythe ont cherché à rendre tout l'ensemble du système complétement locomobile, afin de pouvoir opérer sur place et immédiatement, sans montage ni démontage, en tel point d'une voie ferrée qu'il conviendra de conduire l'appareil.

Les dispositions qu'ils ont imaginées pour arriver à ce résultat se comprendront aisément à l'inspection de la figure 3.

Le cylindre d'injection est d'une construction identique à celle adoptée par MM. Dorsett et Blythe pour les cylindres des chantiers fixes. Il est composé d'anneaux en tôle de fer de 12 millimètres d'épaisseur, qui sont rivés bout à bout et recouverts à l'intérieur, comme nous l'avons dit, d'une couche de 1 millimètre de bitume raffiné et de gutta-percha, d'une lame de plomb de 2 millimètres et enfin d'un doublage en bois de 4 centimètres d'épaisseur.

Ce cylindre est divisé en deux tronçons A et A': le premier, d'une longueur moyenne de 3 mètres, est fermé d'un bout par une calotte bombée, et a son autre extrémité complétement ouverte pour recevoir sur toute sa périphérie une suite de pièces *a* fondues avec des oreilles. Entre ces dernières sont engagés des boulons filetés *a'*, aplatis d'un bout à cet effet et traversés, ainsi que les oreilles, par des goujons, qui servent de centres de mouvement aux boulons pour leur permettre de tourner librement.

Le second tronçon A', qui a 6 mètres de longueur, est ouvert par ses deux extrémités; du côté du premier tronçon, il est muni d'un collier en fonte *b*, avec rebord garni d'échancrures qui correspondent à la division des oreilles, afin de recevoir les boulons *a'* dont elles sont garnies, et qui sont destinées à opérer la réunion des deux tronçons. Le joint est fait au moyen d'étoupes suiffées, introduites dans une gorge ménagée dans l'épaisseur du collier *b* et contre laquelle vient s'appuyer et se serrer le bord du tronçon A garni des pièces en fonte *a*.

Un même système d'assemblage et de garniture est appliqué à l'autre extrémité du tronçon A', muni des pièces à oreilles a^2 et des boulons a^2, qui viennent fermer le couvercle en fonte C dont le rebord porte des échancrures correspondantes.

Pour faciliter la manœuvre de ce couvercle, c'est-à-dire l'ouverture ou la fermeture du cylindre, il est suspendu par un fort boulon c à une potence D, qui peut tourner sur un pivot soutenu en dessous par la crapaudine c', et maintenu en dessus par les tirants en fer D' boulonnés sur le cylindre.

Ainsi disposé, chaque tronçon de cylindre est fixé au moyen d'équerres en fer et de traverses en bois d sur un châssis ou truc spécial E et E' monté sur quatre roues ordinaires F, avec ressorts de suspension F', ressorts de chocs d' et marchepieds e, régnant de chaque côté sur toute la longueur du châssis.

L'espace compris transversalement entre les roues est utilisé pour loger les caisses en bois G et G', destinées à contenir le liquide à injecter. Ces caisses sont suspendues aux châssis en bois des trucs par des colliers en fer e' convenablement espacés; les essieux des roues, qui naturellement doivent traverser les caisses, sont entourés des fourreaux en cuivre opérant une fermeture hermétique.

Chaque tronçon de cylindre est muni d'un fort robinet f avec tube plongeur, qui permet d'effectuer une partie du remplissage aussitôt qu'on a cessé de faire le vide, comme aussi, après l'opération terminée, d'opérer la vidange.

Une communication est établie entre les deux caisses-réservoirs au moyen d'un tube élastique à ressort g', semblable à ceux que l'on emploie pour relier les tenders avec les locomotives. Des robinets h permettent d'interrompre cette communication quand on désunit l'appareil pour effectuer le chargement des cylindres. Le truc qui supporte le tronçon le plus court A reçoit, en outre, sur son plancher h', la plaque d'assise H, sur laquelle sont boulonnés les divers organes qui constituent l'appareil de la pompe pneumatique, des pompes foulantes et de leur moteur.

Le générateur de vapeur H' est lui-même fixé sur cette plaque; il alimente le cylindre vertical I, au-dessus duquel est disposé l'arbre à double manivelle i, destiné à transmettre le mouvement aux pistons des pompes.

Cet arbre est en deux pièces, reliées par un manchon d'embrayage à griffes que l'on manœuvre à l'aide du long levier i'; il est supporté à ses extrémités par les bâtis verticaux en fonte I', et vers le milieu, près du manchon à griffes, par les deux paliers j et j' boulonnés sur la chaudière.

La pompe à air k est commandée par la deuxième manivelle de l'arbre i, et les deux pompes foulantes l et l' par les excentriques k'.

Les pompes l et l' aspirent l'eau dans les caisses G et G' et la refoulent dans le cylindre, qui vient se boulonner sur une bride disposée à cet effet sur la boîte en fonte de la soupape de sûreté. Ce même tuyau sert aussi à faire communiquer la pompe à air avec le cylindre; il suffit dans l'un ou l'autre cas d'ouvrir ou de fermer dans l'ordre convenable les robinets, qui établissent la communication entre ce tuyau et de petits récipients servant de relais pour régulariser, sous l'impulsion des pistons, les mouvements de l'air et de l'eau dans le tube de communication.

SERVICE ET FONCTION DE L'APPAREIL. — Le service de cet appareil est aussi simple et aussi facile que celui des appareils fixes précédemment décrits, et son fonctionnement est exactement le même. Ainsi, lorsqu'il est tout monté, comme le représente le figure 3, on peut le supposer chargé de traverses et les pompes faisant le vide ou la pression; seulement, dans ce cas, la cheminée N est relevée verticalement. Pour sa translation sur la voie, la cheminée est couchée, et les boulons *a'* qui relient les deux tronçons sont dégagés des oreilles des colliers *b*, afin de permettre l'articulation des deux trucs dans les courbes.

Arrivé sur la ligne de garage où l'on doit installer le chantier, on désunit les deux trucs en dévissant leur chaîne d'attelage, et la chaudière H' étant en vapeur et les deux réservoirs G et G' remplis de liquide antiseptique, on commence le chargement des traverses, lequel se fait à la fois dans le petit tronçon A, et simultanément par les extrémités du grand tronçon A', dont le couvercle C est maintenu complétement ouvert.

On introduit ainsi 140 traverses sur 3 longueurs; puis on ramène les deux trucs l'un contre l'autre, on fait le joint à l'aide d'étoupes suiffées et on serre les boulons *a'*. On ferme le couvercle C de la même manière et on commence le vide; l'emplissage se fait ensuite en ouvrant les robinets *f*, puis la pression par les pompes foulantes.

L'opération terminée, le déchargement s'effectue, après l'ouverture du couvercle et la désunion des deux tronçons du cylindre, que l'on éloigne l'un de l'autre à une distance convenable pour n'amener aucune gêne dans le service.

APPAREIL A CARBONISER
PAR UN FLAMBAGE SUPERFICIEL
Système de MM. RAVAZÉ et fils, représenté planche 39, figures 4 et 5.

L'injection d'un liquide est très-efficace, cependant on reproche à ce procédé l'emploi d'un appareil coûteux et celui de matières d'un prix relativement assez élevé, et qui, notamment pour l'injection au sulfate de cuivre, augmente le prix du mètre cube de bois de 9 à 12 francs; en outre, on ne peut injecter efficacement certains bois, comme le chêne et le hêtre, à cause de la nature compacte et serrée de leurs tissus qui ne laissent pas pénétrer les sels destinés, en s'y déposant, à prévenir leurs principales causes d'altération.

Un procédé très-ancien, et d'une efficacité incontestable, est celui de la *carbonisation superficielle ou torréfaction légère*; on en retrouve l'usage dans tous les pays pour préserver de la pourriture les poteaux, pieux, échalas, chevilles et autres ustensiles devant résister aux intempéries des saisons; mais, ce n'est que dans ces dernières années que l'application en a été faite aux bois de construction employés par l'industrie.

M. de Lapparent, ingénieur en chef, directeur des constructions navales, ima-

gina, en 1862, un procédé de carbonisation superficielle par le gaz, pour la préparation des diverses pièces de bois employées dans la construction des coques de
navires, et aussi pour opérer la désinfection radicale des parois internes, ligneuses,
des bâtiments, et même des armatures recouvertes d'une couche ocreuse.

« Ce procédé, aussi simple qu'efficace, dit M. Payen, dans une notice publiée
dans les *Annales du Conservatoire*, consiste à flamber toute la superficie (préalablement lavée et épongée), à l'aide du dard d'un chalumeau à gaz. Trois effets
principaux se produisent dans ce cas :

« 1° Les surfaces encore très-humides sont promptement desséchées par suite
de l'évaporation presque instantanée de l'eau hygroscopique superficielle ;

« 2° Les matières organiques putrescibles, aussi bien que les êtres microscopi-
ques, animalcules et plantes cryptogames, éprouvent une torréfaction et même une
combustion partielle qui détruit toute vitalité comme toute tendance à la fermentation ;

« 3° Le tissu ligneux lui-même, à cette température élevée, jusqu'à 0^{mill},2 à 0^{mill},3
de profondeur, est partiellement distillé ; il dégage les produits ordinaires de la
distillation des bois, notamment l'acide acétique, la créosote, divers carbures
d'hydrogène, en un mot, les matières goudronneuses douées des propriétés antiseptiques les plus énergiques.

« Ainsi, du même coup, on détruit les ferments, les matières organiques pu-
trides, et l'on imprègne le tissu ligneux des produits goudronneux, antiseptiques,
qui peuvent concourir énergiquement à sa conservation.

« M. de Lapparent a vérifié, de plusieurs façons, l'action préservatrice de la carbonisation superficielle : des pi   s enfoncés en terre auprès d'une pièce d'eau,
retirés après dix-huit ans, se sont trouvés en si bon état, que la pointe d'un couteau y pénétrait difficilement, tandis qu'une année de séjour en terre humide d'un
poteau non carbonisé suffit pour déterminer à la surface une pourriture de plusieurs millimètres de profondeur. »

Les moyens actuellement en usage sont de plusieurs sortes. Le premier, appliqué
par M. Lapparent dans les ports de la marine française, consiste dans l'emploi de
gaz comprimé dans des cylindres en tôle que l'on transporte sur des chariots à pied
d'œuvre, et qui sont munis d'un petit régulateur laissant échapper le gaz comprimé
dans le cylindre, à 10 ou 11 atmosphères, à la pression utile de 3 à 4 centimètres
d'eau. Par cette disposition, en projetant le jet de gaz enflammé sur le bois et en
déplaçant ce jet de façon à atteindre toute sa superficie, on peut carboniser même
un bâtiment à flot.

Lorsque les bois ont été employés dans l'état ordinaire de dessiccation, leur
carbonisation n'exige pas plus de 200 litres de gaz par mètre carré de surface.

Pour les bois à œuvrer, quelle que soit, d'ailleurs, leur destination, la dessiccation
est toujours utile, et rend plus facile et plus prompte la carbonisation superficielle,

qui, autrement, ne commencerait qu'après l'évaporation de l'eau imprégnant le tissu ligneux.

En faisant usage de l'étuve de M. Guilbert pour sécher une pièce ayant un équarrissage de 33 centimètres de côté et 4ᵐ,10 de longueur, M. de Lapparent a constaté que, après un séjour dans l'étuve durant quatorze jours, sans que la température excédât celle de l'eau bouillante, la dessiccation était trop forte. Si, après ce passage *dans la fumée*, on soumet le bois au flambage, on a assurément tous les éléments d'une conservation assurée dans les milieux les moins propices.

Mais, sans aller jusqu'à ce degré que peuvent exiger les bois destinés à la construction des navires, un simple séchage, avec torréfaction de 1 à 2 millimètres de profondeur, doit suffire pour l'industrie dans la plupart des cas. L'important est le choix de l'appareil de carbonisation pour que son service soit facile et économique.

C'est, pour arriver à ce résultat, que M. de Lapparent a cherché à substituer au gaz d'éclairage, que l'on ne peut toujours se procurer dans les chantiers, les huiles lourdes des goudrons rectifiés, et aussi, au moyen d'une disposition toute spéciale, la houille. Voici la description que donne M. Payen de ces deux systèmes :

« Pour l'emploi de l'huile lourde, M. de Lapparent fils a imaginé une lampe analogue à celle des émailleurs, mais dans laquelle une mèche tressée, cylindrique, horizontalement soutenue par un tube métallique, se trouve constamment alimentée d'huile à l'aide d'une grosse mèche de coton à brins libres et parallèles qui l'entourent, et dont les deux bouts plongent dans l'huile maintenue à 5 ou 10 millimètres au-dessus de la mèche tressée.

« Dès que celle-ci, imprégnée d'huile, est allumée à son extrémité sortant de la lampe, la flamme fuligineuse qu'elle commence à répandre est bientôt complétement brûlée à l'aide du courant d'air forcé qu'amène un tube concentrique au tube cylindrique supportant la mèche.

« On obtient de cette manière un dard de chalumeau qu'on règle à volonté et que l'on dirige sur les pièces de bois à torréfier. Celles-ci, lorsqu'elles sont volumineuses et pesantes, peuvent facilement être maintenues sur des supports, dirigées et retournées devant le jet de flammes, de manière à torréfier régulièrement leur superficie. »

Pour les grandes applications, M. Hugon, l'habile directeur du gaz portatif de Paris, a imaginé et fait breveter un fourneau spécial à brûler la houille, au moyen duquel, il peut produire une véritable flamme de chalumeau plus volumineuse que le gaz d'éclairage, et plus économique même que les huiles lourdes.

Nous renvoyons nos lecteurs, pour la description de cet appareil, au 34ᵉ volume du *Génie industriel*, dans lequel se trouve également une figure qui le représente ; disons seulement qu'il consiste en un jet d'air produit par un soufflet de forge, qui passe sur un feu de charbon en donnant une longue flamme, au-devant de laquelle on présente le bois en le faisant glisser sur les galets d'un chariot disposé à cet effet.

Ce procédé, très-ingénieux, présente des avantages et rend d'immenses services pour certaines applications; mais il a encore, cependant, l'inconvénient de laisser perdre une notable partie de la chaleur, et d'élever le prix de revient, surtout comme main-d'œuvre, car, pour carboniser les quatre faces et les deux bouts d'une pièce de bois, une traverse de chemin de fer par exemple, il faut la faire passer six fois devant le jet, ce qui exige un temps assez long, malgré la puissance de la flamme, et lorsqu'on opère sur un grand nombre de traverses, on ne peut arriver dans une journée de dix heures qu'à une moyenne de 200 à 250 traverses.

Dans l'appareil de MM. Ravazé, que nous allons décrire, la perte de chaleur est très-peu sensible, car les bois reçoivent toute l'action des gaz enflammés, attendu qu'ils sont continuellement en contact avec eux.

DESCRIPTION DE L'APPAREIL A CARBONISER LES BOIS. — La figure 4, planche 39, est une coupe longitudinale faite par l'axe de l'appareil et la figure 5 en est une section horizontale.

L'appareil représenté par ces figures est disposé spécialement pour carboniser les traverses de chemins de fer; il se compose du tube A, en tôle de 5 millimètres d'épaisseur, garni à l'intérieur de briques réfractaires qui, échauffées, renvoient la chaleur sur les bois et empêchent l'enveloppe en tôle de s'altérer.

Du côté de l'entrée des bois se trouve le foyer B muni d'un gril b, qui reçoit le combustible à longue flamme, que l'on charge par une double porte placée sur la face longitudinale. Ainsi que le tube, ce foyer est garni intérieurement de carreaux réfractaires a', pour protéger la tôle qui forme son enveloppe.

A l'autre extrémité du tube, pour appeler les flammes et faire parcourir aux gaz produits par la combustion toute la longueur, se trouve la cheminée C, à laquelle on donne une hauteur convenable pour obtenir un tirage énergique.

Pour rendre l'appareil transportable, il se démonte en trois parties qui peuvent se placer aisément sur un seul wagon; arrivées sur le chantier, elles sont réunies au moyen des brides de jonction c.

Le fourneau, par sa base rectangulaire, repose sur le sol, et le tube est soutenu horizontalement à la hauteur qu'il doit occuper sur trois chevalets en fonte D, également espacés l'un de l'autre.

Tout à fait à l'arrière, le tube est relié par un anneau en fer d'angle avec une plaque en fonte D' qui, en même temps qu'elle sert de soutien à l'extrémité en s'appuyant sur le sol, reçoit les consoles en fonte d, sur lesquelles sont fixés les paliers de l'un des tambours destinés au mouvement de la chaîne sans fin, dont nous allons faire connaître le mode de construction.

Cette chaîne est composée de deux lignes de maillons articulés E, formés de bandes de fer de 2 centimètres d'épaisseur, 6 centimètres de hauteur, et d'une longueur de 0m,360 d'axe en axe des rivets; de deux en deux, aux mailles simples, les deux lignes parallèles sont reliées par des entretoises en fer destinées, en outre, à servir de supports aux pièces de bois que l'ensemble de cette double chaîne a pour but de faire circuler à l'intérieur du tube.

A l'extrémité de celui-ci et devant le fourneau, supportés par les consoles d et d', sont disposés les deux tambours carrés F et F', qui servent, l'un à l'entraînement de la chaîne, et l'autre à son renvoi au dehors, en guidant sa circulation continue. Mais comme cette double chaîne sans fin est trop longue et trop lourde par elle-même pour pouvoir se maintenir horizontalement tendue, et que, de plus, elle est chargée de plusieurs pièces de bois qui augmentent encore ce poids, ses maillons reposent sur une double rangée de galets en fonte G, assez rapprochés pour assurer sa marche rectiligne à l'intérieur du tube.

Ces galets sont montés sur des axes en fer supportés par des douilles en fonte fixées très-solidement au moyen d'écrous à l'enveloppe.

La chaîne se trouve donc parfaitement soutenue sur toute son étendue à l'intérieur du tube, quel que soit son poids et celui des pièces qu'elle supporte; dans l'autre partie de sa circulation, au dehors de l'appareil, elle pourrait flotter sans inconvénient, puisqu'elle n'a plus rien à supporter; cependant, les constructeurs ont préféré, avec raison, la guider par une seconde série de galets G', moins nombreux et dont les axes trouvent naturellement leurs points d'appui vers la base des chevalets D qui supportent l'appareil.

Tout étant ainsi disposé, il ne suffit plus que de donner le mouvement au tambour d'arrière F, sur lequel s'emboîtent les maillons de la chaîne, pour faire circuler le bois à l'intérieur du tube.

A cet effet, sur l'axe de ce tambour est montée la grande roue R, de 1 mètre de diamètre, qui engrène avec pignon r, de $0^m,10$ seulement, lequel peut être actionné à bras d'hommes à l'aide de la manivelle m fixée à l'un des bras du volant V, ou par un moteur à vapeur au moyen d'une courroie H engagée sur la poulie p fixée sur l'axe dudit pignon, près du volant.

Dans les deux cas, en faisant tourner le pignon r à raison de 35 tours par minute, on obtient, par suite du rapport de son diamètre avec celui de la roue, qui est de 1 à 10, les faces du tambour étant de quatre et les chaînons ayant pour longueur $0^m,36$, un parcours de chaîne de :

$$\frac{35 \times 4 \times 0^m,36}{10} = 5^m,04 \text{ par minute.}$$

Et comme l'appareil a 10 mètres de longueur, la traverse reste donc soumise à l'action des gaz enflammés environ l'espace de deux minutes, temps suffisant le plus ordinairement pour leur carbonisation; du reste, on peut toujours augmenter ou diminuer ce laps de temps en faisant varier la vitesse du treuil.

Sur notre dessin, nous avons admis que la commande avait lieu par un petit moteur à vapeur de la force d'un cheval, placé près de l'appareil, lequel est composé de la chaudière verticale I, portant sur sa calotte les supports de l'arbre de transmission J, et, latéralement, d'un côté le cylindre à vapeur K, et, de l'autre, une pompe à eau aspirante et foulante L, destinée à l'alimentation du réservoir M.

Deux poulies-volants P et P' sont montées sur l'arbre moteur J pour régulariser son mouvement, et l'une d'elles sert à commander le treuil par la courroie H.

Au guide de la tige du piston de la pompe à eau L est attaché le piston de la petite pompe alimentaire l de la chaudière. On remarque aussi sur le parcours du tuyau N, qui conduit l'eau de la pompe L dans la bâche M, un réservoir d'air n, toujours utile, comme on sait, pour éviter les chocs dans les tuyaux de distribution.

Bien que ces détails soient accessoires, la pratique a démontré que ces dispositions rendent le service de l'appareil très-commode.

Le réservoir M, placé sur le tube au moyen de deux longrines en bois, qui y sont reliées par des équerres en fer, est d'une capacité d'environ 500 litres ; un tube m appliqué à sa base est terminé par un tuyau pourvu d'un appendice perpendiculaire placé le long de la devanture, et qui, percé de petits trous, déverse l'eau dans le sens transversal des traverses afin de les éteindre à leur sortie.

Pour faciliter le service, deux massifs formant plans inclinés doivent être disposés à chaque extrémité, l'un pour l'entrée du bois du côté du foyer, l'autre pour sa sortie. Ce qui est préférable à cette disposition, par suite de la nécessité où l'on est de déplacer l'appareil, c'est de remplacer le massif par deux chevalets ou tréteaux longitudinaux reliés par deux rails parallèles sur lesquels l'ouvrier fait glisser les traverses du côté de l'entrée, pour les amener à la hauteur de la bouche du fourneau, et, du côté de la sortie, pour les faire descendre rapidement.

Dans un chantier bien organisé, le coltinage se fait au moyen de petits chariots roulants sur deux rails posés à plat. Les rimes les plus rapprochées de l'appareil sont transportées par des hommes.

Résultats pratiques du système. — L'appareil que nous venons de décrire a été construit spécialement, comme nous l'avons dit, pour la carbonisation des traverses de chemin de fer ; néanmoins, il est applicable dans toutes autres circonstances analogues.

Le maximum atteint de traverses carbonisées a été, par une journée de beau temps, de 1 200. Il est facile, du reste, de démontrer comment on arrive à ce chiffre, puisque, comme nous l'avons dit, deux minutes suffisent pour la bonne carbonisation d'une traverse.

Or, comme l'appareil a 10 mètres de longueur, quatre traverses peuvent toujours être en circulation et comme la vitesse de la chaîne sans fin est réglée à la vitesse de 5 mètres par minute, on peut retirer dans le même temps deux traverses, soit alors 120 par heure et 1 200 par journée de 10 heures.

Le principe même sur lequel est basée la construction du fourneau et du long tube qui en forme la prolongation, assure l'utilisation presque complète du combustible. Les traverses, en parcourant le tube, s'enflamment et viennent elles-mêmes ajouter à celle du foyer de la puissance calorifique, et, en échauffant l'intérieur du tube garni de briques réfractaires, contribuent à l'économie du combustible employé. Lorsque l'appareil a fonctionné pendant quelques heures, la chaleur acquise et conservée par les briques permet de diminuer de près de moitié l'alimentation du foyer.

Comme il est nécessaire que le combustible soit en longues flammes, MM. Ravazé ont, jusqu'ici, fait usage de bois, principalement de sapin; mais ils ont reconnu que le chêne, dégageant plus de calorique, était plus avantageux; du reste, la question est subordonnée à la production locale.

CHAPITRE XIX

INSTALLATIONS DE SCIERIES MÉCANIQUES ET D'ATELIERS
POUR LE TRAVAIL DES BOIS.

La plupart des installations d'usines sont loin de présenter toutes les conditions désirables de régularité, de commodité et de bonne utilisation de l'emplacement. Le plus souvent, il est vrai, ces usines n'ont pas été installées sur des plans arrêtés, ou bien, elles ont été successivement agrandies, et on s'est trouvé dans l'obligation de tirer partie au mieux possible des choses existantes.

Cependant il existe aujourd'hui des ateliers modèles, et nous en montrerons un exemple dans celui que M. Bricogne, ingénieur principal du matériel au chemin de fer du Nord, a fait installer à Tergnier (Aisne).

Dans l'organisation d'un atelier, en général, il est bon de faire en sorte que les outils qui exigent le plus de puissance soient placés le plus près du moteur. Les transmissions de mouvement devant décroître en dimension en s'éloignant de la machine motrice, il est tout naturel, pour que la dégradation des forces soit à peu près régulière, que l'on ait à faire mouvoir des outils d'autant plus petits et plus légers, que la distance au moteur est plus grande.

Dans les ateliers de construction de machines, et surtout dans les scieries et ateliers de façonnage des bois, il est d'usage actuellement de placer les arbres de couche de la transmission dans le sous-sol. C'est là en effet une excellente organisation qui permet des constructions plus légères, débarrasse l'atelier des courroies encombrantes et évite bien des accidents.

Nous ne parlerons pas du choix du moteur hydraulique ou à vapeur, parce qu'il dépend des localités, de la puissance nécessaire et d'une foule d'autres considérations qui nous entraîneraient hors de notre sujet, mais ce qu'il est indispensable de bien étudier, c'est l'installation des machines en vue de l'entrée et de la sortie des pièces de bois et leurs positions respectives qui doivent permettre le transport facile et rapide, enfin économiser autant que possible les manipulations.

ATELIER INSTALLÉ EN ESPAGNE
PAR M. TOUAILLON, AVEC MACHINES DE M. ARBEY
Planche 40, figures 1 à 3.

La figure 1 est une coupe longitudinale de cet atelier; la figure 2, une première coupe transversale suivant 1-2 et la figure 3, une seconde coupe suivant 3-4. Il se compose d'un grand bâtiment de forme rectangulaire de 42 mètres de longueur sur 15 mètres de largeur, construit avec ossature en bois, remplissage en briques, soubassement en maçonnerie et couverture vitrée.

A l'une des extrémités se trouve un appentis contenant une chaudière A de 35 chevaux qui alimente une machine à vapeur horizontale B, de 30 chevaux, placée dans une chambre faisant partie du grand bâtiment.

Ce moteur communique le mouvement aux machines-outils au moyen d'une poulie-volant a fixée à un arbre de transmission b placé à 8 mètres de distance et porté par des paliers logés dans une fosse de 2 mètres de profondeur et formée de deux murs en maçonnerie affleurant le sol.

La première machine, en allant de droite à gauche, près du moteur, est une scierie verticale alternative C à une lame, à mouvement en dessous, avec chariot d'amenage. La seconde D est une scierie du même genre, mais à plusieurs lames et à cylindres pour refendre les bois.

Vient ensuite une machine à dresser et raboter E, à lame hélicoïdale du type Mareschal que nous avons fait connaître; puis une scie circulaire à arbre fixe F, une machine à faire les moulures G et une seconde scie circulaire H, mais celle-ci à arbre mobile.

L'arbre de transmission b ne commande pas ces machines directement, mais par de petits arbres intermédiaires dont les paliers sont installés sur un massif, derrière la machine à actionner, comme nous en avons montré des exemples, ce qui permet de donner aux outils la grande vitesse qui leur est nécessaire.

A la suite de ces machines en sont installées d'autres plus légères : d'abord, une scierie alternative à découper I, une machine à percer J, une scierie à lame sans fin K, une toupie L pour faire les moulures et les rainures sur les surfaces cintrées ou droites; puis une machine M à faire les moulures débillardées, une machine N à faire les tenons, une mortaiseuse O et enfin une varlope mécanique P.

On voit que cet atelier renferme tous les outils nécessaires pour produire en grand les divers travaux de menuiserie, depuis le débitage des grumes jusqu'au façonnage des pièces délicates tenons, mortaises, moulures, découpage, reperçage.

Ce n'est là, du reste, qu'un exemple d'installation modifiable suivant les exigences du travail à produire, l'emplacement disponible, etc.

SCIERIE

ET ATELIER DE FAÇONNAGE DES BOIS DU CHEMIN DE FER DU NORD

A Tergnier (pl. 40, fig. 4 à 6).

DISPOSITIONS GÉNÉRALES. — Le chemin de fer du Nord, pour l'entretien de son matériel roulant, qui se compose de 2 061 voitures et 33 315 wagons, a fait construire à Tergnier (Aisne), dans des proportions magistrales, une scierie destinée à débiter et à confectionner les bois entrant dans la construction ou servant à la réparation de ses voitures et de ses wagons.

Tergnier a été choisi, de préférence à toute autre localité, en raison de sa situation au centre de contrées encore très-boisées.

A vingt lieues à la ronde se trouvent les forêts de l'État : forêts de Compiègne, de Villers-Cotterets, Ourscamps, Laigue, Saint-Gobain, etc., et un nombre considérable de bois de propriétaires dont la contenance varie de 500 à 1 200 hectares, ce qui a permis à la Compagnie du Nord, depuis quinze ans, de s'alimenter chaque année de 40 000 à 45 000 décistères de bois de chêne des plus beaux échantillons.

La scierie de Tergnier se compose de deux installations voisines l'une de l'autre, et reliées par une voie ferrée spécialement affectée à leur service.

La *première installation* comprend un chantier et une scierie pour les bois en grume.

La *seconde installation* comprend :

1° Un chantier, avec estacade et chariot transbordeur;

2° Une scierie pour le débit des plateaux et un atelier pour le travail des bois;

3° Deux étuves pour le fumage des bois; un hangar, avec fourneau spécial, pour l'enduisage et le flambage des bois;

4° Une étuve pour le cintrage à la vapeur des pièces de bois courbes;

Et, enfin, un vaste magasin, clos, couvert et convenablement ventilé, pour le classement et le séchage des bois.

CHANTIER DES BOIS EN GRUME. — Le chantier des bois en grume occupe une superficie de 16 000 mètres carrés, desservie par plusieurs voies et des plaques tournantes disposées de façon à réduire au minimum les frais de chargement et de déchargement, d'empilage, etc... Il peut contenir 5 000 mètres cubes de bois en grume. Au centre se trouve un bâtiment de 33 mètres de longueur sur 20 mètres de largeur, construit sur une cave de 8 mètres de largeur, dans laquelle la transmission principale est installée sur colonnes en fonte.

Cette transmission souterraine actionne les machines-outils suivantes :

1° Une scie verticale alternative à plusieurs lames, avec mouvement d'avance du chariot à crémaillère (système Frey);

2° Une scie à lame sans fin, avec poulies de 1^m,500 (système Périn);

3° Trois scies circulaires de 1 mètre et de 0^m,800;

4° Une meule et une machine à affûter les scies.

Le moteur est une machine Corliss de la force de 25 chevaux, construite par MM. Legavrian. Tout est disposé pour l'installation d'une locomobile de secours, en cas d'avarie à la machine fixe.

A proximité de ce bâtiment, on a prévu un chantier couvert pour les bois en plateaux, pouvant occuper une surface de 5 000 mètres carrés et contenir 10 000 mètres cubes de bois en plateaux.

Scierie et atelier de façonnage des bois.

La seconde installation, plus importante encore que la première, a été aménagée pour le débit des plateaux et madriers et pour la confection des pièces de bois entrant dans la construction des voitures et des wagons.

Cet atelier, représenté figures 4 et 5, mesure 70 mètres de longueur et 20 mètres de largeur; il est desservi par un réseau de voies tranversales et longitudinales qui permettent d'amener directement les bois au pied même des machines-outils.

Il est construit sur un sous-sol ayant les mêmes dimensions que l'atelier et qui renferme la transmission principale et les générateurs de la machine motrice.

La voûte de cette cave est percée de trémies, correspondant à chacune des machines-outils de l'atelier, et dans lesquelles sont déversés constamment les copeaux et sciures provenant du travail des bois. Ces copeaux et sciures viennent s'entasser d'eux-mêmes dans des sacs attachés à la partie inférieure des trémies et servent à l'alimentation du feu des chaudières, qu'il suffit d'allumer le matin avec quelques kilogrammes de houille.

Grâce à cette disposition, on tient l'atelier continuellement propre et on réalise une grande économie de combustible.

Le moteur M est une machine Corliss de la force de 60 chevaux. La vapeur est fournie par deux chaudières tubulaires de locomotives C, installées comme générateurs et fonctionnant alternativement de mois en mois.

Le volant de la machine est denté et engrène avec un pignon en fonte calé sur l'arbre de couche A, qui fait 145 tours par minute.

La transmission principale a 67 mètres de longueur et est formée de 17 arbres de diamètres variables, reliés entre eux par des manchons en fonte a, et supportés par 18 colonnes c. Les arbres sont lisses, sans tourillons ni collets, afin de diminuer les frottements et de faciliter la dilatation. Les paliers sont munis de la rondelle du système Decoster. L'huile des paliers est renouvelée tous les six mois; entre deux changements d'huile, la consommation totale d'entretien est inférieure à un kilogramme par mois.

Pour prévoir les cas d'avarie de la machine fixe, on a ménagé dans l'atelier une voie spéciale permettant l'accès d'une locomotive de secours qui commanderait une transmission intermédiaire, installée dès l'origine dans cette prévision.

La transmission principale souterraine commande, par des courroies qui ne font pas saillie dans l'atelier, les transmissions intermédiaires spéciales aux différentes machines, dissimulées elles-mêmes dans des coffres en bois entièrement fermés: il en résulte une grande sécurité pour l'ouvrier et en même temps une grande facilité dans la manœuvre des pièces de bois, quelle que soit leur longueur.

Cette sécurité de l'ouvrier est d'ailleurs complétement assurée par une disposition générale que M. Bricogne a adoptée dans tous ses ateliers du chemin de fer du

Nord, et qui consiste à monter les poulies folles des transmissions intermédiaires sur arbres creux indépendants, dans lesquels tourne sans frottement l'arbre moteur.

De cette manière, l'échauffement accidentel d'une poulie folle ne peut jamais entraîner un mouvement imprévu de la machine, et l'ouvrier peut changer ses fers et affûter ses lames en toute sécurité, sans jamais faire tomber les courroies.

Le moteur dont nous venons de décrire la disposition générale donne le mouvement à 21 machines diverses groupées de façon à éviter toute manutention inutile des bois, et disposées dans l'ordre méthodique suivant :

1° Une scie en grume B, à lame sans fin (système Périn), avec poulies porte-lames de 1^m,25 de diamètre et chariot mobile de 7 mètres de longueur utile. En dix heures, cette scie débite environ 4 mètres cubes de bois en grume, ce qui correspond au travail de 6 scieurs de long. — Un chariot transbordeur de la force de 4000 kilogrammes, établi au-dessus de la scie, sert à faciliter la mise en place des grosses billes que l'on ne pourrait manœuvrer à bras;

2° Une scie verticale alternative D (système Sautreuil), affectée au débit des madriers de sapin, et dont le châssis mobile peut porter 9 lames. En dix heures, cette scie débite 600 mètres linéaires de madriers, ce qui correspond au travail de 10 scieurs de long;

3° Une scie circulaire E, à lame de 0^m,600 de diamètre, employée à couper en travers les planches de sapin débitées par la scie verticale;

4° Une deuxième scie circulaire E', de 1 mètre de diamètre (construite par M. Laniel Mantouneaux), employée au débit des gros plateaux;

5° Une troisième scie circulaire E'', à lame de 0^m,800 de diamètre, servant au débit des plateaux plus petits;

6° Une quatrième scie circulaire F, à lame de 0^m,800 de diamètre, avec table munie d'un chariot mobile, employée à couper en travers les plateaux et autres gros bois.

A la suite de ces machines, qui composent la scierie proprement dite, sont installées les machines spécialement affectées à la confection des pièces, qui sont :

7° Une scie à ruban à chantourner G (système Périn), avec poulies de 0^m,800 de diamètre et table à inclinaisons variables;

8° Une machine à raboter H (système Frey), attaquant le bois sur les quatre faces à la fois et qui, en raison des besoins, est presque exclusivement affectée à la confection des frises, qui sortent de cette machine rabotées sur leurs deux faces et avec baguette, rainure et languette. En dix heures, cette machine produit 1800 mètres linéaires de frises, ce qui correspond au travail de 23 menuisiers;

9° Une machine à raboter I (système Mareschal, constructeur Arbey), composée de deux porte-outils horizontaux à lames hélicoïdales et employée au corroyage des grosses pièces de bois de châssis de wagons. M. Bricogne a perfectionné cette machine par l'addition de sommiers de pression, qui, agissant sur les chapeaux des paliers des arbres porte-outils, ont supprimé toutes les vibrations inhérentes à ce système de machine; depuis, elle est devenue absolument silencieuse.

Cette machine, munie d'une table mobile, peut raboter des pièces de 7m,40 de longueur et de 0m,350 de hauteur. En dix heures, sa production est de 600 mètres linéaires de bois raboté, ce qui correspond au travail manuel de 10 hommes;

10° Une troisième machine à raboter J (système Gérard), affectée au rabotage des bois de faible équarrissage. Le porte-outils horizontal est muni de deux lames droites et fait 2 800 tours par minute. On peut raboter sur cette machine des bois de 5 millimètres d'épaisseur. En dix heures, sa production effective est de 250 mètres carrés de bois raboté, ce qui correspond au travail manuel de 15 hommes;

11° Une machine toupie K (système Périn), servant à faire les chanfreins, les feuillures et rainures, les moulures droites et cintrées. Cette machine, dont la vitesse de rotation est de 4 000 tours par minute, peut faire un travail correspondant à celui de 20 hommes;

12° Une machine à tenons L (système Bricogne), avec arbre horizontal mobile, peut recevoir un ou plusieurs plateaux circulaires munis chacun de trois fers saillants; chaque fer a un angle arrondi, afin de laisser au tenon un congé qui augmente sa section de rupture. En ménageant convenablement l'écartement des plateaux, on arrive à produire, dans toute essence de bois et avec la même perfection, des tenons ayant depuis 5 centimètres et plus jusqu'à 2 millimètres seulement d'épaisseur. La production moyenne de cette machine est de 120 tenons à l'heure, ce qui correspond au travail manuel de 10 hommes;

13° Trois machines à mortaiser et à percer N, N′, N², pouvant percer des trous de 3 à 90 millimètres de diamètre, ou des mortaises de mêmes longueurs. Chaque machine produit le travail de 10 à 12 menuisiers;

14° Un tour à bois pour les bois de tampons et les rondelles demi-sphériques. Sur ce tour on monte souvent un petit appareil analogue au taille-crayon et servant à confectionner les chevillettes coniques destinées à boucher les trous graisseurs. Cet outil simple et ingénieux permet à un enfant de confectionner sans danger 1 200 chevillettes dans sa journée;

15° Trois meules et deux machines à affûter complètent cet outillage.

En résumé, la production de cet atelier, comprenant 18 machines-outils qui sont conduites par 22 hommes, y compris les aides, correspond au travail manuel d'environ 350 ouvriers.

Autour de cet atelier principal sont groupées les diverses installations qu'il nécessite.

Premièrement: Un chantier de bois en grume de 2 000 mètres carrés de surface, sur lequel est établie une estacade de 81 mètres de longueur, avec chariot transbordeur de la force de 4 500 kilogrammes, de la maison Caillier frères, du Havre; ce chariot permet de gerber sur ce terrain 2 000 mètres cubes de bois en grume qui y séjournent quinze ou dix-huit mois avant d'être débités;

Deuxièmement: Un chantier couvert contigu à l'atelier principal, ayant comme lui 76 mètres de longueur et 40 mètres de largeur, et dans lequel sont empilés les plateaux et pièces débitées. Cet empilage est fait mécaniquement au moyen de trois chariots transbordeurs manœuvrés d'en bas à l'aide de chaînes, et d'un grand chariot transbordeur de 12 mètres de portée, manœuvré d'en haut à l'aide d'un treuil qui le supporte. Dans ce chantier sont établis des casiers destinés au classement des frises et des pièces confectionnées, de contenance suffisante pour permettre d'emmagasiner le nombre de pièces nécessaires à la consommation de trois mois;

Troisièmement: Deux étuves à deux foyers, étudiées par M. Bricogne, pouvant contenir chacune 25 mètres cubes de bois débités, qui y sont desséchés sous l'action de la fumée, à l'aide de foyers alimentés par des déchets de bois et principalement par de la sciure. La durée de l'étuvage est de quatre-vingt-quatre heures, pendant lesquelles la température est élevée graduellement jusqu'à 50 degrés centigrades. Les bois y perdent de 5 à 10 p. 100 de leur poids.

Des conduits d'eau sont disposés à l'intérieur de ces étuves pour inonder les bois en cas de combustion.

Quatrièmement: Un petit atelier isolé pour le flambage des pièces confectionnées, qui a lieu dans un réchaud creux chauffé au coke, imaginé par M. Bricogne, dans lequel on introduit les pièces de bois recouvertes préalablement d'une couche d'huile lourde et de goudron de gaz mélangés; le coke incandescent enflamme la couche d'enduit et durcit la surface des bois à plusieurs millimètres de profondeur. Les bois flambés sont ensuite débarrassés de la couche poussiéreuse qui les recouvre à l'aide d'une brosse métallique. Cette préparation permet de diminuer, dans bien des cas, la quantité de peinture dont il est nécessaire de recouvrir les bois;

Enfin, cinquièmement: Une étuve à vapeur spéciale pour le cintrage à chaud des courbes en frêne qui supportent la toiture des voitures et des wagons couverts. Cette étuve est formée d'un bac en tôle, dans lequel est dirigée la vapeur d'échappement provenant de la machine fixe.

Le cintrage des bois courbes se fait principalement en été; la vapeur d'échappement de la machine est envoyée pendant l'hiver dans des caniveaux en fonte placés à fleur du sol de l'atelier et munis de bouches de chaleur, et sert au chauffage de l'atelier. Ajoutons cependant que toutes les précautions sont prises pour l'éventualité d'un incendie: un extincteur et deux pompes sont constamment sous la main des surveillants; des rondes de jour et de nuit sont organisées et contrôlées au moyen de compteurs.

Tels sont, rapidement résumés, les détails matériels de cette installation grandiose que le chemin de fer du Nord possède à Tergnier.

Voici quelques chiffres qui font voir l'importance de la scierie et l'indication de

quelques prix de revient comparatifs qui établissent l'avantage des résultats obtenus.

Les chantiers en plein air de la scierie peuvent contenir 8 000 mètres cubes de
bois en grume ; dans les chantiers couverts on peut emmagasiner 10 000 à 12 000
mètres cubes de bois en plateaux, ce qui correspond à la consommation de quatre
années.

Le chantier des bois en grume est outillé pour débiter annuellement 3 600 stères
de bois en grume, et la scierie de l'atelier de façonnage peut en débiter 1 200 à
1 300 stères ; soit un total d'environ 5 000 stères. La production annuelle comprend
en outre la transformation de 3 000 mètres cubes de plateaux en pièces confectionnées, et la confection de 25 000 à 30 000 planches en chêne pour fonds de wagons et de 300 000 mètres linéaires de frises.

Le prix de revient des plateaux débités dans les gros chênes est, suivant le cours
du bois, d'environ 140 fr. le stère à Tergnier quand, dans l'industrie, ces bois sont
vendus 180 fr. le stère, ce qui correspond à une différence de 22 p. 100 en faveur
de la Compagnie, qui possède en plus, constamment sous la main, un approvision-
nement très-complet en bois secs.

Enfin, le prix de revient des pièces confectionnées est, à Tergnier, de 188 fr. le
stère, tous frais compris, en prenant pour unité les chiffres indiqués plus haut.

CHAPITRE XX.

BREVETS PRIS

POUR LES SCIERIES ET LES MACHINES A TRAVAILLER LES BOIS.

Malgré le grand nombre de types de chaque système de scieries et de machines à façonner les bois que contient cet ouvrage, nous n'avons pu, on le comprendra aisément, rappeler tout ce qui s'est fait dans cette branche importante de la mécanique générale, et pourtant, il peut être intéressant, soit au point de vue historique, soit pour établir des points de droit de propriété, soit aussi pour l'étude et l'exécution de certaines machines, de connaître ce qui a été proposé antérieurement.

Pour combler cette lacune autant qu'il est en notre pouvoir, nous avons fait dresser deux listes, par ordre chronologique, depuis 1799 jusqu'à 1880 inclusivement, des brevets pris, d'une part pour les scieries, et d'autre part pour les machines à façonner les bois.

On verra que ces listes, bien longues, comprennent tous les noms des ingénieurs, mécaniciens et industriels qui se sont occupés de la question, et que l'on pourrait ainsi au besoin, grâce aux archives du Conservatoire des Arts et Métiers, qui renferment tous les brevets expirés, et à celles du Ministère de l'Agriculture et du Commerce, où se trouvent les brevets en vigueur, reconstituer, pour ainsi dire, l'état civil de chaque machine, depuis l'idée première jusqu'à l'exécution perfectionnée où elle est actuellement arrivée.

Nous pensons donc que les listes qui suivent seront considérées comme un complément utile, venant s'ajouter aux nombreux renseignements que contient ce volume.

BREVETS PRIS

POUR LES SCIERIES MÉCANIQUES

De 1799 à 1880 inclusivement.

Noms des brevetés.	Titres des brevets.	Dates.
ALBERT	Scies sans fin	12 septembre 1799.
BOURDEUX	Scie portative qui peut être mue par l'eau ou par la machine à vapeur.	10 janvier 1806.
TSCHAGONY	Moulin à scie à manége, propre à débiter les bois en planches de différentes épaisseurs.	17 juin 1811.

Noms des brevetés.	Titres des brevets.	Dates.
Cochot.	Mécanique propre à scier en feuilles le bois d'acajou ou tout autre bois	7 décembre 1814.
Brunen et Cochot.	Confection d'une scie circulaire.	24 juin 1816.
Lefèvre.	Mécanique pour scier les bois de placage en feuilles minces	27 novembre 1817.
Mulian.	Scie agissant verticalement et horizontalement.	28 avril 1825.
Redoul.	Scie sans fin ou rondin	20 janvier 1826.
Bernard.	Scierie alternative à chantourner le bois	28 février 1833.
Picot.	Machine propre à trancher le placage pour la brosserie et l'ébénisterie et à découper le bois.	29 octobre 1834.
Harthorn.	Procédés mécaniques propres à scier et percer les bois destinés à différents usages.	11 décembre 1834.
Manneville.	Nouveau système de scieries mécaniques.	22 juin 1835.
Picot.	Perfectionnements apportés à une machine à trancher les bois de placage.	10 juillet 1835.
Marion de la Brillantais	Machine propre à découper le bois de placage, au lieu de le scier	23 septembre 1835.
Pierret.	Machine à scier les bois de placage	10 juin 1836.
Truffaut.	Machine à couper le bois.	11 juin 1836.
Pape.	Machine destinée à couper le bois de placage au moyen de fer au lieu d'une scie	10 mai 1837.
Royer-Truchetet	Machine à débiter les arbres en grume au moyen de scies circulaires.	25 avril 1839.
Guillaume	Nouvelle scierie, dite scierie Guillaume.	29 mai 1840.
Simyan.	Machine à débiter les merrains épais en douves toutes dolées en coupant le bois dans son fil.	6 juillet 1840.
Mathieu-Vernier et Mathieu-Chauffour.	Machine propre à trancher les bois de placage.	23 septembre 1840.
Legendarme.	Procédé de sciage applicable à tous les bois	7 octobre 1840.
Forbes-Orson	Procédés pour fabriquer et façonner les douves et découper le bois en lattes	21 novembre 1840.
Thouard.	Scie rotative	30 septembre 1842.
Lovering.	Construction de machines à scier les bois	26 août 1843.
Garand.	Machine à trancher le bois de placage cylindrique.	2 septembre 1844.
Rouillet.	Système de scie locomobile à vapeur, destinée au sciage des bois.	5 octobre 1844.
Minaux.	Scierie mécanique.	20 mai 1845.
Tournier.	Scie mécanique appliquée à l'exploitation des gros bois	9 juin 1845.
Hanot-Feuilloy	Scie à receper les pieux, à toute profondeur, dans l'eau	16 juin 1845.
Rabatté.	Perfectionnements apportés dans les scies propres à débiter les bois.	14 juillet 1845.
Legendarme.	Scie à refendre, sans tracé, les bois de chaises, fauteuils, etc.	21 août 1845.
Joleaud	Scie circulaire disposée pour la fabrication des allumettes.	27 septembre 1845.
Harvey.	Perfectionnements apportés à la machine à scier	15 décembre 1845.

Noms des brevetés.	Titres des brevets.	Dates.
VERNAY ET BERNENET. .	Système de scie locomobile.	11 mars 1846.
XAVIER	Scie mécanique à manivelle.	23 avril 1846.
LAGACHE	Scierie à débiter les bois.	4 mai 1846.
TOCHRAX	Scierie perfectionnée propre non-seulement à parer et refendre les bois courbes, mais encore à scier les bois suivant un angle donné et par des lignes droites ou courbes.	11 mai 1846.
VELU.	Machine à scier les bois de placage	16 mai 1846.
FAUCHET	Perfectionnements apportés aux scieries de bois indigènes	23 juin 1846.
GROSS	Scie propre à scier toute espèce de bois de placage.	18 août 1846.
CRÉPIN	Mécanique pour le débitage des bois.	29 août 1846.
MERLIN.	Scierie mécanique propre à la confection des caisses	5 octobre 1846.
GARAND.	Machine à débiter les bois en feuilles minces et continues	15 février 1847.
TAYLOR.	Système de scierie perfectionnée	24 février 1847.
VELU.	Machine à scier les bois de placage.	14 mai 1847.
CHAPUIS	Scie circulaire	7 juillet 1847.
ROUANE.	Scie à placage	20 septembre 1847.
GOUILLARD	Machine à faire le placage continu en coupant le bois en grume sur sa circonférence . . .	29 novembre 1847.
THOMSON	Perfectionnements dans la construction des machines à scier	1er décembre 1847.
JABLE	Genre de scie à spirale rotative.	13 décembre 1847.
DUPRÉ	Procédés de sciage donnant des résultats, les uns nouveaux, les autres plus parfaits. . . .	17 janvier 1848.
DERNE ET YARD	Machine locomobile destinée à trancher les bois de placage.	7 février 1848.
ENO ET DENNEBECQ . . .	Machine dite *ligntserrigue*, propre à scier le bois à domicile	22 juin 1848.
BRARD	Système de sciage à domicile, propre à scier les bois de travers ou bois de chauffage et toute autre espèce de bois en long et de placage . .	21 février 1849.
PLEYEL ET Cie	Machine à débiter le bois en feuilles minces. . .	14 mai 1849.
RIOLET.	Système de sciage à la mécanique.	4 juillet 1849.
PICHARD	Couteau circulaire remplaçant la scie dans le débit des bois de placage	11 juillet 1849.
HAMILTON.	Machine à débiter les feuilles de placage . . .	31 août 1849.
LEGENDARME.	Scierie double à cylindres	1er octobre 1849.
TRUFFAUT.	Perfectionnements dans les mécanismes destinés à scier ou couper le bois, la pierre et les métaux.	8 mai 1850.
JOSSET	Perfectionnement apporté aux lames de scie à placage, permettant d'économiser le bois. . .	21 septembre 1850.
DUPLAIX	Système de scierie à plusieurs lames et à chariot.	16 janvier 1851.
ARMÉ.	Scierie mécanique à découper les ornements, fleurs, pour parquets, demi-sphères creuses et frises cintrées	6 mars 1851.
FRIÉDÉRICH	Scie mécanique courbe et circulaire alternative .	13 mai 1851.

Noms des brevetés.	Titres des brevets.	Dates.
Mme Mauger.	Scies circulaires à support mobile pour scier les bois.	17 mai 1851.
Frison.	Scie à effet continu dite scie sans fin	8 juillet 1851.
Cam.	Machine à scier les bois avec perfectionnements.	18 août 1851.
Avrillon.	Scie circulaire à percer les métaux et les bois.	28 octobre 1851.
Samanos.	Système de scie à dents biaises.	8 avril 1852.
Frison.	Scie à effet continu dite scie sans fin.	17 mai 1852.
Prévot.	Scierie mécanique à cylindres.	5 juin 1852.
Velu.	Système de sciage à la mécanique.	28 février 1853.
Brichetbau.	Scie à bois mécanique.	7 mars 1853.
Truffaut et Sautter.	Perfectionnements dans le sciage des bois	3 mai 1853.
Esprit.	Scie mécanique sans fin propre à chantourner le bois.	30 juillet 1853.
Mme Mauger.	Scies circulaires à supports mobiles pour scier les bois.	18 août 1853.
Honier et Rigaut.	Scierie à chariot pour scier les bois sur maille.	29 octobre 1853.
Prudhomme.	Machine à scier le bois.	23 novembre 1853.
Delaporte.	Scie à ruban.	9 décembre 1853.
Tessier.	Système à débiter les bois.	1er février 1854.
Sautreuil.	Machine à scier le bois en grume.	9 mars 1854.
Marchand.	Procédé mécanique de découpage des bois	10 mars 1854.
Chevallier.	Procédé de sciage de pierres, métaux, bois et autres substances.	8 avril 1854.
Casaux.	Scie à dents biaises, pour les scieries mécaniques.	12 juillet 1854.
Prudhomme.	Machine à scier le bois.	16 novembre 1854.
Normand.	Perfectionnement dans les scieries mécaniques.	26 décembre 1854.
Boulet.	Genre de scie mécanique.	3 janvier 1855.
George.	Genre de scie.	15 février 1855.
Damey.	Scieries à lames multiples pour bois en grume.	21 février 1855.
Garant.	Perfectionnements aux machines à trancher les bois de placage.	4 avril 1855.
Varlet et Magrina.	Scie mécanique propre à scier le bois, la pierre, etc.	19 mai 1855.
Merlens.	Machine à découper le bois en feuilles.	24 mai 1855.
David.	Système de machines pour scier les bois en grume, en madriers, planches, feuillets ou placage.	4 septembre 1855.
Gonauzeau.	Scierie mécanique convexe.	17 septembre 1855.
Chosson.	Scierie mécanique.	8 octobre 1855.
Philippe.	Perfectionnements apportés aux scieries mécaniques.	22 décembre 1855.
Green.	Perfectionnements dans les machines à scier.	26 décembre 1855.
Peyron et Raabe.	Procédés mécaniques pour découper le parquet et le placage.	10 octobre 1856.
Hugues.	Locomobile à scier le bois.	9 décembre 1856.
Boudon de Saint-Amans.	Machine à scies rotatives et à plan incliné.	30 décembre 1856.
Desmarest.	Système de sciage effilé ou en lame de couteau.	21 janvier 1857.
Sautreuil.	Machine à découper en feuilles le bois de placage.	3 mars 1857.
Hart.	Machine à scier le bois en grume.	4 avril 1857.
Kinder.	Perfectionnements dans le sciage des formes et des surfaces irrégulières et dans les appareils employés à cet usage.	6 mai 1857.

Noms des brevetés.	Titres des brevets.	Dates.
BERTAUT	Machine à scier dite scierie Bertaut	14 mai 1857.
CORNIER	Machine à trancher le bois do placage	26 juin 1857.
ROUX ET GAUTIER. . . .	Machine locomobile mue par la vapeur, propre à scier, débiter et dresser toute espèce de matières.	27 juillet 1857.
DIZY.	Scie sans fin à double lame.	30 août 1857.
CART.	Scierie locomobile.	7 septembre 1857.
POTZ.	Emploi de la scie sans fin ou à ruban.	12 octobre 1857.
ROXSO	Machine portative propre à scier le bois	3 mars 1858.
RIOLET	Machine pour le sciage des bois de placage . .	12 mars 1858.
QUENU	Scieries à débiter les bois de placage et autres.	20 mars 1858.
NORÈS ET Cie	Scie circulaire à effet inverse	28 mai 1858.
NORÈS ET Cie	Scie circulaire à deux lames superposées. . . .	28 mai 1858.
BISHOP	Machine à trancher le placage.	12 juin 1858.
CRAMPÉ.	Scierie mécanique à découper.	9 septembre 1858.
ANSEL	Perfectionnements des scies mécaniques	9 septembre 1858.
FARAUT.	Scies à trois lames circulaires.	20 octobre 1858.
SAURIN	Moulin à scier le bois à mouvement alternatif . .	14 février 1859.
CART.	Machine à trancher les bois de placage. . . .	18 mai 1859.
AHSBAHS	Machine à couper les bois de placage.	19 mai 1859.
VANGENEBERG	Machine locomobile dite scierie Vangeneberg . .	9 juin 1859.
CART.	Scierie verticale destinée au débit des bois droits et courbes.	17 juin 1859.
CONOVER	Machine à fendre le bois.	18 août 1859.
LÉGER ET SANGLIER. . .	Perfectionnement dans les scieries circulaires .	27 février 1860.
LAMARLE-BERNARD . . .	Établi mécanique destiné au sciage des bois. . .	21 mars 1860.
CABASSET	Scie circulaire mue par un seul homme.	26 mai 1860.
FITTÈRE.	Scie mécanique portative.	6 juin 1860.
BONNEHILL	Système de scie circulaire à bâti oscillant. . . .	7 juin 1860.
HAWES	Machine à découper les bois de placage. . . .	16 juin 1860.
FOULOT.	Scie portative à vapeur.	7 juillet 1860.
CHAVIN	Machine à découper longitudinalement les bois. .	27 juillet 1860.
GOULLEY	Application de la scie à lame sans fin au sciage rectiligne des planches.	14 août 1860.
BEAU.	Machine à débiter les volige.	16 septembre 1860.
FREY FILS.	Scie locomobile.	17 septembre 1860.
FAILLEY.	Perfectionnements aux scies-ruban.	19 septembre 1860.
DIVAY	Scie alternative.	26 septembre 1860.
BISHOP	Machine à trancher le placage.	20 octobre 1860.
THOMASET.	Machine à débiter les bois à brûler.	22 octobre 1860.
DELORME	Appareil à scier le bois.	6 novembre 1860.
BERTHOMIEUX	Perfectionnements aux scies circulaires.	20 décembre 1860.
VANGENEBERG	Scierie locomobile à vapeur pour l'exploitation en forêt.	12 janvier 1861.
JOCHUM.	Machine servant à l'abatage des arbres.	23 février 1861.
BOURBIER	Machine à découper les allumettes.	10 avril 1861.
DELIGNE	Scie mécanique propre à débiter les bois	13 avril 1861.
TUMBEUF	Machine portative à fendre le bois.	8 juillet 1861.
BERNIER ET ARBEY . . .	Scie à ruban ou à lame sans fin.	18 juillet 1861.
WILSON.	Appareils employés pour scier le bois	21 août 1861.
DALLOT.	Scie portative circulaire	5 octobre 1861.
THOMASSET	Machine à débiter le bois à brûler.	22 octobre 1861.

Noms des brevetés.	Titres des brevets.	Dates.
DELORME	Appareil à scier le bois	6 novembre 1861.
BRUNIER AÎNÉ ET AUBRY	Perfectionnements aux scies mécaniques	7 décembre 1861.
BUCHON-BOUIS ET FILS	Métier employé au sciage des bois	30 avril 1862.
PÉRAUD	Perfectionnements dans la construction des scies	3 mai 1862.
COCHOT	Construction et combinaison des scies mécaniques	19 juin 1862.
LEROUX-VIGLOY	Application des scies circulaires à l'exploitation en forêt	24 juin 1862.
CHALUMEAU ET VELU	Scie circulaire à placage	30 juin 1862.
CARC	Scie à ruban sans fin	1er août 1862.
CHESSEX	Scieries à lame sans fin	30 octobre 1862.
MARIN	Scies-rubans et scies horizontales alternatives	20 novembre 1862.
DE LOND-SERIGNAN	Scie circulaire	29 novembre 1862.
RICHEZ	Système de scie à leviers	4 février 1863.
GUILLOTEAUX	Scies à lames verticales ou horizontales, pour bois en grume, madriers, planches, etc.	30 mars 1863.
NOLVEL FILS	Scie à découper à va-et-vient mobile ou fixe	10 mai 1863.
L'ÉCUYER	Système de scie circulaire pour débiter les bois	28 mai 1863.
LAGARDE ET DIGOT	Scierie portative mécanique	9 juin 1863.
BISSON	Système de scie articulée alternative	23 juin 1863.
FOURRET ET MALAISÉ	Scie à chariot	29 juillet 1863.
DEBLEAU	Monture de scie circulaire avec ensemble d'outils	30 juillet 1863.
GUILLET	Système de scie dite scie horizontale	8 août 1863.
VROOMANN	Scierie mécanique propre au débitage des bois de forme irrégulière	14 août 1863.
CANONNE	Scie circulaire horizontale et mobile	12 novembre 1863.
BERTHOUNEUX ET MASSIEU	Scies mécaniques à lame verticale	28 décembre 1863.
KNOWLTON	Machine à scier perfectionnée	26 janvier 1864.
DE SERY (Le comte)	Scierie verticale et horizontale à double mouvement	9 février 1864.
BREAT	Mécanisme de sciage s'appliquant au bois	11 avril 1864.
BOUCHEZ	Monture de scie circulaire	20 août 1864.
GARAND	Machine à trancher les panneaux de bois	17 septembre 1864.
DALLOT	Scie à ruban et machine à percer	12 octobre 1864.
GAUTHER	Scie à ruban à main	25 février 1865.
JACQUOT	Système de scie circulaire à axe mobile	25 février 1865.
FRÉNET	Scie portative à ruban	16 mars 1865.
CAMBON	Scie à ruban portative perfectionnée	21 mars 1865.
CAVALIÉ	Scierie mécanique portative à rubans	12 mai 1865.
FLAMENT	Système de scie sans fin	3 juillet 1865.
SCHMIDT ET SCHWOERER	Système de machine à scier les baguettes pour cadres et autres bois	14 août 1865.
MOINE AÎNÉ	Système de scie verticale	1er septembre 1865.
TESSIER	Méthode de rayon pour le sciage et le débitage	6 janvier 1866.
CHAILLAN ET MONIES	Machine à trancher circulaire	29 janvier 1866.
LYNCH	Scie à plateau mobile	30 janvier 1866.
PAXIER	Découpeuse à chariot	31 janvier 1866.
PELLABY	Machine à scier le bois mue à main d'homme	14 mars 1866.
LUCAS	Scie à découper pouvant se transformer en machine à percer	12 avril 1866.
GUILLOTEAUX	Scie à ruban	10 juillet 1866.
FLAMM	Scie forestière	26 juillet 1866.

Noms des brevetés.	Titres des brevets.	Date.
LAFORGUE,	Scies circulaires.	9 août 1866.
WILSON	Perfectionnements dans les scies mécaniques	25 août 1866.
LOPIN	Scie mécanique à main.	1er octobre 1866.
COLNORD	Appareil à guider le bois pour les scieries	17 octobre 1866.
CAMBON,	Mécanique pour le solage du bois de chauffage.	16 novembre 1866.
CART,	Scies à ruban ou à lame sans fin.	10 décembre 1866.
MARTIN FRÈRES,	Métier pour scier les fougères de futailles.	7 novembre 1866.
ROSE,	Scie circulaire à alimentation automatique	7 janvier 1867.
CARUEL-FESSIEU,	Machine destinée au sciage des bois.	26 janvier 1867.
DUBOSC,	Guide pour scie à ruban	11 février 1867.
CAROILLE-BOURGEON,	Machine à scier les douves.	6 avril 1867.
PELRAM,	Guide lame de scierie à lame sans fin	24 mai 1867.
MASSONDET	Avancement des rouleaux dans les appareils d'amenage	22 juin 1867.
RENARD ET FOUQUET,	Scierie mécanique à découper les bois.	29 octobre 1867.
MELOSKY	Appareil d'amenage de bois aux scies	29 octobre 1867.
VAILLY,	Machine à scier les bois alternative à vapeur.	9 novembre 1867.
CHARADEL, QUIROUT ET CHEMINEAU	Disques directeurs-guides à rotation	23 novembre 1867.
PREVEL AÎNÉ,	Machine à débiter et découper le bois	20 novembre 1867.
DIDON	Scies à lames droites à mouvement alternatif oscillant	31 décembre 1867.
LANGLÉ	Scierie locomobile à cylindres, à plusieurs lames.	6 janvier 1868.
ALBOS	Scie pour élaguer les arbres forestiers	13 février 1868.
OLIVIER,	Scie à lame sans fin, fixe ou locomobile.	15 février 1868.
DELACOURT	Machine à trancher avec lame ondulée	2 avril 1868.
FOSSE	Scie à découper le bois.	17 avril 1868.
MARTINOLE	Machine à trancher	24 avril 1868.
MONIN	Scierie mécanique à vapeur.	25 avril 1868.
CHAILLAN ET MONIÈS	Machine à découper les bois en feuillets	1er octobre 1868.
BIGOT,	Machine à découper les bois en feuilles.	6 octobre 1868.
ASPEL	Perfectionnements aux scies à ruban.	19 octobre 1868.
SAUVANET	Machine à main à scier et à rainer.	23 octobre 1868.
ZIMMERMANN ET HECHNER	Scie sans fin perfectionnée	26 octobre 1868.
BOUCHOT	Machine à scier et percer.	10 décembre 1868.
DESARGUES DE COLOMBIER	Machine à trancher	12 décembre 1868.
MELOSKY	Sciage des bois des fonds de tonneaux.	7 avril 1869.
LEBRUN,	Scie à ruban, à compteur-diviseur automatique	8 avril 1869.
PEBINELLE ET CROIZE	Scie alternative à parallélogramme.	22 avril 1869.
VONINCKEL	Scies verticales à mouvement de va-et-vient.	19 mai 1869.
VALLET,	Scie verticale destinée à débiter les bois	19 juin 1869.
LAMARCHE ET DUBETTIER CARROZ.	Scie à pédale.	2 août 1869.
COMBY	Conducteur de précision pour scies à ruban et circulaires	4 août 1869.
PERDRIEL	Scie à receper les bois sous l'eau	13 août 1869.
ORSATTI.	Machine à trancher le bois	21 août 1869.
MUSTEL,	Montage des scies circulaires.	25 septembre 1869.
CHARADEL.	Sciage des bois merrains et autres.	23 octobre 1869.
MOUNIER ET GOURSON	Banc de scie circulaire à chariot.	22 décembre 1869.
FARRE	Scie perfectionnée.	7 février 1870.
RICHARDS	Scies sans fin.	26 mars 1870.

Noms des brevetés.	Titres des brevets.	Dates.
DUPRÉ	Scie à bascule et à précision	14 juillet 1870.
SAULIERS-VILLENEUVE.	Procédé de sciage	18 octobre 1871.
PAUTIER.	Disposition de scie locomobile.	20 février 1872.
SAUTREUIL ET Cⁱᵉ.	Machine à scier les douvelles.	29 février 1872.
SCHANDELMEYER.	Scie articulée dite scie en forme de chaîne	10 mars 1872.
MAGRR.	Mécanique à scier	19 juin 1872.
GABANO.	Machine à trancher le placage.	19 juin 1872.
COTTER.	Scies à archet ou potence	8 juillet 1872.
LAVASIR.	Métier à scier à vapeur.	18 juillet 1872.
PALLOT ET VOLANT.	Scie santeuse, circulaire et perceuse.	5 septembre 18ᵉ .
MONTIGNY.	Scie à ruban radicale	25 octobre 1872.
MAUGET.	Système de scierie à manège	26 octobre 1872.
MALIS.	Machine pour couper le bois.	4 novembre 1872.
HOUEK.	Scie circulaire, à guides mobiles	11 novembre 1872.
PESANT FRÈRES.	Système de scie à ruban.	13 novembre 1872.
COMANDRÉ.	Scie articulée.	19 novembre 1872.
DESHAYES.	Montures de scies.	7 février 1873.
LEROUX.	Machine à châssis équilibré.	2 avril 1873.
WILENBY	Scies à ruban	9 juin 1873.
MAUDAUX.	Scie mécanique à découper le bois.	1ᵉʳ août 1873.
TIERSOT ET ZIEGLER.	Machine à découper.	9 octobre 1873.
LOMY.	Découpeuses sur bois.	23 octobre 1873.
SEVIN.	Scie à ruban mue à bras.	18 mars 1874.
TYACK ET MASSON	Machine à trancher les panneaux	20 juin 1874.
LANGLOIS.	Scie à ruban à pédale avec mortaiseuse.	17 octobre 1874.
GAUBERT.	Train de scie rotative	28 octobre 1874.
OLIVIER.	Machine à trancher et à scier le bois.	17 mars 1875.
RENARD.	Scie mécanique à débiter des feuillards.	6 avril 1875.
OLIVIER	Scies sans fin dites scies à ruban	6 avril 187..
VELLJEROD.	Machine ayant pour objet de remplacer la scie dite passe-partout.	4 novembre 1875.
PACHER.	Scie locomobile.	27 décembre 1875.
TIERSOT.	Machine à découper.	5 janvier 1876.
GUILLOTON	Appareil pour le débitage des bois.	18 janvier 1876.
MARGEDANT	Perfectionnements dans les scies à ruban.	4 février 1876.
FUGE.	Machine à découper le bois.	10 mars 1876.
GANNE	Couvre-scie circulaire	18 mars 1876.
FERRANDO-MOREL.	Scie à plusieurs lames pour le dédoublage	30 mars 1876.
CATHELINEAU	Scies circulaires	13 mai 1876.
TIRE.	Scie circulaire à dédoubler	10 juin 1876.
COLIN	Scie à découper portative	4 août 1876.
ORUET	Appareils de sûreté pour scies circulaires.	28 octobre 1876.
GUÉNON.	Scie brisée à tenons articulés.	30 octobre 1876.
TIERSOT.	Machine à découper.	23 décembre 1876.
LEMARCHAND.	Perfectionnements aux scies mécaniques	11 janvier 1877.
DUMAS	Perfectionnements aux scies circulaires	3 février 1877.
TIERSOT	Machine à découper.	2 mars 1877.
BARTLETT.	Machine à découper les planches	5 avril 1877.
MORIER.	Monture de scie à tête métallique	17 avril 1877.
CHARO	Système de scie dite couronne	18 avril 1877.
COQUELET ET HOTTON	Machine à scier les tenons	23 avril 1877

Noms des brevetés.	Titres des brevets.	Dates.
WATTELIER	Appareil à scier les bois dit scie mobile	16 mai 1877.
GILDEMY	Machine à découper dite Silencieuse.	23 mai 1877.
FAURE ET DUPOUY. . . .	Appareil à amener le bois aux scies	31 mai 1877.
DUPLESSIS.	Application d'un plateau rotatif pour amener le bois aux scies à ruban.	9 juin 1877.
DUBOURJAL-CLER.	Perfectionnements aux scies à ruban.	15 juin 1877.
DAMEY	Scie circulaire locomobile	21 juillet 1877.
MILLWARD.	Scies à ruban et mécanisme à pédale. . . .	25 juillet 1877.
HENAER.	Système combiné de scie et de fraise . . .	27 décembre 1877.
DOANE	Scieries mécaniques à ruban	8 avril 1878.
AUDE.	Scie circulaire pour produire des rainures . . .	4 mai 1878.
ADNET, frères	Perfectionnements aux scies circulaires. . . .	7 mai 1878.
ADNET	Perfectionnements aux scies circulaires . . .	5 juin 1878.
HUCHON.	Scie articulée sans contre	13 juin 1878.
QUETEL-THÉ́QUOIS	Appareil à guider les scies à ruban	13 juin 1878.
HADDAN.	Machine à couper le placage	24 juin 1878.
DANNENBERGER.	Scie mécanique à évider.	14 octobre 1878.
DUTSON	Scierie à lame sans fin	21 novembre 1878.
LAFITE	Scie à ruban horizontale.	21 novembre 1878.
PFAFF	Guides pour scies à lame sans fin	16 janvier 1879.
BARTLETT.	Machine à couper les feuilles de placage . . .	20 janvier 1879.
HIX	Scieries alternatives.	21 février 1879.
PICTOT	Machine à trancher le bois	27 mars 1879.
WARCZYNSKI.	Scies mécaniques à contourner	19 août 1879.
LAFITE	Scie à ruban horizontale et locomobile . . .	8 octobre 1879.
VITAL.	Guides pour scies à ruban	22 décembre 1879.
CHAILAN ET MONIÈS. . .	Système de trancheuse	11 février 1880.
CASTAING	Sciage des bois en grume	1er mars 1880.
SUTTER.	Scies à lame sans fin	17 mars 1880.
BROPHY.	Scies à ruban et outillages des scieries. . . .	2 avril 1880.
FAULON.	Scie à découper.	8 mai 1880.
FORTIN	Scierie locomobile pour bois de chauffage. . .	21 mai 1880.
REY	Scie polisseuse.	10 juin 1880.
PANET	Débit de bois de placage.	4 août 1880.
JENNS	Scie dite scie d'angle	18 août 1880.
ARMAND.	Machine-outil pour scier les bois	26 août 1880.
RAU	Scie portative à bâti ployant	26 août 1880.
WYBURN	Perfectionnements dans les scies	18 septembre 1880.
LEFEBVRE.	Scie à vapeur locomobile.	13 octobre 1880.
KITZ	Scie circulaire ajustable	26 novembre 1880.

BREVETS PRIS

POUR LES MACHINES A TRAVAILLER LES BOIS

De 1791 à 1851 exclusivement.

Noms des brevetés.	Titres des brevets.	Dates.
Hughes.	Machine à travailler le bois de toute nature et de toute dimension,	15 mars 1817.
Pape.	Machines propres à percer et débiter les bois de placage, ainsi qu'à tourner et mouler les bases et les chapiteaux des pieds des pianos et autres meubles.	7 octobre 1821.
Valéry et Perrot.	Machine propre à la division et à la mise en poudre des bois de teinture.	3 mai 1828.
Sauvriels.	Divers procédés mécaniques propres à confectionner la menuiserie, comme planchers, parquets, moulures, etc.	23 avril 1830.
Valléry.	Machine propre à la trituration des bois de teinture.	18 septembre 1835.
Barker et Roweliffe.	Machine propre à triturer les bois de teinture.	13 juin 1837.
Gamelin.	Machine propre à réduire en poudre les bois de teinture.	3 juin 1839.
Peval.	Machine à réduire les bois de teinture en poudre, effilé et copeaux.	30 septembre 1839.
Burnett.	Machines perfectionnées propres à travailler ou façonner le bois.	15 février 1840.
Pakham.	Machine à confectionner le plancher.	4 avril 1840.
Hunter-Murdoch.	Les machines à diviser et à pulvériser les bois de teinture.	8 octobre 1840.
Newton.	Machines à scier, râper ou pulvériser les bois et les écorces.	31 décembre 1840.
Philippe.	Système de machine à fabriquer le parquet.	23 juin 1841.
Derendorf.	Machine à réduire en poudre et effiler les bois de teinture.	7 mai 1842.
Denot.	Machine propre à travailler et façonner le bois.	12 octobre 1842.
Richer, Lenoir et Petit-Jean.	Machine propre à courber les bois de construction et de marine.	19 janvier 1843.
De Saint-Pol.	Perfectionnements dans les machines et outils propres à percer, tailler et découper les bois et autres matières.	19 décembre 1843.
De Combettes.	Machine à pousser les moulures courbes.	9 décembre 1844.
Brocand.	Machine à fabriquer les moulures.	16 juin 1845.
Graff.	Outil propre à travailler le bois.	24 juillet 1845.
Calemarde de Lafayette.	Fabrication du parquet pour le rainage et le débit des madriers en frises et le rainage par bout.	18 février 1846.
Léger.	Rabot mécanique pour corroyer les bois.	17 mars 1846.
Viossat.	Appareils appliqués à la confection des parquets.	21 avril 1846.
Laurent.	Machine à produire les moulures, dite multiple.	25 mai 1846.

Noms des brevetés.	Titres des brevets.	Dates.
SAUTREUIL.	Machine à blanchir et à mettre d'épaisseur les frises en chêne des parquets.	6 juillet 1846.
BLOUER.	Machine à raboter.	16 juillet 1846.
VOSSIER.	Procédé propre à bouveter le bois pour parquets.	10 janvier 1847.
SOULIER	Machine propre à travailler le bois.	20 février 1847.
PERNOT.	Machine propre à la confection des objets qui se traitent en menuiserie.	31 mars 1847.
GILLET.	Machine propre à fabriquer toute espèce de menuiserie.	5 janvier 1848.
OUVRÉE-THÉMOIS	Genre de rabot circulaire incliné.	27 janvier 1848.
DE BARROS.	Machine à fabriquer ou façonner les bois de fusils, les sabots, etc.	25 août 1848.
VOUROT DE.	Machine à raboter les languettes et menuiser les planches.	28 novembre 1849.
HAMILTON.	Mécanismes à scier, à percer et à façonner le bois.	23 novembre 1850.
LENIEUX	Machine servant à faire la menuiserie.	30 janvier 1851.
BEAUPLÉE.	Machine à raboter, rainer et canneler les planches.	12 août 1852.
TACHON.	Mécanique à menuiserie pour faciliter la coupe des lignes courbes.	22 septembre 1852.
DAMON.	Machine à mortaiser le bois.	8 décembre 1852.
MAGNIER.	Appareil à pousser les moulures sur les dossiers de sièges.	13 janvier 1853.
GAILLARD.	Tour propre à la fabrication d'anneaux en bois.	21 février 1853.
BÉRENGUIER.	Outils à moulure pour la menuiserie.	14 mars 1853.
LANIEU.	Machine à corroyer le bois.	5 juillet 1853.
DUCHESNE.	Machines propres à la fabrication des sabots.	6 septembre 1853.
MAGNAN.	Machines à raboter les manches de fouet.	12 novembre 1853.
BONNETON.	Appareil à tourner les manches à balai.	4 février 1854.
BOURDIEU.	Machine à fabriquer les semelles des galoches.	28 avril 1854.
CONSTANT, BATISSE ET ROUX.	Machine à fabriquer le bois des galoches.	12 mai 1854.
VERNIS ET SESTER	Raboteuse destinée à fabriquer les coins de chemins de fer.	27 mai 1854.
REILLY.	Mécanismes et appareils à tenonner, mortaiser et scier le bois.	14 juin 1854.
ROIGNOT	Système de fabrication mécanique des sabots.	19 juin 1854.
GUILLIET.	Outil propre à faire les mortaises.	27 octobre 1854.
STROBEL ET HOUSCHILD.	Machine à fabriquer les anneaux en bois.	4 décembre 1854.
CART.	Perfectionnements aux machines à travailler le bois	8 décembre 1854.
DAWSON.	Machines à découper et à façonner le bois.	20 décembre 1854.
MEUREL.	Genre de rabot mécanique.	8 janvier 1855.
JOLIOT.	Machine à fabriquer les coins et chevilles en bois.	10 février 1855.
STUBLER ET KNECHTENHOFER.	Machine à raboter les feuilles de parquet.	19 mai 1855.
BLANCHARD.	Machine destinée à courber et cintrer le bois.	9 juillet 1855.
MESSMER.	Machine à travailler le bois pour faire les assemblages.	19 juillet 1855.
FREGET.	Machine à raboter et bouveter les planches de bois.	21 août 1855.
MOULIN.	Machine propre à faciliter l'équarrissage des arbres et à faire des planchers, etc.	13 octobre 1855.
MAYBOU ET BAPTISTE	Machine à raboter et varloper le bois.	30 janvier 1856.

Noms des brevetés.	Titres des brevets.	Dates.
Noble	Presse à clater les bois par le moyen de la vapeur.	17 mars 1856.
Rouceux-Humert . . .	Cintrage par la vapeur des bois.	5 avril 1856.
Rolland	Machine à fabriquer les bois de galoches.	5 mai 1856.
Dremond et Nel. . . .	Machine à scier, à raboter, à percer et à mortaiser.	15 mai 1856.
Coinard, Joanneau et Cie.	Machine à blanchir, dresser, bouveter et scier des lames de parquet	21 juin 1856.
Andrew et Claton. . .	Perfectionnements apportés dans l'ornementation des bois et dans les machines qui s'y rattachent.	17 juillet 1856.
Rousselot.	Application de la vapeur aux rabotage, raclage et planage des bois	14 octobre 1856.
Foucur.	Machine à faire les tenons	28 octobre 1856.
Messner	Machine horizontale à percer et à mortaiser. . .	8 janvier 1857.
Rolléa.	Machine à table tournante, destinée à raboter les coins de bois.	26 janvier 1857.
Joannon	Triple machine destinée à blanchir et bouveter les parquets	14 mai 1857.
Monnier et Ricard . . .	Appareil propre à dresser les bois destinés aux scieries	3 octobre 1857.
Michaux	Machine à exécuter tous les travaux de menuiserie.	10 décembre 1857.
Laurent	Raboteuse servant à la fabrication des coins en bois.	6 avril 1858.
Colas	Machine à façonner les bois	7 avril 1858.
Carr.	Perfectionnements aux machines à travailler le bois.	22 avril 1858.
Lambert	Machine à mouler sur bois.	28 mai 1858.
Chassond.	Machine à fabriquer les mortaises.	15 juillet 1858.
Morand.	Machine à bouveter les parquets.	23 août 1858.
Mcioski.	Machine à tailler le bois	26 octobre 1858.
Machenaud de Laternière	Machines propres à travailler le bois. . . .	29 octobre 1858.
Quetel.	Machines à raboter et bouveter les frises de parquets	1er décembre 1858.
Martin.	Machine à raboter les bois à double effet. . . .	10 janvier 1859.
Mareschal	Machine à dresser le bois	5 mars 1859.
Dassery	Machine à bras à débiter les bois et à faire les tenons.	2 juillet 1859.
Malepart.	Machine à doler les bois	6 juin 1860.
Frementin	Machine à couper le bois, propre aux allumettes.	17 octobre 1860.
Quetel-Trémois	Machine à raboter le bois	31 décembre 1860.
Jumeau.	Machine à percer le bois universel.	3 juin 1861.
Rémond.	Machine à fabriquer les allumettes.	20 juin 1861.
Bernier aîné et Andrey .	Machines-outils à travailler les bois	10 juillet 1861.
Dietz.	Machine à raboter le bois à la fois sur quatre faces.	19 août 1861.
Quetel-Trémois	Machines à travailler les bois pour parquets. . .	24 août 1861.
James	Machines à travailler les bois.	31 août 1861.
Houdant	Outils servant à la fabrication des moulures. . .	4 octobre 1861.
Martin.	Machine à travailler le bois.	14 octobre 1861.
Martin-Deslandes . . .	Machine à raboter le bois.	28 octobre 1861.
Pierre	Tournage de bois mécanique, cône, concave, etc.	4 novembre 1861.
Brasseur et Darba. . .	Machine à fabriquer les allumettes carrées . . .	15 novembre 1861.
Lavallée.	Machine à faire les bois d'allumettes.	25 novembre 1861.
Falluel	Fabrication des bois pour galoches.	29 novembre 1861.
Chassagne et Mallaure.	Machine à faire les galoches	17 décembre 1861.

Noms des brevetés.	Titres des brevets.	Dates.
COMPAGNIE GÉNÉRALE DE CHEMIN DE FER. . . .	Machine à mortaiser le bois.	23 janvier 1862.
DERNIER ET AUBRY	Machines et outils propres au façonnage des bois.	24 avril 1862.
QUESTEL-THÉNOIS	Machine à raboter et bouveter les frises de parquet.	5 mai 1862.
DEROSE.	Machine à réduire les bois en copeau ou en poudre.	10 mai 1862.
BONVALOT.	Machine à dresser, à planer, à rainer et à faire les moulures.	17 mai 1862.
RENVOISÉ.	Machine à raboter et rainer le bois longitudinalement	3 juin 1862.
BONNET.	Machine à travailler le bois.	4 juin 1862.
GART.	Machine à raboter, rainer et faire des moulures .	1er août 1862.
SALADUER.	Machines à outils rotatifs pour raboter, planer, etc.	12 septembre 1862.
GUILLIET	Machine à mèche hélicoïdale à faire les rainures, feuillets, etc	27 octobre 1862.
TOULOUSE-BARBON. . . .	Machine à fabriquer les bois de galoches . . .	10 novembre 1862.
GUILLIET	Machine à raboter le bois.	14 novembre 1862.
NOURY.	Machine à mortaiser à pédale	25 novembre 1862.
DAMOURETTE.	Moulin à scies chevauchées pour réduire en poudre les écorces	24 décembre 1862.
TRUÉ	Machine à raboter, dresser et dégauchir	2 mars 1863.
REDSTONE.	Machine à trancher les bandeaux	3 mars 1863.
RIMAILHO	Machine à découper les allumettes carrées . . .	14 mars 1863.
BRANIER AÎNÉ ET AUBRY.	Machine à raboter, corroyer et dresser.	8 avril 1863.
DEPLANQUE ET NILLE . .	Machine à raboter le bois	20 avril 1863.
DUPONT ET MEUTERMANS.	Machine à travailler le bois.	12 septembre 1863.
FARAUT.	Machine à diviser le bois en baguettes	12 octobre 1863.
MAYBON ET BATISTE. . .	Machine à équarrir les bois.	24 décembre 1863.
CHARBONNEAU	Outils à travailler le bois	8 février 1864.
QUESTEL-THÉNOIS . . .	Machine à travailler les bois	11 février 1864.
AUBIN	Machine à découper l'écorce du tilleul pour ligature de gerbes	19 mai 1864.
GUILLIET	Machine à fabriquer les moulures	4 juin 1864.
MIGUEL.	Machine à débiter le bois en pliant des boîtes. .	20 juin 1864.
THOMPSON.	Machine à fabriquer les roulettes, boutons, etc.	2 juillet 1864.
BARTHÉLEMY.	Tour à raboter le bois circulairement	7 juillet 1864.
LORRY	Machine à triturer ou découper l'écorce de chêne.	13 juillet 1864.
JUILLET.	Machine à parquet.	17 septembre 1864.
BROWS.	Machine à débiter le bois pour allumettes. . .	21 septembre 1864.
HÉRAUD.	Machine à percer les douves et les planches à bouteilles.	12 octobre 1864.
GOUSSET	Tour ovale.	12 décembre 1864.
APPERT.	Chariot permettant de chanfreiner les bois cintrés.	24 mars 1865.
MEUTERMANS.	Machine à tirer les moulures	24 avril 1865.
MAYBON ET BATISTE. . .	Machine à faire les tenons	7 juin 1865.
ROBERTSON	Machine à couper et fendre le bois	18 août 1865.
GÉRARD.	Machine à corroyer et dresser.	29 septembre 1865.
FRÉRET.	Machine à planer sur quatre faces	12 octobre 1865.
SOLLIER.	Machine à creuser destinée à fabriquer les boîtes.	22 novembre 1865.
WINSLOW.	Machine à former les moulures	30 novembre 1865.
HENRY	Machine à fabriquer les bandes	9 décembre 1865.
LANGLOIS	Machine à découper les bois de teinture	13 janvier 1866.

Noms des brevetés.	Titres des brevets.	Dates.
GUILLET	Machine à travailler le bois,	30 mai 1866,
GUILLET	Machine à pousser les moulures,	30 mai 1866,
GÉRARD	Machine à travailler le bois,	22 octobre 1866,
DENIS	Machine à tailler les dents en bois,	15 novembre 1866,
LIMART	Machine à faire les rainures et languettes,	13 décembre 1866,
ARMSTRONG	Machine à tailler les joints à queue d'hironde	18 janvier 1867,
FREY	Machine dite menuisier mécanique,	7 février 1867,
BOURDON	Machine à débiter le bois pour queues de billard,	20 février 1867,
POWIS ET JAMES	Machine à planer et moulurer,	20 février 1867,
TIRARD	Machine à faire les mortaises,	21 mars 1867,
FRÉDET	Machine à fabriquer simultanément deux tenons,	20 mars 1867,
MARC SAINT-LAMBERT	Outil applicable à la carrosserie,	3 avril 1867,
MAYO	Machine à débiter les planchettes	4 avril 1867,
GRESHAM	Machine à raboter le bois,	11 mai 1867,
YOUNG	Machine à faire la mortaise en queue d'hironde	24 mai 1867,
WHITNEY	Machine à travailler le bois,	11 juin 1867,
FORET	Machine à faire les anneaux en bois	2 juillet 1867,
WHITNEY	Machine à raboter le bois	3 juillet 1867,
NICHOLS ET ROBBINS	Machine à tailler les onglets	9 septembre 1867,
VALLOD	Machine à travailler le bois,	9 novembre 1867,
LEROY	Outil pivotant pour le travail du bois,	12 novembre 1867,
GUILLET	Outillage servant au travail du bois	16 novembre 1867,
GODEAU	Lames minces et flexibles appliquées aux outils rotatifs	17 décembre 1867,
PEUGEOT	Filière à bois	3 janvier 1868,
MONIER	Machine à raper et diviser les bois	0 mars 1868,
FABIEN ET RICARD	Machine à réduire les bois en poudre	18 mars 1868.
PEPEARE-ROLAND	Machine à scier les douves et à les chantourner	25 mars 1868.
OESCHGER, MESBACHER ET Cⁱᵉ	Machine à façonner, contourner et sculpter les bois.	30 mars 1868,
LEMOINE	Manière de débiter les douves,	3 avril 1868,
GÉRARD	Machine à faire les queues de billard,	6 juin 1868,
ÉVOTTE	Machine portative à tailler les dents en bois,	15 juin 1868,
OLIVIER	Machine à raboter à plateau conique	10 juin 1868,
WILLHAMMER	Machine à faire les joints des douves,	10 juin 1868,
QUÉTEL-TRÉMOIS	Porte-outil de machines à raboter, etc.	8 juillet 1868,
CHARLES ET Cⁱᵉ	Machine à fabriquer les allumettes.	28 juillet 1868,
GASSON	Machine à raboter le bois.	5 octobre 1868,
JOSSERAND	Machine à dresser, bouveter et moulurer	26 octobre 1868,
CAUSSEMILLE	Machine à découper les allumettes.	21 novembre 1868,
BERNHARD	Machine à trancher en copeaux les déchets.	21 novembre 1868.
DROUET	Machine à travailler le bois.	26 décembre 1868,
CRAMPÉ	Machine à découper et percer.	3 février 1869,
GREGORY	Machine automatique pour tourner le bois	4 février 1869.
NATTIER	Machine à tourner les robinets, manches d'outils.	13 février 1869,
HARDY	Machine à percer et à faire les mortaises.	17 février 1869,
DE BOWENS	Machine à faire les allumettes.	29 mai 1869,
FERRENHOLTZ	Machine à raboter les moulures	16 juin 1869,
LEPETIT	Machine à faire les moulures droites	22 juin 1869,
BLASSE	Machine à tailler les dents de bois.	26 juin 1869,
DILL	Machine à travailler le bois.	15 juillet 1869,
ROSTAGNAT	Machine à tourner les balustres rampants.	27 juillet 1869,

Noms des brevetés.	Titres des brevets	Dates.
LEBAS-MARTINET	Taraud à bois.	24 août 1869.
MATHER	Appareils à couper et façonner le bois	30 août 1869.
WAGNER	Machine à faire les joints et le cintrage des douves.	17 septembre 1869.
GEAR	Machines à façonner le bois.	18 décembre 1869.
COURRÉGELONGUE ET BATIFOLIE.	Machine à fabriquer les chevilles	31 décembre 1869.
LLEWELLYN	Outil à équarrir, raboter et rainer.	7 janvier 1870.
LEBRUN ET FILS	Raboteuse circulaire.	25 janvier 1870.
RONTOUT ET MESSAIN	Machine à découper le bois.	26 mars 1870.
OUIIII	Machine à raboter les joints des douves.	27 avril 1870.
SAMAIN ET Cie	Machine à scier, percer, mortaiser.	12 mai 1870.
QUETEL-TRÉMOIS	Presseur en caoutchouc pour machines à bois.	31 mai 1870.
GÉRARD	Machines à travailler le bois	7 juin 1870.
DIERTERPPEL ET LOVEDAY.	Machines à façonner le bois	16 novembre 1870.
THOMPSON.	Machine pour couper les mortaises et les tenons à queue d'hironde.	25 mars 1871.
BOULER	Outil employé comme tour, perceuse, etc.	18 juillet 1871.
LEBRUN ET FILS	Machine à tenons	1er août 1871.
LEBRUN ET FILS	Machine à percer et mortaiser.	1er août 1871.
MAGNUS	Appareil à raboter les parquets.	23 octobre 1871.
DEMAILLY	Machine à déchiqueter le bois.	26 octobre 1871.
OLIVIER	Machine à raboter le bois.	16 janvier 1872.
GÉRARD	Machine à travailler le bois.	24 janvier 1872.
CONSTANTINE DE NIORT.	Machine à réduire le bois en copeaux	26 janvier 1872.
FERRIS ET CHAUVIN.	Doloire mécanique	17 mai 1872.
ARDOUIN	Machine à trancher le bois pour allumettes	15 juillet 1872.
QUETEL-TRÉMOIS	Machine à raboter le bois en dessous.	31 juillet 1872.
FAVIER	Tour pour torse simple	2 août 1872.
SOLEIL	Machine à fabriquer une allumette-ruban continue.	26 septembre 1872.
GUILLIET	Outil propre au rabotage et corroyage	11 octobre 1872.
DE MONTGOLFIER	Machine à défibrer le bois	18 octobre 1872.
MAC-NEILE.	Machine à couper et façonner le bois.	12 décembre 1872.
DEUSY	Tonnellerie mécanique.	14 janvier 1873.
FLAMBARD.	Machine dite menuisière.	14 février 1873.
GÉRENTE	Outils mécaniques à fabriquer les galoches.	24 février 1873.
PERRET.	Machine à fabriquer les bois de brosses	26 mars 1873.
FRÉRET.	Machine à faire les bois ronds, moulures.	27 mars 1873.
LEFÈVRE	Machine à découper les douelles.	10 avril 1873.
WOMERSLEY.	Fabrication des boîtes en bois.	15 avril 1873.
BONNET.	Machine à joindre les douves	17 avril 1873.
GAILLON	Tonnellerie mécanique.	3 mai 1873.
OLIVIER.	Mécanique à corroyer et dégauchir.	10 mai 1873.
MARCHAND.	Machine à faire les torses mécaniquement.	15 mai 1873.
HAMILTON.	Machine à découper les queues d'hironde.	27 mai 1873.
JUNGER.	Tour pour formes et bois de fusil	11 juillet 1873.
RICHARD AÎNÉ	Machine à fendre les allumettes.	16 juillet 1873.
GRANGE.	Tour à cylindres et à faire les torses.	29 juillet 1873.
HILLS	Machine à faire les panneaux à moulures	8 août 1873.
QUETEL-TRÉMOIS	Machine à raboter sur quatre faces.	4 septembre 1873.
LECLERC	Outil à fabriquer les bondes	16 septembre 1873.
FRÉRET.	Machines à travailler le bois	21 octobre 1873.

Noms des brevetés	Titres des brevets	Dates.
Abry	Machine à rabot r les douves	6 novembre 1873.
Mameron et Lardy	Appareil pour la fabrication des allumettes	13 décembre 1873.
Lindsay	Machine à percer et découper	10 décembre 1873.
Rayner	Mandrin à tourner les bondes	23 janvier 1874.
Taffet	Découpeur pour bondes	23 janvier 1874.
Fontaine	Tour pour fabriquer les douves	24 mars 1874.
Reynaud	Presse à dresser les douelles	16 avril 1874.
Maignan et Sabrat	Outil de tonnelier	27 avril 1874.
Faguaga	Fabrication mécanique des futailles	13 juillet 1874.
De Witte	Machine circulaire à couper les allumettes	23 juillet 1874.
De la Corne et Démons	Outil dit plane-rabot	21 août 1874.
Montaborx	Rabots, varlopes et outils à moulures	18 septembre 1874.
Philippe et Cie	Machine à fabriquer les tonneaux	18 septembre 1874.
Caspaina	Appareil à dresser et courber le bois	5 novembre 1874.
Magain-Champp	Machine pour fabriquer les tonneaux	20 novembre 1874.
Legoux	Machine à découper le bois	22 janvier 1875.
Compagnie de la ton- nellerie mécanique	Fabrication de tonnellerie par procédé mécanique.	30 janvier 1875.
Bixot	Machine à fabriquer les pelles en bois	27 mars 1875.
Quetel-Trémois	Machine à raboter le bois	17 avril 1875.
Winkler et Zeidler	Machine à tailler des moulures coniques	28 avril 1875.
Thieriot	Tour à guillocher-sauté	15 juin 1875.
Pevet	Machine à percer le bois des brosses	19 juin 1875.
Defer	Rabot à contre-fer universel	10 juillet 1875.
Onken et Ritter	Machine à raboter les planches minces	13 juillet 1875.
Faguaga	Procédés mécaniques pour la fabrication des caisses	13 juillet 1875.
Bouquet	Machine à scier les douelles de tonneaux	14 août 1875.
Goudeau	Machine à fabriquer des chevilles en bois	14 août 1875.
Bertrand et Dreuilhe	Machine à faire les moulures	6 octobre 1875.
Duchos	Machines à fabriquer les tonneaux	3 décembre 1875.
André	Machine à refendre les bois	15 décembre 1875.
Quetel-Trémois	Machine à raboter le bois	18 janvier 1876.
Samain	Machine à creuser les sabots	18 mars 1876.
Gombeaud	Fabrication mécanique des fûts	23 mai 1876.
Bouts	Raboteuse à fer courbe	8 septembre 1876.
Darre	Fabrication mécanique des tonneaux	14 septembre 1876.
Quetel-Trémois	Machine à raboter sur trois faces	11 octobre 1876.
Saint-Marc	Gabarit pour la fabrication des douelles	12 octobre 1876.
Aupècle	Fendeuse mécanique pour bois	21 octobre 1876.
Boivinet	Machine à tronçonner le bois, le fendre, etc.	16 novembre 1876.
Farret	Machine à cintrer les cercles de futailles	24 novembre 1876.
Crabbé et de Mat	Outils pour fendre les bois merrains	9 décembre 1876.
Chantiers de la Buire	Appareil à fabriquer les tonneaux	25 janvier 1877.
Chapman	Machine à raboter les planches minces	31 janvier 1877.
Plessis	Machine à découper les queues d'hironde	16 février 1877.
Hattrait	Machine à raboter les bois	23 février 1877.
Biret	Toupie horizontale pour moulures	9 avril 1877.
Thore	Machine à biseauter, sabler, etc., les douelles	11 avril 1877.
Thompson	Appareils à tourner le bois	19 avril 1877.
Coquelet et Hoton	Machine à scier les tenons	23 avril 1877.

Noms des brevetés.	Titres des brevets.	Dates.
Quartier et Cartier . .	Machine à raboter les surfaces gauches.	15 juin 1877.
Thore	Tour à biseauter les fonds de tonneaux.	28 juillet 1877.
Schaal.	Machine à fendre le bois en grume.	1er août 1877.
Delétoile, Schmidt et Wilfard	Machine à triturer le bois.	18 août 1877.
Robert.	Machine à percer le bois.	18 août 1877.
Lefebvre.	Machine à percer les bois de brosses.	6 septembre 1877.
Courteaud et Lachaise.	Fabrication mécanique des tonneaux.	24 septembre 1877.
Ducros.	Machine à fendre les joints des douves.	8 octobre 1877.
Société Werkzeug et Maschinen-Fabrik . .	Appareil comportant une scie à ruban, une machine à percer et une machine à raboter . .	16 octobre 1877.
Hall.	Outil à tailler les tenons.	18 octobre 1877.
Petit.	Machine à percer les bois de brosserie. . . .	26 octobre 1877.
Pieper et Grössler . .	Rabot à moulures.	30 octobre 1877.
Thore	Porte-secteur destiné à biseauter les fonds de barriques	8 novembre 1877.
Quinat	Machine à fabriquer les chevilles	4 décembre 1877.
Lenoir	Tournage du bois au moyen de la scie. . . .	18 janvier 1878.
Ducros.	Machine à biseauter les fonds de tonneaux . .	28 janvier 1878.
Ducros.	Machine à cintrer les douves	28 janvier 1878.
Ducros.	Machine à jabler les tonneaux.	28 janvier 1878.
Boire et Ducourneau. .	Équarrissage des bois pour manches à balai. .	28 janvier 1878.
Jolivet.	Machine à percer le bois.	8 février 1878.
Stout et Thompson . .	Fabrication des fonds de baril.	21 février 1878.
Krimmel.	Tour universel à tourner le bois.	9 mars 1878.
Pollock	Machine à sculpter le bois	22 mars 1878.
Pascal.	Machine à fabriquer les fonds de barriques . .	6 mai 1878.
Lombardot	Machine à fabriquer les douves	18 juin 1878.
Cousin	Varlope à recaler à deux fers.	20 juin 1878.
Jackson	Machines à travailler le bois	26 juillet 1878.
Dupont.	Machine à percer les brosses	8 août 1878.
Raignard.	Machine à fabriquer les sabots.	12 août 1878.
Bintliff	Étau pour la fabrication des douves	16 août 1878.
Potel et Levieux . . .	Machine à trancher les douves	5 septembre 1878.
Blount.	Machines à fabriquer les tonneaux.	5 septembre 1878.
Andey	Fabrication mécanique des formes, sabots. .	7 septembre 1878.
Maignan	Tonnellerie mécanique.	20 septembre 1878.
Stengel	Machine à tailler les queues d'hironde . . .	9 novembre 1878.
Traugott-Brunnsch-weiler	Appareil à assembler les douves.	6 décembre 1878.
Castilhac.	Machine à fabriquer les dents d'engrenage .	16 décembre 1878.
Brock	Machines à canneler et à plaquer les bois. .	26 décembre 1878.
Stengel	Machine à tailler les queues d'hironde . . .	7 janvier 1879.
Sekutowicz et Huber .	Machine à mortaiser et percer.	13 février 1879.
Delsy	Tonnellerie mécanique	20 février 1879.
Lainé	Machine à fabriquer les douves	14 mars 1879.
Lane.	Machine à fabriquer les barils.	15 mars 1879.
Lefalus	Machine automatique à travailler le bois . .	28 avril 1879.
Daumas.	Application de la scie circulaire pour faire les rainures.	6 mai 1879.

Noms des brevetés.	Titres des brevets.	Dates.
METTETAL.	Système de creusage des sabots, etc.	7 juin 1879.
LAMY.	Raboteuse circulaire à dégagement intérieur	14 juin 1879.
HESSE	Appareil à creuser les cannelures	30 juin 1879.
VERRIER	Machine à faire les moulures	4 juillet 1879.
DAVIES ET CHIDESTER	Tours à travailler le bois	12 septembre 1879.
ZIPPERLING	Planeuse d'ébéniste horizontale	8 octobre 1879.
GLADE	Machine à raboter les planchettes	10 janvier 1880.
NEFFLIER	Machine à découper pour marqueterie	10 février 1880.
CASTAING	Appareil à tailler les douelles	1er mars 1880.
HANSON.	Outil pour façonner le bois	2 mars 1880.
HOLMES.	Machine à fabriquer les tonneaux	23 mars 1880.
HANSON.	Machine à tourner et mouler le bois	9 avril 1880.
MONDON.	Machine à débiter et percer le bois.	22 avril 1880.
TAISSANDIÉ	Machine à torser le bois	10 mai 1880.
MIREBEAU.	Machine à fendre le bois	11 juin 1880.
CHEVALIER	Machine à fabriquer les dents en bois	18 juin 1880.
BOUSSET	Machine à découper et à marqueter	9 juillet 1880.
DESCHAMP.	Outillage pour la fabrication des cadres.	24 juillet 1880.
QUETEL-TRÉMOIS	Machine à rainer et languetter	30 août 1880.
CARONE-DROUET	Machine à débiter les couverts en bois	24 septembre 1880.
RANSOME.	Perfectionnement dans la fabrication des tonneaux	25 septembre 1880.
HAZELAND.	Machine à planer le bois	2 octobre 1880.
DRUNET ET BROSSIER	Rabot à fer unique et à double biseau	4 octobre 1880.
PETIT.	Redresseur des bois de merrains	12 octobre 1880.
JOH, WEISSE ET SOHN.	Rabots de menuisiers	23 octobre 1880.
QUETEL-TRÉMOIS	Machine à raboter et bouveter.	15 décembre 1880.
DELERUE	Raboteuse universelle	28 décembre 1880.

TABLE DES MATIÈRES

PREMIÈRE PARTIE

Les Scieries mécaniques

CHAPITRE Iᵉʳ

Production, abatage, débit, densité, emploi et commerce des bois

CHAPITRE II

Sciage des bois, généralités sur les scies à main et les scieries mécaniques

CHAPITRE III

Scieries à mouvement alternatif

CHAPITRE IV

Scieries circulaires

CHAPITRE V

Scieries à lame sans fin ou à ruban

CHAPITRE VI

Machines à trancher les bois par déroulage et en feuilles minces pour le placage

CHAPITRE VII

Entretien, affûtage et brasage des lames de scies

DEUXIÈME PARTIE

Machines à travailler les bois

CHAPITRE VIII

Généralités sur les outils et les machines à travailler et façonner les bois

CHAPITRE IX

Machines à dresser et dégauchir ou corroyer et à raboter ou planer

CHAPITRE X

Machines à raboter sur quatre faces

CHAPITRE XI

Machines à dresser, rainer et faire les languettes

CHAPITRE XII

Machines à faire les moulures droites et courbes

CHAPITRE XIII

Machines à faire les tenons, les entailles et les enfourchements

CHAPITRE XIV

Machines à mortaiser et à percer les bois

CHAPITRE XV

Machines à outils multiples combinés pour effectuer les principales opérations du façonnage des bois

CHAPITRE XVI

Tours à bois pour divers usages

CHAPITRE XVII

Machines à façonner les formes, les sabots, les bois de fusils et de pistolets

CHAPITRE XVIII

Conservation des bois

Étuves de dessiccation et appareils pour l'injection et la carbonisation

CHAPITRE XIX

Installation de scieries mécaniques et d'ateliers pour le travail des bois

CHAPITRE XX

Brevets pris pour les scieries et les machines à travailler les bois

Nancy, impr. BERGER-LEVRAULT & Cie.

www.ingramcontent.com/pod-product-compliance
Lightning Source LLC
Chambersburg PA
CBHW061003220326
41599CB00023B/3809